建筑理论·历史文库

第 1 辑

本书编委会

中国建筑工业出版社

图书在版编目（CIP）数据

建筑理论·历史文库　第 1 辑/本书编委会. —北京：
中国建筑工业出版社，2010
 ISBN 978 - 7 - 112 - 10997 - 5

Ⅰ. 建… Ⅱ. 本… Ⅲ. ①建筑学 - 文集②建筑史 -
世界 - 文集　Ⅳ. TU - 0　TU - 091

中国版本图书馆 CIP 数据核字（2009）第 082999 号

责任编辑：王莉慧　徐　冉
责任设计：张政纲
责任校对：王雪竹　陈晶晶

建筑理论·历史文库
　第 1 辑
　本书编委会

＊

中国建筑工业出版社出版、发行（北京西郊百万庄）
各地新华书店、建筑书店经销
北京嘉泰利德公司制版
北京中科印刷有限公司印刷

＊

开本：787×960 毫米　1/16　印张：18¾　字数：450 千字
2010 年 5 月第一版　　2010 年 5 月第一次印刷
印数：1—3000 册　定价：**48.00** 元
ISBN 978 - 7 - 112 - 10997 - 5
　　　　（18224）

版权所有　翻印必究
如有印装质量问题，可寄本社退换
（邮政编码 100037）

本书编委会

主　任：陈志华

编　委：（按姓氏笔画排序）

方　拥	王　群	王其亨	王贵祥	王瑞珠	冯仕达
冯继仁	卢永毅	刘先觉	刘临安	朱光亚	朱剑飞
何培斌	吴庆洲	吴焕加	张十庆	张玉坤	李士桥
李晓东	杨鸿勋	邹德侬	陈　薇	陈同滨	郑时龄
侯幼彬	赵　辰	徐苏斌	贾　珺	贾倍思	曹　汛
萧　默	傅熹年	赖德霖			

出版前言

随着中国经济的腾飞，房地产业迅猛发展，建筑设计市场异常火爆，国内建筑设计企业也飞快地进行了质与量的提升。相比较建筑设计领域的热闹，我国的建筑理论与建筑历史研究领域则显得比较冷清，高质量、高水平的建筑理论著述较为缺乏，特别是面向建筑院校师生的有理论深度的文章较为少见。为了向建筑院校师生特别是高年级学生提供建筑理论与建筑历史方面有深度的读物，我社决定出版《建筑理论·历史文库》系列丛书，本丛书拟以连续出版物的形式每年向读者推出1~2辑。

《建筑理论·历史文库》每辑将收录一些建筑理论和建筑历史方面具有学术价值、理论见解和代表性的论文，稿源主要包括以往已经出版发表过的优秀论文和新约稿的文章，由本书编委会的众位专家推荐、审稿，以保证书稿的质量，满足读者的需求。本书主要包括建筑史学史、中国建筑史研究、外国建筑史研究、建筑考古、传统园林、民居与乡土建筑研究、建筑思潮、建筑评论、国外建筑理论译介、建筑名著评介、建筑名家解析、西方建筑理论、当代建筑理论、理论历史研究、建筑美学、建筑遗产保护、城市设计等栏目设置。

本连续读物致力于以较高的学术性和理论深度为广大读者提供一套有学术价值的精神食粮，从而为提高读者的理论水平起到积极的促进作用。我们企盼以中国建筑工业出版社的绵薄之力，推动建筑理论与建筑历史研究领域的蓬勃发展。

中国建筑工业出版社
2010年3月

目录

建筑史学史

关于中国古代建筑史框架体系的思考 …………………………… 陈 薇（3）
关于建筑史学研究的几点思考 ……………………………………… 王贵祥（9）
中国建筑史基础史学与史源学真谛 ………………………………… 曹 汛（13）
梁思成与梁启超：编写现代中国建筑史 …………………………… 李士桥（21）

中国古代建筑史研究

汉代的建筑式样与装饰 ……………………… 鲍 鼎 刘敦桢 梁思成（37）
中国古代院落布置手法初探 ………………………………………… 傅熹年（58）
大乘的建筑观 ………………………………………………………… 汉宝德（74）
明代宫殿坛庙等大建筑群总体规划手法的特点 …………………… 傅熹年（85）
五凤楼名实考——兼谈官阙形制的历史演变 ……………………… 萧 默（107）
斗栱、铺作与铺作层 ………………………………………………… 钟晓青（120）
石头成就的闽南建筑 ………………………………………………… 方 拥（135）

中国近代建筑史研究

中国近代建筑的发展主题：现代转型 ……………………………… 侯幼彬（143）
近代中国私营建筑设计事务所历史回顾 …………………………… 伍 江（150）
清末天津劝业会场与近代城市空间 ………………… 青木信夫 徐苏斌（155）

当代建筑理论

建筑的模糊性 ………………………………………………………… 侯幼彬（169）
现代化 - 国际化 - 本土化 ……………………………………………… 吴焕加（176）
当代建筑批评的转型——关于建筑批评的读书笔记 ……………… 郑时龄（184）
白墙的表面属性和建造内涵 ………………………………………… 史永高（191）
媚俗与文化——对当代中国文化景观的反思 ……………………… 李晓东（201）

传统园林

我国古代园林发展概观 …………………………………………… 潘谷西（215）
清代皇家园林研究的若干问题 ……………………… 王其亨　杨昌鸣　覃　力（222）
山林凤阙——清代离宫御苑朝寝空间构成及其场所特性 ……………… 贾　珺（228）

中国城市史研究

中国古代都城建设小史——西汉长安 ………………………………… 郭湖生（243）
中国古代都城建设小史——汉魏西晋北魏洛阳 ………………………… 郭湖生（249）
中国古代都城建设小史——六朝建康 …………………………………… 郭湖生（254）
中国古代都城建设小史——隋唐长安 …………………………………… 郭湖生（261）

民居与乡土建筑研究

难了乡土情——村落·博物馆·图书馆 ………………………………… 陈志华（271）
从文化整体性上研究与保护我国传统民居 ……………………………… 刘临安（282）
乡土建筑研究的反思 ……………………………………………………… 何培斌（288）

建筑史学史

关于中国古代建筑史框架体系的思考

陈 薇

按社会发展史划分和依建筑类别分类，是研究中国古代建筑史常用的两种框架体系。我个人对此问题比较感兴趣，出于两方面的认识：一是在前几年的教学中，由于与学生的接触，开始感觉到中国古代建筑史现有的框架，在许多方面不能适应和满足学生的所求所思，即使教师科学客观地评价，也无法与他们建立共识。相当一部分学生认为，现有的建筑史框架体系所传授的内容对他们只是一种知识和修养而已，而不能深解其可能推演出的社会和文化意义及规律，进而丰富他们的设计思想乃至对创作思维助益。二是我认为，一门学问的研究框架，可以说是那个时代载体化知识序列化和系统化的重要表征，而近十年来，研究中国建筑史的整体知识结构发生了很大变化，建筑史所依存的相关学科背景及研究方法和手段都有显著突破。这就促使我思考这样一个问题：现有的框架不足和目前的知识背景改变，其突出的特征是什么？能否以此为出发点尝试架构一种新的中国古代建筑史框架体系呢？

一

从认识论上看，按中国古代社会发展史，即原始社会，奴隶社会，封建前、中、后期社会的形态和政治朝代进程，来对中国古代建筑史进行框架，是基于这样一种唯物的理解："无论从哪方面着眼，建筑都是时代的反映，一部忠实的史录"[1]。它的突出贡献在于：完整而准确地勾勒出中国浩瀚林总的建筑类别随社会的政治、经济、文化的发展，呈现出的在形象、技术、功用上的特征和兴衰进程，且主要解决了建筑断代和时代风格的"是与不是"的定位问题。如按这种编年史的线形研究，很容易理解中国封建社会发展达到高峰的唐代建筑风格和技术成熟的特色。但是，这种我们姑且称为"编年式"的中国古代建筑史框架体系，也存在一定的局限性。

第一，忽视了建筑自身发展与社会发展的差异与不同步现象。譬如，东汉和西汉在社会发展史上，统称为汉，它们和战国、秦及随后的三国同为封建社会前期，但就建筑自身发展言，东汉较西汉是一个重要的变革时期，在建筑类型、建筑技术、建筑材料、建筑形象等诸方面均迅速发展和有大的突破，中国独特的木构技术体系也是在此时成熟的。因此，按一般的社会发展史划分建立中国古代建筑史框架，就不能完全揭示出建筑内在的发展规律和变革性的标志点。

第二，忽视了建筑在时空上的滞后性。

如宋元明三代木构建筑,一般地说,地区的差异常甚于时代的差异。元代南方许多建筑如浙江武义延福寺大殿、上海真如寺大殿等虽建于元代,但却以宋《营造法式》为蓝本,是宋官式建筑的继承者。而同时期的北方建筑则主要表现出去华从简、草率自由的元代建筑构架特色。相反,在明代大木建筑技术重新秩序化以后,山西、四川等许多地区则仍保存元代的简约风格和做法。又如,西汉北方盛行的锦绣包裹构件以示繁华的做法,至北宋被禁止后,于南宋竟在南方兴盛起来并成为风尚[2]。这都反映出建筑作为一特殊的文化现象和物质实体,它在时间和空间中的传播和影响,远不能用社会发展史的断代方法进行全面的概括。

另一方面,按建筑类别来建立中国建筑史框架,其主要功绩是实用且明确,系统地归纳、总结出各类建筑的形制、词汇、技术特色和风格特征,对于学生掌握中国古代建筑的语言起到重要的作用,且主要解决了建筑形制的"像与不像"的归属问题。对于某些实例的分析也达到了相当的深度。但这种"分类式"的框架体系,也显见一些不足,最主要的问题是:

分类式不能体现中国古代建筑在中国古代社会的固有属性。在西方,建筑作为一个抽象的整体,是一门学问。在西方古代百科全书瓦洛的《学科撮要九书》中,建筑乃为独立的一项,这就是三学(逻辑学、文法、修辞学)四术(天文学、几何学、音乐、算术)和瓦洛二学(医学和建筑)。但是,在中国古代类书中,我们从不曾发现有建筑一项,类书内容的先后次序没有层次、没有科学属性,基本上体现的是围绕皇权的一整套伦理制度、组织形态和意识形态,唐《艺文类聚》是一典型。该书分为四十八部,基本结构可用同心圆表示[3](见图1)。这里的"天",不是现在天文学意义上的天,而是"天子"的天,是天坛祭天的天;这里的"地",也不是地质学家或者地理学家讲的地,而是皇帝去地坛所祭的那个地。又如,在"储宫部",讲到皇太子的住所,在"居处部",又提及等级较低的居住。从比较中,我们发现中西方对于建筑的认识是截然不同的。这种比较至少说明两个问题:

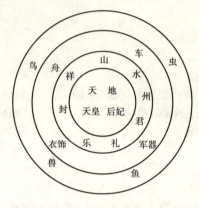

图1

第一,中国古代建筑的固有属性是隶属制度、文化或者人的活动的,而没有明确的如住宅具有居住属性这种建筑概念。"随类相从"的意义和西方的概念及今天的理解有很大的差别。

第二,由此而延伸的是,中国古代建筑的类别不能完全按功用加以严格区分。因为许多建筑的真正功用在古代并不很明确,如明堂;或者具有交错的多重功用,如园林;或者相互包含,如宫殿、住宅、城市的功用关系。因此,可以说,中国古代建筑不纳入关系之中的存在,是无意义的存在。

概括说来,"编年式"和"分类式"的中国古代建筑史框架体系所存在的缺憾,其突出的特征是:缺乏对于"关系"的认识——形而上和形而下的关系、时间和空间的关系、整体和局部的关系等等。当然,这也是当时的研究背景及条件的局限性使然。

二

近十年来，中国古代建筑史研究所依存的知识背景和研究手段发生了很大变化，这为我们重新认识、架构中国古代建筑史框架体系提供了新的契机。

首先，资料的日臻丰富，给我们带来更多关于古代环境、古代建筑、古代生活等多方面的信息。一方面，遗物、遗迹、遗址、遗册等田野资料收集和测绘工作更加细致广泛和深入；另一方面，相关学科如考古学、年代学、民族学、文化学等领域的不断开拓和成果的大量涌现，使我们有可能不再局限于就实物而理论。

其次，先进的技术是产生新资料并能够深入研究的重要手段。如用雷达探测地下遗址的分布情况，用碳-14分析确定建筑的年代，用先进的立面照相技术加速测绘工作等，都可以产生新的资料，或从旧的资料中发现新的信息。再如利用航空遥感技术可以更有效地研究聚落形态的空间关系、建筑与建筑的关系、不同建筑的共同特性等。在这方面考古界已取得了很大的实绩[4]。1991年科技部门还运用遥感技术对秦陵进行了测试。计算机技术的应用前景也相当广阔。傅斯年先生在1928年曾经说过一句话，曰"上穷碧落下黄泉，动手动脚找东西"，基本上代表了当时历史界包括中国营造学社研究建筑历史的条件和状况。对比之下，今天确有翻天覆地的变化。

再则，方法上的更新和信息交流及全球知识、文化相互作用水平的不断提高，使我们有更开阔的视野。美籍著名学者张光直教授综合运用了文化生态学和聚落考古学的方法，研究中国夏、商、周三代的城邑起源、发展轨迹及交替过程，是很好的从联系关系看事物本质的研究范例[5]。在我国，从文化圈层及交流机制来进行研究的工作也正在展开，并取得了较大成果。可以看到，动态地、联系地、相关地研究中国古代建筑史已势在必行。

三

基于上述，这里尝试提出一个新的中国古代建筑史研究框架，一则为必须，二则为必然。主要采用的是建筑类型学方法，侧重在建筑的自律性和文化整体的一贯性之间建立一种纽带，以期在一定程度上弥补现有两种框架体系的不足。

建筑类型学较我们常用的建筑分类有很大的区别。主要表现在：一般的分类如住宅、宫殿、坛庙等，往往是基于已知的建筑实体的不同功用和性质进行的，讲究客观地类属。而建筑类型学则往往将建筑的有序发展看作逐渐发生的过程，它更注重客观物属的源，类属只是基于源而进行流的一种结果。卡特勒梅尔·德·坎西在《建筑百科辞典》中指出："科学与哲学的根本职能之一是揭示原初动因，目的是求得缘由的知解，这就是建筑中所称的类型"。这和我们约定俗成的建筑类型的内涵不一样，实为原型类型学。它有以下几个特点：（1）能从各种类别的建筑中发现普遍原则或内涵；（2）如果几种类别的建筑具有同一原则或内涵，即同属一个型（为区别于约定俗成的"类型"，简称为型）；（3）环境和语境变了，同一型影响下，可能产生相异于以前的建筑结果；（4）型和类别不完全是包容和被包容的关系，有一定的转换性，可解决过渡性的问题。因此，运用建筑类型学，能解决诸如形上和形下、整体和局部、源和流及一些交错的关系问题。正是在这点上尤其吻合于建立新的中国古代建筑史框架体系的动因。据此，并结合中国古代建筑史的特点，我运用"型"、"类"、"期"这三个变量来概括和构成新的中国古代建筑史框架体系，见下（图2）。

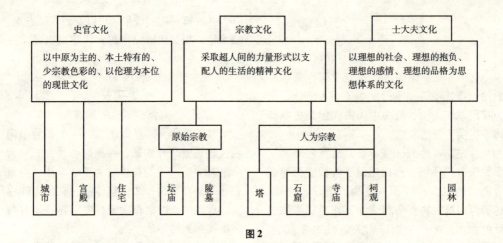

图2

- 史官文化与城市、宫殿、住宅
- 宗教文化与坛庙、陵墓、塔、石窟、寺庙、祠观
- 士大夫文化与园林

所谓"型",就是一种较高层次的、隶属建筑哲理范畴和方法论的变量。这里主要指中国古代建筑产生及发展过程中的主导价值取向和文化内涵,即史官文化、宗教文化和士大夫文化。

所谓"类",在这里主要指根据性质、作用不同而成的类别。如城市、宫殿、住宅、坛庙、陵墓、塔、石窟、寺庙、祠观、园林。

所谓"期",就是指建筑形成和存在,在历史发展过程中的时段归属。有绝对和相对两种。绝对时段是一个至关重要的变量,否则将失去准确性和可比性,如某建筑是宋代的还是明代的,在框架体系的具体内容中,均涉及此。相对时段是为了认识建筑自身发展规律的需要而定的,如萌芽、过渡、成熟、衰变或其他划分时段的相对办法,本框架没有具体论定,只是有些认识(见后)。如此将"型"和"类"在"期"中找到归属,便可确定建筑的时空坐标。

关于框架的具体内容不作详述,这里略陈以类型学建立中国建筑史框架体系的几点意义:

(1)可以从文化的意义上相关地深入理解中国古代建筑的特点。如城市、宫殿、住宅所体现的等级制问题、形制、选址与具体设计手法的规律性问题,城市与宫殿、住宅与宫殿、城市与住宅的相互依存、包含或转化的关系问题等,用同型的原则理解,清晰明了,深入浅出。

(2)可以较准确地把握建筑实质性的内涵和设计出发点。如园林,从手法研究上升到文化内涵的研究纷彩呈杂,有的着意笔墨道家思想和园林的关系,认为"道"的崇尚自然和园林所追求的自然美不契而合;有的潜心佛教禅学对园林的影响,认为"佛禅"讲究的空灵和园林刻意的意境联系密切;也有的提出儒家思想强调的中庸哲学、含而不露对园林所求的含蓄美影响深刻。究竟如何?仁者见仁,智者见智。然,从型的意义去理解,便可明确,园林实则是士大夫文化的一种体现,追求理想的社会、抱负、感情、品格才是根本的实质动因,这也是封建专制下人的精神追求的另一种反映。而各种园林所透射出的道、佛或儒的思想烙印,只是不同时代不同设计人所倡导或追求的理想文化的内容不同而已。这样,也才能认识中国古代园林思想体系上的一贯性与设计方法及手法的多样性的内在联系。

型	类								期	
	城市	宫殿	住宅	坛庙	陵墓	塔	石窟	寺庙	祠观	园林	相对	绝对
史官文化											本土建筑形制初创阶段	史前—西汉（六七千年前-A.D.25）
宗教文化											外来的吸收和本土的发展及融合阶段	东汉—五代（A.D.25-A.D.960）
士大夫文化											理想与现实结合的普及化阶段	宋—清（A.D.960-A.D.1840）

图3

（3）可以分析源和流的关系，从而在一定程度上有助于理解传统与现代的转型和继承问题。如关于陵墓，过去多年来一直被划分为礼制（史官文化的延续）建筑，即其所谓深层意义是"上好礼，则民易使也"[6]，从而借以维护封建统治秩序。因此当我们今天基于这种认识去吸收或变形陵墓建筑语言时，不可能摆脱原有建筑语言的社会约定性与今天价值观念的矛盾，从而带来继承上的难点。然而，当我们从型的角度去认识陵墓的生成机制时[7]，就会看到：它自始至终和原始宗教的生死智慧唇齿相依，陵墓是以此为源，在殷末周初文化大嬗替下，对当时理想的规范——"礼制"进行选择而形成的结果。这种在型的制约下，表现在终端产物的"选优"特点，是类型学作为建筑创作工具手段之一对我们的启示。换句话说，深入研究中国古代各类建筑与型的关系，以此作为构思的契机和源，并架构在一种新的价值目标或社会规范的选择上，是涉及传统继承的一个重要方面。

（4）可以大致把握中国古代建筑发展的几个相对阶段。根据建筑类型学的特点，新框架中"型"和"类"的划分，也还是相对的、大体的划分。因为"型"和"类"并不完全是包容和被包容的关系，一种"型"可能包含着几个类型，一个类别也可以分属几个"型"，后者尤其表现在一个类别成熟的时期。如果我们把中国古代各类建筑相对成熟的时期作为一划分原则，来划分、认识中国古代建筑发展的几个相对阶段的话，可以看到"型"、"类"、"期"的网络关系（图3）。这是一个饶有兴趣的问题，有待今后进一步探讨。

以上是关于中国古代建筑史框架体系的若干思考。近几年的中国建筑史教学，我尝试用新的框架体系进行讲解，取得了较好的效果，基本上达到了与学生建立共识的目的。然而，此框架体系的建立，只是阶段性的研究和几年来思索的结果，尚不够成熟。同时受篇幅所限，关于框架的有些问题，这里只做到了"点水"之功。望本文能起到投石问路的作用，有助于中国古代建筑史研究领域的进一步开拓和深化。

1992年春节于南京

原载于《建筑师》第52期

注释：

[1] 梁思成. 谈中国建筑（系梁先生为1937年2月万国美术会举办的展览会介绍中国建筑展品所写的前言）//梁思成. 梁思成文集：第四卷. 北京：中国建筑工业出版社，1986.

[2] 陈薇. 江南包袱彩画考. 建筑理论与创作：二. 南京：东南大学出版社，1988.

[3] 1988年1月在北京香山听梁从诫先生作"中国传统知识观分析"学术报告，受益匪浅，始作此研究。

[4] 谈三平，刘树人．遥感考古简论．东南文化，1990（4）．

[5] 张光直．中国青铜时代．北京：生活·读书·新知三联书店，1983．

[6] 论语·宪问

[7] 陈薇．生死智慧和一条永恒的金带——中国古代陵墓生成机制初探．建筑师，37期．

关于建筑史学研究的几点思考

王贵祥

当我们将建筑历史科学研究，放在一个大的学术与学科背景之下进行思考的时候，对于建筑历史科学研究的目的、意义与目标，可能会产生一些疑惑。譬如：建筑历史与理论研究主要应归属于哪一个学科领域；建筑历史与理论研究的主要方向及未来发展是什么；建筑历史研究所关注的主要研究对象是什么。实际上，对于这些看似简单的问题，如果深究一下，也往往使人不得其解。而这些问题不解决，不仅在客观上束缚了这一学科的发展，而且，也使这一学科与迅速发展着的相关学科之间出现不平衡，从而与当前日益深入与拓展的学术研究的大氛围不十分协调。

首先，建筑历史科学是一门边缘性与综合性的学科。例如，人们习惯上将某些学科纳入自然科学的领域，而将另外一些学科纳入人文社会科学的领域；或者，在一个大的领域中，某些学科属于基础学科，另外一些学科属于应用学科；某些学科属于技术类学科，另外一些学科属于艺术类学科，如此等等。但是，对建筑历史与理论学科，我们却很难作出像上述那样直接而明确的界定。

从一般的概念上讲，建筑历史学，属于建筑学的一个分支，着重研究建筑发展的历史，而建筑学基本上应当属于工程技术类学科，因此，建筑历史研究就应当属于工程技术类的学科领域。实际上，我们多年来所从事的对于历代建筑的考察、测绘以及为保护这些建筑而从事的一系列技术性的研究工作，都属于这一学科门类。

另外，建筑学属于与艺术学科亲缘很近的一门学科，建筑教育的很大一部分内容，是艺术教育。而无论世界与中国历史上的建筑，总是能够为我们或是了解过去的艺术，或是创造当代与未来的艺术，提供一个深广的源泉。因此，建筑历史研究，又可以归属于艺术类的学科领域。目前，许多的艺术类院校内，为学生开设了建筑历史课程或讲座，恐怕就是基于这样的考虑。

同时，我们还注意到，建筑历史也属于历史与考古科学的一部分。建筑发展的历史，是社会发展历史的一面镜子，正是通过对每一时代建筑之遗存的研究，人们对于那一时代的文化、政治与经济的历史，有了更为深刻的了解。历史建筑本身就是一部巨大的史书，翻开其中的每一页，都会发现许多丰富的史料与文化的内涵。因此，建筑历史研究，又应当归属于人文科学或社会科学的研究范围。事实上，建筑史学应当属于艺术史学的一个分支。

然而，事情还不仅止于此。如果稍稍留意一下，我们又会发现，人类文化史上的一些巨匠，也曾在建筑历史科学的学术领域，留下过足迹，如哲学家黑格尔从美学的角度对建筑历史的研究，诗人歌德对于哥特式建筑的研究，文艺复兴时代的艺术巨匠米开朗琪罗、拉斐尔等，甚至亲自参与建筑创作，如此等等。这样，建筑历史学科又可能与哲学、美学等高深玄奥的形而上学的学科之间发生联系。

由目前的学科发展来看，建筑历史研究已经渗透到许多不同的领域。例如，在考古学、历史科学、美学、艺术史、美术史、文化史、城市史、科学技术史、宗教史、民族史、神话学、人类文化学、跨文化比较研究、文物建筑保护科学，以及图像学、解释学、心理学、符号学、现象学等许多不同的甚至十分玄奥的学科领域中，都有人从事或涉及建筑历史学科的研究。还有更多的从事科学普及事业的人们，把建筑的历史与文化繁荣和民族振兴联系在一起。

建筑历史作为一门学科，在西方已经有了二百多年的历史。西方建筑史学是随着启蒙运动与理性崛起，并伴随着地理大发现与殖民扩张而逐渐形成的，早期的西方建筑史学是艺术史学的一个分支，并与在近代兴起的考古科学密切相关。而在中国这样一个具有十分强烈的历史意识的国度里，关于建筑之历史的学术兴趣，可能在更早的时代里，就曾经出现过。中国历史上有过不少以历史上某一时代的城市与建筑为主要题材的记述性著作，如北魏的《洛阳伽蓝记》、唐代的《两京新记》及唐《酉阳杂俎》中的《寺塔记》、宋代的《东京梦华录》、清代的《历代宅京记》，等等。然而，现代意义上的建筑历史研究，在中国还仅有不足百年的历史。

在中国的建筑历史研究中，最初主要着力于从历史文献中发掘建筑发展的历史脉络，随着欧风西渐，以梁思成、刘敦桢先生为代表的学界前辈们渐渐将西方考古科学与逻辑推演的方法引入了建筑历史研究，从而建立了现代中国建筑历史科学的体系，使中国建筑史学逐渐成为一个独立的具有深厚学术内涵的学科体系，并使之在世界建筑史学领域中，占有了一席之地。

经过半个多世纪以来的几代人的努力，中国建筑史学已经形成了一个相当完备的学科体系，在中国古代建筑史、中国近代建筑史、中国城市史、中国园林史、中国民居研究、中国少数民族建筑史等多个方面，取得了长足的进展，并在科学技术史、建筑艺术史、美术史、中西建筑比较研究、中日建筑比较研究、中国与东南亚建筑比较研究，古代中国与西域建筑文化交流等多个方面，取得了丰硕的研究成果。

然而，新的问题也就接踵而至。譬如：在一部或两部系统的建筑历史著作问世之后，建筑历史的深入研究还有没有必要；是否今后的建筑历史研究仍然应该主要是着力于对历史建筑遗存的现状记录与原状复原；是否除了对建筑的工程技术与造型或空间的艺术作进一步的研究发掘之外，建筑历史研究已经无事可做；建筑历史研究是否只是与建筑领域发生关联，而与建筑之外的尤其是许多形而上的学科领域，无所相关，如此等等。

事实上，从学科发展的角度来看，中国建筑历史的研究，大约可以分为三个阶段：第一个阶段，可以称之为文献考古阶段，这一阶段主要是从历史文献中发掘建筑发展的脉络，无论是古代还是近代或现代学者所进行的基于建筑之文献史料性的著述，都属于这一阶段；第二个阶段，是实物考古阶段，即对历史上的建筑遗存进行实地的测绘与研究，由营造学社开创的研究工作，以及新中国成立以来所进行的大量建筑考察与研究工作，主要体现在这一阶段；第三个阶段，是对建筑之诠释性阶段，即对建筑之文化内涵、象征意义、发展成因等问题，进行探索。如果说前两个阶段，主要着眼于建筑之"是什么"的问题，这第三个阶段，则主要是着眼于"为什么"的问题。

在相当一段时间里，人们的研究兴趣主要放在历史建筑之"是什么"方面，大量的建筑测绘图录、建筑考察报告、关于建筑的历史沿革分析以及建筑发展历史的论述，都属于这一方面。关于这一方面的研究，还在进一步深入中，还有许多未曾涉足的领域。围绕这一方面的研究，还需要一批学者相当一段时间的努力。近年来，从一些新的角度，或应用新的文献与考古资料，对中国建筑历史作进一步的系统整理与阐发，是国内建筑史学界的大事。

此外，随着学术思想的进一步放开，学术氛围的进一步活跃，在国外学术发展趋势的影响下，关于历史建筑之"为什么"方面的研究，也正在日益展开。比如，关于建筑之"意义"的研究、关于空间的"质"的研究、关于空间"场所"的研究、关于空间"路径"与"终点"的研究等方面，已经逐渐渗入中国建筑历史学科之中；在近年来兴起的"风水"热中，特别是那些最初在"风水"研究领域披荆斩棘的拓荒者们，也都是在力求解决历史建筑及其环境之"为什么"方面的问题。

目前，关于建筑之"为什么"方面的问题，还只是一个刚刚开始展开的研究领域，对于这一领域的整体的面貌与近期的发展，还很难得出一个完整的结论。我们可以根据国外相关领域的研究趋势，大略地作出一些分析或判断。

在这一领域中，人们所最关注的主要是建筑中所内含的"意义"（Meaning）问题，如挪威建筑历史与理论学家诺伯格·舒尔茨（C. Norberg-Schulz）关于建筑的意义的研究，是中国建筑界所熟知的事情。他的笔端触及古埃及、古罗马、中世纪基督教以及近代与现代建筑，其着眼点在于建筑之意义内涵的一般性规律的探索。另外，舒尔茨关于《存在·空间·建筑》的研究，则从西方现代哲学的角度，对建筑中之"场所"、"路径"、"终点"等"存在空间"的性质与意义进行了分析。

当然，对古罗马建筑的穹顶、对伊斯兰建筑的造型、对印度神庙建筑、对中国藏传佛教喇嘛塔、对中国园林的山水空间等一些独到而特殊的方面，所内蕴之意义的研究，在国外学术界，也有人进行了专题的研究。研究建筑之象征性内涵，不仅仅涉及建筑的"意义"问题，也触及建筑的起源与发展的历史，如约翰·奥尼斯（John Onians）的著作《意义的载体——古代、中世纪与文艺复兴时代的古典柱式》，就是围绕西方建筑中"柱式"在不同时代的不同的象征性内涵而展开的。在这方面，对中国建筑之内在的象征性及意义的研究，还刚刚在起步阶段。

有些人注意到了建筑形式的"符号学"与"心理学"方面的意义，将建筑的造型与细部装饰，作符号学方面的探索；或对建筑空间的心理学意义进行探讨，也是一个诱人的学科领域。还有人由此出发，对应于环境心理学而提出心理环境学的研究范畴，因而将建筑学与心理学之间，建立了更为紧密的联系。当然，在这些研究中都可能涉及建筑的意义问题。目前在国内已经有人开始从事这一方面的研究。

从事东西方建筑的比较研究，也往往是着眼于东方与西方建筑之间，各自生成的内在原因方面。例如：何以西方建筑以石结构为主，而东方建筑，特别是中国与日本的建筑以木结构为主；何以西方建筑多追求大体量的形体与空间，而东方建筑仅仅追求适度的空间与体量，如此等等的问题，如果细究起来，仍然与建筑的意义与象征性等一般性的问题有所关联。柏克哈德（T. Burckhardt）的《东方与西方的神圣艺术》，就是一部关于东方与西方的艺术与建筑的比较性研究的重要著作。而这一方面的研究，在中国也正在兴起之中。

其实，这一方面的研究并不是孤立进行

的。在近一个世纪以来的艺术史研究，以及人类文化学、神话学、宗教学研究中，早已有人对历史上的诸多艺术作品中所内涵的意义与象征性，进行了广泛与深入的研究。在艺术领域中，这一研究还渐渐衍生出一个新的学科领域——图像学领域，即对某一艺术作品（图像）中所内涵的意义的研究。这是"一门以历史—解释学为基础进行论证的科学，并把它的任务建立在对艺术品进行全面的文化—科学的解释上。"（贡布里希：《象征的图像》，中文版编者杨思梁、范景中序）霍格韦尔夫（G. J. Hoogewerff）定义说："图像学关心艺术品的延伸甚于艺术品的素材，它旨在理解表现在（或隐藏于）造型形式中的象征意义、教义意义和神秘意义。"（转引自贡布里希：《象征的图像》，中文版编者序）在现代西方艺术史学领域，图像学已经成为一个占统治地位的分支。

事实上，艺术史学领域的图像学研究，是与现代哲学的发展分不开的。如德国现代哲学家恩斯特·卡西尔（Ernst Cassirer）的研究，就对艺术史产生了深刻的影响。美国艺术史家潘诺夫斯基（E. Panofsky）在对图像学下定义时，曾经指出："这就是一般意义上所说的'文化象征史'或是恩斯特·卡西尔所说的文化符号（象征）史。"在这一学科领域中，"艺术史学者必须尽可能多地运用与他所认为的某件艺术品或某组艺术品的内涵意义相关的文化史料，来检验他认为是（自己所注意的）该艺术品的内涵意义。"潘诺夫斯基还特别指出："正是在寻求内在含义或内容时，人文科学的各学科在一个平等的水平上汇合，而不是相互充当女仆。"（以上均转引自贡布里希：《象征的图像》，第420页，杨思梁、范景中编选）

建筑史学，作为艺术史学的一个分支学科，必然会受到艺术史学发展的影响。上面谈到的对于建筑的象征性与意义的探索，归根到底，仍然是属于艺术史学中的图像学的领域，因而也可以归属为一门以历史—解释学为基础进行论证的学科。也许正是在这一领域中，建筑历史科学与艺术史学，以及其他相关的人文科学的各个学科之间，有可能得以在一个平等的水平上会合。从这一角度上讲，关于建筑之"为什么"的研究，较之关于建筑"是什么"的研究，在整个学科领域中，应该有着同等重要的意义与迫切性。

原载于《建筑师》总第69期

中国建筑史基础史学与史源学真谛

曹 汛

中国建筑史是建筑学的一个重要学科分支,我国有了近代建筑教育,有了建筑学科,也就有了中国建筑史学科。我上学时读到过一本乐嘉藻著的《中国建筑史》,石印线装,乐氏著书该是较早的事情了。但是中国建筑史之真正成为一个学科,还应该从1930年梁思成先生、刘敦桢先生进入中国营造学社算起,二位先生后来转入教育界,培养了一代人才,中建史这两位开创和奠基人在国内外享有很高的声望,梁先生著英文图像本中国建筑史,走向世界,为中国建筑之在世界上的地位,争得了应有的荣耀。"骐骥皆良马,麒麟带好儿。"他们二位培养出傅熹年等一大批得道弟子——院士、学位委员、博士生导师、教授、专家、研究员等等,数不胜数,从事中史研究五十多岁以上的,绝大部分是他们的直传弟子,不是直传弟子的,也都直接间接地得到过他们的教益。与梁、刘二先生存殁不及的一批后起之秀,又都是他们的再传弟子,其沾溉后学,亦已多矣。

说起来未免惭愧,我作为梁先生的微末弟子,有幸叨承教诲之恩,每恨未尽平生之志。我爱上建筑史、园林史,当然是受了梁先生的影响和熏陶,虽然道路坎坷,不如意事十八九,对于这个天域的永恒的追求,和痴情的迷恋,却总是与日俱增,那傻帽的劲儿,真可说是虽九死其无悔了。酸甜苦辣尝

了个够,赢得的不仅是半鬓白发,人生至宝是情缘交感,千里同心,有德有邻,能以文会友,交上几位知音知己,也是莫大的欣慰了。只是条件较差,机遇不好,几十年的辛苦爬剔,还未能走进这个学科的正规部队,很长时间一直是散兵游勇,没有项目、没有课题、没有经费、没有助手,想做的事多半做不成,也是无可奈何的事吧。

我是1961年毕业,分配到东北林学院采运系(全名是森林采伐与运输工程系),专业不对口,又不放走,遂闭门读书,和同一宿舍的水运、陆运研究生开玩笑说,自己读自己的研究生吧。1963年写成"略论我国古典园林叠山艺术的发展演变",全文二万多字,算是自选题目交了一篇论文,建研院历史室办的《建筑历史资料集》决定采用,但要求压缩。1964年,四清运动批判写文章是丁少纯打野鸭子捞外快,资料集被迫停刊,四清后不久接着就是"文革"十年翻荡,拨乱反正后,此文才得以在《建筑历史与理论》第一辑上刊出,那已是1980年的事情了。我自1969年在辽宁省设计院和大家一起走"五七"上干校,1971年调到辽宁省博物馆文物队,作古建维修保护,劳人草草,做了大量繁重的日常工作,搞了多年测绘,对于建筑样式的源流、发展演变和年代鉴定,有了一定的把握。从1972到1982年这十年

间，实际上是从1975年发表"叶茂台辽墓的棺床小帐"算起，先后发表论文和文章三十篇，大部分是建筑史、园林史方面，除上述叠山艺术和棺床小帐以外，主要还有"张南垣生卒年考"、"海城地震区寺塔调查记"、"计成研究"、"《园冶注释》疑义举析"等，大体上都是从搜集第一手材料入手，或以论带史或以史带论，后来治学仍不出这样一些类例，但是学了史源学以后，情况就未免有所不同了。

划段划到1982年，不是因为调入博物馆已经十年，而是这一年知道了陈垣先生的史源学。陈垣先生是我国著名的国学大师，傲慢的伯希和瞧不起中国人，但却推崇王国维和陈垣为世界级学者。建筑历史是建筑的历史，跨两个学科，我们搞建筑史的人都是建筑专业出身，我觉得需要补历史课，惑而不求师也是一个路数，转移多师又是求学的正道。梁先生当然也是世界级的学者，家学渊博，史学根基亦甚深，所著《中国建筑史》、《中国雕塑史》，论述精辟，他人莫及。我到博物馆工作，接触文物考古，自然会联想起梁先生创办清华建筑系同时创设文物馆、自任馆长的事，先生主张人文建筑学，正应该有广博的知识和多方面的修养。我从事建筑史园林史研究，朋友好理解，从事史源学实习，研究史源学，有的朋友不大理解，甚至以为是走偏了，替我惋惜，为我着想，我也是应该感激的。中建史基础史学离不开史源学，离不开严密的考证。读书通解，议论有根底，也必须有史源学和考证的功底。"有客擅谈马，笑我小雕虫。"其实做学问就是要踏踏实实地解决问题，致广大而尽精微，那种高谈阔论玄虚至极的空学，也总是不好恭维的吧。张空拳还要开横口的，又是另外的一回事了。建筑史是梁先生教的，梁先生的建筑史也是重视史源学的，但是把史源学当作一种治学方法，主动实习，我则是跟陈垣先生学的。大树飘零，哲人已矣，1972年1月9日梁先生郁郁而逝，同年6月21日陈先生又郁郁而逝，梁先生教过我，我毕业离校后再未拜教过，陈先生则从来没有拜教过，只是读过他的专著和文章而已。

史源学的实践性很强，我学史源学，从事史源学实习，是钻研治学方法，我读了一些国学大师的专著和文章，见他们治学严谨，功底深厚，著述等身，成果累累，心艳羡之。唐杜荀鹤《钓叟》诗云：

渠将底物为香饵，一度抬竿一个鱼。

临渊羡鱼，不如退而结网，这才从事史源学的研究和实习。从1982—1992年这十年间，我先在辽宁省博物馆，后来分家到辽宁省文物考古研究所，业余研究和写作，一直是以史源学的方法，从事建筑历史、历史建筑、园林史和古典园林的研究。这时期的治学，涉及的域面渐广，涉入的层面渐深，因为要选取史源学实习的对象，还有工作单位性质的影响，自然也就涉及文物考古、金石碑刻、书法绘画、唐诗宋词等学科方面，总不外是中国文化史的研究吧。于是横涂竖抹，这十年期间，发表大大小小的论文和文章已经是前十年的5倍，我出的一本建筑速写集自选180幅，也是为的对应于前后发表文章的总数，不仅仅是觉得有趣而已，不然的话，人家看了画册，可能还以为是专门画速写30年，才拿得出这么一点点东西，那该是多么寒碜不好意思。我读书搞研究写文章，基本上是业余的，画速写更是业余的，多半是在外地出差开会、游历考察和等车等船时，抽空儿在现场画的。梁先生教导我们，学建筑要多看一看，多摸一摸，我坚持画速写、搞测绘，增进了对历史建筑的认识，看得多了，摸得多了，对于古建筑的鉴定才容易有些把握。

我到四十多岁的中年才开始自己的史源学实习，在实践中摸索拔高自己的治学方法，当时已经有了一定的基础。夫子曰，"学而实习之，不亦悦乎"，其中的自得之乐，是难以向他人道及的。朋友说我是杂家杂学，我则自称"筌学"，虽一时戏言，也不无一番道理，治学方法实在是非常重要的。

辨章学术，考镜源流，本来是做学问的正宗，史源学其实就是考镜源流的一种具体化。十年间的实习实践和不断地探索，提高了自己的认识能力和思辨能力，增强了自己作文严谨周密有根有据的习惯。寓欣赏于考据，通训诂以体性情，同时也培养了深层的美感，甚至深化了生命意识，这十年的收获是很大的。1992年底我调入北京建工学院。

我知道写文章要搜集第一手资料，并且尽可能找求史源性材料，是老早的事了。知道还有一门课叫史源学，应该系统地讲求史源学的方法，还是读了《陈垣学术论文集》第二集、《陈垣史源学杂文》、《陈垣往来书信集》三书以后。陈先生在辅仁大学开过"史源学实习"课，他说史源学一名系理论，恐怕无多讲法，如果名为"史源学实习"，则教者可以讲，学者可以实习，颇有兴趣。开课时他写了不少次导言，其中有一份特别详细："择近代史学名著一二种，一一追寻其史源，考证其正误，以练习读史之能力，警惕著论之轻心。""考寻史源，有二句金言：毋信人之言，人言实诳汝。"先生选用过的史学名著，主要是赵翼《廿二史札记》、顾炎武《日知录》、全祖望《鲒埼亭集》。《鲒埼亭集》用得最多，是因为集中之文"美而有精神，又时有舛误，惟其美有精神，而不沾沾于考证；惟其中时有舛误，所以能作史源学实习课程，学者时可正其谬误，则将来自己作文精细也。"

谁都知道，典籍是文化的载体，"得知千载事，正赖古人书。"我国的文化典籍，真是汗牛充栋，正史、野史、传记、方志、诗文集之外，随笔、杂记之属亦有裨于史学，然而史重考证，如只凭记忆或仅据传闻，漫然载笔，其事每不可信。陈先生"毋信人之言，人言实诳汝"的话，真是石破天惊，

而且语重心长，虽说是为引起学生的警惕，故极而言之，也确实是他多年实践所得的宝贵经验。人言不可轻信之教诫，本来早已有之，《孟子》上说，"尽信书则不如无书"，辛弃疾词云："近来始觉古人书，信著全无是处。"后来学者回顾我国历代传统文化，推崇汉代的经学、唐代的佛学、宋代的理学、清代的考据。考据就是考证，陈先生说，"考证为史学方法之一，欲事事求是，非考证不可。""考证在文史学研究上的地位，其为术也绝精绝细，以极科学之方法，统驭博富之学问，其貌为旧，其质实新。"陈先生生于清末，是在乾嘉考证盛行之后。辛弃疾（1140—1207年）与陆游（1125—1210年）约略同时，陆游诗云"朴学定应知者少"，正可与辛词两句作对照。朴学就是考证之学，至迟宋代已有。宋代禅僧语录标榜溯本求源，如"诸仁者，大凡一物当涂，要见一物之根源，一物无处，要见一物之根源。见得根源，源无所源。""登山须至顶，入海须到底，学道要学到佛祖道不得处。"不仅讲究溯本求源，还要讲究怡然理顺，有一句很有趣的打油诗写道：

赵州牛吃禾，益州马腹胀。扬州请医人，灸猪左膊上。

读了这样的诗，真是叫人忍俊不禁。民间俗语有所谓"南辕北辙"，有所谓"驴唇不对马嘴"，有所谓"丈母娘牙疼灸女婿脚后跟。"也都是极尽揶揄之能事。黄庭坚说，"治学要如大禹治水，必须知道天下之脉络。"钱谦益说，"比之堪舆家寻龙捉穴，必有发脉处。"都是讲做学问的源流，强调根源与脉络。《红楼梦》有一回目云："刘姥姥信口开河，贾宝玉寻根问底。"今本十九回回目作"村姥姥是信口开河，情哥哥偏寻根问底。"史源学寻其史源，考证正误，就要反对信口开河，不相信信口开河，只有寻根问底。

错讹虚假是求学问的大害，平庸低劣也

一样害人不浅。陈师道《后山集》有《送邢君实序》云，"士之不能自立，其患在于俗学，俗学之患，枉人之材，窒人之耳目。""王氏之学，如脱墼耳，案其形模而出之，不待修饰而成器矣，求为桓璧彝鼎，其可得乎？"这种情况，禅宗语录也有一段绝妙的讽刺："抱桥柱洗澡，把揽放船。模子里扣出去，印版上打出来。"史源学的方法是寻求原始证据，辨析学术，探讨真理，而不是照抄照搬现成的材料。

陈先生说，"历史研究法之史源学，大概分为四项，一见闻，二传说，三记载，四遗迹。今之史源学实习，专指记载一项。"中建史虽然是历史，但基础史学研究之史源学，还不能专研究记载一项，四项都要研究。陈先生说，与史源学相关连的，也是作为史源学基本功的，主要是四个学科，即目录学、年代学、校勘学、避讳学。陈先生在年代学、校勘学、避讳学方面都有很多建树，所著《廿史朔闰表》、《中西回史年表》、《元典章校勘释例》、《史讳举例》等，都有重大的学术价值和使用价值。我想中建史基本史学研究之史源学，还会牵涉到训诂学、小学、考古学、文物学、金石学等等，当然更要牵涉到文学，"文人留幻述，时事可辨析。"文人的诗文别集中包含着许多重要的史源学材料。

史源学实习必先发掘史源学材料，但是也有一些史事，由于载籍失传，已经找不到史源学材料了。查找史源学材料，情况亦每有不同，主动去查并不一定查得着，有些材料非长期积累就难于期遇。"踏破铁鞋无觅处，得来全不费工夫"的情况，往往也是有的，但是归根到底还是读书多了的偶然邂逅巧遇，所以非多读书不可。光知道读书也不行，还需要有许多相关学科的基本功底和分析思辨能力。史源学应该是人人可以接受的，却不是人人都愿意做，不是人人都可以做到的。十年苦读苦思，我一直牢记着一段故事，十分精彩而且有趣，并附记于此，传一段佳话。邵康节先生居卫州共城，后居洛阳，有商州太守赵郎中，康节尝从之游，章惇作令商州，一日赵请邵、章同会，章以豪俊自许，议论纵横，不知尊康节，语次，因及洛中牡丹，章夸夸其谈，康节默默不语，赵请曰，先生洛阳人也，知花为甚详。康节因言，洛人以见根拨而知花高下者，知花之上者也；见枝叶而知花高下者，知花之次者也；见蓓蕾而知花高下者，知花之下者也。章遂惭服，赵因谓章曰，先生学问渊博，世之师表，公不惜从之学，则曰有进益矣。康节谓章曰，十年不仕宦乃可学，盖不许也。

顾炎武有云，著书如铸钱，是要采铜于山，非用旧钱充铸者也。中建史基础史学的史源学没有、也不可能有现成的资料，只有自己到山里去采铜。现在中建史研究的人不算太多，也不受重视，在建筑界好像被认为是可有可无，搞基础史学研究的人更少，搞史源学考证的人，更是少而又少，有意专攻史源学，投主要精力于史源学考证的人，在整个建筑史界屈指数来恐怕偌大一个中国也只有我一个傻人了吧。嘤其鸣矣，求其友声，我写这篇文章，也是希望建筑史界能给予一些支持，至少是希望大家能够同情和理解。现在大学历史系、考古系都不开史源学实习的课了，学历史学考古的，不学史源学真叫人不好理解。美术学科有了美术史专业，建筑学大学本科还没有建筑史专业，我认为应该有才是，建筑历史与理论专业的硕士生博士生，更应该开设史源学的课程。

韩愈《调张籍》诗云："刺手拔鲸牙，举瓢酌天浆。"《送无本》诗云："吾尝示之难，勇往无不敢。蛟龙弄牙角，造次欲手揽。众鬼囚大幽，下觑袭元窨。"做学问应该不怕艰难，应该专攻难端。由于中建史基础史学的薄弱，暴露出许多问题，有不少问题正需要从史源学的角度着手研究解决，这方面的问题很多，我敢说有一百个，几百个人都来搞中建史基础史学的史源学，也不会没有事儿干。现在我不揣冒昧,把中建史基础史学方面尚待攻坚解决的大案要案,挑最重要的举出几个,并试图用史源学的方法,加以辨析和考证,解开这些难题,打开一个局面。这也算是举几个实例,借以表明史源学的真谛和不可讲。

山西五台山南禅寺大殿定为唐建中三年(1782年)重建,推为我国现存最早的木构建筑,是新中国成立后发现,比梁思成先生1937年发现建于大中十一年(857年)的五台山佛光寺大殿早75年。发现一栋年代最早的木构建筑,确实也值得炫颂,治学譬如积薪,理应后来居上,当时梁先生也很为之高兴。但是,梁先生断定佛光寺大殿的年代,从法式和文献记载,从造寺僧人及功德主塑像、梁上题记和大中十一年建幢题名等,互相对证,反复参验,定为大中十一年建成,一板一眼,严丝合缝。南禅寺大殿的法式做法和造像等或可定为唐式,但是未查见任何文献记载,断定建于建中三年,唯一的依据是西缝梁下的题记"因旧名旹大唐建中三年岁次壬戌月居戊申丙寅朔庚午日癸未时重修殿法显等谨志"。但是若从年代学上考察,这个题记经不起推敲验证,实际上不能成立。建中三年岁次壬戌无误。正月建寅,"月居戊申"是七月,是年七月"月居戊申",可推知正月是月居壬寅,正月壬寅建,则必定是丁年或壬年,与建中三年岁次壬戌相合,是年七月戊申亦不误,但是这一年七月为壬午朔,梁上题记却是丙寅朔,如果是丙寅朔的那个月,月中有庚午日,是为初五,但是建中三年七月并不是丙寅朔,而是壬午朔。这一年其他月份也都没有丙寅朔。干支记日六十日一循环,一个月却只有二十九至三十日,有三十至三十一个干支日在月内没有。梁上题的是壬戌年戊申月庚午日,可是这一年戊申月内却没有庚午日,也就是说历史上实际没有这一天。古时上梁要选择吉日良辰,还要举行隆重的仪式,题记称"旹

(时)大唐建中三年……"云云,着一"时"字,表明是当时所题,可是建中三年的七月,却没有这个庚午日,如果真是当日题记,有此大错,一定会发现,自己喝醉酒写糊涂了,别人也会很容易发现,怎么能让这么大的一个错误一直留传下来呢。这个题记必是后人伪造的假款,因而不足为据。这个题记不能成立,定大殿建于建中三年,也就很难让人相信了。建中三年还在会昌灭法之前,会昌灭法时,下令将大小佛寺,除两京特许保留的几座以外全部拆除,于是人们解释说,因为南禅寺地处偏僻,未ປ州府县志记载,因而漏网云云,都是定成建中三年建以后,随之而来的想像之词。古建筑保护的原则是尽量保持原状,即发现当时的状况,因为它是各种时代气息的综合载体,现在按唐式复原,等于是一个唐式建筑的"创作",不符合保护维修时原则,也给以后认真研究造成了不便。

登封嵩岳寺塔定为北魏正光元年或四年建,称为我国现存最早的砖塔,乃是我国建筑史上的一个无比的骄傲,又是唯一的十二边形的塔,自应视为国宝,享有自己的名分。此塔写入建筑史,是根据刘敦桢先生"河南省北部古建筑调查记",刘先生根据李邕《嵩岳寺碑》"十五层塔者,后魏之所立也。发地四铺而耸,陵空八相而圆"的记载,以为与现状基本相符,因定为北魏,至今一向别无异说。李邕碑为此塔之最早而且是唯一的史源学材料,但仔细寻读,尚有疑也。刘先生引李邕碑文未注出处,原碑不存碑文很有名,《文苑英华》、《全唐文》等均有著录,不难找见,碑文为李邕所撰,亦绝无可疑。李邕碑虽然说了"十五层者后魏之所立也",但是下文紧接着却又说,"加之六代禅祖,同示法牙,重宝妙妆,就成伟丽。岂徒帝力,固以化开。"这一段最值得注意,六代禅祖指初祖达摩、二祖慧可、三祖僧璨、四祖道信、五祖弘忍、六祖神秀,碑文又云"秀钟

于今和尚寂"，寂是普寂，卒于开元二十七年，碑称"今和尚寂"，是作于开元二十七年之前，根据李邕生平事迹出处，证以碑文中的所叙又可知《嵩岳寺碑》是他在开元二十三年出为括州刺史以后，二十七年为淄州刺史以前所作。从菩提达摩至神秀跨越北魏至唐好几个时代，达摩自南海入梁，孝昌三年（529年）入北魏，已在正光之后，六代禅祖俱卒于正光以后，六祖神秀卒于神龙二年（706年），因而不难得知，碑称"六代禅祖同示法牙，重宝妙妆，就成伟丽"，指的是六代禅祖同示法牙之后，此塔又重新建造，"岂徒帝力"是歌颂皇帝，指的是玄宗开元皇帝。而碑文前面又有云："后周不祥，正法无绪，宣皇悔祸，道叶中兴，明诏两京，光复二所，议以此寺为观，古塔为玹，八部扶持，一时灵变，物将未可，事故获全。"说的是周武帝灭法后，周宣帝复法，议以此寺为道观，"古塔为玹"的"玹"应为"坛"字别体。这样看来，所谓"后魏之所立也"的古塔，已在周武帝灭法时被拆除，以"古塔为坛"指的是以古塔旧基为坛，如全塔尚在，就不好为坛了。我反复研究碑文，已可考知嵩岳寺塔应该是开元年间重建起来的，1989年嵩岳寺塔维修，发现塔下地宫，地宫内北面墙上有"唐开元二十有一年□□癸酉□□□月九日重安□□□□□"的墨书题记四行，地宫石门西立颊朝东一面有崇泰石刻题名，而李邕碑正有"和上侄寺主坚意者，凭信之力，统僧之纲，崇现前之因，鸠最后之施，相与上座崇泰、都维那昙庆等，至矣广矣，经之营之。身田底平，福河流注"的记载，是赞颂坚意、崇泰等重建重修嵩岳寺之功绩，因知嵩岳寺塔地宫为开元二十一年崇泰等人所建，地宫石门半圆形门额上雕刻人字斗栱，装饰华丽，亦正是唐代开元式样，这些实物证据恰可与碑云"六代禅祖，同示法牙"，"重宝妙妆，就成伟丽"相吻合，嵩岳寺塔重建于开元二十一年，可以最后论

定。再从历史上看，北魏多建木塔，且多为五层，个别有七层、九层者，云冈石窟塔心柱表现之木塔样式，也是三、五、七、九层，楼阁式砖塔之见于记载者，仅三层，北魏时多层密檐塔，则文献记载与间接实例俱无征，唐代始见有十三层、十五层密檐楼阁式砖塔，荐福寺小雁塔建于景龙（707—709年）中。法王寺塔亦建于唐，确年无可考，但是与嵩岳寺塔一样，外轮廓呈圜和的抛物线形，略如炮弹，极为秀美，小雁塔之轮廓形象亦甚相近。嵩岳寺塔与小雁、法王寺塔应该是唐塔三姊妹，不是老曾祖奶奶和小曾孙女的关系，现在看起来就更亲切了。

若从史源学方面认真考察，西安兴教寺塔定为唐总章二年（669年）也大成问题。兴教寺塔为著名高僧玄奘的墓塔，玄奘化寂后，初建塔于长安东郊浐河东岸的白鹿原，总章二年迁少陵原现址。肃宗题"兴教"二字寺额，因名兴教寺塔。大和二年（826年）重修一次，开成四年（839年）刘轲撰《唐三藏大遍觉法师塔铭》。玄奘塔左前为弟子窥基墓塔，建于永淳元年（682年），大和三年重建，背面嵌开成四年刘轲撰《大慈恩寺法师基公塔铭》。宋政和五年（1115年），将玄奘弟子圆测塔自终南山丰德寺移建于玄奘塔右前，与窥基塔对称。玄奘塔虽然在总章二年即迁建于此，但是不能证明现在的塔是当时原物。塔上镶嵌有开成四年刘轲所撰塔铭，记及大和二年重修，也未说清是重修重建，连刘轲撰的塔铭，也已经不是初刻时之原物了。现在三塔形式统一，年相也很一致，若是玄奘塔果真建于总章二年，比政和五年新建的圆测塔早446年，年岁相差这么多，为什么没有显出一个比一个更老呢，于是也就大体上可以认定，现在的玄奘塔，最早也只能是宋代政和五年重修时的外貌，当然是想追仿唐代样式，但是并不太像，和唐初时期的楼阁式塔已经大不一样了。玄奘塔宋代以后肯定还有过重修，塔刹的形制略如大雁

塔也是一个很值得注意的线索。建筑史上说，兴教寺塔为我国现存最早的楼阁式砖塔，显然是不能成立，那只是照总章二年所建而推断出来的结论，有失考证。

我国最伟大的建筑大师、《营造法式》编著者李明仲，现在大家都称他本名作诫，或一作诚，字形相近，二者必有一误。清乾隆时编《四库全书》，发现这个问题，采取了粗暴的态度，遽定为诚，认为诫字是字误。我研究中国古代建筑匠师，碰到这个问题，花了大量的工夫，终于考证清楚，李明仲原本名诫，作诚是字误。现已查明，在宋元人的文献中，作诫不作诚时，至少已知有九种之多，计1. 宋晁载之《续谈助》；2. 宋赵明诚《金石录》别本；3. 宋李焘《续资治通鉴长编》；4. 宋杨仲良《续资治通鉴长编纪事本末》；5. 宋晁公武《郡斋读书志》别本；6. 宋陈振孙《直斋书录解题》；7. 宋王应麟《玉海》；8. 元陆友《砚北杂志》；9. 元马端临《文献通考》。这些材料当中最值得注意的是1、2两种。晁载之《续谈助》卷五摘抄《营造法式》部分常用内容，著跋云"右钞崇宁二年正月通直郎试将作少监李诫所编《营造法式》"《续谈助》这一条记成于崇宁五年，距崇宁二年《营造法式》颁行仅三年，是见出李明仲名诫的最早又最重要的史料，当时李诫正在世。赵明诚《金石录》卷十三《玉玺文跋尾》提到元符中咸阳获传国玺，初至京师，"执政以示故将作监李诫，诫手自摹印之，凡二本，以其一见遗焉。"今人金文明《金石录校证》一书此条后有小注云"案李诫别本作诚。"金文明此书用卢见曾《雅雨堂丛书》本作底本，所附小注是卢见曾请著名校勘学家卢文弨加的按语，卢文弨校勘《金石录》时，参照过几种版本，可惜他所指的作"诚"的《金石录》，未记出是何种版本，藏在何处。卢见曾编《雅雨堂丛书》在乾隆二十七年，当时《四库全书》尚未编辑，还没有把"诫"字一律强改

作"诚"。李明仲（1065？—1110年）与赵明诚（1081—1129年）同时交游友好，赵著《金石录》时李已故去，称"故将作监李诫"，全是追记口气。李明仲本名诫不名诚，还有一个坚强的内证。古人取名与字，往往义有连属，《礼记·中庸》："诚则明矣。"李诫取字明仲，即原本于此。李诫行二，有长兄名谭，排行老二曰仲，所以字明仲。宋有徐自明字诚甫，元有著名作家高诚字则明，其弟高明字则诚，他们都是用同样的取名与字的原则，用的是同样一个典故，可以作为李明仲名诫不名诚的有力对证。李明仲与赵明诚同时交游，赵明诚取名也是用的《礼记·中庸》。李明仲卒后归葬管城县梅山，新近河南新郑编《黄帝故里》、《黄帝故里文化》，说是在新郑市小侨乡于寨村找到了李诫墓，后来《古建园林技术》杂志派人到新郑寻访李明仲墓，一位农妇说"人们都叫李家坟"，"80岁老爷子"也说是李家坟，又有一位60岁老者说"那是李诫坟，不是李家坟。"于是我也就恍然大悟，当地人们显然是由于访问者的误导，而把李家坟当成李诫坟了。他们要是知道李明仲名诫不名诚，也许就不会闹出这种事情了吧。

类似这样的例子还可以举出许多，就不能一一列举了。从这几个例子里也就不难看出，中建史基础史学领域正需要严密的考证，陈垣先生常说"一言以为智，言不可不慎"，"考证史事不能不缜密，稍一疏忽即成笑柄。"都是很深刻的经验之谈，我们应该引为深戒。诸如此类的问题，都是建筑史上的要害，我们不能无动于衷，背过脸去。

中国建筑史早就应该改写重写了，但是现在还不具备这个条件，因为基础史学的研究跟不上去。报导出来的历史建筑，早就应该一个一个地鉴定和复查复审了，也因为基础史学的研究跟不上去，一时还没有这个能力。

北师大历史系教授赵光贤先生最近说，

"史学当作一门科学,还未建立起来。""搞历史主要是脚踏实地,深入钻研问题,历史问题很多,需要一个一个地解决,如果好高骛远,高谈阔论,一个问题也解决不了。"我们建筑历史界也面临着这种情况,并且还不如人家历史界。今天的学术风气如此空虚浅薄,我还强调史源学严密考证,显得不识时务,我自己从事史源学研究,深知是吃力不讨好,已经几十年、上百年、几百年的定论,你竟提出不同的看法,难免遭来"唐突先贤"之讥。现在大学甚至名牌重点大学,是什么一个水平,谁都知道,我到学校甚晚,幸而还轮不上我教中国建筑史、中国园林史的课,如果照我的认识讲下去,别人又怎能相容呢?为此本文提到的几个问题,我也得赶快——写出专文才是。其实,学术乃天下之公器,求真,不求胜也,我也只是希望寻回一个纯真的世界,实事求是而已。欧阳修中了进士做了官以后,读书治学还是那样认真,一丝不苟,妻子可怜他,说该休闲一下了,现在还怕先生嗔吗?欧阳修说,不怕先生嗔,只怕后生笑。我们总该知道,人们都说21世纪是中国的世纪,经济起飞走上正轨以后,学术文化也将复归于正道,百年之后,犹有人也,如果我们只会搞些空的、虚的、假的,遗留下一大堆问题,什么都没解决,子孙后代笑话我们,我们还能够安息吗?

原载于《建筑师》总第69期

梁思成与梁启超：编写现代中国建筑史

李士桥

序言

由于对中国建筑史的编写和对中国建筑教育的贡献，梁思成（1901—1972年）已成为20世纪中国建筑史上最具影响力的人物之一。他第一批留美学习建筑，并且深受美国20年代盛行的巴黎美术学院（Beaux-Arts）传统建筑教育中历史想像和设计技巧的影响。作为一名建筑历史学家，他不断地追求忠实记录与表现中国建筑历史知识的准确性。这种历史知识的准确性在当时的中国还是一个陌生的概念。他把对中国建筑的理解置于世界地理的语境中，并提倡通过坚持中国传统建筑中最本质的精神来复兴民族建筑。他的中国建筑史论著是奠基性的，迄今仍在研究中国建筑的领域中受到极大的重视。作为一名教育家，梁思成曾筹建并执教于两所大学的建筑系：沈阳的东北大学（1928—1931年）和北京的清华大学（1946—1972年）。他深刻地影响了几代中国建筑师和建筑教育家，这些建筑师和教育家对20世纪中国建筑的发展作出了重要贡献。

梁思成的中国建筑史研究思想与他的父亲梁启超（1873—1929年）的史学思想有着深刻的渊源。把梁思成的中国建筑史著作看作是梁启超极力倡导编纂的中国文化史的一部分，这一点非常重要。中国历史是建立于世界地理空间的基础之上，这个观念深受西方"历史知识"概念的启发，并成为梁启超将中国纳入整个近代世界学术思想之努力的核心部分。但是，尽管梁启超接受了西方的知识体系，在他的国家复兴概念核心中，儒家思想仍然被认为应该予以保留和继承。他指出，19世纪末中华帝国试图立足于世界之林的挫败，应该导致的是中国传统文化的复兴，而不是摒弃。

一、梁思成与中国建筑史研究

梁思成出生于日本，其时适逢梁启超政治流亡。1924—1927年，梁思成先后在宾夕法尼亚大学和哈佛艺术与科学研究生院学习建筑。1931年加入中国营造学社之后，他开始对中国建筑进行研究。中国营造学社是一个私营学术机构，由退休官员朱启钤于1930年创立。梁思成的研究以《营造法式》为焦点，这是一部北宋年间（960—1127年）由李诫编纂的用来建造京城宫廷建筑的工程手册。朱启钤于1919年发现了《营造法式》的一个摹本，并于1925年把它重新校订出版。梁启超在梁思成留美学习期间曾将此书寄给儿子。当时梁思成完全不解《营造法式》中那些专门用来描述宋式建造方法的生涩词语，而他对宋式建筑知识也非常缺乏。于是，梁思成决定先集中精力研究另一部写于清朝（1644—1911年）的建造手册《清工部工程做法则例》（1734年），因为这一时期的建筑现存数量众多。1932年，在完成《清工部工程做法则例》研究的基础上，梁思成开始着手深入研究《营造法式》。

有助于深入理解《营造法式》的另一重要突破是在中国偏远地区发现的一系列建于宋代前后的遗构。1932—1937年间，梁思成和他的同事考察了中国北部约137个村庄，详细测量了数以千计的历代建筑物，并将成果发表在中国营造学社的季刊上。梁思成学术研究的巅峰毫无疑问是在1944完成的《营造法式》中最重要部分"大木作"的注释，以及《中国建筑史》中文与英文两个版本的手稿。可惜这些手稿在梁思成有生之年并未正式发表。中文版《中国建筑史》曾在50年代作为辅助教材由清华大学非正式印刷，但直到1985年才正式出版。[1] 英文版《图像中国建筑史》（A Pictorial History of Chinese Architecture）1984年由麻省理工学院出版社出版。此外在20世纪30、40年代的一些英文刊物上，如《铅笔画》（Pencil Point）、《亚洲杂志》（Asia Magazine）和《美国大百科全书》（Encyclopedia Americana），梁思成发表了一些关于中国建筑诸多方面的英文论述。[2]

梁思成学术上的巨大成就被广泛地承认和接受。比如，1946年享有盛名的清华大学邀请他筹建建筑系，1947年他应邀赴美在耶鲁与普林斯顿大学讲演，并被普林斯顿大学授予名誉博士。1947年，梁思成代表中国参加了联合国总部的方案设计，与柯布西耶（Le Corbusier）、尼迈耶（Oscar Niemeyer）等世界著名建筑师一同工作。梁思成的研究成果，为其后的中国建筑史研究奠定了坚实的基础。[3]

在梁思成的中国建筑史著作中，一个显著的特点是通过更为准确地记录与描述历史发展来编写中国建筑的历史知识的观念。这个观念如今似乎习以为常，但对于20世纪初的中国却意义重大。这个历史知识的核心部分是一个重要概念，即可考证的"史实"以及史实间相互联系是历史的基石。在"曲阜孔庙之建筑及修葺计划"一文中，梁思成认为"以往的重修，其唯一的目标，在将已破敝的庙庭，恢复为富丽堂皇、工坚料实的殿宇；若能拆去旧屋，另建新殿，在当时更是颂为无上的功业或美德"。[4] 因此，他认为曲阜孔庙修葺计划的目的在于保存中国传统建筑的原状。1934年，梁思成在某家报刊发表了一篇文章，评论刚刚出版的乐嘉藻所著《中国建筑史》一书。文中，梁思成批评该书缺乏严谨性，认为作者将个人的猜测和精确的文献记载与历史分期等问题混为一谈。[5] 梁思成意识到，当时日本和欧洲的历史学家关于中国艺术与建筑史的研究，由于缺乏准确的实物纪录而存在较大缺陷；他认为西乐恩（Osvald Sirén）在写北京建筑时"随意"使用资料；西乐恩和鲍希曼（Ernst Boerschmann）经常只借用第二手材料，并且他们对中国建筑的描述由于缺乏对中国建筑"文法"的理解而很不准确。日本建筑学家伊东忠太则只关注古代部分；因此唐宋间的重要遗构，如由梁思成发现的佛光寺大殿（857）和应县佛宫寺木塔（1056），还有待研究。[6]

在研究中国建筑的过程中，梁思成所追求的更为准确的记录和表现手法与他在美国所学的新建筑知识和技巧密不可分。他高度评价了弗莱彻（Sir Banister Fletcher）的《建筑历史》（A History of Architecture）。对梁思成来说，此书代表了当时建筑历史研究的"最高国际标准"。[7] 在重新注释《营造法式》时，梁思成和他的研究小组建立了一套全新的制图标准来描述中国建筑。如果将他们的图释（图1）与1925年朱启钤重刊

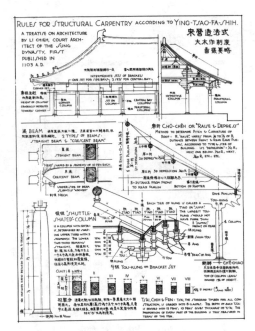

图1 "宋营造法式大木作制度图集要略",《图解中国建筑史》(A Pictorial History of Chinese Architecture) 的插图

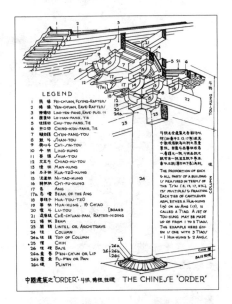

图2 朱启钤校订的《营造法式》1925年版图例

清楚地分辨出其中的差别。而他们考查过程中大量的笔记与草图也体现了同样的差异(图3)。文艺复兴以来随着投影与透视画法的兴起,这种图像表现手法的准确性成为西方建筑传统的核心。它从本质上有别于中国传统营造业中依靠文献解释而非准确的图像描述的方式。

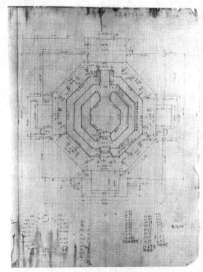

图3 佛宫寺释迦塔(1056)底层平面测绘草图,中国营造学社,1933

梁思成其他一些表达技巧则与巴黎美术学院的传统有关。梁思成在宾大学习时的老师保罗·克瑞(Paul Philippe Cret)在巴黎美术学院表现出色,并且在宾大任职期间引进了巴黎的建筑教育模式。[8]学生时代的梁思成曾两次获设计金奖[9],成绩经常名列前茅。[10]在宾大期间,梁思成的习作包括临摹弗莱彻的《建筑历史》和1840年巴黎出版的保罗·利特如里(Paul Letarouilly)的《现代罗马建筑》(Édifices de Rome Moderne)中的作品。[11]尽管在制图和水彩方面有很高的天资,梁思成对巴黎美术学院的传统仍然心存疑虑。在校时他就曾写信给父亲,抱怨宾大的训练方式具有匠人的秉性。[12]后来他曾遗憾地表示,在美国学习期间错过了当时正

的《营造法式》图释(图2)相对照,可以

在兴起的格罗皮乌斯（Walter Gropius）和密斯（Mies van der Rohe）的现代主义思潮的影响。[13]在1947年的美国之旅与一些世界建筑大师接触后，梁思成于1947—1952年间在清华大学建筑系试行了一套颇受包豪斯启发的教程。[14]尽管如此，巴黎美术学院的视觉表现传统仍然成为梁思成编写中国建筑史过程中最为突出的表达手法。这些精美的绘图不仅在创建古希腊、古罗马建筑的经典样式过程中（比如罗马建筑大奖获得者的测绘图）是最有效的工具，而且也是把这些规则样式向学生传授的最佳媒介。

梁思成与其研究小组的主要目标之一就是将中国建筑置于世界范围的地理语境和历史发展中。因此，他强调，中国建筑是世界建筑体系中的一个完整独立的体系，它的起源可以追溯到上古的雕刻，它的鼎盛时期不仅创造了像《营造法式》这样的建造规范典籍，而且还有他们在田野考察中发现的重要遗构作为范例。梁思成的夫人、也是梁思成在学术上的合作者林徽因，就将中国建筑连同印度和阿拉伯建筑并称为亚洲三大建筑体系。[15]梁思成还认为，中国建筑体系和其他的古典建筑体系一样，同属于世界建筑体系的一部分，它可以与诸如埃及、巴比伦、希腊、罗马和美国的建筑相媲美。[16]梁思成曾欣喜地指出，中国建筑中的台基与柱础的设计样式是以印度佛教建筑为中介而受到希腊建筑的影响。这正是把中国建筑当作世界建筑体系发展的一部分的证明。[17]

梁思成丰富的西方建筑知识促使他在表现中国建筑时将中国建筑与西方建筑相互对照与联系。其中"中国柱式"的概念，即中国的木结构建筑中将木架和柱结合起来作为主要的横向和竖向支撑，就是一个将中国建筑与西方建筑精心联系起来的明显例子（图4）。[18]同样，梁思成运用了巴黎美术学院表现上的技巧，凭借这些技巧对各种风格与文化的广泛适应性，将中国建筑置于世界的地理语境和历史发展中。在渲染中国木构建筑时，梁思成使用了与传统表现古希腊和古罗

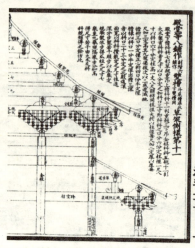

图4 中国建筑之"柱式"，《图解中国建筑史》（A Pictorial History of Chinese Architecture）的插图

图5 佛宫寺释迦塔（1056）水墨渲染。中国营造学社，1934

马建筑相似的表达方法（图5），试图将中国建筑纳入到世界建筑的谱系中。

在将中国建筑置于世界的地理语境和历史发展时，梁思成进一步指出，尽管大量古建筑正在被遗弃和改造，中国传统建筑对当代建筑设计仍具有极大的借鉴价值。梁思成和他的研究小组竭力探寻中国建筑中的一些最基本的原则。这些原则表明中国建筑存在某些与西方古典和现代建筑设计相似的特性。《营造法式》中以材，《清工部工程做法则例》中以斗口的宽度为基本度量单位，与西方古典建筑传统以柱径为基本单位一样，表现出模数化和精细的基本精神。[19]中国建筑的木构体系被视为预示了建筑结构体系从实墙到框架的演进，这种演进在现代建筑设计中的混凝土与幕墙结构中达到极致。[20]唐宋建筑中暴露结构构件的特征与现代建筑设计中忠实结构的原则相吻合。[21]梁思成与林徽因指出，至少在某个时期内，中国建筑与维特鲁威衡量西方建筑的最基本的坚固、实用和美观原则相一致。[22]

此外，梁思成还提出了中国建筑衰落与重生的设想。明清时期（大约1400—1900年）的中国建筑表现出停滞和僵化。这一时期远逊于鼎盛时期的唐宋（大约600—1400年），唐宋建筑真实地反映结构，充满生机。[23]因此，中国建筑如同一个生命体具有诞生期、青年期、成熟期、衰老期一样，也经历了成长和衰落，以至枯燥、无力和毫无创意这个过程。但是，这个"退化"正是中国建筑再生的时刻。[24]梁思成在《建筑设计参考图集》的前言中指出，中国涌现出的"新建筑师"将"依其意向而计划"，正如欧洲文艺复兴的新建筑师从中世纪"盲目地在海中漂泊"的匠师们中涌现出来一样。他声称这本《建筑设计参考图集》的出版将会对中国新建筑师的建筑创造起指导作用。[25]

二、梁启超与中国史学新知识

在梁思成编写中国建筑史的过程中，他对准确的实物记录的追求，对世界范围的地理空间和历史时间意识，以及对中国传统重生的倡导，与他的父亲梁启超极具影响力的众多著作中所呈现出的广阔知识结构紧密相连。正如处于现代化进程中的许多国家的思想家们一样，梁启超努力调和了新知识的冲击和国家本体文化维持中的矛盾。

梁启超的思想被誉为"近代中国的智慧"，[26]其缘由是多方面的。他一生跨越了清末到民国这段社会深刻变革的时期。梁启超生于1873年，是接受儒家传统教育，成为文人士大夫的最后一代。但他却成为接受西方知识，努力在现代世界之林中为中国民族构建新未来的先驱。梁启超在学生时代，他所接触到的知识传统中唯一的地域空间概念为"天下"，泛指所有儒家思想影响下的地域空间。然而在19世纪末中国与西方诸强的暴力对抗中，中国人思想里的这一观念由"天下"开始"退缩"为"世界中之一个国家"。[27]就在这个深刻的转变过程中，梁启超在较短的时间内大量吸收西方知识，而他的重构中国政治与文化的图景也在不断地调整改变。总的来看，他早期的改良活动（1895—1898年）有效地对晚清的"自强"运动重新定义，改变了19世纪末中国面对列强的接连惨败时只增强国家军事力量的观念。百日维新失败后，梁启超流亡日本。在此期间，他迅速阅读了大量的日文译本，从而建立了他对西方文化的知识结构的认识。梁启超的主张尽管与当时的政治革命运动相对立，新一代富有思想的革命者仍然从他那里受到了鼓舞。1911年辛亥革命后，梁启超作为一位政府要员活跃在中国的政治舞台上。在晚年（1917—1929年），他极力呼吁重新思考中国的儒学传统,并提醒国人全盘西化的弊端。梁启超对现代中国的影响是巨大的,[28]在这点上,与其说是因为他学术思想的创新与深刻,倒不如归结为他以一种简单明了的方式,向中华民族展现了新的前景。

可能在梁启超看来,需要解决的最基本问题是儒学的归宿。毋庸置疑,儒学已经成为两千多年来影响中国家庭、社会以及国家的思想意识支柱。儒学中人的幸福与人格的概念,可见证于人与人之间的关系被仪式化("礼"的概念)的、世代积累的文明模式。这种模式最终演变成关于家庭关系、社会结构及国家制度的严格准则。另一方面,儒学还依赖于作为道德理想和礼仪内容的"人性"("仁"的概念)。[29]从本质上,儒学似乎可以视为一种世俗生活的伦理道德,而非基于神权和超自然力量的宗教信仰。在重新审视儒家思想的同时,梁启超认识到,应将具有改良成分的"人性"思想从表现于家庭关系、社会结构、国家机构、学术形式的具有保守成分的"道德准则"中区分开来。对梁启超与同时代的改革者而言,这的确是一个重要转变。这个转变使这些改革者强调儒家思想中可改良的一面。他们能够像西方学者自文艺复兴以来重新定义"知识"的概念一样,重新建构中国的传统知识。梁启超把来自培根(Francis Bacon)的经验主义与来自笛卡儿(René Descartes)的理性主义视为重新塑造现代知识体系的两个主要力量。这两种思想通过康德(Immanuel Kant)的综合,形成了现代思想体系的基础。尽管这些知识与梁启超先前所受的传统教育毫不相关,但他认为,正是这个思想体系,使得西方文明通过启蒙思想、增强经济和发展军事而变得强盛。"近世史与上世中世特异者不一端,而学术之革新,其最著也。有新学术,然后有新道德,新政治,新技术,新器物。有是数者,然后有新国,新世界"。[30]

梁启超一生的各个阶段一直伴随着重新思考儒学传统与接受新观念之间的对立。然而在他不断调整自己学术思想的过程中,我们可以看到,历史与地理学的知识成为他所渴望在中国建立的新知识体系的核心。[31]在黑格尔历史观的基础上,历史可以理解为是通过具有特定意义和目的的"发展"与"变化"这一模式建立了"时间"的概念。利用这个时间概念,我们可以对过去、现在和将来的关键概念有所把握。但这个"时间"概念在中国的学术传统中往往很不明显。另一方面,世界地理为人们建立起一个全球范围的空间。在这个空间中,历史可以起着一个建立关系和解释差异的角色。

梁启超流亡日本时曾创办过几份报纸,其中《新民丛报》于1902年发表了"新史学"一文。文中说:"史学者,学问之最博大而最切要者也。国民之明镜也,爱国心之源泉也。"[32]梁启超认为西方文明的成功应大半归功于坚实的史学基础。1922年,他在一篇颇具影响的"中国历史研究法"一文中陈述道,新史学的最终目的是把中国民族置于国家的标准下,去看待它的过去、它的特征以及它在全人类中的位置。[33]"是故新史之作,可谓我学界今日最迫切之要求也已"。[34]

这其中,史学观中的"新观念"至关重要。梁启超极力强调,中国的文献记录可能最为久远。这一传统跨越几千年,汇集了浩如烟海的历史材料。古代的史官向来也"兼为王侯公卿之的高等顾问"。[35]但他也痛心地指出,虽然这些记载对了解中国的历史非常重要,但"都计不下数万卷,幼童习焉,白首而不能殚"。[36]在中国的朝代更迭中,每一次新帝始作元年的传统和通过抑制前朝记载来重新宣布"新的正统历史演绎"的做法,造成了时间与空间的瓦解,增添了成堆令人困惑的历史资料。

对为什么在中国没有发展出一个坚实的史学基础的问题,梁启超归纳出四个主要原因,"一曰知有朝廷而不知有国家",古代的记载大多只叙述宫廷生活而不注重像"国家"这样的集体概念;"二曰知有个人而不知有群体",他们把注意力放在编写统治者一人的生平传记上,而没有考虑"群体";"三曰知有陈迹而不知有今物",只是沉醉于古迹中,而丝毫不对当今现实作思考。"四曰知有事实而不知有理想",他们只是叙述事实而不考虑其间的关联。[37]比如说,孔子(公元前551—前479年)的《春秋》就缺乏历史真实性;它们通常太粗略而缺乏中心(流水账似的叙述),而且只关注统治阶层。此外,这些著作有时被扭曲用来为道德体系和政权制度辩护(隐恶扬善)。[38]由此,梁启超总结道,在这些成千上万的著作中没有一本可真正称其为历史。

梁启超的新史学观以史实及对它的辨别、收集和分析的准确性为基础。在他的新定义中,历史是对人类社会整体性运动的记录、对功绩的评估、及发展规律的洞悉。在他1926—1927年间所著的"中国历史研究法(补篇)"一文中,梁启超开始强调"专史"的写作。这里,"专史"指专家对人物、事件、物品、地点和时段的历史的著述,并以此成为中国通史中不可或缺的部分。专门化增强了对专门领域的历史知识的认识深度,继而加深了对通史的理解。梁启超认为这一点正是知识发展的基础。[39]梁启超在1926—1927年间即认为,辨别和分析"主系"的盛衰及其影响是"专史"中最重要的工作之一。[40]

梁启超二十年代的史学著作与1902年的"新史学"中一个重大的差异是:他20年代开始强调"文物"专史,他声称文物史是所有专史中最重要也是最难的部分。[41]在对文物专史中的"史料"作出定义时,梁启超举出很多建筑环境中的例子,从埃及的金字塔、意大利文艺复兴的城市、北京古城,到著名的云冈和敦煌石窟的雕塑。[42]建筑及桥梁、壁柱、栏杆、石门、土地契约、砖瓦(梁启超认为中国缺乏石头导致砖瓦广泛用作建筑材料)都是文物专史的材料。1927年的"中国文化史"中,梁启超有一章草述了在古籍研究的基础上建立的中国城市史。该文化史的其他部分涉及了血统、家庭、婚姻、阶级和管理体系等文化领域。[43]梁启超提出,中国的城市一直是中央集权管理的一部分,欧洲的城市则成长于自由贸易和自主政府;对于中国城市的研究必须牢记此重要分别。[44]梁启超认为远古的中国城市是储存食物的地方,而近代的城市则可分为政治、军事和经济性城市几大类。中国古代城市的法律和市政体制与设施,诸如土地契约、治安、消防以及市长等市政职务,早在西方之前很久就已出现。

在认识到中国文化遗迹数量巨大的同时,梁启超也深痛于它们被破坏、忽视以及大量流失后被私人或他国收藏的命运。"今之治史者,能一改其眼光,知此类遗迹之可贵,而分类调查搜积之,然后用比较统计的办法,编成抽象的史料,则史之面目一新矣"。[45]六十年前庞贝古城的发现刷新了对罗马帝国的认识,而宋巨鹿城(建于1108年)的发现却导致它被掠夺和破坏。[46]梁启超呼吁道,我们不能再让此种文化遗迹消失。

梁启超对新史学知识的迫切愿望与他对世界地理空间及其含义的认识是密不可分的。我们已认识到:中国的空间概念从"天下"到"世界中之一个国家"的转变对梁启超的想像产生了极为深远的影响。梁启超在1901年的一篇关于中国历史的文章中即称"历史与地理,最有密切之关系",而此点亦被畜牧业的发展与高原,农业和平原,商业与海滨、河滨的紧密联系所证实。[47]在近代的历史发展中,沿海民族取代了平原民族成为了历史的主导力量。中国作为一个国家却没有中文名字,此点也反映了中国对世界地理缺乏了解。现今使用的"中国"显得十分傲慢,外国人使用的"支那"一词却对中国人很不尊敬。[48]梁启超对世界地理知识的增长使得他对以前模糊不清的"西方"概念有了更细致的定义:他把其他国家理解为政治和民族的实体,因此使得中国在世界上有一清晰的定位。这一点在他的"新民说"[49]和"新史学"中得到证实。

从 1917 年(其时梁思成 16 岁)到 1929 年去世,梁启超强调,中国文化具有克服欧洲文化里科学和资本主义内在问题的潜力,这个想法在他目睹了第一次世界大战的破坏之后显得特别明显。[50]梁启超对儒学价值的重新认识受到了康有为儒家改良思想的影响。在西方文献学和文献批评学的影响下,康有为把清朝学者对儒学古籍的研究转变成维新的教义。真正的孔子著作是支持变革的,只有伪儒学才是反对变革的。[51]康有为认为孔子早在《春秋》的《公羊传》里"三世"的观点中就描绘了"太平"盛世,一个大同、民主、平等和富裕的盛世。这一认识强调说明了儒学涵盖了现代全球政治的目标。

在认同这些观点的同时,梁启超赋予了"体用"学说(即"中学为体,西学为用")世界性时空的思维框架。清政府在 1844 年鸦片战争后由于明显的军事弱势而提出"体用"学说,目的为重建军事强势。[52]清朝的官员如曾国藩(1811—1872 年)和李鸿章(1823—1901 年)意识到西方各国的强大,认为中国的相对弱势是武器而不是知识。他们开始"自强"运动,购买枪炮、战舰和制造武器的机器,派送年轻的中国学生到欧美学习这些课程。但是,中国在 1894—1895 年间中日战争中的惨败和之后的割地赔偿使得梁启超坚信,中国的弱势在于知识传统的落后。1895 年,梁启超和他的老师康有为发起公车上书,导致了 1898 年清朝政府在商业、工业、农业、军事和人事上的"百日维新"。当时,梁启超由于提倡把西方书籍翻译为中文而被任命主理译书局事务。[53]

在确认儒学的基本指导价值的同时,梁启超以古代中国发明航海术和印刷术为例极力说明,中国人在很多方面有更胜于西方的成就。在他看来,中国人也是现代文明的合法继承人。在尝试叙述现代文明同样也在中国得到发展时,梁启超对欧洲文艺复兴中通过复兴传统进行深刻现代化的过程("由复古得解放也")感受极为强烈。在革命热潮汹涌的当时,这一点很大程度上印证了梁启超的改良观点。也许在强调"复兴"的重要性时,梁启超看到了无须暴力革命的破坏而进行深远的知识变革的可能性。1920 年在给蒋百里的《欧洲文艺复兴史》所做的序中,梁启超强调了文艺复兴对人性和世界空间的发现这一成就。[54]同时,在他的"清代学术概论"中,梁启超论述了儒学的衰落,并把清代学者对儒家古籍的兴趣和 15 世纪意大利对古罗马和古希腊的热衷联系起来。对他来说,这就是中国文化"复兴"的征兆。梁启超指出,欧洲的文艺复兴是由艺术领域的复兴所推动,而"大清复兴"则在文学研究。这一点很快就被梁启超解释为由地中海国家多变的地理环境文化("景物妍丽而多变")和中国的"平地文化"所决定。因此,我们必须介绍西方国家的艺术成就,这样新的流派和传统就能从我们自己的文化遗产中发展起来。在评述欧洲的文艺复兴时,梁启超预测,中国将会有学者运用最先进的"科学方法"对中国的古籍进行分类和研究,去其糟粕,留其精华。[55]

三、梁启超和梁思成

梁启超在梁思成的思维视野中是成就巨大的人物,他对儿子的塑造是多方面的。梁启超对梁思成的学业成长作了计划,先将儿子送往北京的一所英国学校(1913 年),接着把他送往按美国高中模式兴建的选拔优秀中国学生的清华学堂(1915 年)。1920 年,梁启超让儿子参加了两个旨在促进中国西学的社团的活动：共学社和讲学社。共学社致力于翻译西方的书籍。梁启超要求梁思成兄弟们于1921年夏天翻译威尔斯（H. G. Wells）内容广泛的《世界史纲》一书，以使他们接触到欧洲史学的实例。[56]梁启超的好友丁文江帮助梁氏兄弟翻译威尔斯一书。丁文江早就形成了历史发展可喻为生物体的观点。[57]梁思成承继了此历史的生物比喻，并在描述中国建筑史时常常使用。另外，讲学社邀请了杰出的思想家如杜威（John Dewey）、罗素（Bertrand Russell）、杜里舒（Hans Driesch）和泰戈尔（Rabindranath Tagore）为中国听众演讲。其中，泰戈尔更是在中国激起了情感上的波动，因为作为新近的诺贝尔文学奖获得者，泰戈尔不仅是亚洲的，也是世界的杰出人物。梁思成和林徽因曾在北京陪同过泰戈尔。正是泰戈尔这个象征性人物使得梁启超看到了中国文化的将来，既具民族性也有全球意义。

怀着通过学习西方知识而复兴儒学的目的，梁启超在20年代初的夏天开始给他的儿女讲解儒学经典。这种讲解开始于他流亡日本时，那时梁启超在晚饭后的家庭小聚中以讲故事的形式向其子女传授儒学经书。[58]梁思成因在1923年车祸受伤而推迟一年去美国学习，梁启超要求他利用这个时期背诵儒学经书。梁思成去宾州后，梁启超给他的信中充满了自信和温和的教导，充分体现了具有现代自由成分的儒家社会结构观中最基本的父慈子孝思想。梁启超强烈的长辈使命感使他建议，梁思成和林徽因的蜜月旅行应该考察北欧的"有意思的现代建筑"和土耳其的伊斯兰建筑。[59]梁启超决定为儿子接受在沈阳的东北大学创建建筑系的邀请，那时梁思成夫妇在欧洲旅行而没有事先得到通知。

可以这么认为，梁启超对文物专史的强烈关注成为梁思成毕生编写现代中国建筑史的动力。1927年在申请到哈佛艺术与科学研究院从事中国宫殿历史研究的博士课程研究时，梁思成已经认识到中国建筑研究的"极端重要性"。[60]当西洋建筑明显在卫生、安全和舒适上给中国的公众和年轻的建筑师留下深刻的印象时，这种复兴中国建筑的信念显得十分与众不同。[61]1928年在谈到中国宫殿历史的研究时，梁思成同父亲探讨了他最初的想法。梁启超建议儿子去研究中国艺术史，因为艺术史的史料更容易获得。[62]

表格由于能够达到快速理解错综复杂的历史进程而受到梁启超的喜爱（他声称在他的"中国佛教史"中使用了二十多幅表格[63]），而这可能对梁思成多处使用图表有一定的影响。梁思成提到希腊对中国建筑的台基和柱础产生过影响，[64]此说也进一步支持了梁启超关于古希腊文化通过印度影响了中国佛教的观点。1928年当梁思成开始考虑撰写中国宫殿史时，梁启超告诉儿子说，他已在此课题上作了一些基础性的工作，梁思成可以在此基础上撰写更系统的中国早期建筑史。[65]同梁启超的中国城市简史一样，梁思成在中文版的《中国建筑史》中也大量引用了古籍的文字记录中对建筑环境的描述。[66]也许是尝试着效仿西方经验主义学术的明晰性，梁启超有意酝酿了一种简单明了的中文写作风格，结合模仿晚汉魏晋的语言、白话文和外国语法，形成了"新文体"。[67]梁思成简洁的中英文写作风格势必与这种对逻辑性和明晰性的强调不可分割。[68]

尽管建筑学作为一种职业和一门学科在20世纪早期的中国并不被人熟知，但梁启超对建筑却日益关注，特别是在他1918年欧洲之行后。在1903年对北美之行的叙述中，梁启超对建筑环境关注还甚少（也许华盛顿是个例外）。[69]但在1918年对欧洲城市的描述中，他则更为深刻地体会到，建筑环境与文化和民族关系紧密。这个重要的思想转变进一步反映在他对伦敦的议会大厦室内空间的描述中，那是个沉重、拥有老人般氛围、缄默而有内在活力的空间："西人常说：美术是国民性的反射。我从前领略不出来，到了欧洲，方才随处触悟，这威士敏士达和巴力门两只建筑，不是整个英国人活现出来吗"。[70]

在伦敦参观西敏寺（威斯敏斯特教堂，Westminster Abbey）之前，梁启超曾研究过它的历史，并认为这座哥特式教堂体现了英国的"民族精神"，累积了不同历史时期传承下来的成就。[71]在考察第一次世界大战中法国阿尔萨斯（Alsace）与洛林（Lorraine）的战场时，梁启超思考过笔直大道的设计与法国理想主义、蜿蜒的道路设计与英国实用主义之间的联系。沿着马恩河（Marne River）向巴黎的东北前行，梁启超到达兰斯（Reims），参观了那里的大教堂，那是一座传统上被法国君主用作加冕的哥特式建筑的典范。梁启超发现，虽然它被战争损毁，但其中哥特式的精美雕刻依然清晰可见。而梅孜（Metz）火车站附近的新城和毗邻大教堂的老区之间建筑形式的对比向梁启超揭示了德国和法国文化之间的差异。斯特拉斯堡大教堂（Strasbourg Cathedral，梁称之为"赭石寺"）给他留下了深刻的印象，特别是那攒叠式小柱，是石刻中少有的精美范例。他描绘了散布于斯特拉斯堡旧城的"文艺复兴式"建筑，并评论说，新城体现了庄重和严肃，正如德国人的性格。在科隆，梁启超对霍亨索伦桥（Hohenzollerbrücke）的庞大规模十分仰慕。他参观了科隆大教堂，认为它是融汇了"峨特式（哥特式）和文艺复兴式"。[72]

在约始于1918年的一个庞大中国通史计划中，梁启超把建筑史单独列为一卷。[73]1922年的一篇讨论教育改革的文章中，梁启超把"建筑之发达"列为中学国史的教本之一。[74]1924年在北京师范大学欢迎泰戈尔到中国访问的演讲中，梁启超在列举中国艺术受印度文化影响时把建筑列在绘画和雕塑之前，比如，印度的佛塔曾经影响了中国佛教的寺院和宝塔。[75]在讨论专史时，梁启超把建筑归为"住的方面"，同"食的方面"和"衣的方面"一起组成"经济专史"。[76]1926年在清华的一次讲座中，梁启超把《营造法式》与其他七种古代文献一起列为中国考古学的成就。[77]在这次提到《营造法式》的讲座之前，他已把此书的1925年版送给了正在宾大学习建筑的儿子。梁启超向梁思成传送《营造法式》成为梁思成毕生学术追求的关键一刻。值得一提的是，梁启超在《营造法式》的书上给梁思成写道，他在看到这个一千年前的具有高度成就的杰作时欣喜异常；对他来说，此书既是中国传统成就的证明，也是复兴中国传统需求的体现。

结论

梁思成在中国建筑史研究中的思维洞察力，如对史学重要性的理解，对世界地理语境的认识，和对复兴建筑传统的要求，有助于在20世纪的中国创建建筑学作为职业及学科的框架。可以这样认为，这种建筑学上的思维是梁启超对中国现代民族这个更宽广的思维框架中的一部分。梁启超所提倡的通过学术启蒙和编写文物专史而重建中国现代民族的观点是阐述梁思成著作的关键性因素。梁启超行走于中国20世纪早期保守和革命的截然划分之间，提出了根植于中国传统的改良主义议程；而从某种意义上说，梁思成编写中国建筑史的不懈努力为这个议程提供了具体内容。

原文载于美国《建筑教育期刊》第56期：Li Shiqiao, "Writing a Modern Chinese Architectural History: Liang Sicheng and Liang Qichao", *Journal of Architectural Education* 56 (*ACSA*, 2002), pp. 35–45.

注释：

[1] 梁思成. 梁思成文集第三卷. 北京：中国建筑工业出版社，1985.

[2] 参见 Liang Ssu-ch'eng, "China's Oldest Wooden Structure", *Asia Magazine*（《亚洲杂志》），1941 年 7 月，第 384–387 页；"Five Early Chinese Pagodas", *Asia Magazine*（《亚洲杂志》），1941 年 7 月，第 450—453 页，Liang Ssu-ch'eng, "China: Arts, Language and Mass Media", *Encyclopedia Americana*（《美国大百科全书》），以及 Liang Ssu-ch'eng, "Open Spandrel Bridge of Ancient China – I, the An-chi Ch'iao at Chao Chou, Hopei", *Pencil Points*（《铅笔画》），第 19 期，1938，第 25–32 页；"Open Spandrel Bridge of Ancient China-II, the Yung-t'ung Ch'iao at Chao Chou, Hopei", *Pencil Points*，（《铅笔画》），第 19 期，1938，第 155–60 页。

[3] 梁思成研究成果可在刘敦桢主编的《中国古代建筑史》（北京：中国建筑工业出版社，1980）中看到。刘敦桢是中国营造学社研究成果的主要贡献人之一。

[4] 林洙. 建筑师梁思成. 第二版. 天津：天津科学技术出版社，1997：64.

[5] 梁思成. 中国建筑史. 香港：三联书店，2000：316.

[6] 同上，第 315 页。

[7] 林洙. 叩开鲁班的大门—中国营造学社史略. 北京：中国建筑工业出版社，1995：32.

[8] 关于巴黎美术学院的论述，参见 Arthur Drexler, ed., *The Architecture of the Ecole des Beaux-Arts*（New York：The Museum of Modern Art, 1977）以及 Robin Middleton, ed., *The Beaux-Arts and Nineteenth-Century French Architecture*（Cambridge, Massachusetts：The MIT Press, 1982）。关于克瑞的更多论述详见 Theo White, *Paul Philippe Cret: Architect and Teacher*（Philadelphia：The Art Alliance Press, 1973）以及 Elizabeth Grossman, The Civic Architecture of Paul Cret（Cambridge: Cambridge University Press, 1996）。另外有关克瑞继承和维护巴黎美术学院传统的论述，参见 Paul Cret, "The Ecole des Beaux-Arts: What Its Architectural Teaching Means", *Architectural Record 23*（1908），第 367–371 页。

[9] Wilma Fairbank, *Liang and Lin: Partners in Exploring China's Architectural Past*（Philadelphia：University of Pennsylvania Press, 1994），第 26 页。

[10] 林洙. 建筑师梁思成. 天津：天津科学技术出版社，1997：22.

[11] 参见梁思成，《梁思成建筑画》（天津市：天津科学技术出版社，1996）。其中收录了一些梁思成在宾大的习作。

[12] 林洙. 建筑师梁思成. 天津：天津科学技术出版社，1997：21–22.

[13] Fairbank, *Liang and Lin*，第 26 页。

[14] 在梁思成 1945 年 3 月 9 日致梅贻琦书信中，曾提到修改建筑教育方向的问题。赵炳时与陈衍庆编，《清华大学建筑学院（系）成立五十周年纪念文集 1946—1996》（北京：中国建筑工业出版社，1996），第 3–4 页。

[15] 梁从诫编. 林徽因文集：建筑卷. 天津：百花文艺出版社，1999：1.

[16] 梁思成. 中国建筑史. 第 3 页，和 Liang Ssu-ch'eng, *A Pictorial History of Chinese Architecture*（Cambridge, Massachusetts：The MIT Press, 1984），第 3 页。

[17] 梁思成与刘致平. 建筑设计参考图集（第一集）. 北京：中国营造学社，1935：5–6.

[18] Liang, *A Pictorial History*，第 10 页，以及《中国建筑史》第 7 页。

[19] 梁从诫编，林徽因文集：建筑卷，第 94 页，以及梁思成，《中国建筑史》第 5 页。

[20] Liang, *A Pictorial History*, 第 8 页; 梁从诫编,《林徽因文集: 建筑卷》第 93 页, 以及梁思成,《中国建筑史》第 4 页。

[21] 梁从诫编. 林徽因文集: 建筑卷. 第 99 页。

[22] 同上, 第 98-101 页。

[23] 对明清建筑, 汉宝德特别提出与梁思成相异的见解, 参见汉宝德,《明清建筑二论》(台北: 境与象出版社, 1988)。

[24] 梁从诫编. 林徽因文集: 建筑卷. 天津: 百花文艺出版社, 1999. 第 111 页。

[25] 梁思成与刘致平,《建筑设计参考图集》, 前言部分。

[26] 参见 Joseph Levenson, *Liang Ch'i-ch'ao and the Mind of Modern China* (Cambridge, Massachusetts: Harvard University Press, 1953)。

[27] 参见 Tang Xiaobing, *Global Space and the Nationalist Discourse of Modernity: the Historical Thinking of Liang Qichao* (Stanford, California: Stanford University Press, 1996), 第 2 页, 原文引自 Levenson。

[28] 在 Levenson, *Liang Ch'i-ch'ao* 一书第 82 页中, 梁启超被描述为"明显是鸦片战争后中国思想界的领袖"。另外, 胡适在《四十自述》中写道, "这时代是梁先生的文章最有势力的时代, 他虽不曾明白提倡种族革命, 却在一班少年人的脑海里种下了不少革命种子"。五四运动的思想精神, 如果除掉革命热情外, 大部分将归结到梁启超的思想著作中。参见 Philip Huang, *Liang Chi-chao and Modern Chinese Liberalism* (Seattle and London: University of Washington Press, 1972), 第一章, 第 3-10 页, 以及 Tang Xiaobing, *Global Space*, 第 169-74 页。例如, 陈独秀 (1880—1942), 中国共产党的奠基人与《新青年》的主编, 曾在"驳康有为致总统总理书"一文中说: "后读康先生及其徒梁任公之文章, 始恍然于域外之政教学术, 粲然可观, 茅塞顿开, 觉昨非而今是。吾辈今日得稍有世界知识, 其源泉乃康梁二先生之赐, 是二先生维新觉世之功, 我国近代文明史所应大书特书者矣。厥后任公先生且学且教, 贡献于国人者不少"(《新青年》第二卷, 第二期, 1916, 第 1 页)。毛泽东将他的学生组织命名为"新民学会", 这与梁启超的著作中有关新民的论述密切相关。最近重新出版了《梁启超全集》(北京: 北京出版社, 1999)(共十卷)是本文中所有相关引用的来源。

[29] 这些观念已在所谓的《四书》中成为典范, 并由《三字经》等普及读物流传开。梁启超与康有为对它们的真实性却提出质疑。参见 Feng Yu-lan, *A Short History of Chinese Philosophy* (New York: The Free Press, 1948); Herbert Fingarette, *Confucius-the Secular as Sacred* (New York: Harper Torchbooks, 1972) 以及 Raymond Dawson, *Confucius* (Oxford: Oxford University Press, 1986)。

[30] 梁启超. 近世文明初祖二大家之学说//梁启超. 梁启超全集: 第二卷. 北京: 北京出版社, 1999: 1030-1035. 另参见梁启超. 论学术之势力左右世界//梁启超. 梁启超全集: 第二卷. 北京: 北京出版社, 1999: 557-560.

[31] 关于梁启超重新构想世界范围的空间时, 对"人类学空间"概念的贡献, 参见 Tang Xiaobing, *Global Space*。

[32] 梁启超. 新史学//梁启超. 梁启超全集: 第二卷. 北京: 北京出版社, 1999: 736.

[33] 梁启超. 中国历史研究法//梁启超. 梁启超全集: 第七卷. 北京: 北京出版社, 1999: 4091.

[34] 同上, 第 4087 页。

[35] 梁启超. 新史学//梁启超. 梁启超全集: 第二卷. 北京: 北京出版社, 1999: 736. 以及梁启超. 中国历史研究法//梁启超全集: 第七卷. 北京: 北京出版社,

1999：4092．

［36］梁启超．新史学//梁启超．梁启超全集：第二卷．北京：北京出版社，1999：737．以及第七卷，"中国历史研究法"，第4087页．

［37］梁启超．新史学//梁启超．梁启超全集：第二卷．北京：北京出版社，1999：737 – 738．

［38］梁启超．中国历史研究法//梁启超．梁启超全集：第七卷．北京：北京出版社，1999：4102．

［39］梁启超．中国历史研究法（补篇）//梁启超．梁启超全集：第八卷．北京：北京出版社，1999：4876．

［40］同上，第4878页。

［41］同上，第4876页。

［42］梁启超．中国历史研究法//梁启超．梁启超全集：第七卷．北京：北京出版社，1999：4106 – 4120．

［43］梁启超．中国文化史//梁启超．梁启超全集：第九卷．北京：北京出版社，1999：5079 – 5129．

［44］梁启超．中国历史研究法（补篇）//梁启超．梁启超全集：第八卷．北京：北京出版社，1999：4857．和梁启超．中国文化史//梁启超．梁启超全集：第八卷．北京：北京出版社，1999：5109．

［45］梁启超．中国历史研究法//梁启超．梁启超全集：第七卷．北京：北京出版社，1999：4108．

［46］同上。

［47］梁启超．中国史序论//梁启超．梁启超全集：第一卷．北京：北京出版社，1999：450．

［48］同上，第449页。

［49］梁启超．新史学//梁启超．梁启超全集：第二卷．北京：北京出版社，1999：736 – 753．

［50］Hu Shih. *The Chinese Renaissance.* New York：Paragon Book Reprint Corp.，1963：91．

［51］Levenson，*Liang Ch'i-ch'ao*，第34 – 37页。

［52］关于"体用"的讨论，参见丁伟志，陈崧．中西体用之间：晚清中西文化观述论．北京：中国社会科学出版社，1995．关于晚清历史概述，参见 Jonathan Spence. *The Search for Modern China.* New York and London：W. W. Norton & Company，1990．第2章，"Fragmentation and Reform"，第137 – 268页。

［53］Levenson，*Liang Ch'i-ch'ao*，第27 – 28页和尾注63。

［54］梁启超．梁启超全集：第五卷．北京：北京出版社，1999：3065．

［55］梁启超．清代学术概论//梁启超．梁启超全集：第五卷．北京：北京出版社，1999：3106 – 09．

［56］Fairbank，*Liang and Lin*，第15 – 16页。梁启超的密友丁文江和梁思成的清华同学徐宗漱以及吴文藻也参与编写。

［57］Charlotte Furth，*Ting Wen-Chiang. Science and China's New Culture.* Cambrideg，Massachusetts：Harvard University Press，1970：80 – 81．

［58］Fairbank，Liang and Lin，第19页。

［59］同上，第31页。

［60］同上，第28页。

［61］赖德霖．"科学性"与"民族性"：近代中国的建筑价值观．建筑师，62期：51．

［62］梁启超．1928年4月26日梁启超致梁思成和林徽英的信//梁启超．梁启超全集：第十卷．北京：北京出版社，1999：6290 – 6291．

［63］梁启超．中国历史研究法//梁启超．梁启超全集：第七卷．北京：北京出版社，1999：4144．

［64］梁思成与刘致平，《建筑设计参考图集》，第5 – 6页。

［65］梁启超．1928年4月26日梁启超致梁思成和林徽英的信//梁启超．梁启超全集：

第十卷. 北京：北京出版社, 1999：6290.

[66] 梁启超. 中国文化节//梁启超. 梁启超全集：第九卷. 北京：北京出版社, 1999：5109.

[67] 梁启超. 清代学术概论//梁启超. 梁启超全集：第五卷. 北京：北京出版社, 1999：3100.

[68] 梁启超的桐城派文风, 参见夏铸九. 营造学社——梁思成建筑史论述构造之理论分析. 台湾社会研究季刊, 1990 春：17. 梁启超在文学上对梁思成的影响, 中文比英文更加明显。

[69] 在梁启超, "新大陆游记节录"（《梁启超全集》第二卷, 第1153—1154页）一文中他写道他被美国国会大厦和图书馆所吸引, 认为是世界上最美丽的图书馆之一。

[70] 梁启超. 欧游心影录节录//梁启超. 梁启超全集：第五卷. 北京：北京出版社, 1999：2997.

[71] 同上, 第2993页。

[72] 同上, 第3021-29页。

[73] 梁启超. 梁启超全集：第六卷. 北京：北京出版社, 1999：3600-3602.

[74] 梁启超. 中学国史教本改造案并目录//梁启超. 梁启超全集：第七卷. 北京：北京出版社, 1999：3971-3977.

[75] 梁启超. 印度与中国文化之亲属的关系//梁启超. 梁启超全集：第七卷. 北京：北京出版社, 1999：4253-4254.

[76] 梁启超. 中国历史研究法（补篇）//梁启超. 梁启超全集：第八卷. 北京：北京出版社, 1999：4857.

[77] 梁启超. 中国考古学之过去及将来//梁启超. 梁启超全集：第九卷. 北京：北京出版社, 1999：4919.

中国古代建筑史研究

汉代的建筑式样与装饰

鲍 鼎　刘敦桢　梁思成

在文化史上，前、后两汉，是上承殷、周以来的传统文化，孕育发达到中叶以后，始渐渐按受西域和印度等异国趣味的渲染，下启六朝佛教昌盛的先声，这可说是我国固有文化第一次开始转变的一个重要时期。它的建筑和装饰雕刻，恐怕多少也受同样影响。不免接触许多外来的新资料、新题材和新的表现方法。那么两汉建筑的真面目，在我们想像中，究系一种什么形象？其所受外来影响，究至若何程度？尤其是我国建筑的结构原则，和结构所产生的外观，是否发生变化？都是值得我们研究的。

欲答解前项问题，第一须明了周、秦以来，至前汉初期我国固有建筑的式样，再与汉中叶以后建筑，比较研究，然后始有解决希望。不过我国建筑以木植为主要构材，自汉以来经二千余年气候摧残，和历史上连续不断的人力破坏，不但汉代木建筑渺不可得，就是六朝隋唐的木造物，至今亦未发现。故今日欲彻底解决问题，在事实上，恐怕绝不可能。但退一步言，我们不问外来影响至何程度，姑先搜集与建筑有关的直接、间接遗物，对汉代建筑式样和它的装饰进行初步分析，以为将来研究作准备，也许是研究过程中不可缺的一种工作。

所谓直接遗物，就是山东、河南、辽宁、四川诸省的汉墓、墓祠、墓阙和山东方面几种汉墓画像石，及散存各处的汉砖、瓦、石人、石兽和墓内残存壁画等。间接遗物则有铜器、玉器、漆器与陶制的明器多种。以上各项证物中所表示的建筑与装饰，因适合其本身制作目的和所用材料性质，致所描绘或镌刻的式样不尽相同。如陶制明器，为防止制作时弯曲破裂起见，四周多用墙壁包围起来，很少有独立凌空的圆柱或八角柱。但在浮雕历史故事为目的的画像石，便于点缀人物计，不论建筑物的面阔大小，只有左、右两端二柱，其间很少有柱和墙壁、槅扇的存在。虽其表现法各有所偏，但我们由此可推测汉代版筑、砖砌及纯粹木造建筑物的大概情形。所以表现方法愈多，我们取材范围，也就更为广泛。

汉代建筑工样，见于画像石、明器、墓砖和其他遗物中的，有住宅、厅堂、亭、楼阁、门楼、阙、望楼、"捕鸟塔"，及墓祠，坟墓、仓囷、羊舍、猪圈等等。以上各类建筑，依其本身性质和需条件，形成各种不同的外观；为叙述便利计，先作总括的介绍，然后再讨论各部分特征。其余汉人辞赋中所述的宫苑，陵寝因证物缺乏，只能留作将来讨论资料，本文恕不涉及。

住宅　住宅式样唯一的证据，就是汉墓中发现的明器。大多数系单层建筑，采用极其简单长方形平面配置（图1、图2）。正面

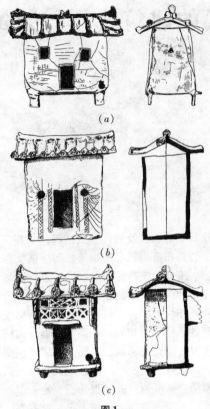

图1
(a) 牧城驿汉墓明器；(b) 南山里汉墓明器；(c) 南山里汉墓明器

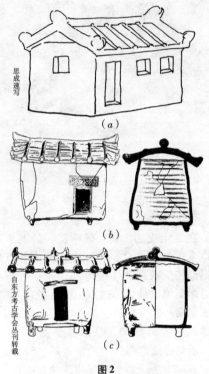

图2
(a) Laufer箸述中之汉明器；(b) 南山里汉墓明器；(c) 南山里汉墓明器

辟门。门的位置，或在正中，或偏于左、右。门侧开方窗与圆洞，或在门上设横窗一列，饰以菱形窗棂。左、右山墙上，设方窗、圆洞和三角形或桃形的窗。屋顶多用悬山式。

此外比较复杂的住宅，有用曲尺形平面者，系连接二栋长方形的建筑于一处，其余二面绕以围墙，全体平面略成方形。图3-b所示，屋正面的门、窗上部，有横线二道，似表示阑额的地位。其下有类似实拍栱之物，置于墙角与窗、门的中间，致窗与门皆成凸字形。屋后诸窗离地面稍低，排列狭而长的窗洞。第三、四洞，上、下各有横线一道，联为一组，也许是表示直棂窗的形状，但不能断定。

厅、堂　日本关野贞《支那山东省汉代坟墓表饰》内所载两城山画像石，有厅堂一座（图3-c），单檐四阿，柱上载有斗栱，和武梁祠石刻的手法大体相同。它的平面，据屋顶形状推测之，似亦系长方形。两侧复有对称式重檐建筑各一座，面阔和高度都比中央厅堂低小，似表示其为附属或陪衬的建筑。

亭　武梁祠石刻中，有仅容一二人，类似亭的单层建筑（图4-b）。此外两城山石刻中亦有亭，下部仿佛用斗栱承托（图5-a、图5-b、图5-c），其旁又有栏杆和梯，虽然非建于平地。另有一例，则于亭下用三跳普通栱，和硕大无比的曲栱一层，支持亭与梯的重量；曲栱前部，插柱一枚；柱侧有人乘舟（图5-d）；殆系表示水侧亭榭一类的建筑。

图 3

（a）营城汉子墓明器；（b）王玉父藏汉明器；（c）两城山画像石

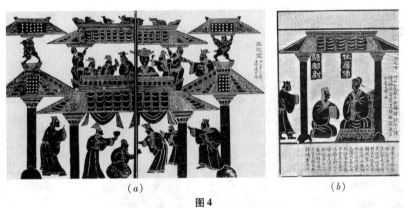

图 4

（a）武梁祠画像石；（b）武梁祠画像石

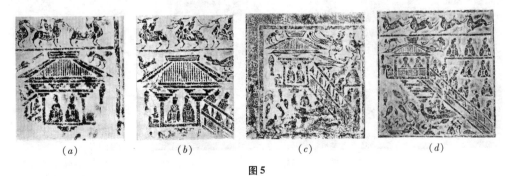

图 5

（a）两城山画像石；（b）两城山画像石；（c）两城山画像石；（d）两城山画像石

楼阁 武梁祠和孝堂山画像石内，有不少 2 层建筑。图 4-a 所示者，下层用普通木柱、斗栱，上层用栏杆、人形柱和四阿式屋顶。两侧亦有对称式重层建筑，但上、下皆仅一柱，是否即为阁道，不得而知。其下层之柱比楼柱稍高，在腰檐上设斜梯，与楼上层联络，比颜氏乐圃画像石所刻的水平形梯，结构稍为简单。

此外明器中，不乏多层楼阁的例（图6）。各层面阔和高度，不一定较下部缩进或减低，且有上层壁体用斗栱支出，比下层更大的。各层大多数都有平坐，平坐下面或尚有腰檐，用斗栱自下支持，与后代建筑的原则无别，其余斗栱、栏楯、窗、门、瓦饰等，另于下文详部结构内论之。

门楼 劳福氏（Lanfer）著述中所引的汉明器（图 7-a），系单层门屋。中央设双合门，两侧立颊的上面架阑额一层，屋顶则为悬山式，全体外观，与普通住宅无异。重层的门楼有伦敦大不列颠博物馆所藏汉明器残品（图 7-b），下层中央辟门，门侧二柱及门上横梁，镂刻极简单的卷草花纹；其上又有桃梁二处，承载腰檐，惟上层中部残缺，只有两侧二方窗，和一部分屋顶，不能窥其全豹。再次则为画像石中所刻的汉函谷关东门（图 7-c），并列两座式样相同的木造四层建筑于一处。这石在中国绘画史中，是我们所知道最古的一幅透视画；在中国建筑史中，是我们所知道最忠实最准确的一幅汉代建筑图，实在是最可贵重的史料。楼的下层中央设双合门，上施斗栱及檐。二、三两层都是长方形平面，于墙上开方窗，四周有走廊、栏杆和一栱二升式的斗栱。第四层无廊，只于墙壁上开窗，上覆四阿式屋顶；和屋脊上汉人惯用的凤凰。就全体比例言，上层高度和面阔都比下层低小，足证后代造塔的法则，汉代已经有了。

(a) (b) (c)

图 6

(a) 哈佛大学美术馆藏汉明器；(b) 宾夕法尼亚大学博物馆藏汉明器；(c) 叶遐庵先生藏汉明器

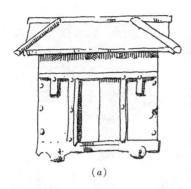  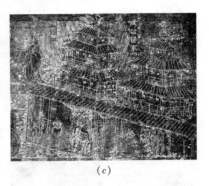

图 7

(a) 劳福著述中之汉明器;(b) 不列颠博物馆藏汉明器;(c) 波士顿美术馆藏画像石

阙 图 8-a 所示的建筑,在左、右两侧者,式样结构和现存山东、四川二省的汉墓阙,及嵩山启母庙阙,大体一致。惟在阙后面中央,镌刻二层建筑,点缀人物,不知是墓祠,抑系寺庙,无由决定。此外汉代墓砖上的浮雕,也有具双观重楼,类似木构的阙。其一,左、右双观系单层;中央主要建筑,则于门及腰檐上,用悬山和四阿式屋顶各一层(图 8-b)。另一例,双观用重层;中央门上,有类似栏楯一类的东西,其上重叠屋檐三层,体制较崇(图 8-c)。我们由此简单浮雕,可推想汉宫殿、陵寝和丞相府所用的阙,在原则上,与明、清二代午门并无极大的差别。

望楼 英国优摩忽拔拉斯氏(G. Eumorphopoulus)《藏陶录》内所收的汉明器望楼,系上、下 3 层(图 9-b),下层与中层之间有斗栱、平座。中层壁体比下层特别缩进。至上层,又用斗栱挑出,覆以四阿式屋顶。其全体比例和外观,与前述楼阁式建筑稍异,英国霍浦生氏(R. L. Hobgon)名为"望楼",似尚无不妥。

"捕鸟塔" 霍浦生《支那陶瓷器》第一册内所收的"捕鸟塔"(图 8-c),下部结构很像木构的架子,其上二层皆方形平面,各有平座。各层平座与壁体、屋檐等,都是上层比下层缩进少许。其上用四角攒尖的屋顶。和类似刹柱的装饰。图 9-a 所示,也是类似的楼阁,而各层构架和门、窗的木料,尤其表现得清晰。

上两层檐下的角梁(?)式斗栱,与图 6-b 两山所出的螭首,虽然是同一母题而异其用途的。晋、魏以后之木塔,如云冈石刻及日本飞鸟时代遗物所见,无疑的是这种多层建筑物的变身,所异者只在塔刹的象征而已。

图 8

(a) 纽约 Metropolitan 博物馆藏画像石;(b) 日本东京帝国大学藏汉墓砖;(c) 霍浦生著述中之汉明器

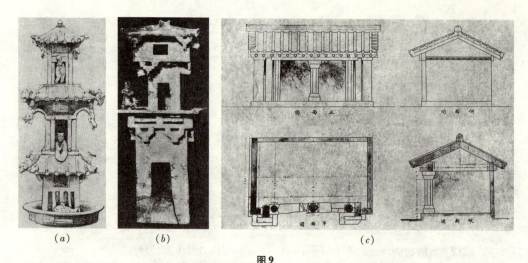

图 9

(a) 汉明器三层楼阁；(b) 优摩忽拔拉斯藏陶录汉明器；(c) 孝堂山郭巨祠实测图

墓祠 文献上许多汉代墓祠石室，现在只有山东肥城县孝堂山郭巨墓祠一处巍然存在，为现在我们所知道的汉代实际建筑唯一的例（图 9-c）。据日本关野贞调查，祠仅一间，平面约为五与三的比例。正面中央，有八角形石柱，分正面入口为二，乃后来不易多睹的结构法。除此以外，汉墓砖上浮刻的阙，二、三两层中央有柱（图 8-b）；明器中，也有正面中央施斗栱，和此性质相同的例（图 6-c）；可知当时建筑比较自由，不像后世用三间，五间……一定不变的法则。此柱两侧，复各有八角柱一，惟无栌斗和础石。屋顶系悬山式；正脊向上微微反曲；脊的两端比排山外皮挑出少许，各置瓦当一枚，除线条外，并无别种装饰。其余排山、瓦饰、檐椽、连檐等，另详下文。

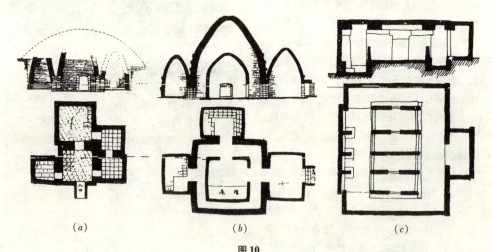

图 10

(a) 刁家屯五室墓平面及断面；(b) 营城子第二号墓断面及平面略图；(c) 熊岳城汉墓平面及断面

坟墓 两汉帝、后陵墓，现在未经科学的发掘，真状莫明。其余各处发现的小墓，为数虽多，但以全国言，仍系一鳞半爪，决非今日所能妄加论断。现在知道的简单坟墓，仅用木椁或累砌天然鹅卵石为外墙。再次则有规模稍大，用砖石构成的羡道和墓室。羡道大都南向。墓室的配列方法，极不规则；其数目亦多寡不一。室的平面或为长方形，或近于方形，或外侧再加套室一层，若走廊形状。室的上部，普通用砖砌成抛物线形的穹窿，也有偶然覆以水平形石板。现在略举数例，以窥大概（图10）。详细的陈述，则非本文所能容纳。

仓 日本滨田耕作所著《支那古明器泥象图说》内，有汉明器仓屋（图11-a），分上、下二层。下层设方窗，外侧有梯道连上层。上层有通气孔一处，窗二处。其上为悬山式屋顶。除此以外，最可宝贵的，要算山东省立图书馆所藏寿州出土汉明器，平面分为五间；每间有门，门外上、下有通长的连楹，两侧又有类似宋式"伏兔"的东、西小洞，备装门栓之用。其上为四阿屋顶和类似老虎窗（dormer window）的气楼二处，是窥当时仓屋建筑的大概情形（图11-b）。

囷 明器内圆囷的例，大都外观相同，惟屋顶瓦陇的分布有两种：(1) 滨田氏前书所载的放射式瓦陇，为数最多；(2) 南山里明器用十字交叉的脊，划屋顶为四等分，每等分用筒瓦三陇略成平行状态，与脊相交（图11-c）。

羊舍 波士顿美术馆所藏汉明器羊舍（图12-a），系连接两座高低不同的硬山建筑为一例，有梯自侧面绕至较高建筑的上部，其余三面，缭以矮墙，畜羊于内。又滨田氏书中，有略近圆形的羊舍，结构比较简单。

猪圈 猪圈有方、圆二种，俱见滨田氏前书内。方形者四面具围墙，规模比较宏大（图12-b），其一隅设斜坡，便升降。自坡左、右分趋，各有厕所，设于两隅，其下为饲猪场。此法在北方尚可随处发现。

以上就国内外已知证物，依其性质，作极简单的分类介绍。再次，分析汉代建筑的细部结构，讨论其特征如下。

一、屋顶

屋顶式样，有四阿、悬山、硬山、歇山和四角攒尖五种。几乎现在我们所用的几种普通屋顶，汉代都已经有了。五种中间，在汉代各种画像石、石阙及明器中所看到的，大部分属于四阿和悬山两种；仅明器中有四角攒尖顶（图8-c），及波士顿美术馆所藏汉明器为硬山顶（图12-a）。此外最特别的，

(a)

(b)

(c)

图11
(a) 日本东京帝国大学藏汉明器；(b) 山东省立图书馆藏寿州出土汉明器；(c) 日本京都帝国大学藏汉明器

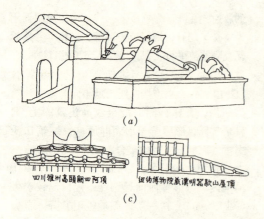
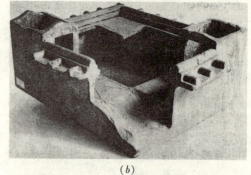

图 12

(a) 波士顿美术馆藏汉明器；(b) 日本京都帝国大学藏汉明器；(c) 汉屋顶

就是歇山顶的结构，系于四阿式的上面，再加悬山顶一个。二者之间，成梯级形状，致悬山顶的滴水，直接落于四阿顶的前、后檐（图 12-c）。此种式样，至后来仍然存在；如日本法隆寺玉虫厨子，和山西霍县东福昌寺的大殿（图 13-a），都是如此。后者似系元代遗物，虽时期较晚，但在平面上，上部悬山顶属于大殿本身，下部一面坡顶则属于殿周围的走廊。可为歇山式屋顶由于悬山与四阿屋顶拼合而成的绝好证物。又汉代屋顶成梯级形的，并不限于歇山，就是四阿式中，也偶然发现（图 12-c），可算是一件很奇异的现象。

多层建筑，在前述楼阁、门阙中，已经有过两层至四层的例。各层的屋顶，或全用悬山或全用四阿，也有并用两种于一处的（图 8-b）。我们由此可想像汉宫中各种殿台、楼阁中，必有不少复杂而富于变化的重檐建筑物。

在画像石和明器中看到的屋顶，虽然大多数都是檐端正面成一直线，但其中亦不乏屋角反翘的表示。叶遐庵先生所藏汉明器楼阁，其上层屋檐，有极显著的裹角法（图 6-c）。其斗栱形状和其他汉代遗物大体一致；并且壁面上所绘飞仙、人物，一部分与武梁祠画像石类似，恐怕是汉末的作品。此外明器多层楼阁中，有两个例（图 8-c、图 9-a），都是屋檐向四角上有极显著的生起。又少数石阙屋顶，亦具有极轻微的弯曲度；如嵩山太室石阙的连檐下皮，虽仍是水平直线，但瓦当和滴水，在最末一陇已微微提起，已致瓦陇上皮的外轮廓线，稍呈反翘状态（图 13-b）。此种表现法，就是最近发现的定兴县北齐石柱，亦复如此，也许是模仿木造建筑的裹角，而因材料制作不便，成此形状。我们根据以上诸例，虽不能马上断定裹角法已普及于两汉版图之内，但很怀疑此种结构，或者和下述富于地方色彩的蜀柱一样，在当时系某一区域的特有式样，然后慢慢波及全国。所以在同一时期内的遗物，不是每件都能一致。至于裹角法的策源地，现在尚属不明。据德国柏尔士满（E. Boerschmann）教授的主张，此法传播经过，系自南而北。我们虽承认它极有倾听理由，但事实上的证明，恐怕现在为期尚早。

屋顶的切断面，都有很深的出檐。其坡度据石阙与明器所示的，都很平坦，似乎比《考工记》"瓦屋三分"的坡度更小。画像石所刻的屋顶高低，虽不一律，然除少数例外（图 8-a），亦以比较平坦者居多。

图 13
(a) 山西霍县东福昌寺大殿；
(b) 嵩山太室石阙顶（正面）；
(c) 嵩山太室石阙顶（侧面）

至于屋顶的反宇结构始于何时，和它的发展经过，现在尚属不明，不过据最近旅顺南山里汉墓内发现的明器多种（图1－b、图1－c），已经证明汉班固《西都赋》中描写的"上反宇以盖载，激日景而纳光"，完全属于实事。

近年辽宁省发掘的汉墓内，有不少明器具有略似卷棚式的屋顶。和现在北方农村建筑物中，屋背略拱，上抹麻刀灰的，大概相同，也是值得注意的。这类农舍式明器，规模都很狭小，恐怕是当时最简单建筑的缩影。其中大多数，都于圆形屋背上面，再加正脊一线（图1－c、图2－b、图2－c）；但也有坡度较低完全没有正脊的例（图3－a）。此种屋顶的发生时期，最晚亦在汉代，由此得以证实。

文献上所载宫殿前部天子临轩的"轩"，实际上作何形状，现在全属不明。惟两城山画像石中有于檐下再施短檐一层，如雨搭形状（图5－c），是否即为简单化的"轩"，尚无法断定。

檐端结构据实例所示，只有圆形椽子一层，并无后代所谓飞檐椽。不过《说文》有"桷，方椽也"的记载，似当时圆椽以外，必尚有一种方形椽子。椽的排列亦有二种：（1）最普通的与上部瓦陇方向平行；（2）雅州高颐阙的椽子，至翼角成斜列状。椽的空当在石阙顶上看到的，都很疏朗，至少在椽径两倍以上。最奇怪的，椽的前端在孝堂山石室，好像已有卷杀的表示（图9－c）它的装饰，在文献上本有"壁当"和"龙首衔铃"一类的记载；据关野贞与村田治郎二人著述，朝鲜乐浪时代有瓦制椽头装饰数种，或者"壁当"一类的东西。在汉代实有其事，并非绝不可能。此外孝堂山石室承受檐椽的小连檐，两端琢有曲线（图9－c），很像宋式三瓣头的前身，也是一桩可注意的事。

正脊形状，要以水平直线的居大多数。向上反曲的只有孝堂山石室，嵩山太室石阙和南山里发掘的汉明器数种（图1－b、图9－c、图13－b）。脊的表面，饰以线条和花纹（图3－c、图4－a、图9－c）。脊上则用凤凰和猿、人（图14－a）；与山字形博山炉及其他装饰（图6－b、图12－c）。正脊两端形状，见于画像石和石阙中者（图14－b），种类颇多，但无六朝以后的鸱尾,唯明器中有仿佛相像的例:如南山里明器中,脊的两端在侧面累叠瓦当三枚,成品字形,致其正面向上弯曲,和北魏云冈石窟的鸱尾颇相类似(图1-a、图1-c、图2-c)。此种重叠瓦当的办法,又见于嵩山太室石阙(图13-c),显然是当时通行结构法的一种。不过鸱尾是否创于汉代,历来赞否不一其说,现在我们要根据南山里诸例,对于反对说中最有力的《北史》宇文恺传"自晋以前未有鸱尾",虽尚未猎得完全否认它的确证,但最少限度,我们可以说汉代已经有北魏和唐代鸱尾的雏形了。

四阿式屋顶的垂脊式样,在山东两城山画像石中,其前端作尖形,伸出屋檐外甚长(图5)。明器中则多用筒瓦,以其前端的瓦当向上微仰,成二叠或三叠形状(图6-a、图6-b)。如果后者所示与实状符合,足证后世垂脊和戗脊的结构原则,早已发生于汉代。高颐石阙的垂脊,一部分也是用筒瓦,一部则为矩形切断面,其上覆以薄板;又于垂脊前部,用类似鸱尾的装饰(图12-c);都是讨论汉代脊饰绝好的证据。

汉代遗物中,有不少悬山顶的两端具排山结构,也是讨论汉代建筑最有兴趣的问题。排山勾滴的配列法,据现在知道的有二种:(1)一部分明器和孝堂山石室,都和山面成90°正角,惟最下一陇列角勾头,成45°(图6-b、图9-c),和清式山墙上的墀头结构几乎一致;(2)南山里明器的排山勾滴,成斜列状(图1-a、图2-b)。

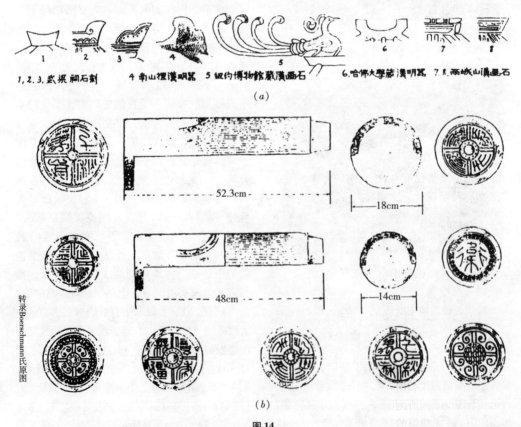

图14
(a) 汉代脊饰;(b) 秦汉瓦当

在多层建筑中，各层屋顶都有博脊和合角吻（图4-a、图7-c），当然是随事实要求而产生的结构法。如果《考工记》"殷人重屋"的记载不谬，他的发生时期，或者尚在汉代以前？

汉代的瓦，有筒瓦和板瓦两种。石阙所示，都是二者并用，和后代方法相同。但武梁祠画像石中在各行板瓦的中间，刻直线三条（图4-a），很像现在北方通行的"仰瓦灰梗"，即用板瓦仰置，中间抹灰一条。瓦当形状，有圆形和半圆形的区别。后者数量较少，疑系周代旧法。到秦、汉以后，慢慢终于淘汰。当时瓦上无釉，据何叙甫先生所藏汉瓦当，它的着色方法，为下面涂石灰一层为地，其上再涂朱，和近代发掘燕故都的瓦当一致，可知仍是周代遗法。瓦当上花纹不外文字和动物、植物三种（图4-b），当于装饰一项内，再加讨论。勾滴形状见于石阙等处的（图13-b、图16-b）。只将板瓦微微伸出连檐外面，并非下椽突出。所以汉代是否有后世同样的勾滴，尚属疑问。

二、斗栱

秦以前是否已有斗栱，因实物缺乏，无法证明。及至汉代，文献和实例，都能证实木造建筑已确有此种结构法。不过画像石所刻的形体过于简单，据为推测资料，尚嫌不够。幸尚有少数石阙和明器上的斗栱，可以互相比较研究，也许由此略能知道汉代斗栱结构的一点梗概。

汉代各种遗物中所表示的斗栱式样，大别之，可分为二类。一类同我们后来看到的普通栱同型。一类栱形弯曲，也可以称作"曲栱"。后者内，除山东两城山石刻（图5-c、图5-d），略能暗示古代利用天然弯曲木材来做曲栱外，其余四川诸阙所刻的复杂形体，都是一种装饰作用，在木建筑的结构上，绝无实现的可能性，故以下只讨论第一类栱的结构。

汉代普通型斗栱，和建筑物其他部分的联络关系，在陶制明器中，每自墙壁出华栱，或斜撑，或挑梁，承托栌斗，其上施栱，受平座和屋檐（图6-a、图6-b、图8-c、图9-b、图15）。在画像石所示的木造建筑，则栌斗直接置于柱头（图7-c、图8-a），或阑额（图5）上面，与后世无别。此外四川石阙上所刻的斗栱，在栌斗下面另用短柱一枚，支于枋上（图15）。除高颐、冯焕、沈府君诸阙外，汉代别种遗物中，现在尚未看见同样的例，似乎此法带有地方色彩，当时尚未十分普及。后世斗栱下面用蜀柱的制度，顾名思义，蜀是四川的别称，也许就是受前述短柱的影响，殊未可知。

栌斗的比例，如果画像石和孝堂山石室所表现的有相当权衡（图9-c、图16-b），斗的长度不用说，就是斗底也大于柱径；当时斗栱的雄大，不难想像。栌斗的欹很高，它的曲线凹入甚深。可是我们现在所知道的证物中，尚未发现皿板。

栌斗的栱有三种。最普通的，栱上只有两个散斗，不但冯焕阙如是（图15），就是画像石和明器中，都有不少的例（图5-a、图7-c、图8-c）。也有重复的结构，于二散斗的上面，再各加一栱，栱上仍用散斗两个（图7-c）。此种二斗式的栱数量较多，好像是当时最通行的方法。虽说到后来归于淘汰，但日本法隆寺玉虫厨子的云形栱，也是二斗式（图15），或者六朝时，朝鲜、日本尚保留一部分汉代遗法。其次则如高颐石阙和一部分明器的斗栱，在二散斗中间，加一小长方块，很像自斗部挑出来的蚂蚱头（图6-a、图6-b、图15）。我们若将高颐和沈府君二阙的斗栱，比较研究（图15），也许这长方块，就是一斗三升的滥觞。再次则为一斗三升斗栱（图8-a），他的发生时期，恐怕要比前二种稍晚一点。

汉代栱的形状，有的栱身很高，其下缘线和上缘线都用很剧弯曲的平行线，表示

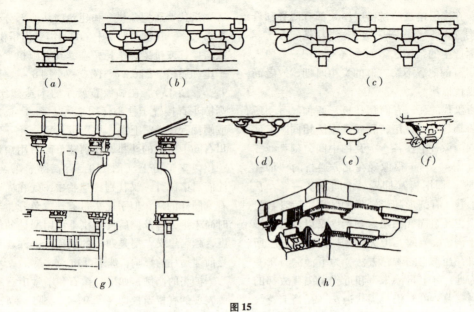

图 15

(a) 冯焕石阙斗栱； (b) 高颐石阙斗栱； (c) 沈府君石阙斗栱； (d) 函谷关东门石刻；
(e) 玉虫厨子； (f) 汉明器； (g) 汉明器（穆勒氏书）； (h) 赵氏石阙斗栱

其为原始型利用天然曲木的形状（图 6-b、图 15）。有的用于 45°的直线斜杀（bevel）似乎就是后世三瓣至五瓣卷杀的前身（图 15）。有的用海棠曲线，好像两个 ovolo 连接一处（图 15）。也有栱的上缘，比下缘短（图 6-a），致栱两端的下部，向外䐴出，略如日本法隆寺金堂斗栱。足窥当时栱的式样十分自由，尚无后世比较划一的现象。

在各种明器中，可以看出斗栱上面用替木的方法，也是一桩很有趣的事（图 6-a、图 6-b）。替木的位置和后世一样，施于散斗之上和平座、屋檐之下，纯系一种联络构材。它的长度当然比栱身稍长。两端的卷杀有斜杀和近乎圆形两种。

两城山画像石所示木造建筑的斗栱配列，除柱头铺作外，又有补间铺作一朵或两朵（图 5-b）。如果它所刻的和事实一致，则汉代斗栱不仅只有柱头铺作一种，这不能不算为斗栱发达史中一件重要证据。但此例以外，尚未发现同样证据；我们虽不说"孤证不足信"，但不能不保留最后的判断，静待旁证出现。

以上系就普通型斗栱的正面对面而言，至于侧面的结构，明器和石阙所示的，都只一跳，唯两城山画像石中有四跳斗栱（图 5-d）。除下层曲栱外，上面三层，都和唐、宋以来正规华栱一样，并且华栱还是偷心造，真是极可宝贵的证据。从前我们想像文献中所载汉代许多伟大建筑物，如果没有三跳以上的华栱，恐怕不容易支持出檐重量。现在依前述的两城山石刻，可以证明此种幻想，和事实不致相差太远。

转角铺作的结构，据穆勒（H. Moeller）所绘汉明器望楼（图 15），和优摩忽拔拉斯《藏陶录》的望楼（图 9-b），都于平座下，正、侧二面近转角处，各出挑梁，上施一斗三升斗栱，并无角栱，也许就是没有转角铺作以前的结构法。其次图 6-c 和穆勒氏书中的望楼上层（图 15），在墙角处挑出一部分壁体，其上置横板，与正侧二面墙身，都成 45°角，板的两端各施栱二层，承受上层壁体，或屋顶下的横枋。比此更简单的，则有霍浦生所述捕鸟塔（图8-c），也自墙角出45°的栱，承托平座。以上三例的结构法，都是大同小异。或者此种办法，就是汉代转角铺作的一种，亦未可知。此外赵氏石阙所示的图15，虽并非真实建筑物但已暗示角斗下面，用正、侧二栱承托的方法，足供参考。

三、柱及础石

在画像石中看到的柱，很难判断它的断面是圆形或方形。惟汉代墓葬中，有圆形和八角柱二种，表面都镌刻人物和其他花纹（图16-a）。实际建筑物的柱，则有孝堂山郭巨祠的八角石柱（图16-b）。他的比例十分粗巨；据关野贞著述，柱的高度只有二尺八寸余，直径倒有九寸；柱径和高，约为1与2.14的比例；柱身上、下直径大体相同，并无收分和卷杀。柱的东面尚残留一部分浮雕，足证《三辅黄图》"雕楹"之说，不是虚妄。此外武梁祠画像石所刻的各种不同姿势的人形柱（图4-a），有些过于滑稽怪异，当时恐怕未必实有其例，就是后代石刻上，也难找到同样的证物。

柱础形状，武梁祠画像石内有三种（图16-c）。其中二种，础石向上凸起，插入柱的下部，虽说略能联络柱与础石，然实在得不偿失。因柱上重量如果超过柱断面所能担任的范围；或上面重量，是偏心加重；则柱下部一定破裂发生危险，所以此式至后来渐渐归于淘汰。除此以外，孝堂山和汉墓的柱础（图16-a、图16-b），完全是一个倒置的栌斗，置于柱下，仿佛与明、清二代的柱顶石相类，不过它的欹很高，不像鼓镜，并且欹以下还有一部分方座，露出地面上。

(a)

(b)

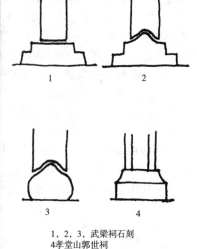

1，2，3，武梁祠石刻
4 孝堂山郭世祠

(c)

图16
(a) 日本东京帝国大学藏汉墓砖；(b) 孝堂山郭巨祠八角石柱；(c) 汉柱础四种

四、门窗与发券

汉代的门，要算图6-c所示的函谷关东门一图，最为重要。门的位置，在四层建筑的下层中央，具有左、右二扉。扉各有铺首和门环，但无门钉。门的两侧，又有腰枋一层和余塞板，足证明清宫殿、坛庙的门制，大体已成立于汉代。铺首式样，在英伦博物馆所藏汉明器中，亦有同样的刻画（图17），其他汉铜器及漆器中，实例更多。如果我们将秦以前的饕餮纹和以上诸例比较研究，则汉代铺首仍未脱饕餮纹的窠臼，很为明显。

建筑物外部的门，据明器所示，门上有极简单的雨搭（图1-c、图2-c）；或于门楣上面，再出挑梁承托短檐，结构比较复杂一点（图7-b）。门的形状，普通都是上、下同一宽度，不过汉墓中有略似马蹄铁形状（图18-d）；和上狭下阔，如希腊Erechtheion的门，很为奇怪（图18-c）。门上的结构，难说横梁式（lintel system）占大多数，但其时已有发券方法：如乐浪南山里诸汉墓的券门（图18-a），及波士顿美术馆所藏汉明器羊舍（图12-a），都用半圆形发券。它的结构法有单券、双券和两券一伏（图18-a、图18-b）数种，足证清代惯用的券伏重叠方法，早已见于汉代。并且南山里券门上所用的砖，系上大下小，专为发券而制造的楔形砖，令人惊异当时技术的进步。除此以外，营城子汉墓和刁家屯五室墓内，又有弧状发券（segmental arch）（图10-b、图18-c），尤以前者形状近乎平券（flat arch），足证其时发券种类之多。

窗的形状，以长方形为最多；也有方形、三角形和圆形、桃形的小窗。窗棂种类，最普通的要算斜方格；次为十字交叉形（图1-c）。类似直棂窗的虽有一例，但不能断定（图3-b）。窗棂的装置，明器中有些装在墙壁外侧（图6-a、图6-b），是否和实际情

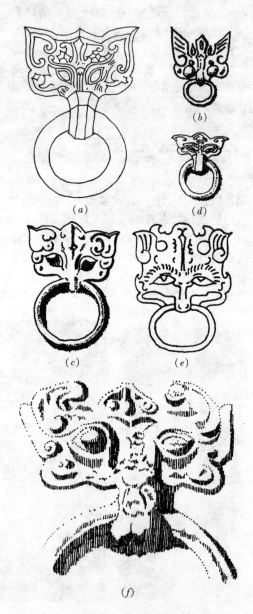

图17 汉铺首式样
(a) 乐浪出土汉铜器；(b) 伦敦博物院藏汉明器；(c) 柏林Staatliche博物院藏汉明器；(d) 乐浪出土汉铜器；(e) 乐浪出土汉漆器；(f) 乐浪出土汉铜器

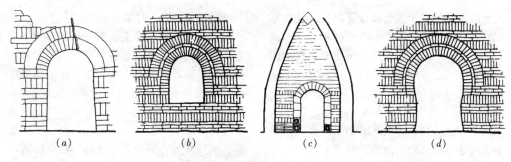

图 18

（a）南山里第四号墓门；（b）营城子第一号墓门；（c）刁家屯汉墓；（d）营城子第一号墓门

形符合，现在无法证明。

五、平座及栏杆

画像石和明器中的楼阁，差不多各层都有栏杆。其中半数，栏杆设于平座的上面（图6-c、图7-c、图8-c、图9-b），惟平座下，或直接与腰檐衔接，或另用斗栱承托，极不一律。在大体上，后世平座结构的原则，汉代已经有了。

栏杆式样，最普通的是在寻杖下面的各蜀柱中间，再施横木一条或两条（图6-a、图8-a、图8-c、图9-b）。其交接点往往加以圆形装饰、类似巨钉。两城山画像石所示的（图5-d），横线数目过多，恐怕是板的表示。此外也有用套环形（图6-b），和鸟类（图6-c），及其他装饰花纹（图4-a）。其中和北魏以来的勾栏比较接近的，当推画像石内的函谷关东门与两城山石刻二例（图5-a、图7-c），都在寻杖下用短柱，其下盆唇和地栿的中间，复用蜀柱和横木，甚类云冈石窟中的斗子蜀柱勾栏。所不同的，只是上、下二层柱的位置，未能一致。也许后世的勾栏，就是由它改进而成。

六、台基

中国建筑因屋顶过大，全靠下部的台基来作衬托，故台基功用，和屋顶一样重要。古籍上所载"尧堂高三尺，周天子之堂高九尺"，虽不可考。然周末燕故都的台基，现在尚留存多处，伟大非凡，足证周末以降，筑台的风气盛极一时。未央宫前殿台基（图19），据说是截切龙首山而成，现存

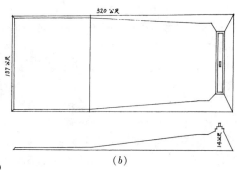

图 19

（a）未央宫前殿遗址；（b）未央宫实测图

残址最高处约高十四公尺，证以张衡《西京赋》"重轩三阶"，此崇峻的台基，当时或分上、中、下三层，也是事所应有。它的面阔约百公尺，进深约十公尺，虽比记载上东西五十丈（约合一百一十五公尺）南北十五丈（约合三十三公尺半）略小；但千余年风雨剥蚀，和人力破坏的结果，尚能保留上述尺寸，则其最初规模，异常宏大，可以想见。

小规模建筑的阶基，当以两城山画像石（图3-c）所刻的最为明了。其结构先于地面上立间柱。柱与柱之间有水平横线数条，也许是表示砖缝的意义。其上加阶条石，表面上刻有花纹。此种办法，与日本法隆寺诸建筑对照，在原则上可云完全一致。所差的只间柱下面无地栿，和柱与柱之间用石板二事而已。此外孝堂山石室也有简单阶基，具见前图，不再及。

七、墙壁穹隆

汉代墙壁结构，现在可据为参考的，只有乐浪和南山里等处汉墓中的砖墙。普通砌法，用一层 stretching course 的横砖，和一层直砖，交互叠砌。也有用二层或三层横砖，与一层直砖合砌，横砖中，最少必有一层用 heading course，比前法稍为复杂（图18）。墓室上的圆顶切断面，近于抛物线形。或仅用横砖，或用横砖和直砖合砌，都是外侧稍高，逐渐向内挑出，其性质介乎 cobelling 和发券二者之间（图10、图18）。至顶，覆以水平层之砖，或以方砖斜嵌于顶穴内。

汉代的砖，有普通砖、发券砖、地砖和空心砖数种。发券砖见前。普通砖修砌墙壁时，用石灰与否，殊不一律；除此以外，亦可以之铺地。专门用于铺地的砖，大抵都是方形。空心砖也有制为柱、梁各种形状，大概为防止墓内潮湿，和烧造时火力易于熟透的缘故而特制的，故取空心的方法。

文献上所载墙面上的壁带、列钱等，现在尚属不明。不过前述各种砖的表面，有不少的例，都浮刻人物、禽、兽、建筑物及文字铭刻和各种几何形花纹。可见汉代的砖，不仅是一种主要结构材料，并且还具有装饰的使命。墙上壁画，如刁家屯和牧城驿诸汉墓，不问其为普通砖或浮雕砖，都先涂石灰一层，其上再施彩画。

八、装饰雕刻

汉石阙和画像石内所表现的建筑装饰，实在有限；但装饰题材，见于其他美术工艺品者，甚为广泛，苟能综合研究，亦能略窥汉代建筑装饰的一斑。

最近二十年来，日本人在朝鲜发掘汉乐浪郡的遗迹，和辽宁省南山里、营城子、牧城驿、熊岳城等处的汉墓，对于汉代建筑装饰，获得不少证据。就中乐浪郡为前汉武帝时平定朝鲜后所置四郡之一，其郡治遗址，在今平壤大同江左岸，附近有不少汉墓。据发掘出土的古物年代铭记，包括前汉昭帝始于二年（公元前85年），至后汉明帝永平十二年（公元69年），不独可供建筑装饰的参考，并可窥汉中叶文化的大概情形。遗物中最可宝贵的，当推漆器上描绘的花纹，很细密纤丽，并且生动流畅，足证当时绘画技术的精进。花纹中有不少云气纹、藻纹和龙凤、人物等；据《西京杂记》载董贤宅"柱、壁皆画云气、花卉"，及昭阳殿"椽、桷皆刻作龙蛇，萦绕其间"，则当时建筑物柱、壁、椽、桷上所施的彩画和雕刻，与漆器上描绘的花纹，实具有密切关系。又前举各种铺之首（图17），在石刻与明器上见到的，完全和铜器上的铺首一致。我们由此知道汉代美术工艺品所表现的纹样，纵非全部，必有一部分与当时建筑装饰相同。以下就现在知道的材料，分为自然物纹样和人事纹样二类。

（1）自然物纹样　汉代自然物纹样中，有云气纹、云龙纹、藻纹，和动物纹样中的龙、凤、虎、朱雀、玄武等。云龙纹样，如武梁祠画像石所刻的（图20），气魄雄伟，强劲有力，为汉代艺术中极其珍贵的作品。乐浪出土汉漆器的云气纹和藻纹，则以画法纤丽与线条活跃见胜（图21-a、图21-b），但也有构图、描线近乎图案化的（图21-c、图21-d）。又大同江出土的金错筒（图22），表面满刻人物、禽兽和龙、凤之属，奔驰飞跃，都很自然；其间更点缀山岳、云气，互相综错，成一幅很繁密的神秘画图。

图20　武梁祠画像石

汉代自然物纹样中属于动物一类的，以四神和龙、凤最为普通。除见于石刻（图13-c）、明器（图6-b）、瓦当（图23）、地砖、墓砖（图24），和漆器等外（图25-a、图25-b），乐浪古墓的玄宫内，亦有四神壁画，都是描线生动，如《西京杂记》所云"鳞甲分明，见者莫不兢慄"。此外画像石和瓦当上的各种动物，种类甚多，大都构图比较简单，而生动的特征，仍然如一。

汉代自然物纹样中，尚有一特点，就是植物类纹样已逐渐发达，除前述藻纹外，尚有莲花、葡萄、卷草、蕨纹和树木等等。

莲花用于藻井，即王延寿《灵光殿赋》所称的"圆渊方井，倒植莲渠"。现在虽无

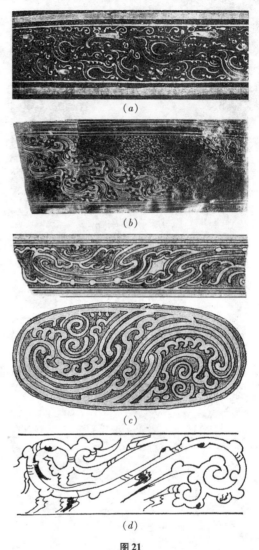

图21
(a) 乐浪出土汉漆器云气纹；(b) 乐浪出土汉漆器云气纹；(c) 乐浪出土汉漆器云气纹；(d) 高句丽古坟壁画

实例证明，但可以南北朝石窟内的藻井雕刻推之，相去当不很远。葡萄纹多见于铜镜。卷草纹完全和希腊 acanthus scroll 相同的尚未发现，万以石刻中所示者，不能算为卷草（图2b-a）。但白怀德（W. C. White）在洛阳发掘的周末韩君墓，其中已有类似卷草的

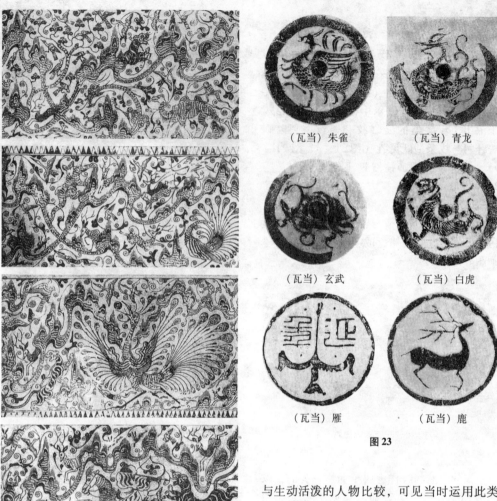

图22 朝鲜大同江出土金错筒

（瓦当）朱雀　　（瓦当）青龙

（瓦当）玄武　　（瓦当）白虎

（瓦当）雁　　（瓦当）鹿

图23

纹样；乐浪出土漆器中，则更有比较接近的例（图2b-a）。此两种花纹，在汉以前，都未发现过。其中葡萄一项，自西域输入，见诸记载，可说完全受西方的影响。蕨纹亦见于韩君墓出土的铜器，在汉代则多用于瓦当（图2b-c），到后来变体甚多，几乎成为一种图案式的花纹（图14）。至于瓦当和石刻中所表现的少数树木，构图都很古拙，不能与生动活泼的人物比较，可见当时运用此类题材，尚未达到圆熟的程度。

（2）人事纹样　汉代人事纹样中，属于文字一类的，大多数用于砖瓦铭刻（图14）。在周代遗物中，很少看见此种办法，似系蹈袭秦代遗习。关于历史、传说、风习一类的雕刻，在当时可称盛极一时；现在留存的武梁祠、孝堂山、两城山画像石，无不属于此类。就中以武梁祠所刻最为丰富精美，首屈一指。其题材内容，上自历史事迹，下至神仙、列女、孝子、刺客、战争、燕饮、舞乐、庖厨、狩猎、农耕等，应有尽有；而人物描刻，能以简劲、生动、饱满见长，处处表出活跃情状，不愧为汉代艺术的代表作品（图20）。

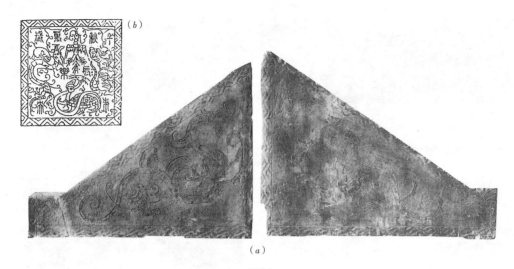

图 24
(a) 日本东京帝国大学藏汉墓砖；(b) 汉地砖

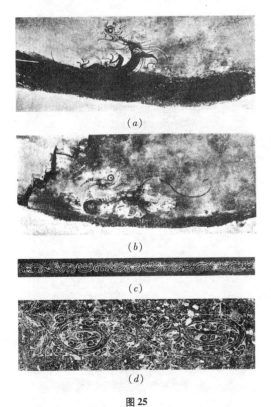

图 25
(a) 乐浪出土汉漆器云龙；(b) 乐浪出土汉漆器云龙；(c) 武梁祠植物纹样；(d) 孝堂山植物纹样

人事纹样内，尤足注意者，就是秦以前盛行的雷文，到汉代渐渐至于淘汰，而代以各种简单线条所组织的几何花纹（图27）。此项花纹，种类甚多，且互相参合变化，愈演愈繁，不能一一列举。现在姑就原则上，分为锯齿纹、波纹、菱纹等十余种。山纹多见于铜器，其用于建筑方面的，往往不加琢饰，成一种简单锯齿纹。波纹见于武梁祠石刻，但因材料制作不便，远不及漆器上所绘的流畅美丽。菱纹、折带纹、箭状纹、连钱纹、S纹等，多用于墓砖，亦偶见于石阙；其中S纹已见于周末韩君墓。绳纹见于武氏阙。连珠纹见于冯焕阙。套环纹见于明器。垂幛纹见于嵩山太室阙。雷纹偶用于墓砖，但其施于铜器上者，颇富变化，且有类似云纹形状的。

汉代装饰中除前述两类纹样外，尚留存少数立体雕刻，如霍去病石马，和南阳宗资墓的天禄、辟邪石兽；嵩山太室及曲阜鲁王墓的石人；四川高颐墓和山东武梁祠的石狮等，制作都是古朴（图28）。最好的例，无如高颐墓石狮，昂首挺胸，后部微微耸起，完全是一种力的表示。现存南京附近六朝诸

汉代的建筑式样与装饰

图 26
(a) 汉桓帝永兴元年孔庙置守庙石卒史碑花纹;(b) 乐浪出土漆器卷草纹;(c) 乐浪出土蕨纹瓦当

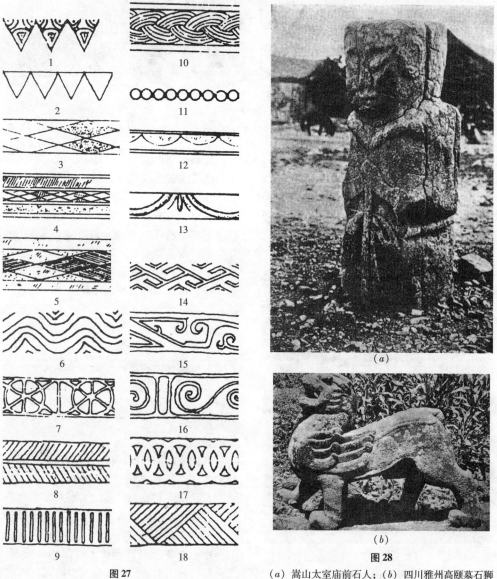

图 27

图 28
(a) 嵩山太室庙前石人;(b) 四川雅州高颐墓石狮

墓的石兽，均系由此所蜕化。

综合以上各点，我们对于汉代建筑的真面目，虽不能作彻底的认识，但多少也可得到一种约略的印象。在此种印象中去寻求汉代建筑所受外来的影响，当然不能作具体的结论，但也可以提出数种论点，供大家研究。

（一）汉代遗物所示的屋顶、瓦饰、斗栱、柱、梁、门、窗、发券、栏杆、台阶、砖墙和高层建筑的比例，在原则上，一部分与唐、宋以来，至明、清的建筑，并无极大的差别；并且一部分显然表示其为后代建筑由此改进的祖先。故自汉至清，在结构和外观上，似乎一贯相承，并未因外来影响，发生很大的变化。

（二）在装饰纹样方面，汉以前惯用的雷纹，已渐至于淘汰，而代以各种简单线条组成的几何形纹样，但寻不出甚深的外来色彩。植物纹样汉时似已萌芽，是否完全受外来影响，未敢断言，但葡萄纹无疑地非我国装饰上所固有。

（三）发券和穹隆二种结构，是否受西方影响，现在尚属不明。

（四）在后世中国建筑中，占有极重要位置的佛塔，尤其是晋、魏、南北朝的四角木塔，其肇源于汉代"捕鸟塔"一类的多层建筑，是无可疑的。

以上仅就笔者所知有限的资料，作初步尝试的推测，挂一漏万，自知难免，甚望读者赐予指正，俾获得补充和修改的机会。

原载于《中国营造学社汇刊》
第五卷第三期
（1934年12月）

中国古代院落布置手法初探

傅熹年

十余年前，在探讨中国古代城市和大建筑群规划布局手法时，曾发现在城市规划和大型建筑群组布置中，都采用一定的长、宽或面积为模数，如隋唐洛阳、明清北京城都以宫城之面积为模数，紫禁城宫殿的主要部分以后两宫之长宽为模数，天坛坛区以祈年殿下大方台之宽为模数等。但这些只是从大范围进行控制的扩大模数，一般说只解决总体和局部的关系和不同建筑群间的相互关系，至于具体到一个宫院或院落内部如何布置，如何控制其相互关系，尚不清楚。近年从事《中国古代城市规划、大建筑群布局和单体建筑设计规划和手法研究》专题，对这方面又作了进一步的探讨。当试图把这些实测尺寸换算成当时的丈和尺，以推测其设计手法时，发现一些很有趣的现象，即在院落或大建筑群组中往往使用整的丈数。再进一步探索，又发现在这些布局中大都利用一定尺度的方格网，建筑物和庭院空间尺寸并不完全与网格相符，不能算是模数，但又多和它有一定的呼应关系，可以认为是一种可供参照的基准线。方格网的尺度最大可达50丈，用于大型宫城的总体布局，一般用于建筑群和院落的，视其大小有方10丈、5丈、3丈几种。循此线索，尽量去搜求有一定数据或有较高准确度的各个时代、各种类型的建筑群组或建筑遗址的总平面图进行验证，发现的时代上

自隋至清，在类型上包括宫殿、坛庙、寺观、邸宅等大中型建筑群，在规划设计中大都采用这种方法，可以认为是中国古代规划大型院落或院落群通用的方法。此外，还在大量的总平面图和院落平面图中发现另一特点，即都尽量设法把建筑群组或院落中的主体建筑（主殿、主厅……）置于地盘的几何中心位置，这种居中的做法，古籍中称为"择中"，也可以认为是在中国古代大型建筑群规划布局中最重要的具有普遍性的特点之一。

下面即按建筑类型分别介绍于后。

一、宫殿

从目前所能掌握的资料分析，至迟自隋唐开始，在大型宫城和宫院的布局中，已开始分别采用大小不等的方格网为布置的基准了。

1. 隋唐洛阳宫殿：隋东都建于大业二年（606年），其宫殿核心部分为大内，东西宽1030米、南北深1052米，基本为方形。按当时尺长0.294米折算，东西宽350.3丈，南北长357.8丈，相差7.8丈，约当2%。当时长距离测量或以步，或以丈杆、丈绳，精度较差，可以认为二者相等，即大内方350丈。另在大内中心部分发现隋乾阳殿和武周明堂两遗址，左右有廊庑址。其廊庑址东西外墙间之距离为145米余，约49丈余，近于50丈。

因此，如在大内平面图上画50丈方格网，东西、南北各可得7格。乾元殿东西庑外墙基本与南北向中间一行网格同宽，乾阳殿居大内之几何中心，而武周明堂之中心又恰落在殿南东西向网线上；在大内南墙上还可看到正门应天门及东西的明德、长乐二门之中轴线又恰居南北向网格中心，相距各为2格，即100丈。由这些现象看，隋建洛阳大内时，极可能是利用方50丈的网格为基准的（图1）。

2. 唐长安大明宫：循着在洛阳宫发现的线索，在大明宫实测图上探索，也发现相同的现象。大明宫建于唐龙朔二年（662年），平面近于南宽北窄的梯形，南宽1370米、北宽1135米、深2256米，按尺长0.294米折算，分别为466丈、386丈和767丈，并不以50丈为单位。但宫内前部有三道东西行的宫内墙，第一道南距宫南墙490米，第一、二道间相距145米，第二、三道间相距300米，第三道北距宫北墙1321米，折成唐尺后依次为167丈、49丈、102丈和449丈。其中后三个数字如考虑当时测量定线的精度和较复杂的地形变化，可以认为是50丈、100丈和450丈，它们分别是50丈的1倍、2倍和9倍。这就表明大明宫在第一道宫内墙以北是以50丈网格为基准布置的。第一道宫内墙与宫南墙之距不是50丈的倍数有其具体原因。大明宫建

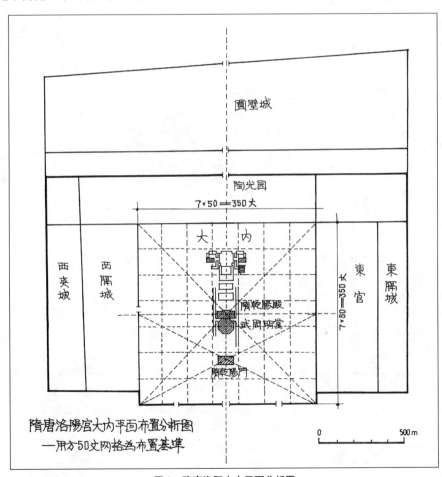

图1　隋唐洛阳大内平面分析图

在龙首原上，有意把含元殿及其东西之第二道宫内墙建在原南缘陡崖处以据形胜之地，其位置是由地形决定的，而宫南墙是借用唐长安外郭北墙的东段，是原有的，这就决定了二者之间距是既定的，为145米加490米，即635米，合216丈，故不可能为50丈的倍数（图2）。

大明宫南、北墙之宽都不以50丈为单位则另有原因。从大明宫与城内街坊之关系可以看到，其北墙之宽与南面城内与它遥遥相对的朱雀街东第三行坊翊善、崇仁、晋昌等十三坊同宽，可知最初建宫时拟为一坊之宽（可能是始建永安宫时），以后建大明宫时，为把含元、宣政、紫宸三主殿建在地势最高显处，不得不随地形把中轴线东移，遂形成南面宽于北面的现状，故其东西宽未能以50丈为单位。但如从宫之西墙向东排50丈网线，可以看到，这三主殿都位于第五格之中，而紫宸殿又基本居全宫几何中心，还是和50丈网格有联系的。

3. 黑龙江省宁安县唐渤海国上京宫殿：
洛阳、长安诸宫面积巨大，已探明或发掘出

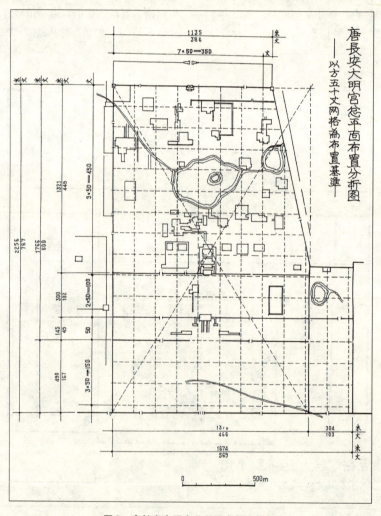

图2　唐长安大明宫总平面布置分析图

之殿址分布较稀,目前对其宫院的具体布置还不能作进一步的分析,而近年屡经勘探发掘的唐地方政权渤海国上京宫殿址布局完整,可进一步充实我们对唐代宫殿布局的认识,并进而探索其布局规律和方法。

渤海国上京宫殿建于 8 世纪后半,约当唐肃宗、代宗、德宗时期,毁于 926 年。据勘探和发掘结果,已知其宫城在上京中轴线北端,东西 1045 米、南北 970 米。合唐尺 355 丈和 330 丈。其核心部分是大内,东西 620 米、南北 720 米,合唐尺 210 丈和 245 丈。宫门内中轴线上自南而北建有第一至第五共五座宫殿,其殿址及廊庑址的柱网和殿庭范围基本清楚,东西侧还有大型宫院址。在 30 年代发表的(日)原田淑人等的实测图上分析,可以看到,它在总体上虽未利用 50 丈网格,在大小宫殿布置上却利用了方 10 丈和 5 丈两种网格(图3)。用 10 丈网格在图

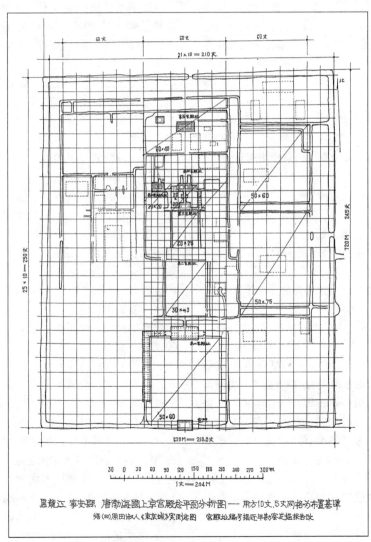

图3　黑龙江宁安唐渤海国上京宫殿总平面分析图

上核验，可以看到，第一宫殿址前之殿庭宽为5格，深为6格，即宽50丈，深60丈。第二宫殿址本身宽3格，深1格，其南的殿庭宽3格，深4格，即殿宽30丈，深10丈，殿庭宽30丈，深40丈。其后的第三、四宫殿址为工字殿，在第四宫殿址，左右侧各有朵殿，形成三殿并列各有殿庭的布置。第三、四宫殿址本身及其东西朵殿与殿庭各占4格，即宽20丈，深20丈。第三宫殿前殿庭宽2格，深2.5格，即宽20丈，深25丈。第五宫殿址的殿庭宽6格，深4格，即宽60丈，深40丈。另在中轴线东侧还有两个南北相重的大宫院，南侧的宽5格，深8格，即宽50丈，深80丈，北侧的宽5格，深5.5格，即宽50丈，深55丈。值得注意的是在第三宫殿前的殿庭和东侧北面一座宫院都出现了0.5格，即5丈，说明在这两部分使用的是方5丈的网格。在上京宫殿总图中还可看到，第二宫殿居全宫的几何中心A，其余一、三、五宫殿及东侧南院之殿址分别位于所在区域的中心B、C、D、E，明确地继续了自古以来的"择中"传统（图4）。

通过对上京宫殿址的分析，使我们了解到，在布置具体宫院时，网格可缩小到10丈或5丈，以适应不同大小规模的建筑。外朝主殿处用10丈网格，内廷居住殿宇和两侧次要宫院规模小于外朝诸殿，改用5丈网格。渤海国是唐代地方政权，其地属当时经济文化后进地区，其都城宫殿明显受唐两京影响，故其在宫殿布局中利用10丈和5丈网格为基准的方法只能源于唐，这就使我们可以推知，在唐代除用方50丈网格控制宫城的大轮廓外，在布置具体的宫院建筑群时，还利用方10丈和5丈的网基为基准。

4. 明清北京紫禁城宫殿：唐以后的宋、辽、金、元四朝宫殿均被毁，其具体情况有待考古发掘勘探工作来逐步提示，目前尚无条件作进一步的研究。只有现存的北京明清紫禁城保存完整，可供我们循着上面的线索进行探索和验证。

紫禁城之长宽，据明人记载为236.2丈宽，302.95丈深，可知未用方50丈网格。如结合渤海上京宫城亦未用50丈网格的情况考虑，可能是因面积太小所致。大明宫面积为3.3平方公里，而渤海上京大内面积为0.45平方公里，明清紫禁城为0.72平方公里，分别为大明宫之14%和22%，面积相差悬殊，故不能使用50丈网格。

紫禁城宫殿迄今没有发表精确的测图，比例最大的是1941年石印的1/1000全图，尚不能据以进行数字核验。所幸有40年代张镈先生主持实测的故宫外朝主要部分和天安门、端门、太庙、社稷坛、钟鼓楼等的精测图，附有数据和比尺，50年代刘敦桢教授曾得到一份照片，现存我所，即以其为研究工作的依据。

在前三殿的总平面图上，如按明代尺长是31.9厘米画方10丈网格（即每格方31.9米）进行核验，则可看到，如以太和殿左右之横墙为界，南至太和门两侧昭德、贞度二门台基的北缘，恰可排6格，即60丈；自横墙向北，至乾清门之前檐柱列恰可排7格，即70丈，共可排13格，即130丈。在东西向，如自三大殿之中轴线起，向东西排10丈网格，至太和殿前东西相对的体仁、弘义二阁的台基前缘，恰可各排三格，共6格，即60丈。排定10丈网格后，在图上可以看到：太和殿前殿庭东西宽6格，南北深如计至太和殿前突出之月台前缘恰为4格，即太和殿前殿庭实际宽60丈，深40丈；前三殿下工字形大台基东西宽占4格，即宽40丈；太和殿之宽如计至殿本身台基之东西缘恰占2格，即20丈；太和门及其东西之昭德、贞度二门之中轴线都恰与南北向网线重合，相距各为2格，即相距各为20丈。这些现象明显表明在规划前三殿建筑群、确定其相互关系时曾以方10丈的网格为基准，和渤海上京宫殿中使用的方法可谓一脉相承（图5）。

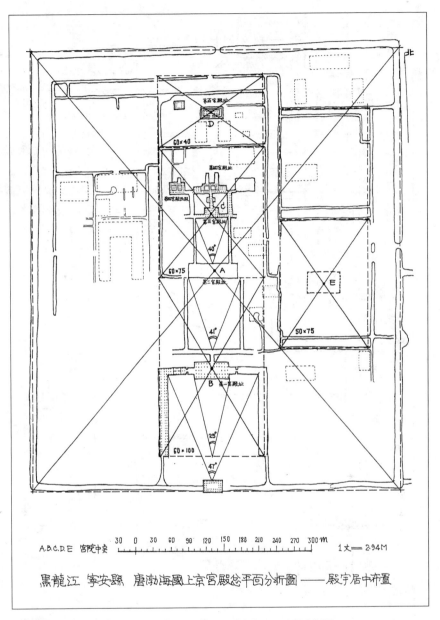

图 4　黑龙江宁安唐渤海国上京宫殿总平面分析图

如继续向南探索,自昭德、贞度二门台基北缘接续向南排 10 丈网格,直至午门,则可在图 6 中看到:太和门前广庭之东西门——协和门和熙和门之中轴线恰与东西向网线重合;广庭正中的五道金水桥则恰在网格正中,而五桥之总宽又恰占 2 格,为 20 丈。这些也都和网格密切吻合(图 6)。

若再继续向南排 10 丈网格,还可从图 6 中看到:午门之总宽占 4 格,为 40 丈;午门、

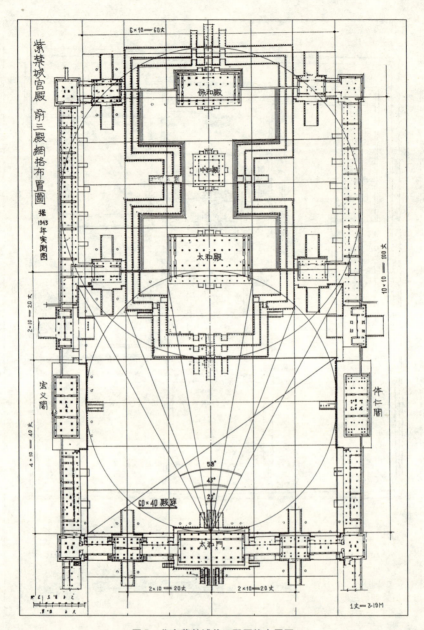

图 5　北京紫禁城前三殿网络布置图

端门墩台前缘和天安门前外金水桥之南北中线都在东西向网线上。从图中可以看到，外朝部分北起乾清门前檐柱列，南至天安门前，统一按 10 丈网格排布，如以午门正台的前缘为中分线，向北向南各占 19 格，即 190 丈，总深为 380 丈。

后两宫在前三殿之北，宫院本身东西宽 118 米、南北深 218 米，即宽 37 丈，深 68 丈。院内中轴线上建有乾清门、乾清宫、交泰殿、坤宁宫、坤宁门五座建筑，四周围用东西各可排 3 格，共为 7 格，合 35 丈。这样排 5 丈网格后，从图 7 中可以看到，乾清、坤宁两宫各宽 3 格，即 15 丈；乾清宫殿庭东西侧的日精、月华二门恰居一格之中，宽与格同，即宽 5 丈；交泰殿与其东西侧之景和、隆福二门所形成的东西轴线也恰与网线重合；乾清宫前殿庭东西宽如计至东西庑台基前缘宽 6 格、南北深如自殿身台基南缘计至南庑台阶北缘恰深 5 格，即殿庭宽 30 丈，深 25 丈。这些现象表明在确定后两宫内殿宇布置时，是以方 5 丈网格为基准的（图 7）。

但后两宫的外包尺寸并不以 5 丈为单位，如何确定尚不清楚，有无可能是在 35 丈和 70 丈的基础上各加减一个特定数字而成，是尚待探讨的问题。前三殿面积是后两宫的 4 倍，故其外包尺寸也不可能以 10 丈为单位。

在图 8 中还可看到东西六宫也是以方 5 丈网格为基准布置的。每宫东西各宽 3 格，即 15 丈；在南北向上，北面二宫之深是连其南巷道之宽计入后占 3 格，也是 15 丈，但南面一宫则净深 3 格，与北面二宫略有不同。宽、深 15 丈既可理解为 3 个方 5 丈网格，也可理解为 5 个方 3 丈网格，二说皆通，故还要看宫中其他宫院有无用方 3 丈网格者而定。

对紫禁城中其他宫殿进行核验，发现确有用方 3 丈网格之例，如武英殿、文华殿、奉先殿、慈宁宫等都是。其中武英殿东西 7 格，南北 11 格，即宽 21 丈，深 33 丈；奉先殿东西 6 格，南北 13 格，即宽 18 丈，深 39 丈；慈宁宫如包括其东、北两侧廊院并对称地复原其西部已毁之廊院，东西为 13 格，南北为 17 格，即宽 39 丈，深 51 丈。

此外，东北角乾隆帝为以后做太上皇而预建的宁寿宫则使用 5 丈网格，南北 24 格，深 120 丈。其中最南之横街占 2 格，其次之宁寿门前广庭深 4 格，其后之皇极殿宁寿宫一组深 8 格，最后之乐寿堂一组深 10 格，依次深 10 丈、20 丈、40 丈、50 丈，共深 120 丈，各部之分界均在网线上。这部分是清代

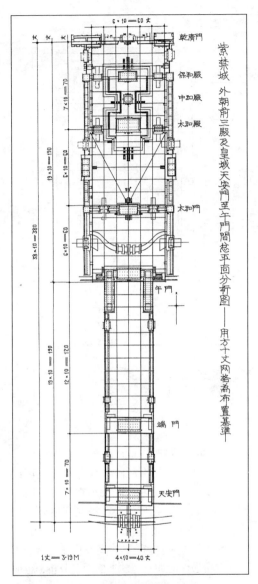

图 6　紫禁城外朝前三殿及皇城天安门至午门间总平面分析图

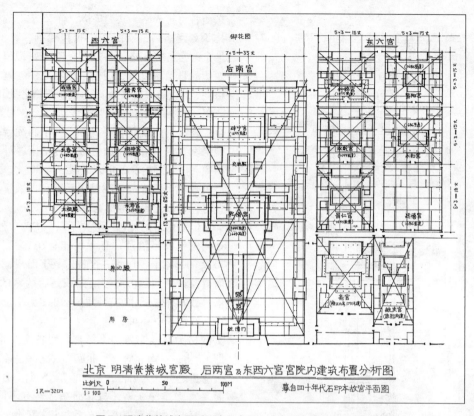

图7 明清紫禁城宫殿后两宫及东西六宫宫院内建筑布置分析图

新建,说明明代建紫禁城时用方格网为基准的传统被清代继承下来[1]。

至此,我们可以看到,紫禁城在宫院的布置上使用了方10丈、5丈、3丈三种网格为基准。再进一步考虑,还可看到,网格之大小还和宫院之规模和重要性有关。10丈网格用于外朝中轴线上主殿和天安门至午门间的宫前部分,这部分体量宏大,代表国家。5丈网格用于内廷主殿后两宫,它是家族皇权的象征,也极重要,但规模小于前者。宁寿宫是太上皇宫殿,故也用5丈网格。其余的武英、文华二殿是便殿,慈宁宫是太后宫,出于男尊女卑,要比太上皇宫降等,故都用3丈网格。从慈宁宫用3丈网格看,东西六宫住的是妃嫔皇子等,地位又低于太后,故也可应使用方3丈网格,若然,则每宫用3个5丈网格也可改为每宫用5个3丈网格。

从图6、图7中所画各宫之对角线可以清楚地看到,紫禁城内各大小宫院之主殿都居于所在院落的几何中心,极强烈地体现出古代的"择中"的传统。

清代一些离宫尚存,在避暑山庄正宫和山庄内皇帝居住的如意洲的平面图上分析,也明显是使用方3丈网格的。从正宫的平面图上可以明显看到,它用3丈网格为基准,东西宽8格,南北深24格,即宽24丈,深72丈(图8)。

综上所述,可知至迟自隋唐开始,下迄明清,其宫殿布置都是视其重要性和规模大小,选用大小不同的方格网为基准的。宋、金、元宫殿虽不存,但可以通过现存宋、金、元其他类型建筑实例或基址进行探讨,看其是否也利用了这种方法。

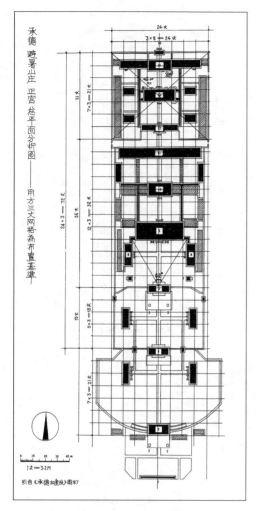

图8 承德避暑山庄正宫总平面分析图

二、祠庙

除宫殿外，祠庙也是大型建筑群，国家所建规模尤为宏大。现存可供研究宋元时期祠庙布局的建筑群有中岳庙、曲阜孔庙、北京东岳庙等。

祀五岳始于西汉，至唐宋时大盛。北宋真宗好妖妄，在制造伪"天书"祥瑞的同时，大修宫观。大中祥符四年（1011年）把五岳神由王号提封为帝号，并按新定庙制修五岳庙。现存五岳庙虽经历代递修，但规模布局基本相同，其四角楼范围内部分应是北宋定制的遗迹，是研究北宋大建筑群布局的极好资料。五岳庙中，中岳庙和南岳庙已有实测图，中岳庙且有金承安间（1196—1200年）重修庙之碑图可供参证。

1. 中岳庙：在河南登封县，现建筑均清代重建，但和金代图碑相印证，知现崇圣门以北即北宋、金之庙区，四周之庙墙及角阙遗址尚可推定。庙区为纵长矩形，用横墙分为前后两部分，以后部为主。后部分为中、东、西三路，中路为主殿院，由殿门、廊庑围成矩形院落，院内中间偏北建正殿和寝殿，中间加穿廊连成工字殿。按从分析北宋建筑时推知的北宋尺长30.5厘米，画方10丈和5丈网格在平面图上核验，发现它所用为方5丈网格：主殿院东西占5格，南北占12格，即宽25丈，深60丈；庙区东西占11格，南北占25格，即宽55丈，深125丈。照此画网格，各部之分界线都在网线上：自南端崇圣门北至主殿院正门峻极门恰占9格，为45丈，其中第一进院深5格，为25丈，第二进院深4格，为20丈；后部东、中、西三路中，中路宽5格，为25丈，东、西路各宽3格，均为15丈，合之为11格，即55丈。这现象清楚表明中岳庙布局是以方5丈网格为基准的（图9）。

2. 曲阜孔庙：汉以后即开始在此立庙，北宋真宗乾兴元年（1022年）曾加拓建，以后历代都有修缮或部分重建。史载元至顺二年（1331年）孔子后裔申请建角楼之事，有"请依前朝故事"之句，可知孔庙大约在北宋时已按国家级祠庙的规格，和五岳庙及后土庙一样，在庙四角建有角阙，现在的角楼则是元代重建的。这就可推知现在角楼范围之内是元代的庙区。按元代官式尺长31.5厘米画方5丈的网格（15.75米），在孔庙实测图上核验，发现庙区东西宽9格强，南北深恰为25格，即宽47.5丈，深125丈。其内之主殿院东西宽5格，南北深10格，即宽25丈，深50丈。孔庙庙区

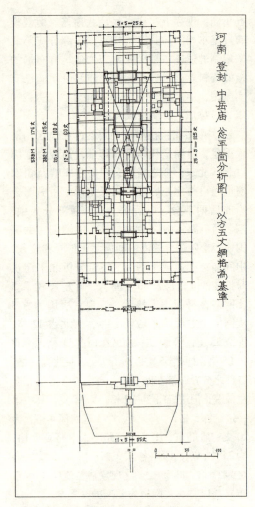

图9 河南登封中岳庙总平面分析图

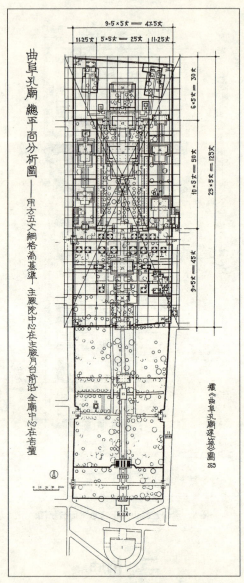

图10 曲阜孔庙总平面布置分析图

之宽虽不尽合网格，但主殿院之轮廓却与之吻合，而且南面的东西掖门、东西庑上的东西门的中线和网线重合，且主殿院南界南距南庙墙9格，北界北距北庙墙6格，都清楚地表明是以方5丈网格为基准布置的（图10）。

3. 北京东岳庙：在朝阳门（元大都齐化门）外，是元代道教首领张留孙创意，由其弟子吴全节建成的。元帝赐名为东岳仁圣宫，以祀东岳泰山之神。以后经明正统十二年（1447年）、万历三年（1575年）、清康熙三十九年（1700年）和乾隆二十六年（1761

年）递修，现存建筑基本为明清重建者，但其布局如中轴线上有前殿后殿，东西庑上各有二配殿等，都和碑志记载的正殿后有寝殿、东西庑有四子殿的情况相符，可知尚是元代布局，可供作为探讨元代建筑布局的资料。

在北京市古建筑研究所的实测图上分析，可知现存的庙之主殿院用方3丈网格为基准布置。其东西宽 85.35 米、南北深 180.04 米，以元代尺长 31.5 厘米折算后为东西宽 27.1 丈，南北深 57.2 丈，即东西为 3 丈网格 9 格，南北为 3 丈网格 19 格。依此在总图上画网格，可以看到建筑和庭院都和网线、网格有密切的关系（图 11）。

元代建筑建其平面大体可考的还有北京文庙，它是在元大德十年创建的文庙基础上重建的，现外门外檐尚有元代斗栱存在。在图上核验，它也是用 3 丈网格为基准布置的，东西宽 11 格，南北深现也为 11 格，如复原元代之寝殿，其通进深应为 18 格，即元代时宽 33 丈，深 54 丈。

4. 北京明清太庙：太庙创建于明永乐十八年（1420 年），现庙中建筑为明嘉靖二十四年（1545 年）重建，又经清乾隆初年（1736—1739 年）修缮。现状有内外两重围墙，外重墙东西 206.87 米、南北 271.60 米，其内为由内重墙围成的主殿院，东西 114.56 米、南北 207.45 米，其深宽比为 9∶5，明显是以九五数字象征此地为天子之居。内墙之深与外墙之宽相同，则外墙与内墙宽度之比也是 9∶5，具有同样的含意。内重墙内中轴线上，最南为正门戟门，其北为前、中、后三殿，左右各有配殿，另在中殿后还有横墙，使后殿独在一小院中。在总平面图上核验，发现太庙也是用 5 丈网格为基准布置的。以明代尺长 31.9 厘米折算，太庙外重墙宽 65 丈，深 85.2 丈，内重墙宽 36 丈，深 65 丈，即外重墙东西 13 格，南北 17 格，内重墙东西 7 格，南北 17 格。内重墙东西宽不取 35 丈而用 36 丈，是为了保持长宽比为 9∶5 的关系（65×5÷9＝36.1≈36）（图 12）。

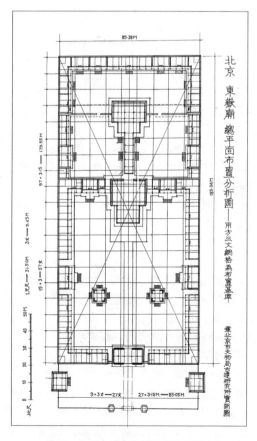

图 11　北京东岳庙总平面布置分析图

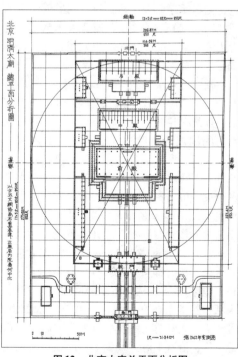

图 12　北京太庙总平面分析图

以上所举诸例，说明不仅宫殿、祠庙等大建筑群也同样采取以方格网为布置基准。由于祠庙中包括宋、元时代诸例，就弥补了前面宫殿部分无宋元实例的缺欠，表明自唐至清在大型院落布局上都保持并不断发展了这个传统。

三、第宅

现存明清贵邸巨宅中，有些原布局保存尚完整，对其进行核验，也发现使用方格网为布局基准的情况，试举数例说明。

1. 曲阜衍圣公府：即孔府，在孔庙东侧，是一东西分三路、由南而北分衙署、邸宅、园林三部分的巨宅。前部衙署部分建有前后三堂，东西庑设六科，规模和明代大的州府衙相近，与衍圣公的特殊地位相称。

孔府的现规模基本形成于明中叶，前部的衙署部分是明弘治十六年（1503年）重建的，基本保存下来。其后的邸宅虽创建于明洪武十年（1377年），但经清末火焚后，现存为清光绪十二年（1886年）重建的，其布局已非旧规，建筑也不能保持原貌了。

孔府有东南大学建筑系精测图（图13），从图上可看到中轴线上衙署在前，邸宅在后，都是纵长矩形院落，中隔横巷。衙署在由门庑围成的庭院中，于中轴线上建有二门、仪门、大堂、二堂、三堂五座建筑。如从廊庑四转角间连对角线。其交点正在大堂的中央，可知在布局中以大堂为主体。如按明代尺长31.9厘米画5丈及3丈方格网在府平面图上核验，可发现它在布局时是以方3丈（9.57米）网格为基准的。它两庑之东西宽恰为5格，即宽15丈，南北庑间恰为11格，即深33丈。从排布出的网格可以看到：大堂、二堂东西宽如包括台基，恰占3格，即9丈；大堂前之庭院如以大堂南阶至二门北阶计，恰宽4格，即庭院深12丈；二门内之仪门（木牌楼门）和大堂、二堂间穿廊明

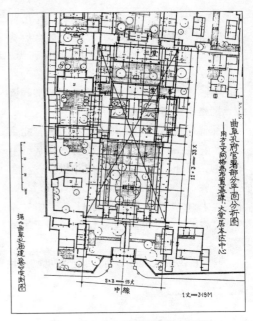

图13 曲阜孔府官署部分平面分析图

间中线和它东西所对之侧门分别位于自南起第3条和第8条东西向网线上。这些现象表明孔府前部衙署是用方3丈网格为基准布置的。

2. 浙江东阳卢宅肃雍堂：卢宅在东阳县城东，东西230米、南北280米，南临大道，北、东、西三面环河，是明前期以来形成的具有村镇规模的卢姓聚居区。其主建筑群肃雍堂为工字厅，左右有翼室，东西有庑如六科房，前有正门、仪门，其规制也近于府衙。卢宅入口在东南角，由一道建有三道石坊的短甬道引入，西折至尽端，即抵肃雍堂之外门仪门，门内即矩形的肃雍堂一组院落。在肃乡堂一组平面图上核验，发现它也是用方3丈网格为基准布置的。在院落四角画对角线，交点也恰落在肃雍堂之中心，与孔府情况全同。肃雍堂东西庑外壁间之宽恰为4格，即12丈，南北深为7格，为21丈。此外，通入肃雍堂之有石坊的甬道宽1格，深5格，即宽3丈，深15丈，西折之甬道亦宽1格，自东西甬道南壁至肃雍堂正门恰占4格，即12

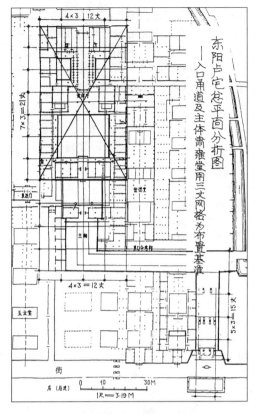

图 14 浙江东阳卢宅总平面分析图

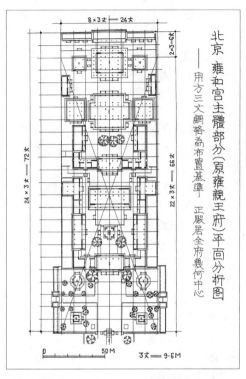

图 15 北京雍和宫（原雍王府）平面分析图

丈，而仪门又恰居于自南向北第 3 格之中心。这现象说明不仅肃雍堂建筑本身，包括通入的甬道，都是按方 3 丈网格安排的（图14）。

3. 北京清代王府：北京诸清代王府中，有些保存较好，尚可考其原布局。据目前所能得到的资料，清怡亲王府（科技出版社）、成亲王府（今卫生部）和雍和宫（原雍亲王府改建）都可确认为是利用方 3 丈网格布置的（图15）。怡亲王府的主体部分东西 6 格，即宽 18 丈，南北 21 格，即深 63 丈；成亲王府主体东西占 6 格，即宽 18 丈，南北占 17 格，即深 51 丈，雍和宫如只计至原王府门外东西阿斯哈门院之南墙，主体部分东西宽 8 格，即 24 丈，南北深 24 格，即 72 丈。雍亲王府建于康熙中后期，与康熙建避暑山庄大体同时，而避暑山庄正宫之长宽亦为 24 丈 × 72 丈，与雍和宫后部全同，由此可知，康熙建热河行宫正宫时，因是离宫，是降一等按亲王府用地规模建造的，但其宫内建筑规模则大大超过王府。

通过上面所举一系列例证，可以清楚地看到，至迟自隋唐时起，直至清代，在大型建筑群组和院落布局中，普遍运用以一定尺度的方格网为布置基准的方法，并尽量使院落中的主体建筑位于该院落的几何中心位置。这是中国古代建筑群布置的很重要的特点。

运用方格网来布置大型院落或院落群实是最简易可行而又有效的方法。从建筑群组布置角度看，在特定的地盘上，选用大小适当的方格网，实际上是使院落中的各部分包括建筑物的组合和庭院空间有了一个可以共同参照的尺度标准，在此基础上布置较易于控制建筑物的尺度、体量、相互关系和庭院大小，有利于增强其整体性，以达到既统一谐调又互相衬托、有主有从的效果。

对不同大小规模和重要性的建筑群组，在布置时选用大小不同的方格网，多少有些像选用不同的比例尺。由于所参照为基准的单位尺度不同，在处理手法上自然会有异。若再与不同体量大小的建筑所选用的材等或斗口的差异结合起来，可以很容易地把不同规模的建筑群组在体量、空间上拉开档次，表现出明显的差别。这在渤海上京宫殿和明清紫禁城宫殿中表现得最为明显，这些宫殿都由很多院落组成，它们按院落的重要性、大小规模分别选用10丈、5丈、3丈三种网格，外朝用方10丈网格，内延主殿用方5丈网格，妃嫔所居及便殿用方3丈网格，使不同性质和规模的建筑群有很明显的差异。中国古代建筑的总体布局最重主从关系。除在一所院落内主体居中，次要的在两侧辅翼衬托主体外，在一组院落群中，主体一般居中轴线上，其他院落环拥在其前后左右，也起辅翼衬托主体的作用，把主体突出出来。不同性质的院落选用不同的网格，在体量空间上拉开档次，有利于处理院落群的主从关系。

通过对上举诸例的分析，还可看到，古代在规划院落时，是以丈为单位的，而且大型的多以5丈或10丈为单位。如渤海上京第一、二、三宫殿前殿应分别为50丈×60丈、30丈×40丈、20丈×25丈，故宫太和殿前之庭院为40丈×60丈，中岳庙主殿院为25丈×60丈，孔庙主殿院为25丈×50丈。太庙主殿院为36丈×65丈，天坛祈年殿下大台基如自祈年殿门以内计为50丈×50丈。这些整数丈数都和网格布置相合，说明它们就是利用网格布置的，这就使一些大型院落的布置尽可能地简单化，一望而知其尺度和相互比例，在施工时也易于掌握。

通过对方格网的分析还可对不同性质和重要性的院落的比例关系有所了解。在院落内的比例关系中，院落之宽与主体建筑（主殿、主厅）宽之比决定着院落内空间感觉是开阔还是紧凑，而深度与总宽之比决定着视角、大小，都很重要。从上举诸例中可以看到，在特大型宫院中，其院宽与主殿宽之比唐渤海国上京第一宫殿扯为5:2，紫禁城太和殿为3:1；在大型宫院中，紫禁城乾清宫、皇极殿、慈宁宫、武英殿、文华殿、东西六宫均为2:1；北京太庙正殿、登封中岳庙正殿、曲阜孔庙正殿、孔府正堂均为5:3。这现象说明愈是重要的院落，其建筑布置愈疏朗，随着其重要性和级别的下降，建筑布置愈来愈紧凑，换言之，即主殿宽度在院落总宽中所占比例与其重要性和等级成反比。

在上举诸例中，主体建筑绝大多数都位于所在院落之中心是中国古代建筑规划布局的又一特点。据目前所知，在陕西岐山凤雏早周遗址的二进院子中，已把主厅置于几何中心，则至今已有三千年的历史。这种居中的思想至迟在战国时已被明确提出。《吕氏春秋》卷十七"审分览"第六篇"慎势"云："古之王者，择天下之中而立国（高注：国，千里之畿），择国之中而立宫，择宫之中而立庙"，并强调择中是为了得"势"。以后择中遂成为传统，自汉唐以来大都遵循。如汉未央宫前殿和唐大明宫紫宸殿均居全宫之中心。唐渤海上京宫殿第二宫殿址居全宫几何中心，第一、三、五等宫殿又各居其所在宫院之中心，是择中布置最典型的例子。明清紫禁城宫殿虽未像唐代那样把主殿置于全宫的几何中心，但各组宫院都把主殿建在该宫院的几何中心处。其他官署、寺观、王府、第宅等也大都如此，几乎成为最普遍的院落布置规律。中国古代的奴隶社会、封建社会都是等级森严的社会，即使在统治阶级内部，也有严格的等级划分，以确定其上下、尊卑的统属关系，在家庭内部还有长幼、亲疏关系。在各类性质、规模不同的建筑群中都要把主体建筑置于几何中心位置，实即体现了每一个层次内的上下、尊卑、长幼关系。

在宫殿中各大小院落各有中心，又共同拱卫主宫院和主殿的情况，则反映了各级均有其尊者、长者，依次统属，最后都统属于皇帝的封建秩序的情况。从建筑布局来说，取中是很容易做到的，而且也最易取得突出主体的效果。

原载于《文物》1999 年第 3 期

注释：

[1] 此文为作者专题研究中一章的摘要，限于篇幅，很多附图未能附入，这里只引用其分析结果。

大乘的建筑观

汉宝德

贺陈词先生七十大寿，学生们无以为贺，筹划出版论文集以为纪念，我在进行中的研究不宜于祝寿，乃征得华山的同意，把我近年来对建筑的看法写出来，作为对贺先生的贺礼。

回忆近三十年前，我在成大做助教，住在东宁路的单身宿舍，每周都到贺先生家聊天，每次去总吃晚饭，并聊至深夜。师母殷勤招待，做些好菜上桌，使我在那段时间里，没有感到单身宿舍伙食的太大压力。我当时年轻，不太知道师母要照顾五个孩子已经十分辛劳，回想起来，我时常拜访，为师母带来不少麻烦，而她永远笑脸相迎，直到今天，当时的情境记忆犹新，永难忘怀！

在贺先生的小客厅里，对着于右任的一幅小直轴，天南地北，无所不谈。贺先生对建筑十分执著，凡事都有自己的见解，为人谦和，不以老师自居，所以我可以充分地表达自己的意见、并接受他的影响。在此一生中，贺先生是影响我最大，而又不能具体地指出影响何在的老师。在相当长而心情十分低沉的三年助教生涯中，他是我的精神支柱。

回国后二十多年，由于种种原因，没有太多机会与贺先生见面，最近的十来年，我居然脱离了建筑的教职，实在愧对他的鼓励与教诲。记得我刚到中兴大学任职时，他仍然热心于建筑教育的发展，曾约我一起与当时尚任台大工学院院长的虞兆中校长见面，说服他在台大工学院设立建筑研究所，这可能是台大能在土木研究所内设立建筑研究室进而成立研究所的主要原因之一。在虞校长任内，虽屡为"行政院"否决而设所不成，却为研究所打下基础，回溯过去，贺先生热心推动的贡献是不能忽视的。

自1982年起，我就完全脱离教职，投身在自然科学博物馆的筹划上，很多建筑界的朋友觉得这是不值得的，贺先生没有表示意见，相信他也为我未能坚持在建筑界奋斗而惋惜，我没有机会向他报告，自我离开东海大学建筑系主任位子以后，我的建筑观就改变了。与我共事的年轻一代，我的学生，曾不止一次听到我对建筑的看法。我愿意借这个为贺先生祝寿的机会，把我近来的思想剖析出来，请建筑界关心我的朋友们指教。

一、建筑本质的省思

在年轻的时候对于建筑的定义常觉不切实际，但是经过数十年建筑教育与职业经验，觉得定义就是思辨的结论，就是对于一事一物的基本看法，就是哲学基础，就是对本质体会的结果。

在我读书的时候，常听到柯布西耶那句名言"建筑是生活的机器"。这句话虽并不为大家所完全承认,但却代表了现代主义的建筑观。现代主义者是重视理性与功能的,是西方文化发展到极端的产物。从这句话里,表示建筑是为生活而存在的,建筑与汽车一样是一部机器。这是柯布西耶年轻时候说的话,对一个东方的建筑学生而言,只是一句观念较新奇的话而已,并不能深解其可能推演出的社会文化意义。

我于1960年代就到美国念书,恰在现代主义作最后挣扎的时候。反现代主义的浪潮,在路易斯·康的带领和社会文化界的声援之下(尤其是波普艺术与雅各布斯的著作)已经完全成型,就等文丘里的最后一击。对于喜爱思考的人来说,这是一个充满矛盾充满战斗意味的时期。现代主义者们在面临挑战的时候,开始自我反省,并施出最后的一招,希望挽救其命运,那就是建筑的科学化与学术化。60年代是建筑上行为科学的研究与设计方法的研究最热门的时代,就是为了借学术之力,尽其所能肯定理性在建筑上的价值,也就是进一步地信守"建筑是生活的机器"那句话。

现代主义在遇到信心危机的时候,发现柯布西耶以及现代建筑的前辈们的教诲并没有错,而是没有认真执行。柯布西耶说了这句话,自己到了晚年,像玩泥巴一样地玩混凝土,返老还童,把建筑当艺术看。现代派的少壮分子希望把常识的机能主义,推上科学的机能主义的层次,赶上科技领先的时代。

我读书的环境基本上是现代主义的大本营,所以我当时也坚持现代主义的精神,力主建筑的科学化。甚至把这种信仰带到东海大学建筑系的课程中。可是在同时,我也从事建筑的实务工作,花费一部分心力在设计上。在几年的时间内,由于与业主的接触,我开始感觉到建筑的理论与教育体系不能适应社会的需要,即使是科学的分析,也无法建立共识。

这时候我面对了严重的困惑。站在学院的立场,可以把学生引导于理想主义的层次,使他们成为改革的尖兵,因此教育体系力求超然于实际职业的动作之上。这就是我的做法,我要求学生维护知识分子的尊严,不受商业社会的污染,为理想付出代价。但是我也不免怀疑,这样的建筑教育对于未来社会的远景,有怎样的预期?我们是否可以为未来勾画一个轮廓,使今天的理想终有实现的一天?

我有一个答案,所以在那段时期,我希望建筑的职业架构改变。我预期未来的建筑界与其他工业生产体系一样,会进一步地合理化。因此我认为社会并不需要建筑师制度,应该结合营造业,成为完整的经营体系,因此"合理的设计原则"可以发挥作用。我对当时立法机构通过了《建筑师法》,使建筑专业化得以西洋式的形态的合法化,感到是一种开倒车的做法。

在那段日子里,我得到另一种体会。回国后,因虞曰镇先生的资助,办了几期《建筑与计划》双月刊。这是一个粗糙的以现代主义为立场的刊物,但无法得到任何反应。后来虞先生基于其他的考虑,不再支持我,我乃以最简单的方式出版《境与象》双月刊。由于在内容上以感性取向,立刻得到相当的回响。这使我体会到要取得共识,达到沟通的目的,严格的理性和细密的推理,远不如动人的说辞与引人注意的形态更有实效。

这时候我很认真地思考,把建筑当作一种合理思考的结果可能是错误的。我们是一群对建筑怀有理想的人,我们有一套严肃的理论体系,但这是永远不可能与社会大众沟通的东西,这是不是意味着我们应该走出象牙塔,拥抱社会大众呢?

把自己当作商人,积极投入商业社会的运作中,是另一个极端的做法。然而现实主义的态度会把建筑这一行业完全吞噬掉,建筑师就失去知识分子的立场了。建筑原先就失掉了现代主义时代所特有的使命感。我开始觉得，建筑家若要找一个在现代社会上不要卑躬屈膝的求生存，仍能受到社会尊敬的办法，只有回到西洋古典传统的观念，承认自己是艺术家。那么就要肯定建筑是造型艺术。

这已经绕了一个大圈子了。建筑是艺术，是西洋 19 世纪学院派的定义，在现代建筑革命时已经被革掉了。包豪斯只承认建筑是一种工艺。工艺与艺术之间的不同，在于前者把造型视为生产过程的自然产物，是逻辑与美的结合；而后者则视造型为一种目的，生产过程要支持这种目的的达成。把建筑定义为一种艺术，就要放弃合理主义的观念，以感性代替理性。然而建筑系的教育中免除绘画与艺术训练已有若干年了，这个圈子绕得非常辛苦而尴尬。

其实强调建筑中人文主义的精神，我自大学毕业后就开始了。我读了 Hudnut 与 Belluschi 的文章。对人文精神就心向往之了，只是压制在现代主义的思潮之下，未经萌芽而已。因此我的思想很自然地回到西方学院派所代表的人文主义，把艺术的内涵包容在人文精神之中，当我们用今天的角度看人文主义的时候，就不一定限于贵族式的文艺复兴人文主义，也可以是民主时代的人文主义，艺术的涵义也可以演而为大众艺术了。这就是文丘里在 60 年代初期所发现而大力鼓吹的东西，只是他受美国学院的影响太深，在发展之后又把它推回到象牙塔理论的尖角里去了。

当我得到这样的结论的时候，已经离开东海大学建筑系了。回顾几年间所做的建筑、所从事的教育工作乃至出版了又停刊了的杂志，好像一个梦境一样。现代主义者的理想逐渐离我远了。我曾经是一个执着的人道主义者，曾经是一个自然主义者，曾经是一个有机主义者，这一些都离我很远了。

我非常遗憾向这些多年的信仰挥别，尤其使我遗憾的是我不得不放弃人道主义的立场。现代主义中有强烈的人道主义色彩。现代建筑特别重视大众居住问题，居住环境问题，就是从人道主义出发的。杜甫的名句："安得广厦千万间，大庇天下寒士俱欢颜！"是中国的人道主义的建筑思想。对于在战乱中过了难以言喻的苦日子的我来说，这是崇高伟大的建筑观，是建筑家最高贵的理想。我曾于 1974 年参加过德国的一个研讨会，又于 1970 年参加了伦敦大学的都市发展课程。这两者都是为第三世界国家所设，讨论到很多发展中国家的民众福利问题。这些曾加强了我的福利社会与人道主义的观念。然而这一切都过去了。十分遗憾！在我开始为中国时报撰写专栏《门墙外话》的那最初几年，时常强调的就是这些观念。记得我初次写到台北兴建天桥是不合人道的做法时，曾得到相当广大的反应。在极少数人拥有轿车的当时，这是可以想像到的。

在骨子里，我并没有放弃人道主义的想法，可是在建筑上，我已经不认为负有人道主义者的任务了。我的经验告诉我，喂饱饥饿的大众，供给顶无片瓦的寒士们房屋，不是一个建筑问题，而是政治家与工程师的问题。我了解到只有在共产主义的国家，至少是民主社会主义国家，才能彻底由政府解决居住问题，建筑界研究居住建筑的成果，才能配合工程师，派上一点用场。在标榜美国式自由主义的台湾，不放弃只有痛苦而已。因为十年前的台湾已经是房地产投机业者的天堂了。

一个民主时代的人文主义者，是自另外的观点为大众服务；是利用民众可以接受、乐于接受的方式为他们服务。其基本精神就是一个"人"与作为业主的大众的"人"。

看上去似乎无可探究：我们是"人"，何曾有任何问题？不然。在现代主义时代，有使命感的建筑家虽为人身，在精神上是具有神格的。现代建筑的大师们的著作，其口气是救世主的，他们与先知一样，要救世人于苦难中。所以当时的大建筑师几乎都有一套都市的构想，因为透过都市的居住形态，他们的智慧就以神格创造了人群的生活方式。他们认为社会大众不但是可怜的，而且是愚蠢的。

在这个传统之下，有使命感的建筑家都喜欢大尺度的计划。建筑研究所的学生争着进入都市设计组，使他们都成为个性高傲、行为乖张的"非人"。嘴巴上说的都是为了人群，然而却对人群毫无所知。

作为一个民主时代的人文主义者，首先要恢复自己的地位与"人"格。承认自己的能力是有限度的，自己的贡献要视民众接纳的程度而定。恢复"人"格，不表示坠入流俗的泥淖之中。因为人文主义者也是理想主义者。人文主义者相信人有其高贵的一面，孟子的性善论就是人文主义之理想主义产物。人文主义的建筑家所努力以赴的是把人性中高贵的品质呈现出来，提升人之为人的水准。自一个角度看，其角色与文艺复兴以来的艺术家并没有两样，只是少一点英雄色彩而已。

现代的"人"格中仍然可以强调创造的成分，也就是艺术家个人的发现。这样说，英雄的意识是可以存在的。在路易斯·康反击功能主义理论的时候，指出人的造物可以不同于自然。人可以画一个红色的天空，可以建造一个走不进去的门，这是人的意念的表现。康的思想中有强烈的英雄主义色彩，而英雄是合乎神、人之间的性格，也是人文主义者的基本性格。但是民主时代中的英雄不是悲剧中的英雄，是可以引起他们共鸣的英雄，说着他们自己的语言的英雄。自恋狂式自封英雄的时代也过去了。

今天的人文主义建筑家所服务的对象是多数的群众，而不是少数的英雄。以中产阶级为主要组成分子的大众，是不轻易向自以为是的英雄顶礼膜拜的，易言之，今天的建筑家要能使这些受过教育、家有恒产，但对艺术没有深入了解的大众受到感动才真成功。要做到这一点而不流于凡俗，并不是一件容易的事情。

二、中国传统的省思

我对中国传统建筑是自心底里喜欢的。但是在现代主义挂帅的时代，我的喜爱只偶尔出现，而且是附着在现代建筑上出现。自从在大学念书的时候起，在课堂上是反传统的，到了假日，我喜欢在台南的古老建筑间闲逛。有时候连我自己都不明白为何有这种矛盾的行为。在当时，我认为传统与现代是两条永不相交的平行线，对于东海大学的校园，努力结合传统与现代的风格，我很喜欢，但对其理念不能接受。我觉得东海大学校园的设计人思乡病太严重了，有些诗情的想像，因此就像大多数外行人批评的一样，日本味太重了，与我在台南小巷里所体会到的中国传统相去太远了。

由于大家所敬爱的金长铭先生很喜欢谈建筑哲学，常常以道家的理论来解释现代建筑，所以我在成大任助教的时候，曾再三地思考过这个问题。弗兰克·赖特的建筑最接近自然，也最受东方影响，是衷心的老子哲学崇拜者，但是很少被人提到。反而对东方完全没有了解、百分之百西方文明产物的密斯·凡·德·罗的作品，却一再地被认为与道家哲学不谋而合，使我开始时感到相当困惑，也引起我很大的兴趣。

我认真地读了张一调教授取得普林斯顿大学博士学位的论文。为求精读，我把它翻成中文。张教授文笔流畅，论理富创造力，以空间的不可捉摸性与道家的"无"来对照实在非常引人入胜。与金长铭先生以"为学日益，为道日损，损之又损，以至于无为"来看密斯的空间，以"大象无形"来看密斯的造型，确实发人深省，对中国文化与建筑理论间的玄妙关系产生莫大的好奇心。但是在思想上我是现代主义的信徒,我很欣赏"玄思",但不相信它有任何实质的意义。我经过思考后,觉得密斯的影响已是如日中天,其贡献已有西方的理论家与历史学家予以肯定,何必再由中国人用中国思想去锦上添花一番呢?设计一座密斯式的建筑,认为表达了中国的哲学思想,对中国文化又有什么贡献呢?

赖特不为中国人所重,使我感觉到中国近代的知识分子太喜欢玄奥的理论、太不重视实际了。老子明明是崇尚自然的,他说,"人法地,地法天,天法道,道法自然。"道已经是理论了,那么自然是什么呢?自然不是你我所见的自然景物、天候季节等现象吗?赖特因为太实际地亲近自然,反而不为中国人所喜。这是我第一次体会到,中国文化中缺少自然主义的本质。

我决定不谈传统与现代,先潜心去了解传统。在留美的几年中,除了上课、写报告之外,课余时间都花在图书馆的中国艺术书籍上。没有人指导我,只是因为兴趣所在,就没有方向、没有目标地读。读了就写笔记,只此而已,自感中国传统浩如瀚海,实在很难摸到头绪。其中少部分与建筑有关的笔记,就是我回国后写《明清建筑二论》与《斗栱的起源与发展》二文的基本资料。尤其重要的是,我对中国艺术史掌握了一些概念。

在接触到台湾社会对风水的执迷之后,我在东海大学时即开始研究风水,阅读一些风水的典籍。这个民族为之沉迷的玄奥的系统中,千年以来,不知消磨掉知识分子多少生命。直到今天,大部分的中国人仍然相信,而且把风水、命相看作行事的指南针。我开始感觉到,了解中国,通过西洋的理性原则是办不到的。中国人是一个非常特殊的民族。我相信文化是一个民族固有的生活、思想、价值观的总和,中国民族在现代化过程中所遇到的问题,并不是倡导赛先生与德先生所可以解决的。胡适那一代,自五四运动到今天已经七十九年了,中国依然是中国,数千年留下的问题依然没有得到解决。建筑在中国的现代运动中不过是无足轻重的一个小问题而已。要了解中国建筑的传统存废问题,先要了解中国民族的性格。

1978年秋,我到中兴大学以后,脱离繁重的建筑教学活动,开始反省一些问题。首先,我花了一年时间,把二十四史读了一遍。我的目的是对中国历史得到一个整体的感觉,想法抓住传统的意义。传统是由历史所形成的,我希望掌握到一点儿中国的历史精神,不是经由历史学者、哲学家告诉我,而由我自己直接自历史中体会出来。读完二十四史,我好像更认识中国、更认识中国人了。中国是这样一个单纯的民族,这样一个自原始森林中直接踏进文明的民族。我对中国建筑有豁然贯通之感。

那时候,我提倡、鼓吹古迹修复不遗余力。我对中国传统建筑的喜爱,无以发挥,就全部表现在古迹的维护上。林衡道先生在台湾传统建筑上的广博知识特别有助于古迹保存的推动,东海大学建筑系成为古迹研究的尖兵,除了出版了几本研究报告外,我在东海系主任任内完成了台湾第一座古迹维护的工作:彰化孔庙。在离开东海之后,即开始了漫长的鹿港古风貌的研究、维护工作,至今尚未告一段落。

古迹的研究与维护,因有测验与修理的实务,故特别有助于对传统建筑的了解,尤其是中国建筑匠人表现的价值观与工作态度,反映出中国人的文化性格。建筑实在是一个文化的缩影。

这时候,台湾省文献委员会与台北市文献委员会分别于寒暑假办理台湾史迹源流研究会。其中"台湾传统的建筑"一讲由我担任,同一题目、同一演讲,每年向不同的对象举行四次,给了我不断整理思绪的机会。我写了讲义,但从不使用讲义,而以我对中国文化的了解，以轻松的比喻，解释一些传统建筑的观念。据承办人员告诉我，我的课受到相当热烈的反应。事实上我可以在课堂上感觉到听众的反应。

以文化来解释建筑、了解建筑，我最早是受吴讷逊先生的影响。吴先生细密的观察与明晰的图像概念，在我初期有关中国建筑的演讲中是常常借用的。在1975年，为东海大学东风社所做之演讲"中国人之环境观"中，使用了一部分吴先生的观念，大多为我个人的体会，但表达的方式仍受吴先生的影响。这篇演讲稿受到俞大纲先生的重视。我个人的观念真正成熟，并摆脱了吴先生西方图像式的解说，是自史迹源流研究会的演讲开始。

我了解的中国文化是对照西方文化发展而得来的。中国民族并没有经过西方式的思想的、宗教的、哲学的反省，甚至文艺复兴式的自我扩张的历程。所以我们没有哲学、没有科学，也不相信未来的世界。我们是一个文明世界中的野蛮民族。在西方兴起之前，中国是世界上最文明的国家，也是最野蛮的国家。我有这种体会之后，在报章杂志上写东西时，常常表达出对民族之现代化的文化性障碍感到悲观。我尤其常常提到中国缺乏宗教信仰的严重性。

我教中国建筑史，开始把中国历史分为三个阶段。那就是远古到汉末的神话时代，自六朝到北宋的佛教时代，自南宋到清朝的无神时代。我认识了中国建筑自秦汉至今没有改变的精神，那就是民众化的精神；而自明代以来，中国的文化已完全俗化、大众化。我认为中国之所以于两千年前即已开始民众化的原因，乃在于封建制度的解体。封建制度在西洋、在日本，都是现代工业的基础，是科学发展的土壤，甚至是民主思想、宗教改革的温床。大一统帝国下，这些机会消失了。封建精神与宗教精神在南宋之后完全消失，中国的艺术与科学就无法领先于世界，而逐渐沦落。

今天我们所说的中国建筑，不是指秦汉，不是指隋唐，而是指明代以来的中国文化，也就是我们所知的，祖父与父亲辈的中国。这是一个以迷信为寄托，以逸乐为幸福，以儿孙为传承的中国；单纯而乐生，厌恶死亡，不重来生的中国。这样的中国实在远在殷商时代就开始了，只是周代的封建制度与后来的佛教，为我们披了外衣，误导了我们的注意力，所以中国人在考古的发觉中把中国的建筑文化不断地向上推，我并不觉得惊讶。中国的木架构与四合院，以中国文化性质来说，再上推一二千年也不为过。

艺术界老前辈谭旦冏先生在数年前一次聊天中，提到中国艺术的大众性，点通我数年的困惑，自此后，以大众文化来看中国文化，特别是明代以后，脱除佛教外衣之后的真中国，就发现很容易连接上美国的当代文化，美国因为没有欧洲式封建与宗教精神，近几十年来的发展，非常接近中国式的人文性和大众性文化。

我开始了解中国的人文精神是自最基本的求生精神出发的。我们了解的宇宙、我们的社会组织，几乎都反映在自己的身体上。这时候，我再翻阅文丘里在十多年前的著作，发现他所说的"装饰的掩体"（Decorated Shelter）是用来说明中国建筑最贴切的名词。我对中国建筑有豁然贯通之感。

中国建筑从来就不是一种艺术。其实中国的绘画与文学虽出于文人之手，也是十分生活化的。中国的艺术从来不自外于社会，也从来不欺骗社会。雅俗共赏成为大众与艺术家共同追求的目标。自明代以来，艺术完全属于大众，不论画家、和尚还是道士，其所画所题，概为了民众所能了解，为人人所欣赏。自皇子以至于庶人，在艺术面前一律平等，艺术并不以某一阶级为对象。其描述的内容也为大众所深知。

自这个角度来看，中国没有真正的专业

艺术家。即使是商业化以后的江南地区，画家也不完全职业化，他是一位特别有灵思的文人，只有西洋传统中才有把自己的生命赌在艺术上，为自己的理想而一时不求闻达的精神，与民众采取对立的立场。建筑从来不被视为一种艺术，但到今天，如果社会大众接受建筑为一种艺术，那么他所要接受的是一个属于他们的建筑，而不是象牙塔里的东西。中国人不要个人英雄式的艺术家。

三、当代文化的省思

当我有了这种觉悟的时候，已经到了1980年代，经过了六十与七十这两个十年的动荡，世界的当代文化走上了一个新高原。全世界都摆脱现代主义的束缚，扬弃了现代主义的想像，后现代的时代性格完全成熟。

新时代是人文主义者的天下，20世纪上半段，赖特与孟福等人担心机械会支配人类的时代过去了。新的时代也不再是五六十年代所担心的电视支视人类生活的时代了。人可以重新成为宇宙的中心，这就是资讯时代的来临。

这样的时代一个最大的特点就是多元价值观。过去的社会价值赖以维系的"人同此心，心同此理"的信念到今天也受到怀疑。宗教也多元化，过去因宗教而凝结的社会，有被融解的趋势。人之不同，恰如其面。这种"不同"渐被接受，并受到尊重。过去的怀疑主义者只是瓦解传统的信仰，今天则是肯定个体的主观判断了。多元化在表面上看来，使现代社会呈现一片紊乱的景象。

这段时期我在报上写很多专栏，由于读者反应，深深体会到价值判断是多元的。我越来越不相信可以说服别人。只有价值观相同的人才能真正沟通。他们为了自己的利益要结为团体。最后一切价值的抗争都反应在政治力量的抗争上。

在这种情形下，艺术与建筑也要面临一种新的情势。我很怀疑，以后我们还会产生支配大家思想观念的"大师"。这些大师将永远存在，我们不时回头欣赏他们的作品，如同古典音乐的大师一样，随时仍可感到他们的存在，但历史不会重演，我们的时代不会再制造英雄。一个懂得运用媒体的人，可以一时之间使自己膨胀，受到大家注目，但与政治领袖一样，他会因受到众多价值观不同的人之攻击而迅速褪色。我体会到，艺术与建筑的工作者必须了解，在现代资讯社会中，能够使自己的贡献在广大的资料库中流通，供人索阅、查询、参考，已经很不错了。太多有特色的画家了，太多想自创一格的建筑家了！吵闹之声震耳欲聋，群众就一律听而不闻了。

我很高兴地发现，新的人文主义社会中的一些特质与中国传统文化相近。其中值得一提的是"逸乐取向"，有使命感的中国读书人很不喜欢"逸乐取向"的文化，但是某些人要承担国家民族未来的使命，在今天已成为可笑的观点。只有在仍需要革命的国家才有点意义。逸乐就是使身心舒畅，是人文精神中很基本的元素。在多元社会中，有些人仍然相信苦行主义，仍相信"危机意识"，但大多数人以不同的方式，使自己感到愉快。这种趋向在艺术上，就是对美的追求，是新的唯美主义时代的来临。

在传统艺术的三要素中，真与善都受到时代的挑战，成为不易肯定的价值了。只剩下一个尚无大碍的美学。美的绝对性也受到学者们的质疑，但是大众是不懂得理论的，他们相信自己的感觉。他们虽因时髦而对美感的判断略有差异，但对美的形象几乎都有共同的感觉。美要自"俊男美女"的吸引力开始探讨，有为大众共同喜爱的美女，世界上就有绝对的美。因此西方艺术界所痛恨的装饰性美术，就以各种不同的面貌出现了。现代人喜欢生活在美的世界中。

除了美之外，现代社会追求新奇感。他

们已经失掉思考的能力，而喜欢直接感官的瞬时收受。在数十年前，建筑家如纽特拉就讨论到永恒感的消失，到今天，可以丢掉的建筑已经逐渐成为现实。为了满足新奇感的需要，临时性或类似临时性建筑大为盛行，西方世界每年花用庞大的经费建造世界博览会性质的建筑，使用期间为半年，而每年有数处举行，大小规模不一。结构体不宜变动的市区建筑，因装潢业的盛行，在室内、室外都可以随时改变，以新人之耳目。

自博览会建筑到永久性的博览会建筑、迪斯尼世界及多种游乐场，今天的文化，是一种欢天喜地的娱乐文化。我曾经很看不起这种"肤浅的"东西，我曾努力追求深刻的价值，但自文化层面去了解，一切观念都改变了。事实上，我在观念上的改变自从1975年在加州理工学院教书的时候就开始了。我发现美国的加州文化就是一个梦想与奇幻的文化，其建筑是一种梦境的创造，但到八十年代，我到中兴大学之后，才完全确定自己的看法。我喜欢为欢乐的大众服务，我不再板起脸来，用学究的态度与业主争吵了。

在这段时间里，我有机会完成了溪头的青年活动中心，这两个建筑群依其样式，都不是我所喜欢的现代作品，与我在美国东岸所学全不相干，但是得到广大群众的热烈欢迎，十数年至今不衰。奇怪的是，建筑界似乎有相反的看法，倒比较喜欢我不太受欢迎的作品。这使我觉得在精神上，与我所属的专业越来越远了。

但不可否认的，我的独特风格失掉了。在我看来，我丢弃了自己的假面具，与民众混在一起了。

这时候，我开始负责筹划"国立自然科学馆"。我受命主持其筹备处，是帮忙性质，无意全力投入。但责任攸关，我不得不求深入了解。数年后，我发现今天的博物馆，在观念上是迪斯尼的引申。它不再是上层社会的宝石盒子，而是以提供群众欢乐的方法实施教育的机构，我很快就对它发生甚大的兴趣了。并加强了我对建筑民众化的看法。

我并不觉得建筑必然是临时性的、包装式的。因为即使到今天，建筑仍然是一种很昂贵的货品，不应该数年就拆除的。但是我深信，在新的人文主义的建筑观中，不一定靠不断的转换来服务大众。我深信在人的心灵深处，有不需要学院式教育即已存在的感应能力。就好像孟子对人类的善心，追究到恻隐之心一样，人类也有一种美心，可以追究到对美丽面孔的崇拜。这一点是不必教育就知道的，而且是百看不厌的，这种美心是天生的，但当其实现，不可避免地渗入了民族的价值在内。

我同时感觉，要满足今天"地球村落"居民们的需要，今天的建筑文化可能会成为观光文化的一角。自地球的整体来看，观光文化就是多元价值的一种表现。世界上每一角落的人都要到其他多角落的独特民族环境中去观光，去体验不同的美感。国际主义是跨国大企业的产物，是完全单调、令人厌倦的，现代主义不是被建筑理论界的革新者打垮，是被群众所遗弃了。在逸乐取向的文化中，一地的建筑不仅为居住者所用，而且不能不负担观光的任务，为来自全球的游客负一点责任。

我认为现代的建筑家所可以做的，就是提供这两种服务。寻求百看不厌的美感，同时提供民族感情的满足。

这也是我对"后现代主义"的看法。我觉得后现代主义并没有明确的目标、没有主体的思想。它的精义所在就是解除教条的枷锁，把心性尽量发挥出来而已。我们已经没有经典了，因此可以爱我们想爱的、有我们想拥有的。人生是如此，艺术是如此，建筑也是如此。感谢科技上的成就，使我们都能回归自然，自大众文化转入小众文化。感谢经济上的发展，使我们都有足够的财富，选择我们所需要的东西，到我们所喜欢的地方去参观。感谢政治上的民主化，使我们解除一切禁忌。人类的历史进入一个可以选择、有能力选择、有足够的多样性供我们选择的时代！

建筑美的角色同时也是为大众所提供选择的机会。建筑服务的商品化是不可避免的趋势。在未来，教育水准会不断提升，"雅痞"这样要求高品质生活的人群会扩大，他们会成为一个成熟社会的决策者。要求高雅、要求变化、要求风格——不是建筑师的风格，是他自己的风格。忽然间，好像洛可可时代来临了，只是这一次高雅的庸俗不是帝王的专利，而是中产阶级共同追逐的目标。

四、大乘的建筑

这几年来，我自文化的反省、自传统的认识，反过来看建筑的本质，觉得不管世界建筑的发展要采取哪一个方向，中国的建筑必然要走中国人的路子。我体会到中国人所需要的、雅俗共赏的大众文化，实在是合乎时代潮流、合乎未来趋势的新建筑观的基石。

这使我想到中国文化是一个兼容并包的文化，就是因为中国人的大众化性格所致。中国是世上唯一，不经过俄军的占领，自发性地自思想推动产生共产主义政权的国家。共产主义的思想背后有平等主义的要求，而"人生而平等"的观念是由大众文化培养出来的。

我想到，在公元2世纪以后，自印度传来的佛教，没有多久就被中国人吸收，彻底地改变了性质，以我肤浅的对佛教的了解，佛教于产生时原是一种苦修僧为主的活动，其主要的信念是"灰身、灭智，归于空寂之涅槃"，是对自我欲念的挑战。到了中国，原始佛教中那点救世济人的想法就被扩大而为"自利利他"的宗教了，这就是大乘佛法。

在大乘的信仰中，菩萨是一个超凡的圣者，他不愿使自己上达涅槃的境界，而要济世救人，不完成这一项工作，是不应离世人而去的。这样的信仰很容易俗化，渗入大众性文化之中为万民所接受。菩萨的形象逐渐女性化、圣化而涅槃就变成带着凡世享乐色彩的西方极乐世界了。到后来，真正怀有大慈大悲心肠的佛教信徒们，是不期然地希望西方极乐世界可以在今天的世界上出现的。这种现世主义与大众主义的精神是大乘信仰必然发展的结果。

今天中国的建筑家也要抱着大乘的精神才好。

现代建筑在西方发生的时候，原是有社会主义的内涵的。但是社会主义与大众主义之间有距离，乃不为西方民主社会所接受，他们所能接受的，只剩下基提恩所提出的现代美感。其教条意味着清教色彩浓厚，为时代所抛弃，是很自然的。

但现代建筑与现代绘画传到我国来，也把西洋艺术界那种象牙塔的精神带过来了。西方的传统是：越在艺术上造诣高的人越远离群众。即使是为世人所崇拜的毕加索与达利，其作品的交换价值高不可及，但其艺术能为人所了解的也极为有限。所以西洋艺术家至最高点的模式是创造一个惊世骇俗的个人式样，为社会大众所注目，甚至谩骂。然后利用艺术评论家的笔，为自己的个人式样寻找理论根据，先在艺术界内立足，成为"大师"，作品在多种大众性出版物上出现。这时候懂得的人仍然很少，却先由行内予以肯定，成为年青一代的模仿对象。最后一步是在中、小学教科书上出现，强力灌注其价值观予下一代，奠定千年事业的基础，而国际艺术市场以百万美金为单位的代价来代表其艺术价值。可惜的是，这些作品也许成为投资的对象，但对一般大众而言，仍是莫名其妙的。

这种精神是自我完成的小乘精神。采用的手法乃以自毁来达到完成的目的。第一流的艺术家大多行为乖张，以放纵来蔑视大众，得到大众的喝彩。这是对群众自虐心理的充分利用。是沽名钓誉，以商业社会的利器，大众媒体，来支配商业社会。在这方面，毕加索与达利也许是成功的。但对人类的价值，有再检讨的必要。

抱持着大乘精神的艺术家，除了表现其个人风格之外，最重要的是其作品必须使社会大众自心底喜欢。要排除"曲高和寡"的错误观念，不以清高、乖张欺世，不以学识的象牙塔自保。

大乘的建筑家们应该是爱人群、爱生命的人，不是以人群为抗争对象、孤高自赏的人。新时代的英雄是为众人的价值寻求诠释的创造者。

在众多的西洋建筑家中，最符合此一条件的人是西班牙建筑家高迪（AntoniGaudi）。他尽一切可能，使巴塞罗那的市民喜欢他的作品。他把一生放在一座大教堂的建筑上，而未能完成。他去世时，全市市民为他送葬，因为他的作品不是为自己而存在，是为全市民而存在。他为世人喜爱的程度，远超过巴洛克建筑家伯尼尼。

但是真正的民众主义者，与以民众为幌子的建筑家是完全两回事的。前者如同动人的插画家，后者如同波普艺术的画家。普普画家们的作品以大众文化的媒体为主题，但其态度是嘲讽的，是犬儒的。在建筑界，范裘利是以民间主题为幌子而不爱民众的代表。他的著作夸张美国民俗建筑的价值，目的在于找出一条理论的途径，使自己在历史上立足。他是一个标准的学院派，把民俗建筑推到不可理解的境域里去了。

我看到民主时代的大众建筑的远景，在多元的价值观之下，是多彩多姿的，在人类的普遍性美感与民族的独特性美感的互相激荡之下，建筑可以出现丰富的面貌，以饱大众之眼福。摆脱了学院派的桎梏之后，建筑家的注意力就不会消耗在无关紧要的抽象理念上了。工程师要为建筑服务，而不会支配设计者的思想，建筑教育应该有彻底的改变，建筑学术研究应该有再定向的必要。

我觉得很惭愧，在思想上，我不是一个坚持信念、从一而终的人。当我觉得今是而昨非的时候，我会改变自己的主张，对过去坦承错误。在东海大学担任系主任的那十年，对建筑界造成某种程序的影响，但如果我再做一次，可能会从头反省，重新订定方向。

如前所述，我会把建筑定义为艺术，我会把课程之重心环绕着历史课建立起来，建筑的科学与设计的方法要退到第二线。我会更加以人为中心，要求年青人去了解、体会真实的人生。我会把民族文化，尤其是中国民族在居住环境上的价值观当做研究的课题。当做学生们观察环境的问题，我会要求年青人在观察环境中一切现象的时候，不只注意那些一般人注意不到的抽象的意念，更要注意为大众所注目的形象，试图深度地体会其意义。

出世的建筑观要以人世的建筑观所取代。

这样的思想，与我在三十年前坐在贺先生的小客厅里读建筑的时候，相去已经很远了。这些年来，我与贺先生少有见面的机会，但是我知道他一定不会改变对建筑的热诚，对职业水准的坚持。这一点是他最使我钦佩的，也是我很惭愧，自己无法做到的。

最近我参加过一个讨论会。"国立中正大学"校园建筑已进入建筑设计的阶段，台湾几位顶尖的建筑家均入围参与设计。我作为一个旁观者，听他们在协调会中互相表达意见，再一次体会到承认建筑之主观性的重要。然而我最不能原谅自己，也是最不能向贺先生交代的，由于若干年类似的体会太多了，我失去了对建筑的热诚。我承认自己只有"入世"的看法，没有"入世"的精神。总结起来，我还是建筑商业化过程中的逃兵。

以文化的全面来看建筑，我只觉得它是

我很喜欢很熟悉的一种艺术品而已,与我看中国古代文物一样的态度。我满怀兴奋所买到的一只宋磁州窑画花的瓶子,它是一件艺术品,通常只对它的主人,包括它的设计者产生意义,也许对少数的上层社会的收藏家、鉴赏家有若干的意义,然而对大多数人,它是不存在的。我觉悟到,建筑成为一个讨论的对象,正是因为它的平凡,不为人察觉的,才希望追求卓越,争取大众的注意力。然而大家努力争取的结果,却形成一个新的平凡面。在大街上不知有多少是建筑家的力作,都未见任何一座为行人所注意。这是建筑家的悲哀,也是建筑家的命运!建筑必然要商品化、艺术化的。

在这样的文化背景下,建筑不采取大众的立场,除了是一种谋生的职业之外,还有什么意义可言呢?

原载于《雅砌》1990年第5期

明代宫殿坛庙等大建筑群总体规划手法的特点

傅熹年

中国古代建筑的最重要特点之一,是采取院落式的群组布局,建筑物沿水平方向展开。各种建筑群,大至宫殿庙宇,小至民居,都把大大小小的单栋建筑围成尺度和空间形式各异的院落,以满足不同的使用要求,并取得丰富多样的艺术效果。从现存的一些大建筑群看,尽管院落重重,屋宇错杂,空间形式富于变化,其布局却都主次分明、统一谐调,有明显的节奏和韵律,极富规律性。可见,中国古代群组建筑在规划和设计上必然有一整套行之有效的手法,否则是难以取得这样的效果的。

现存的中国古代建筑典籍中,有关单体建筑的尚有《营造法式》、《鲁班经》、《工部工程做法》等技术专著,唯独对城市规划和大建筑群的总体规划和布局方面几乎没有留下什么著作和资料。我们只能通过对现存实物进行研究,试图找出某些线索来。

中国古代汉、唐、宋、元的宫殿祠庙等,史书盛赞其千门万户,弘壮雄深,可惜都已毁灭。个别遗址虽进行了局部发掘,也不能了解其全貌。在现存大型古建筑群中,保存基本完整,并可较好反映原规划设计意图和手法的,只有明清时代的建筑,包括宫殿、苑囿、坛庙、王府和皇家修建的大寺观等。

其中北京紫禁城宫殿、太庙、社稷坛、天坛等,基本保持着明代的布局,又都属皇家工程,它们在总体规划上表现出的共同特点,应即明代规划设计手法的特点。且明代宫室坛庙,上承宋元,下启清代,从这里开始探索,如有所获,也便于上溯下延。

下面,分别对北京紫禁城宫殿、太庙、天坛的规划特点和使用手法进行介绍。关于上述各建筑群的艺术处理和成就,近年分析探讨的论文颇多,本文不赘述。

一、北京紫禁城宫殿

紫禁城又称大内,现通称为故宫。故宫始建于明永乐十五年(1417年),永乐十八年(1420年)建成。宫中的主要建筑前为太和、中和、保和三殿相重,称"前三殿",后为乾清、坤宁二宫(也是殿),称"后两宫"。后两宫之左右有"东西六宫"。它们都是主殿居中,由廊庑配殿围成殿庭的宫院,通过对紫禁城宫殿的现状进行仔细研究,发现它在具体的规划设计上确是经过精心考虑,具有很多特点的。

1. 紫禁城宫殿和明北京城的关系

明洪武元年(1386年)徐达攻克大

都后，改称北平府。因城围太广，不利于防守，当年即废弃北城墙，在其南约3千米处建新的北城墙，即今德胜门、安定门一线的北城，余三面城墙未加改变。明永乐十四年（1416年）十一月，明成祖朱棣决策在此建都，改称北京。次年（1417年）开始大规模建设。除于永乐十八年（1420年）基本建成宫殿、坛庙、王府外，还把南城墙从今长安街一线南拓到今正阳门一线。随后，在宣德、正统间（1426—1449年）陆续建成城楼、箭楼、宫前千步廊外侧的衙署，并在城内各地修建仓库等。这种情况表明，明永乐定都北京时必有一个统一的规划，陆续实施。但关于这问题目前尚未发现文字资料，我们只能通过对现状和遗迹的探讨，逐步加以揭示。

从较大范围研究明清北京城，目前所能利用的最好的实测图是北京市1/500地形图，这里即根据从此图上量得的数据进行探讨（图1）。

紫禁城的外廓尺寸从1/500图上量得为东西753m，南北961m。它在城中的位置，在南北向上，紫禁城北墙外皮至北城墙内皮之距为2904m，紫禁城南墙外皮至南城墙内皮之距为1448.9m。以紫禁城南北之长961m和这两个距离相比，就会发现：

$$2904m : 961m = 3.02 : 1$$
$$1448.9m : 961m = 1.51 : 1。$$

中国古代测长距离或以步，或以丈绳，都不很精确，在地形有变化时更不准确，1%至2%的误差完全可以略去。这样，就可以看到，紫禁城北墙距北城墙之距为其南北长的三倍，而其南墙距南城墙之距为其南北长的一倍半。这就是说，建北京时，在规划中把北京城的南北长定为紫禁城南北之长的5.5倍；在确定紫禁城位置时，使紫禁城偏向南侧，令其与南城墙之距为与北城墙之距的一半。

明北京城的东西宽约为6637m，以紫禁城之东西宽753m与它相比，则6637m : 753m = 8.81 : 1，近于9 : 1，误差为2%。

北京城的东西向尺寸因为有三海和积水潭的阻隔，较南北向更不易测量准确，北京紫禁城及城市中线不居城市之东西中分线，主要是受西侧三海的影响，不得不向东偏移129m。但也不能完全排除有堪舆的影响或比附某些数字的原因。一些宫殿、坛庙史载的尺寸往往有奇怪的尾数，如说紫禁城宽236.2丈，长302.95丈等，也可能有这方面的原因。据此种种，可以认为在规划北京城时，是以城宽的1/9酌加一定尾数为紫禁城之宽的。

从上面的分析可知，明代紫禁城之宽为城宽的1/9，长为城长的1/5.5。反过来说，也可以认为北京城之长宽以紫禁城之长宽为模数，宽为其9格，深为其5.5倍，面积为其49.5倍，近于50倍。

但明北京的东西城墙和明紫禁城的东西宫墙又都是局部沿用了元代大都城和元大内的东西墙，所以明北京东西宽为紫禁城9倍这个比例实际上是从元代继承下来的。近年考古学家对元大都遗迹进行了勘察发掘，做出平面复原图。设以复原图中大内之宽为 A，以大内与其北御苑南北总长为 B，用作图法可以证实，大都城东西宽为 $9A$，南北长为 $5B$，即元大都之长、宽以大内与御苑之和为模数，城之面积为大内与御苑面积之和的45倍（图2）。

值得注意的是9和5两个数字。因为《周易》中多次有九五为"贵位"的说法，在注和疏中解释为"得其正位，居九五之尊"和"王者居九五富贵之位"，认为九五象征君位。后世遂引申出皇帝为"九五之尊"的说法，一般人不准并用这两个数字。元大都在规划中使都城和大内出现九和五的倍数关系正是要用这两个数字表示大内为帝王所居、大都为帝王之都，都属"贵位"的意思。

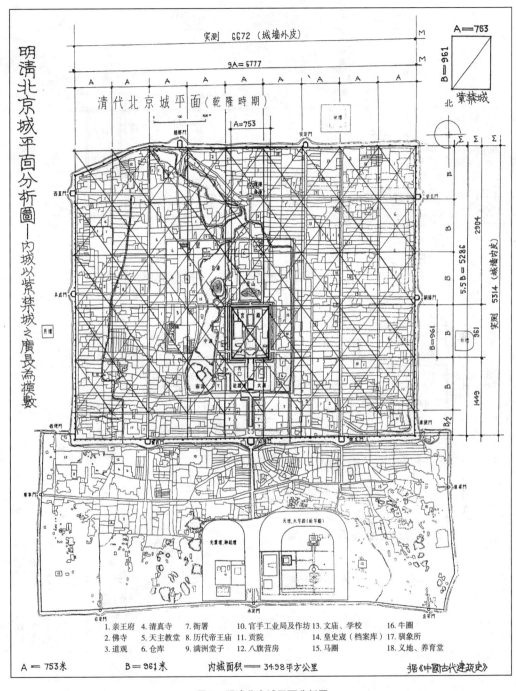

图1 明清北京城平面分析图

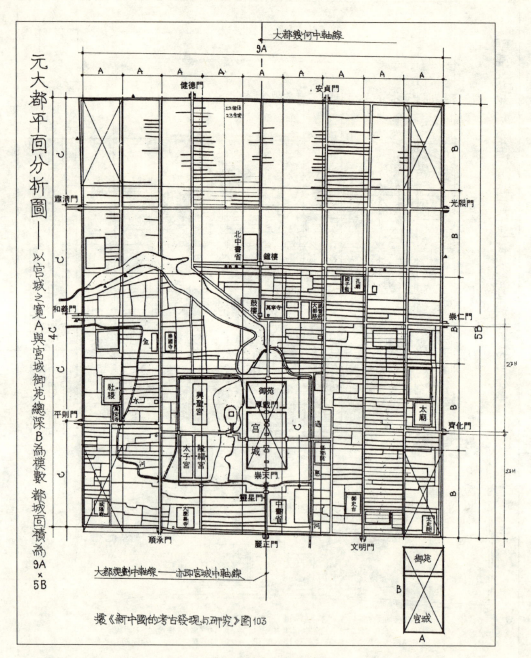

图 2　元大都平面分析图

中国古代有个恶劣的传统，即新兴王朝常常要把前朝的都城、宫城毁掉，认为这样可以消灭前朝的"王气"。徐达攻下大都立刻把北城墙南移，除防守需要外，也未必没有这种因素。所以明朝在北京定都，必须对元都城和宫城大拆大改，决不能完全继承。由于三海和城东一些池沼的限制，大都的东西墙和元大内的东西墙都不能改动，则在东西向 9 与 1 的比例便已经确定了，只能在南北向比例上改变。为此，把北京的南城墙和宫城紫禁城都向南移，在比例上改为 5.5 与 1 之比。这个比例的确定是有意使紫禁城的面积为大城的 1/50。因为同样在《周易》的《系辞》中有"大衍之数五十，其用四十有九"的说法。王弼注说："演天地之数，所赖者五十也。其用四十有九，则其一不用也"。宫城面积占全城的 1/50，宫与城之面积正是四十九与一之比。古人建都城宫殿，讲究"上合天地阴阳之数"，以成"万世基业"。明朝改建大都为北京时，在东西墙受地形限制不宜改动的情况下，找到以"大衍之数五十"来取代元大都的九五贵位的比附手法，是颇具苦心的。它实际上只是把大城和宫城平行南移，缩减北城而已。城市的中轴线、干道网和街区内的胡同都沿用下来，同时也找到了引经据典的说法。明改造大都为北京最大的变动是毁去元宫建新的紫禁城。元宫是元政权的象征，明朝必须把它拆毁。其办法是使新建的紫禁城稍向南移，使宫中最能象征元代皇权的帝、后寝宫延春阁留在紫禁城外北面，在其处堆积拆毁元宫的渣土，以示"镇压"，认为这样可使其永无复辟之望。在渣土堆上再培土植物，就形成现在的景山。明朝人常说景山是"镇山"，就是这个意思。这样，新的明北京就在元大都的基址上出现了，它仍然保持着都城以宫城之长宽为模数的古老传统，只是比例数字和"理论依据"变了，象征皇权和政权的宫殿和官署也全部拆旧建新，泯灭了元大都元政权的主要痕迹。

2. 紫禁城内各组宫殿间在面积上的模数关系

紫禁城宫殿由数十个大小宫院组成，都是封闭的院落，主要宫院在中轴线上，次要的对称布置于轴线两侧。现在中轴线上的主殿"前三殿"和"后两宫"两所主要宫院都屡建屡毁。"前三殿"在明代经正统五年（1440 年）、嘉靖四十一年（1562 年）、万历四十三年（1615 年）、天启五年（1652 年）数次重建，清代又把太和殿由面阔九间改为面阔十一间，改殿左右通东西庑的斜廊为防火的隔墙，并在东西庑加建隔火墙。"后两宫"经明正统五年、正德十六年（1521 年）万历二十六年（1598 年）、万历三十二年（1604 年）几次大修，又在正德末嘉靖初在两宫之间增建了交泰殿。现存三殿、两宫各单体建筑已非明初原物，但整组宫院的占地范围，门、殿、廊、庑的台基，主殿下工字形汉白玉石台座的位置、大小等都不可能有很大的改变，我们仍然可以根据它们的位置、尺寸推测其设计规律和手法。

紫禁城"后两宫"的平面尺寸，东西 118m，南北向 218m，呈一矩形宫院，其长宽比为 11∶6。

"前三殿"建筑群的面积东西向为 234m，南北向 348m，以四角库内所包面积计为 234m×348m，其长宽比恰为 2∶3（图 3）。但进一步分析这些尺寸，又可发现"前三殿"的东西宽 234m 约为"后两宫"之宽 118m 的 2 倍，这数字当非偶数。经在总图上反复分析核查，果然发现自太和门的前檐柱列中线到乾清门的前檐柱列中线间之距为 437m，也恰为"后两宫"南北长度 218m 的 2 倍。这就表明，在规划设计"前三殿"时，是把自太和门前檐至乾清门前檐之距作为"前三殿"南北之长，并令其为"后两宫"之长的 2 倍的。这样，"前三殿"的面积就恰为"后两宫"的 4 倍。

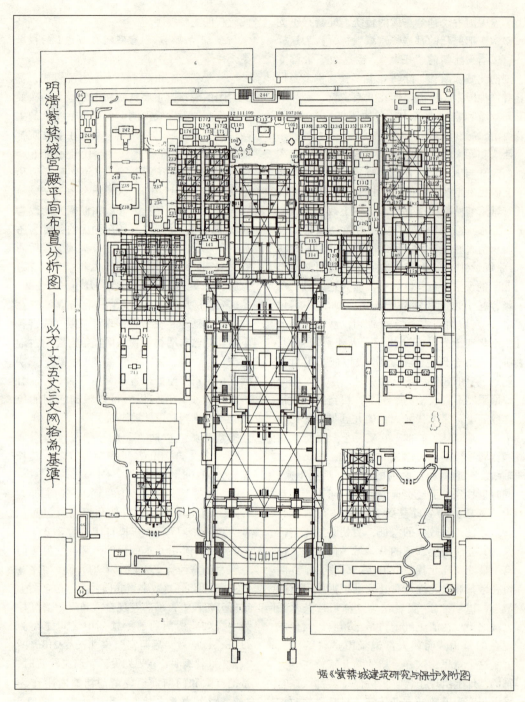

图 3 明清紫禁城宫殿平面布置分析图

上面的情况表明,在紫禁城的总体规划布置上,某些重要建筑群的轮廓尺寸是受某一模数控制的。在总图上还可看到,"东西六宫"的尺寸也与"后两宫"的尺寸有关。

"东西六宫"在"后两宫"的东西侧,每侧二行并列,每行由南至北为三宫。"东西六宫"之北为"乾东西五所",各有五座两进的四合院,东西并列。自"东西六宫"中最南两宫的南墙外皮至"乾东西五所"北墙皮之距为216m,与"后两宫"南北长218m接近。"东六宫"自"后两宫"东庑外墙外皮起,至东面一行三宫以东巷道的东墙外皮之距为119m,与"后两宫"之宽同。这情况表明,在规划"东西六宫"时,也是受"后两宫"的轮廓尺寸影响的(图4)。

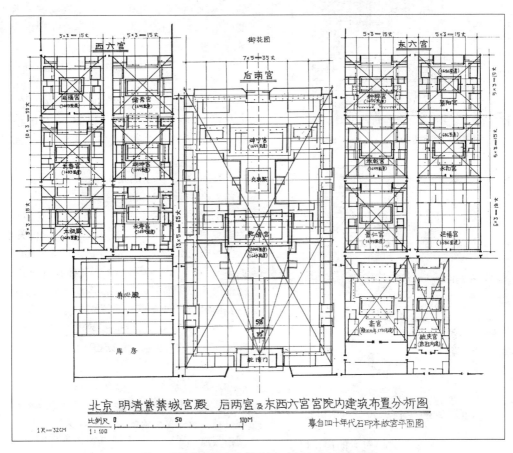

图4　明清紫禁城宫殿后两宫与东西六宫布置分析图

3. "后两宫"与皇城中各建筑间的模数关系

从图5可看到,在午门至大明门(即中华门)间的长度,也以"后两宫"之长为模数。自午门至天安门间东西朝房南北山墙之距(包括端门)为438.6m,比"后两宫"之长的2倍只多2.6m,可视为即其2倍;自天安门门墩南面至大明门北原千步廊南端为"后两宫"之长的3倍;天安门前东西三座门间相距356m,是"后两宫"之宽的3倍。

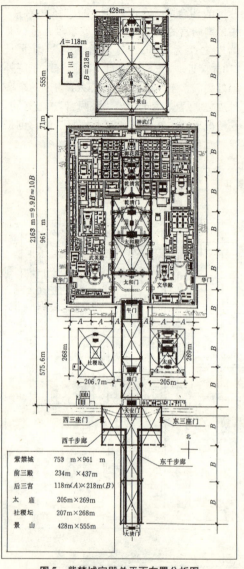

图 5 紫禁城宫殿总平面布置分析图

这就表明，在规划天安门至大明门这段皇城的前奏部分时，也令其长、宽都是"后两宫"长、宽的3倍，亦即以"后两宫"之长宽为模数。

在更大的范围内看，自景山北墙至大明门处横墙之距为2828m，为"后两宫"之长的13倍。这就是说，皇城主要部分的总长度也以"后两宫"之长为模数。

4. 宫院内部的建筑布置手法

上文所说只是就"前三殿"、"后两宫"、"东西六宫"等宫院的相对关系而言。它们都是大型宫院，在各宫院以内还有更为具体细致的布置方法。

（1）主殿居中：在紫禁城内各组宫殿，包括"前三殿"、"后两宫"、"东西六宫"、宁寿宫等，都有个共同特点，即把各该宫院的主殿置于院落的几何中心。如在这些院落的四角间画对角线，其交点都落在主殿的中部，就是明证（图3、图4、图7）。

（2）用方格网为基准：在紫禁城内各宫院布局时，视其规模尺度和重要性，利用方10丈、5丈、3丈三种方格网为布置的基准。明代尺长在0.319m左右，据此画出方10丈、5丈、3丈网格，在各宫院实测图上核验，可以很清楚看到对应关系。

"前三殿"所用的是10丈网格，基本为东西7格，南北11格。这方格网与"前三殿"的外轮廓无关，因为那是以"后两宫"为模数确定的，但却与院内布置密切相关。从图6中可以看到，前部殿庭如以太和殿东西的横墙为界，南至太和门东西侧台基北缘恰为5格，而其东西宽以体仁、弘义二阁台基前沿计，是6格，即规划中令太和殿前殿庭为50丈×60丈。若殿庭南北之长计至太和殿前突出的月台前沿，则占3格，为30丈，而太和殿下大台基之东西宽占4格，是40丈。此外，太和门左右的侧门其中线都在网线上，与太和门的中线相距2格，即20丈。太和殿的台基本身之宽占2格，也是20丈。方10丈网格与前三殿建筑的密切应和关系证明它确是利用这种网格为基准布置的（图6）。

在太和门至午门之间、午门外至天安门外金水桥之间也是以方10丈网格为基准布置的。

"后两宫"和"东西六宫"因尺度小于"前三殿"，使用的是方5丈的网格。"后两宫"东西7格，南北13格，为宽35丈，长

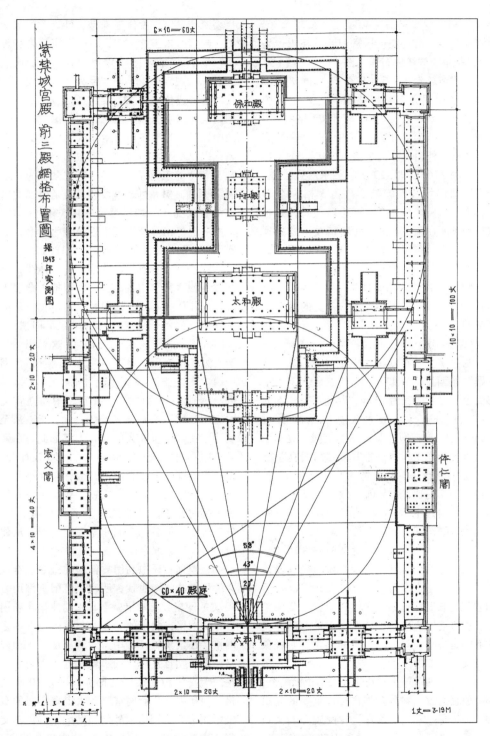

图6 紫禁城宫殿前三殿总平面分析图

65 丈，殿庭宽 6 格，为 30 丈。"东西六宫"每宫宽 3 格，南北长包括宫前巷宽在内也是 3 格，是很有规律的布置（图4）。

建于清乾隆 36 年（1771 年）的皇极殿乐寿堂是运用方 5 丈网格最典型之例（图 7）。它基本落在东西 7 格，南北 24 格的方 5 丈网格上，自南而北，横街占 2 格，宫前广场占 4 格，外朝部分占 8 格，内廷部分占 10 格，共深 24 格，即 120 丈。在东西宽度上，宁寿门前广场及外朝院落均占 5 格，即 25 丈，主殿皇极殿占 3 格，即宽 15 丈，内廷主殿乐寿堂所在院占 3 格，也是 15 丈。这些现象表明宫内的布置与方 5 丈网格有极明确的对应关系。

紫禁城中更小一些的宫院如武英殿、慈宁宫、奉先殿等，则是采用方 3 丈的网络为基准的。

（3）数字比附：元大都宫城与大城间 9 与 5 的数字关系在紫禁城中也出现过。"前三殿"东西总宽为 234m，"前三殿"下工字形大台基之东西宽为 130m，其间正是 9∶5 的关系。此外，工字形大台基的南北长近 228m，与"前三殿"总宽基本上同，故工字形台基之长宽比基本也是 9∶5。"后两宫"下也有工字形台基，其长宽为 97m×56m，基本也是 9∶5 的比例。"前三殿"、"后两宫"为外朝、内廷主体，所以有意采用九和五的比例，以强调其为帝王之居。

5. 这些特点和手法的意义和作用

从上述可以看到，在紫禁城的规划设计中，至少有三个多次出现的特点，即以"后两宫"之长宽为模数，主体建筑置于几何中心和以方格网为院落内建筑布置的基准，其中有的是规划设计技巧，有的还含有某种象征意义。

以"后两宫"为模数除控制面积级差外，还有象征意义。在紫禁城内，最重要的建筑即"前三殿"和"后两宫"。前者是举行大典的场所，是国家的象征；后者为皇帝的家宅，代表家族皇权。古代王朝是一姓为君的家天下，国家即属于这一家，对于做了皇帝的那一家而言，就叫做"化家为国"。使代表"家"（家族皇权）的"后两宫"的面积扩大四倍形成代表"国"的"前三殿"，正是用建筑规划手法来体现"化家为国"。同样，使中轴线上北起景山，南至大明门这么长距离也以"后两宫"之长为模数和使"东西六宫"和"乾东西五所"等小宫院聚合为"后两宫"之面积等也是这个含义，是要以此来表示皇权统率一切、涵盖一切、化生一切。推而广之，在都城规划中以宫城为模数，如元大都、明清北京那样，也有同样的含义。

紫禁城内各宫院，大至"前三殿"，小至"东西六宫"中各小宫，大都把主殿置于地盘的几何中心，这有很长远的历史。目前所见最早的例子是陕西岐山凤雏早周遗址，那时尚属商末，约距今三千年。这思想始见于文献是在战国末的著作《吕氏春秋》，书中说"古之王者择天下之中而立国（指国都），择国之中而立宫，择宫之中而立庙"。可知"择中"有悠久的传统。汉、唐以来至明清，宫殿坛庙和大的寺观大都如此，在紫禁城中不过表现得更普遍而已。奴隶社会、封建社会都是等级森严的社会，在大小不等的建筑群以不同的方式置主建筑于中心反映了那时在不同等级层次上都各有其中心，依次统属，最后都统属于皇帝的情况。从建筑布局来说，取中也是最容易做到的。

在规划布局中利用方格网的做法也有很久的历史。已知唐代大明宫、洛阳宫都用方 50 丈的网格，基本定型于元代的曲阜孔庙用方 5 丈网格，北京的文庙、东岳庙用方 3 丈网格。在紫禁城宫城中，同时出现了三种网格，即外朝自主体"前三殿"起，南到皇城正门天安门为代表国的部分，用方 10 丈网格；内廷主体"后两宫"和太上皇所居的皇极殿用方 5 丈网格；外朝辅助殿宇武英、文华二殿和太后所住的慈宁宫用方 3 丈网格。

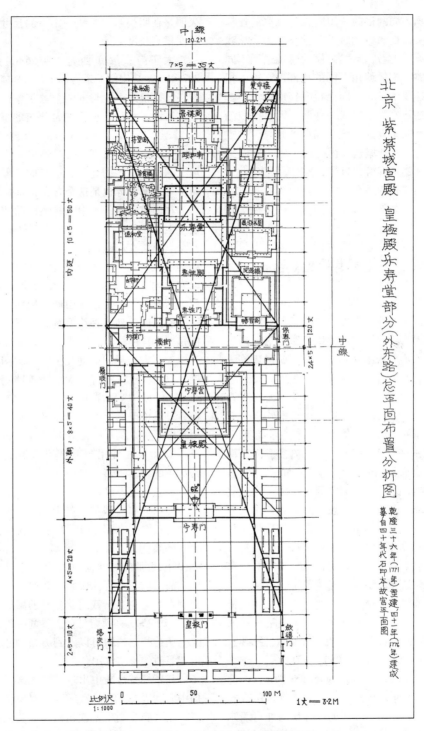

图7 紫禁城宫殿皇极殿乐寿堂总平面分析图

这反映出不同网格的选用既与建筑群的规模大小有关，也和它的级差与性质有关。从建筑规划设计上看，不同规模的建筑选用不同的网格略有些像使用不同的比例尺，可以把它们在建筑体量和空间上拉开档次；规模等级相近的建筑群选用同一种网格则易于控制其体量空间，以达到统一和谐的效果。这方法对于规划紫禁城这样由无数个大小宫院组成的复杂建筑群组尤为重要。

上述这些特点在下面将要介绍的明清太庙和天坛中大都还可以看到，只是表现形式不完全相同而已。

二、北京明清太庙

北京明清太庙即现在的劳动人民文化宫，在紫禁城外东南方，午门至天安门间御道的东侧，隔御道和社稷坛遥遥相对。它始建于明永乐十八年（1420年），现存建筑为明嘉靖二十四年（1545年）重建，又经清乾隆一至四年（1736—1739年）大修。现状为内外二重围墙。外重南墙正中建一开有三个门洞的墙门，两侧各有一侧门；北墙只正中建一三个门洞的墙门而无侧门。内重南墙正中建面阔五间的戟门，中间三间设版门，两侧各建一间宽的侧门；北墙与后殿北墙在一条线上，只在后殿东西外侧各开一侧门。在内重墙内，于中轴线上，前后相重建前殿、中殿及后殿。前殿是祭殿，中殿是放帝、后神主的寝殿，共建在一个工字形台基上。后殿是存放亲尽祧庙的各帝、后神主的处所，另建在较矮的台基上，与中殿间有横墙隔开。现在的前殿面阔11间，左右有面阔15间的东、西配殿；中殿、后殿各9间，左右各有5间配殿（图8）。

现太庙的外重墙东西宽206.87m，南北长为271.60m，略近于3∶4的比例。在天安门内御道西侧与它相对的社稷坛的外重墙东西宽206.7m，南北长267.9m，实际相等，表明是在明初始建时统一定下的尺寸，相当于明尺650尺×850尺。

太庙内重墙东西宽114.56m，南北长207.45m，其比例关系为9∶5。和紫禁城三大殿一样，也是以九与五两个数字象征它是天子之居的，尽管这里供的是死去的皇帝。它外重墙之东西宽206.87m和内重墙长207.45m实际上相等，则在外重墙宽和内重墙宽间也是9∶5的比例，这和前三殿总宽与殿下大台基宽为9∶5在手法上也基本相同。

在内重墙内，于中轴线上前后相重建有前、中、后三座殿，从内重墙四角画对角线，其交点正落在前殿的中心，证明前殿在内重墙围成院落的几何中心。以这交点为圆心，以它至内重墙南（或北）墙之距为半径画圆，则前殿东西配殿南山墙和后殿东西配殿北山墙的四个外角都恰好落在圆弧上，这只能是在设计中精心安排的结果。

太庙在布局上也使用方5丈的网格为基准。以明代尺长折算，太庙外重墙宽65丈，长85.2丈，内重墙宽36丈，长65丈。这样，外重墙范围可排东西13格，南北17格，内重墙可排东西7格，南北13格。内墙东西宽不取35丈，而用36丈是为了保持长宽比为9∶5的缘故（65×5/9＝36.1）。

在图8上可以看到，画了方5丈网格后，金水河的北岸、戟门台基南北缘、前殿南北台基边缘、后殿南之隔墙都在东西向网线上；外墙南门、戟门、前殿、后殿的侧阶、侧门中线都在南北向网线上。还可看到戟门、前殿前月台、前中殿之距都占一格，即控制在5丈左右；戟门北阶至前殿南阶相距5格，即25丈；前殿月台上层宽占3格为15丈。从这些现象中可以看到方格网在布置院内建筑时的基准作用。

在紫禁城宫殿中出现的置主殿于院落几何中心和以九、五的数字突显皇家性质的特点，在太庙规划中再次出现，表明它们是明代大型皇家建筑规划布局中的通用手法。

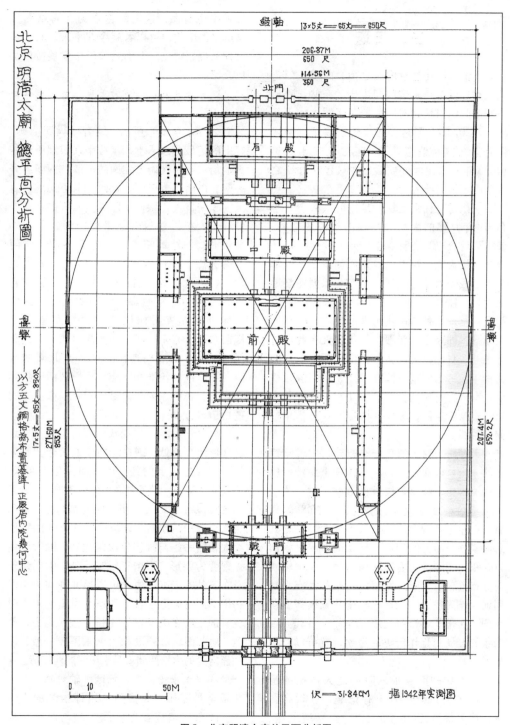

图8 北京明清太庙总平面分析图

三、天坛

明清天坛在北京内城之南，内城正门正阳门和外城正门永定门间大街的东侧，隔街与西侧的山川坛相对。它始建于明永乐十八年（1420年），原是按历代传统建于都城之阳七里之内略偏东处的，明嘉靖三十二年（1553年）增建南外城后，才被包在外城之内西临正阳门外大街的。

它始建时称天地坛，是按明洪武十一年（1378年）建的南京大祀殿的规制建造的，实行天地合祀。到明嘉靖九年（1530年）又改为分祀天地，在大祀殿正南创建祭天的圜丘，形成今圜丘建筑群，另在北郊创建祭地的地坛。嘉靖二十四年（1545年）又在原大祀殿的基址上参考古代明堂的传说建圆形的大享殿，即今之祈年殿，每年春天在此行祈谷之礼。自此，天坛实际有南北两部分，北为祈年殿一组，南方圜丘一组，中间隔以横墙，有成贞门相通，成贞门北有一条南北大道，直抵祈年门，大大强调了圜丘至祈年殿间的轴线。

天坛是现存明清皇家祭祀建筑中最富特色的一组，以布局严整、形体庄重简洁、色彩瑰丽雅正、颇富神秘性而著称于世。关于天坛建筑群在建筑设计和施工上的卓越成就，近年论者颇多，这里暂不涉及，仅就其总体规划布局上的特点和现状的形成过程加以介绍。中国古代宫殿坛庙一贯采取中轴线对称布置，前文所述紫禁城宫殿和太庙都是明证，作为祭天的天坛，其南北轴线却偏在东侧，实是非常奇特之事，但如果对其五百余年的发展变化作历史的考察，就可以找到原因。

现天坛的前身永乐时所建天地坛的情况，在《大明会典》中有记载，且附有图纸，这里简称之为《永乐图》。嘉靖九年、二十二年所建圜丘、祈年殿二组在《大明会典》中也有图，这里简称之为《嘉靖图》。从这些图中我们可以看到今北京天坛的形成过程和规划特点。下面就分四个发展阶段加以介绍。

1. 永乐十八年始建时天地坛的形制和规划特点

据《永乐图》所示，结合《大明会典》等书的记载，永乐十八年按南京旧制所建的天地坛只有一圈南方北圆的坛墙，四面各开一门，以南门为正门，自此有甬道向北，直抵主建筑群大祀殿前，形成全坛区的南北中轴线。大祀殿建筑群总平面矩形，有内外两重壝墙。外重壝墙四面各开一门，北门北有天库。南门以内又有一重门，名大祀门，门内北面殿庭正中即主殿大祀殿。它下有高台，上建面阔十一间的大殿，这高台实即坛，故明初记载称"坛而屋之"，殿前东西侧有东西庑。自大祀门两侧有内重壝墙，与大祀殿相连，围成南方北圆的殿庭，与坛区的轮廓相呼应。在坛区西南角建有斋宫，正门东向，面对大祀殿至南门之间的甬道（图9）。

把《永乐图》与现状对照可以看到，坛区地形南高北低。现在坛内南北大道"丹陛桥"南端近成贞门处高出地面只几十厘米，但到北端接祈年殿处竟高出地面3.35m，有近3m的高差。所以在这里必须先筑高台，使稍稍高于南门，才能建坛。再以《永乐图》所绘大祀殿一组与现祈年殿组比较，除大殿由矩形变为圆形，下增三层圆坛外，附属建筑及布置基本未变。由此可以推知现在祈年殿一组下面的矩形大台子和南北甬道是永乐时就有的。现在的斋宫位于祈年殿西南方，倚西、南两面坛墙，也和《永乐图》一致，因知斋宫西的内坛西墙就是永乐时的西坛墙。

在《永乐图》上，坛区中轴对称，现祈年殿至丹陛桥、成贞门一线即当时的中轴线，故东坛墙应在中轴线东侧与西墙对称处。现丹陛桥的东有内外二重东坛墙，其中

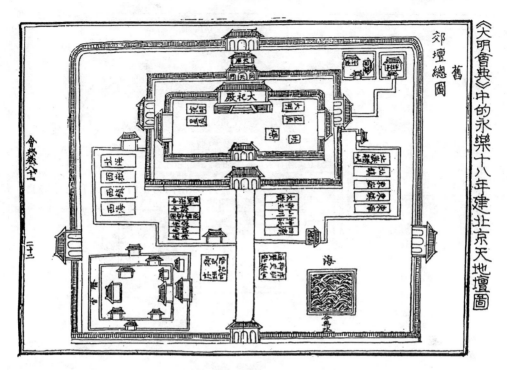

图9　明永乐十八年创建的天地坛平面图

外坛东墙之距与西坛墙至中轴线之距635.7m很接近，所以可以确认它是永乐时的东坛墙。坛的正南门成贞门即《永乐图》上的南门，南墙即在这一线。现在弧形南折的南墙是明后期扩建斋宫后南移的。自祈年殿的中心南至南门成贞门之距为493.5m，北至外坛北墙为498.2m，二者相等，故现在的外坛北墙即为永乐时的北坛墙。

《永乐图》在东西坛墙上画有东西门，西门之南为斋宫，可知现内坛西门即永乐坛的西门，东门应在今外坛东墙相对应处。东西门之间有大道相连。大道中心线北距祈年殿中心为247.7m，南距成贞门为245.8m，实即相等。

根据上述，可以在现状图上画出明永乐天地坛的总平面复原图。其坛区东西宽1289.2m，南北长991.7m。大祀殿下高台东西宽162m，南北长187.5m，殿建在台之中心稍偏北，殿之中心即为坛区之几何中心（图10），殿南与成贞门间连以甬道，形成坛区的南北中轴线。

在这个按实际尺寸画出的永乐时天地坛图上可以看到它的设计规律。和紫禁城内各宫院以后两宫为模数相似，天地坛是以祈年殿下高台之宽为模数的，坛区东西宽为其8倍，坛区南北长为其6倍，斋宫的长宽也基本与它相等。

综合起来说，在永乐十八年规划建天地坛时，是先按礼仪需要确定大礼殿一组的规模，同时也就确定了下面大台子的长宽。以台宽为模数，以其6和8倍定坛区之长宽。坛区内作中轴对称布置，把南门成贞门、甬道丹陛桥南北相重布置，形成中轴线。在大祀殿一组中，殿位于坛区的几何中心，以突出其最重要的地位，同时把东西门一线置于大祀殿中心至南门之距的中点，亦即自坛南

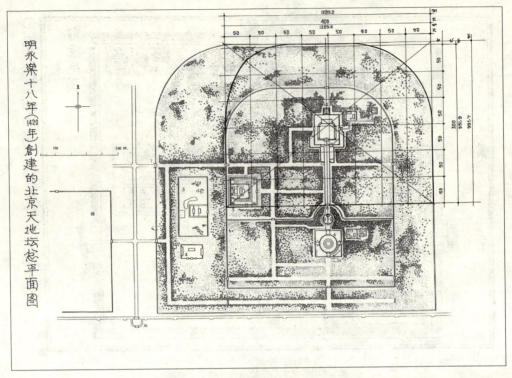

图10 明永乐十八年创建天地坛总平面分析图

墙向北1/4个坛区之长的位置。它是一个简单庄重、模数关系明确、强调中轴线和几何中心的规划。

2. 嘉靖九年创建的圜丘坛

明嘉靖九年（1530年），在决定天地分祀后，在天地坛南创建祭天的圜丘坛，其主体为圜丘坛和二重壝墙。圜丘为三层圆坛，在原天地坛中轴线之正南方。其外的壝墙是圆、方两重矮围墙。坛、壝墙的尺寸在明会典都有记载，但现状经清代拓展，比明代稍大些。方壝之外为内坛墙，四面开门，北门借用天地坛之南门成贞门，南门名昭亨门，东门名泰元门，西门名广利门，围成横长矩形的坛区。其南北深为504.9m；其东西宽如自圜丘中线计，东至泰元门为407.5m，西至广利门为635.7m，东西总宽为1043.2m。圜丘偏在坛区的东侧。但是根据《明实录》中所载明嘉靖九年（1530年）新定圜丘祀典和明万历三年（1575年）亲祀圜丘仪所载皇帝要从昭亨门出才能进入斋宫的路线推测，穿坛北墙入斋宫之门只能在西坛墙之外，因此可推知始建时的西坛墙只能在现位置之东，隔圜丘中轴线与东坛墙相对称的位置。这也就可推知始建时坛区东西宽应为407.5m×2=815m左右。如按明中期尺长0.3184m折算，则可推知：

坛区南北深：505.9m÷0.3184m/丈＝158.5丈。

坛区东西宽：815m÷0.3184m/丈＝256丈。

《明会典》卷187载：圜丘底层径12丈；圆壝周长97.75丈，即直径应为31.1丈；方壝周长204.85丈，即边长应为51.2丈。以此三个尺寸与圜丘外墙之宽深相对照，发现只有方壝边宽与坛区的宽、深有比例关系：

即以方壝边宽51.2丈计，则：

深：158.6丈÷51.2＝3.1
宽：256丈÷51.2＝5

如考虑到记载和测量尺寸的精度，则规划圜丘时极可能是以方壝边长51.2丈为模数的，坛区宽深比为5：3。

若和天地坛相比，可以看到，圜丘坛相当于大祀殿，圆壝相当于大祀门与内壝墙围成之院落，方壝相当于外壝和高台。天地坛之坛区以外壝之宽为模数，圜丘坛区也以外壝—方壝之宽为模数，二者选择模数的方式也是一致的。

在圜丘坛区之外，又把天地坛的东、西墙（又称大坛墙。）南延，南端新建东西向横墙相连，形成第二重坛墙，以使皇帝圜丘祭天时不致暴露于郊野。

若在总图上进一步探索，还可发现，若以天地坛之东西向大道的中线为界，向北至北坛墙为745.9m，向南至圜丘南坛墙为750.7m，二者相差4.38，误差为6‰，可视为相等。这现象表明，在创建圜丘坛区时，已对新旧两区做了统一的规划，改以天地坛的东西大道为统一坛区的南北中分线，据以确定圜丘坛区南墙的位置。再反用天地坛的规划方法，以坛区南北深的1/3定方壝之宽，从而造成坛区以方壝之宽为模数的现象。这当是为保持规划手法一致而采取的不得已的办法。（图11）

3. 嘉靖二十四年改建大享殿后的天坛

圜丘建成后即拟拆去大祀殿在其地建祈谷坛，于嘉靖二十四年（1545年）建成。它下部是一底径91m的三层石台，即祈谷坛，上建直径24.5m圆形三重檐圆锥顶的大享殿，清乾隆十六年（1751年）改称祈年殿。四周与殿同在高台上的门、庑等基本沿永乐

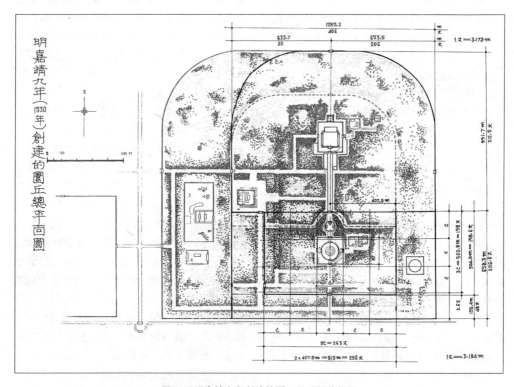

图11　明嘉靖九年创建的圜丘总平面分析图

时旧制。

祈年殿一组下面的矩形高台东西宽162m，南北深187.5m。在祈年殿前有两重门，第二重门左右有横墙，自横墙至北面壝墙之距为160m，这就是说，以第二重门横墙为界，其北的台面实是一个方约160m的正方形。祈年殿的中心在这方形中心的北24.7m处，即向北退后一个殿的直径。

和紫禁城、太庙一样，祈年殿这一组也是用方格网为基准布置的。台上方160m的部分恰好折合明尺方50丈，可以排方5丈的网格纵横各10格。这样就可以看到，祈年殿本身的最外一圈台阶的直径和祈年门之宽各占2格，都是10丈，祈谷坛三层台中的中间一层直径占五格，为25丈，东西庑南北之长占3格，祈年门台基北缘至祈谷坛下层台南缘也占3格，都是15丈。其他建筑布置也大都和网格有一定的关系（图12）。

这现象还表明，祈年殿下大台子虽作南北长的矩形，如自第二重祈年门算起，仍是一个正方形台，南面多出的部分是为了增加一重门，古代称"隔门"。这样，在规划坛区总面积上以台之宽为模数就可以理解了，它实际上是以台之方为模数的。

祈年殿建成后，天坛的总范围包括北部的祈年殿区和南部的圜丘区，以现在的内坛西墙和外坛北、东、南墙为界，东西1289.2m，南北1650m，它的正门由南面的成贞门改为西门，又称西天门（图13）。

4. 南外城建成后的天坛

明嘉靖三十二年（1553年）北京建南外城，包天坛于城内。在南外城正门永定门至内城正门正阳门间大道成为北京全城中轴线的前奏。此时天坛已以今内坛西门为正门，故还需临大道再建外门和墙，使与大道西侧的先农坛夹街对峙，以壮观瞻。这时天坛南墙在圜丘以南部分已建成，把它向西延长，与新建的临街西墙相接，即可围合。这样在坛区南、西两面就出现了内外两重坛墙。与之相应，在东北两面也应建墙，才能形成完整的内外两重坛墙。但原有坛区已很大，坛墙北有池沼，东面已临崇文门外大道，都不便外拓。所以在北、东两面只能把原坛墙用为外墙，在其内新建一重墙，与原西、南两面的内坛墙相接，形成一圈内坛墙。现状的内外二重坛墙相套和全坛的主轴线偏向东侧就是这样形成的（图14）。但这时天坛、圜丘之间的东西横墙还是直的，到万历16年（1588年）拓建斋宫完成后，这道墙遂不得不南移，而不能南移的成贞门则只能把东西侧各一段墙改建作弧形，以与东西两端南移的墙相接，形成现状（图15）。

天坛这样重要的建筑群，即使是改建，也会有一定规律。用实测数字核算，新建的内坛东墙西距祈年殿下高台东壁为2个台宽；新建的内坛北墙距成贞门723.1m，是丹陛桥长361.3m的2倍，其用意是以丹陛桥长之二倍定内坛北墙位置，以使祈年殿一组的南外门（即高台南缘）位于内坛区的南北中分线上；在内坛东、北墙的定位上或利用原来的模数，或形成新的比例关系，都是有一定依据的。在内外坛墙建成后，天坛就由原来的严格中轴线对称布局改变成主轴线偏东，在内、外坛区都不居中的现状（图15）。

通过前面对天坛四个发展阶段规划设计特点的介绍可以了解到，在永乐十八年始建时它是以大祀殿下高台的宽为模数，采取严格的中轴对称布置，并把主殿置于坛区几何中心的。在南面增建圜丘时，把坛区的中心南移至东西门大道一线，据此定圜丘区南北之长，再以圜丘南北长的三分之一反推出圜丘外方壝墙的尺度，整个坛区仍然是中轴对称并具有明确的几何中心的。只是到了南外城建成后，为了服从全城规划大局，坛区不得不向西、南两面拓展，才放弃了中轴线的布置，缩减了东、北两面，但是这个缩减仍然尽可能符合一定模数和比例关系。从这里可以看到不同时代的设计者和改建者细心体

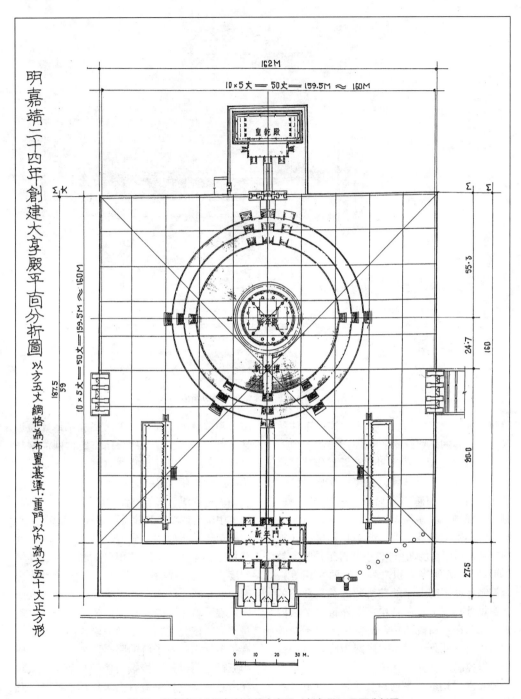

图 12 明嘉靖二十四年创建的大享殿（祈年殿）平面分析图

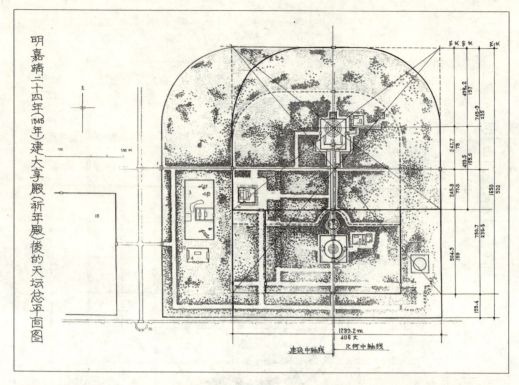

图13　建大享殿后天坛总平面分析图

验前人规划设计特点，尽力采取同一手法的苦心和高超的规划设计水平。

通过对上面一系列明代宫殿坛庙建筑群的介绍，我们可以看到，古代在规划设计大的建筑群时，其总体布局确有一定规律性。例如在规划大型多院落建筑群组时，以某一院落的长宽为模数，大的群组是其倍数（如前三殿是后两宫的四倍），小的群组是其分数（如六宫加五所得面积之和与后两宫相等），以控制各种不同大小的院落间的关系和总的轮廓尺寸；在多重院落中，以外重之宽为内重之长；在一所院落中，把主建筑置于全院几何中心。此外，利用方格网为院内布局基准，以控制尺度和体量关系等手法在当时也是较普遍采用的总平面设计手法。以上各点如果再加上大家已经熟知的单体建筑视其规模、等级选用不同的材（宋式）或斗口（清式）为模数的情况，可以确认，中国古代从城市和宫城规划到院落内布局和单体建筑设计，由大到小，有一整套用模数控制的规划设计方法，可以使城市、宫城、大小院落和单体建筑间存在着不同程度的尺度上的联系，达到统一谐调、富于整体性、连贯性的效果，形成中国古代城市和建筑群的特有风貌。

至于基本模数的确定，具体院落的尺寸和长宽比主要由实际使用要求和礼制、等级制度来决定，但有时也会受其他因素的影响。前三殿、后两宫的工字形大台基和太庙内重墙采取9∶5的长宽比以象征天子之居就是例子。依此类推，在各类建筑中可能还会有很多我们尚不了解的附会之处。古代以阴阳五行比附建筑最极端的例子是明堂。从现存唐总章明堂诏书看，当时设计的明堂，几乎从间数、面阔、柱高乃至各种构件的长度、数量都比附某一数字。但如果画一草图分析，可知其面阔、柱网布置、柱高、梁长、

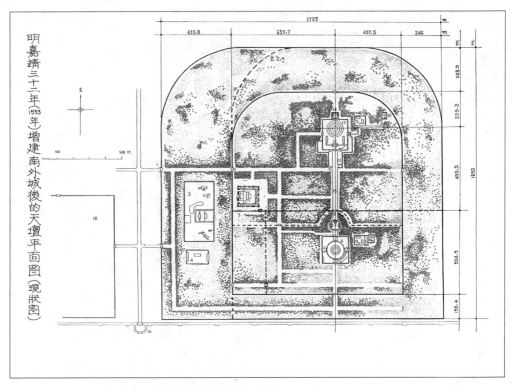

图14 嘉靖三十二年增建南外城后的天坛平面图

梁数等都基本是按建筑的合理需要布置的，然后再从各种古书中找些往往是互不相干的数字拼加在一起以合其数，作为依据，故显得颇为穿凿，不值识者一笑。在明清宫殿坛庙的规划中，也有类似现象，即以上述9:5的比例而言，前三殿、后两宫虽都用大台基的长宽比，但前三殿需计入殿前月台，后两宫则不计入月台；太庙虽前、后殿也在一工字形台子上，其比例都不是9:5，而把内重墙的长宽定为9:5。这情况也表明在设计这些宫殿时，首先是按使用功能和建筑艺术要求进行设计，然后选其中可以因势利用之处加以比附，并无统一、固定的手法。统观历朝史料和现存实例，我认为在古代的建筑规划、设计中，比附象征手法和阴阳五行、风水堪舆诸说并不居于支配地位，它在规划设计中有所表现不外两种可能性：一种是在风水师挟业主之势加以干预时不得不作出的让步；另一种是设计师有意利用它来标榜自己的设计，用为在业主面前坚持自己设计方案的手段；其前提是不让愚妄之说损害规划设计的合理性和建筑艺术的完整性。儒家对于迷信的态度有"圣人以神道设教而天下服矣"一句话，实质是说对于实在说不通道理的人，如不能加之以威，只能用迷信来唬住他。各类建筑的业主，或是权威无上的帝王，或是威福由己的贵官，至少也是拥资建屋之人，在他们面前，设计师始终处于劣势。为求采纳自己的设计，为求保持自己设计方案的优点，避免业主的任意改动，利用以"神道设教"的手段，搬出阴阳、风水之说，给自己的设计加上一点神秘性，胁之以子孙后代的兴衰祸福，实是为自己设计辩护的最省力而有效的办法。因此，在具体研究古建筑的

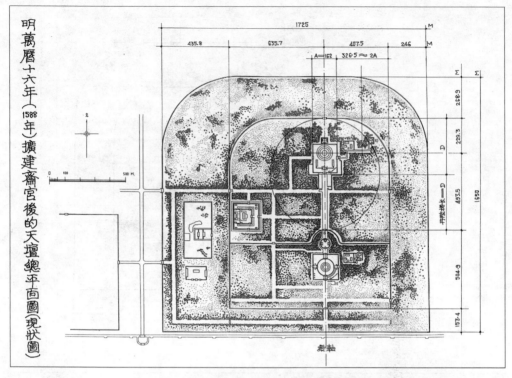

图15 万历十六年拓建斋宫后的天坛总平面图

规划设计时,对这方面要适当加以注意,以了解各种阴阳五行、风水迷信思想对建筑的影响,但和上述规划、设计手法相比,它是次要的,是附会上去的,以不违背基本使用功能和艺术表现为前提,真正决定一个时代建筑面貌和具体建筑成败优劣的是规划和建筑设计,它们是古代规划师和设计师的成就。

中国古代在大型建筑群的规划设计上有极辉煌的成就和独特的经验,有待我们去发掘、整理、总结。本文在这方面只是一个粗浅的尝试,必有遗漏,恐也难免有穿凿。但这个初步探索表明,如能把历代大中型建筑群的总平面图作精确测量,取得数据,集中起来,综合排比,对其规划设计特点和手法进行归纳总结,必将有重大收获,补充建筑研究中的薄弱环节,使我们对古代优秀建筑传统的认识更为深入、全面。这方面成就的总结,也将为创造具有中国风格的现代建筑提供借鉴,使之不仅在单体建筑设计上,而且也能在总体规划上反映中国特色。

(本文初稿曾发表于《建筑历史研究》第三辑。这次发表作了一些修订,删除了一些文献考证和具体推算过程,并把近年新的研究成果,如有关在院落布局中视其规模使用大小不等三种方格网的内容补入。因本文讨论的是古代建筑群的设计规律,需在图上探索,为避免重新制图产生的误差,尽量采用已发表的资料和图纸,即在其上用作图法分析,以求取信。不得已处敬希原图作者见谅,并致谢忱。)

本文初稿发表于《建筑历史研究》第三辑,后又作一些修订,删去一些文献考证和推算过程并补入布局中使用网格的分析,发表于《1997中国科学技术前沿·中国工程院版》。此次又对圜丘部分作了修改。

五凤楼名实考
——兼谈宫阙形制的历史演变

萧 默

紫禁城正门午门,又名五凤楼。清·孙宗泽《春明梦余录》云:"午门即俗所谓五凤楼也"。《大清会典事例》中也有相同的记载。午门位于紫禁城中轴线上,呈凹字形平面:两翼向前伸出,与高耸而森严的大片城墙形成环抱之势,予人以强烈的威压感。在城墙上建有一座正楼、四座重檐方亭,正楼与左右拐角处的方亭间连以左右明廊,拐角方亭和左右伸出部的前端方亭间连以左右雁翅楼,整体造型端严丰美,气势雄壮,十分伟丽恢宏。

凹字形东西两翼的峙立形成所谓"阙"的格局。从现有材料可知,阙这种建筑至迟在东周已经出现,汉代大为盛行。周、汉以来,阙主要是具有观瞻性作用的建筑,置于宫城门前左右者称为宫阙。

宫阙之被称为午门,最早只能推到元代,但"五凤楼"之名早在盛唐时就已出现,此后历五代、宋、辽以至于清,都指的是宫城正门。

一、从五代的五凤楼谈起

《旧五代史·梁书·太祖本纪》记后梁太祖朱晃事说:"开平三年(909年)御五凤楼,宣制大赦天下"。据同书,知地点是后梁的西京,即洛阳。又说,"开平三年十一月甲午日长五更一点,自大内出于文明殿受宰臣以下起居,自五凤楼出南郊……赴坛",讲的是朱晃郊祀的事。

所谓"大赦天下",在封建社会,历来是一种笼络人心的重要手段,一般不轻易施行。宋·王应麟《玉海》说:"秦孝文庄襄元年皆有赦,初即位肆赦始此。由汉以来,或即位建储改元立后皆有赦,遂为常制。"唐·徐坚《初学记》引《汉旧仪》也说到,在"践祚改元立皇后立太子"时应"赦天下"。朱晃称帝,先在开封,当时"风俗未泰,兵革且繁",未遑肆赦。开平三年定都洛阳,才补行此事。大赦是当皇帝必办的一件大事,十分隆重,都是选在国家性的高级建筑物中举行。历史上,汉光武帝即位就"升灵台望云物大赦天下"(《续汉书》)。孙亮"太平二年临正殿大赦,始亲政事"(《三国志·吴志·孙亮传》)。晋武帝即位时"幸太极前殿,于是大赦改元"(《晋书·武帝本纪》)。上述"灵台"、"正殿"、"太极前殿"等都是这类隆重的建筑。唐代大赦典礼又常在宫城正门举行。《唐六典》说:"若元正,冬至,大陈设宴会,赦过宥罪,除旧布新,受万国之朝贺,四夷之宾客,则御承天门以听政"。承天门即唐长安太极宫的宫城正门。

贞观十七年、景云元年、开元二十六年、乾元元年、元和四年都曾在承天门举行过大赦（《玉海》卷六十七"诏令"）。长安大明宫城正门曰丹凤门，唐至德二年、建中元年、贞元四年、元和二年都在此门举行过大赦（《玉海》卷六十七）。唐东都洛阳宫城正门在初唐仍袭隋名曰则天门，在这里也举行过大赦。故开平三年后梁朱晃肆赦的五凤楼，很可能也就是洛阳宫城的正门。

所谓"南郊"，即皇帝每年冬至日都要到京城南郊的圜丘去祭天，谓之"有事于南郊"。"日长"，就是冬至日。上引后梁太祖在"甲午日长"去南郊的路线是从大内（即皇宫）文明殿起，然后经五凤楼再赴坛。文明殿在唐代叫贞观殿，梁开平三年始改名文明，同时改名的还有含元殿，改称朝元殿[1]。《唐两京城坊考》云，唐东京（洛阳）"宫之正牙曰含元殿……含元殿北曰贞观殿"。"正牙"就是正衙，即正殿，肯定在中轴线上。由上可知，文明殿也当在中轴线上。由文明殿出宫去南郊，最合理的路线当然要经过宫城正门。何况祭天是一个重要典礼，皇帝赴祭例行中轴的大道。综上可知，去南郊所经的五凤楼，就是宫城的正门。

关于这一点还可以从下面两条史料得到旁证：《旧五代史·梁书·罗绍威传》说："（后梁太祖）及登极……车驾将入洛，（罗绍威）奉诏重修五凤楼、朝元殿，巨木良匠非当时所有，僥立于地沂流西立于旧地之上（疑有佚字），张设绨绣皆有副焉，太祖甚喜。"《新五代史·罗绍威传》则说："太祖即位将都洛阳，绍威取魏良材为五凤楼、朝元前殿。浮河而上立之京师。太祖叹曰：'吾闻萧何守关中为汉起未央宫，岂若绍威越千里而为此，若神化然，功过萧何远矣。'"朝元殿前已提过即宫之正殿，五凤楼能与之并论，受到这等重视，必非蕞尔小类。可见，五凤楼必是车驾入洛阳宫城必经的正门无疑。

至于五凤楼的"楼"字，按通常的理解，当是二层或二层以上的建筑物，但是还有一种理解，即于台上建屋也可称之为"楼"。晋·郭璞注《尔雅·释宫》曰"四方而高曰台，陕（狭）而修曲曰楼"。注云："凡台上有屋陕（狭）长而修曲曰楼。"城门处平面都比一般城墙的厚度为宽，形成为台，古称"阇"，又名"城台"、"台门"。晋·崔豹《古今注·都邑》就提到："城门皆筑土为之，累土为台，故亦谓之台门"。如此，城门上的建筑不论其层数多少，也可名之为楼。唐时就多有此用法，如唐高宗曾于某日"御安福门楼观百戏"，次日，"上谓侍臣曰：'昨登楼，欲以观人情及风俗奢俭'"（《资治通鉴·唐纪》）。又《玉海》云："神龙三年八月二十一日，改玄武门为神武制胜楼"。《资治通鉴·唐纪》又载：开元十八年，突骑施遣使入贡，玄宗也曾"宴之于丹凤楼，注曰"丹凤门楼也。东内大明宫正门曰丹凤门"。故以五凤"楼"来命名宫城的城门，也就不足为奇了。

二、以"五凤楼"名宫城正门最早见于盛唐

前举《新五代史》说罗绍威"为五凤楼"，明·王三聘的《古今事物考》记有"梁朱温（即朱晃），验河图，按地舆，作五凤楼"。但上举之"为"和"作"五凤楼都不够明确，还是前举《旧五代史》记得比较详确，是"重修五凤楼"，并"立于旧地之上"。可见并非新建，也不是重建，而是仍旧有之楼重修的，所以此楼在唐时应已存在。

元代王士点所著《禁扁》一书，专门记载各代宫廷建筑的名称，在唐代楼名项下列有"五凤"一名，并自注云"即应天门"，明确指出即东都宫城正门应天，但却没有任何具体说明。

查《宋史·地理志》，说到"西京"（即汴梁之西的洛阳）宫城……城南三门，中曰五凤

楼,东曰兴教,西曰光政,下注曰:"因隋唐旧名",此注也不甚清楚,是仅指兴教,光政二门因隋唐旧名,还是五凤楼也包括在内?

据隋朝杜宝的《大业杂记》记洛阳宫城云:"正门曰则天……则天东行二百步有兴教门……则天西行二百步有光政门"。《唐西京城坊考》说到唐初因隋旧名,开元后,兴教门改称明德门,光政门改为长乐门,至唐末昭宗时又改回原名。至于正门则天,"武德四年以其太奢,令行台仆射屈突通焚之。显庆初,司农少卿田仁汪随事修葺,后又命司农少卿韦机更加营造。初因隋之名曰则天门,神龙元年避武后尊号改应天门,又避中宗尊号改神龙门,寻复为应天"(《唐两京城坊考·东京》宫城条)。两书都未提到五凤。至少从现知材料看来,还没有提到隋有五凤楼者,故"因隋唐旧名"一语应只及于兴教、光政,并不包括正门五凤楼。

关于洛阳宫城,《元河南志》中提到:"南面三门,正中曰五凤楼,因唐天祐之名。东曰兴教门,西曰光政门,二门因唐旧名"。明言五凤是因唐天祐之名。天祐是唐代最后一个年号。天祐元年朱温焚拆长安宫室民舍,逼昭宗东迁洛阳,二年(905年)确有洛都诸门殿改名之举。该年昭宗敕书曰"今则妖星既出于雍分,高闳难仿于秦余,宜改旧门之名,以壮卜年之永。其京都(即洛阳)见在门名与西京同者并改之"。

敕中提到改重明为兴教(按此重明应即开元时的明德),改长乐为光政,却没有提到把为避中宗尊号而大概从玄宗先天(712年)、开元(713—741年)起就复称宫城正门为应天改为什么[2],相反却有一句"(改)光范门为应天门"(清·顾炎武《历代帝王宅京记》卷九《洛阳》下引)。这个光范门在什么地方,是不是有可能那座从玄宗时就被称之为应天的宫城正门,一度曾改称光范,此时又把它改回去呢?然而,不论是《新唐书》还是《旧唐书》,都没有提到过光范门。

近人赵万里先生藏有一册由《永乐大典》卷九五六一的《元河南志》地图中抄摹出来的古代洛阳图,共十四幅。这些摹本与《永乐大典》原来的不同是大典本只有图形,而不注殿、门名称,摹本则大多加注了殿,门名(图1)。据夏鼐先生考证,摹本可能出自徐松之手(见《考古学报》1959年第2期附:《永乐大典》卷九五六一引《元河南志》的古代洛阳图十四幅)。在《唐东都城图》中没有注光范门的,但在《宋西京城图》中可以找到应天门,它是宫城正门五凤楼正北太极门以西的第二门(第一门是右永泰门)。图上并有宣仁、兴教、光政、乾元、敷政、左延福、右延福、兴善、膺福、千秋等门,都与天祐二年昭宗敕示改过以后的门名相同。将此图与《宋史·地理志》相较,大致符合。据《地理志》可以知道,宋时洛阳宫的殿、门名称一仍唐天祐之旧,未加更改,那么宋的应天门应即唐天祐时的光范门了。但《地理志》称右永泰之西还有一个永福门,图上在右永泰之西却是应天门,并无永福之名。按《地理志》,在叙述完中轴线上的一路门殿以后紧接着说:"西有门三重,曰应天、乾元、敷教"。图示的应天之后也有乾元、敷政(若按《地理志》应为敷教)。因此,笔者怀疑图上的应天门应注为永福门,应天等三门应在永福门以北,它们只不过是宫殿各区间的几座小院门而已。但显然的是,宋应天门的前身在唐代不可能是宫城正门,也就是说唐天祐二年改名以前的光范门不会是宫城正门。

这就出现了一个问题:既然天祐改名后还有一个叫作应天的门,那么改名前的宫城正门就不应该也叫做应天门了。因为改名的目的是图个吉利,改名的原则是凡"与西京同者"都在必改之列,所以绝无把门名仅仅换一个地方的道理。不但如此,还可推论这座宫城正门应该早就不叫应天门了。因为如果它不久前还叫应天门,那么人们对它的印

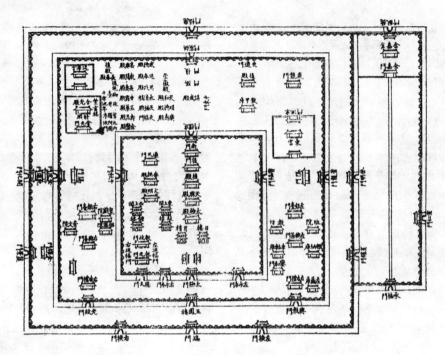

图1 徐松摹《永乐大典》引《元河南志》中的《宋西京图》

象仍深，改名时也不大可能把原来一直是最隆重的宫城正门的名字用到一个宫中院门上去，而上已谈到，改名前的唐洛阳宫城正门也不叫光范门。那么它到底叫什么呢？

合理的解答是，天祐二年以前，这个宫城正门就早已叫做"五凤楼"了，天祐二年以后继之，改名根本没有牵涉到它，所以昭宗敕中也就没有提及。

那么可能从先天、开元开始被称为应天的宫城正门是在什么时候改称为"五凤楼"的呢？笔者认为，至迟应在唐玄宗开元二十三年（735年）。关于这一点，虽然没有哪条文献直接记载过，但却有资料可间接佐证。

《资治通鉴》云："（开元二十三年正月）都城酺三日（注曰："都城，谓东都城"，即洛阳）。上御五凤楼酺宴"。这是有关五凤楼之名最早出现的记载。《通鉴》继续记道，当时皇帝下令"三百里内刺史县令各帅所部音乐集于楼下，各较胜负"，"怀州刺史以车载乐工数百，皆衣文绣……""观者喧溢，乐不得奏，金吾白挺如雨，不能遏，上患之。高力士奏河南丞严安之为理严，为人所畏，请使止之，上从之。安之至，以手板绕场画地曰：'犯此者死'，于是尽三日，人指其画以相戒，无敢犯者。"（《资治通鉴·唐纪》）《新唐书·元德秀传》也谈到此次盛举："德秀率乐工数十人联袂歌于旁"。

"酺"就是宴会，连酺三日，又召集这么多人举行文艺会演，一个节目动辄数十数百人演出，活动规模相当可观。这次宴会应当在一座规模很大的建筑里举行，同时这种演出还一定需要在建筑前有一个相当大的空地。以下本文还将证明唐宋的五凤楼不但和明清紫禁城的五凤楼意义相同，都是指的宫城正门，而且形制也是相似的，都是一个凹字形平面，在这个凹字所围的空间中正好可供演出之用（隋唐东都宫城正门东西两翼的距离比紫禁城午门的 110 米小，但仍有 83

米)。所以开元时期的五凤楼很可能就是宫城正门。尤其《通鉴》记载说当时的秩序颇不易维持,围观的人很多,以至于要以死刑来相威慑。为筹备会演,一处所来的乐工就有数十数百,全部演出人员数目会更大得多,当然不可能让他们进入宫禁重地,闲杂人等则更不允入宫观看,所以只能在宫城正门外举行。宫城外面是皇城,隋唐制度皇城是百官衙署的所在,马弁走卒,仆夫皂隶以及小官小吏为数自然不少。那些冒着性命危险来挨"金吾白梃"的"观者",就正是这么一些人。且五代以后的五凤楼也都是宫城正门,故依情判断,开元时的洛阳五凤楼必是宫城正门无疑。

白居易(772-846年)有一首《五凤楼晚望》诗:"晴阳晚照湿烟消,五凤楼高天沉寥。野绿全经朝雨洗,林红半被暮云烧。龙门翠黛眉相对,伊水黄金线一条。自入秋来风景好,就中最好是今朝"。从"龙门"、"伊水"等词可证,白居易诗中的五凤楼也就是宫城正门。

所以《元河南志》其实也没有搞清楚,五凤楼之称并不出于天祐,而出于盛唐时的开元,比天祐要早一百七十多年。

三、宋以后的五凤楼

前述由唐开元至五代大约二百多年间,五凤楼一直是洛阳宫城正门。宋以后,据《玉海·开宝》"五凤楼条"说,宋代"西京(即洛阳)大内正南门曰五凤楼,国初建名";又说"祥符四年三月丁亥祀汾阴回,驻跸,将赐酺,有司请改五凤楼名。上曰:'太祖建楼因瑞应建名,不可更也'"。如此说来,五凤楼是赵匡胤时所建并命名的了,这就与前举《资治通鉴》、《宋史》、《元河南志》、《禁扁》以及白居易的诗等文献全都对不上号了。显然这是真宗皇帝搞错了,或者说他自己也喜欢这个名字,不愿改动而拿祖宗来搪塞而已。总之,宋代仍一直沿用此名未改。但真宗所说的"太祖建楼",也并非事出无因,事实上赵匡胤确实在后梁朱晃重修的基础上又重修了一次。宋初人梁周翰所作《五凤楼赋》即云:"乃顾京室,时行圣谟,陋宸极之非制,稽紫垣之旧图。且曰不壮不丽岂传万世……乃诏共工,度景之中,因旧谋新,庀徒僝功;台卑者丰,栋易而隆,橑斲而砻"。从其中"因旧谋新"之说,可见仍为重修,并非重建。重修后的五凤楼确实是壮观华丽,盖世无双的。《赋》又形容此楼云:"去地百丈,在天半空。五凤翘翼,若鹏运风……双阙偶立,突然如峰。平见千里,深映九重。"

宋代的五凤楼,既壮且丽,建筑技艺高超,名声很大。宋·孔平仲的《谈苑》就记有一则趣闻:"韩浦、韩洎(皆宋初进士)能为古文。洎尝轻浦曰:'吾兄为文如绳枢草舍聊庇风雨而已,予之文造五凤楼手。'浦闻作诗寄曰:'十样鸾笺出益州,寄来亲自浣纱头。老兄得此全无用,助尔添修五凤楼。'"承中国艺术研究院王树村先生见告,他收藏有一枝建国前生产的笔,笔管上即刻有"助尔添修五凤楼"数字,其出典应即《谈苑》。

据《宋史》及《玉海》载,皇帝在开宝八年、景德四年、祥符四年曾多次登上五凤楼,或肆赦,或观酺,举行那些须要在重要建筑中举行的仪式。

五凤楼名扬海内,甚至在辽的南京宫殿中也有同名的楼。辽以幽州为南京(今北京),其五凤楼之名见于《禁扁》。

辽代大部分时间的主要京城是统和二十五年(1007年)所建的中京,在内蒙古自治区宁城县。辽中京的宫城正门名阊阖门。路振曾作为北宋特使于大中祥符元年(1008年)即辽中京建成之次年到过那里,庆贺辽圣宗耶律隆绪生日。他写过一本《乘轺录》,专记此次出使的见闻。文曰:"阊阖门楼有五凤,状如京师,大约制度卑陋"(据诵芬楼刊十万卷楼丛书本《皇朝事实类苑》卷七十七引宋·晁载《续谈助》录文)。此"京师"当即《五凤楼赋》中"伊京师之权舆也"所指的洛阳。因洛阳在宋是为西京,也可称之为京师。且宋五凤楼也确有"五凤翘翼"。故知闾阖门与五凤楼在形制上必有渊源关系,仅闾阖门的规模比较"卑陋"而已。

元、明未闻五凤楼之名。至清,宫城正门又重新被俗称为五凤楼。此名一直传到现在,由唐时算起已经有一千二百多年了。但因"五凤楼"之盛名,清以后民间重要建筑也常有名为"五凤楼"者,此不赘述。

四、宫阙形制的演变

《大清会典》卷五十八云:"端门之内,东曰阙左门,西曰阙右门"。端门之内即午门之外,所谓"阙左"、"阙右",也就是以午门为本位而论。因此,午门就是"阙"。又《大清会典事例》卷八六二说:"(午门)两观杰耸"。"观"是什么?《尔雅·释宫》云:"观谓之阙"。《古今注》卷上"都邑条":"阙,观也……其上可居,登之则可远观,故谓之观"。这些材料都证明午门就是阙,又是宫门,谓之"宫阙"。

"阙"之一词,起于《诗经》。《诗·郑风·子衿》曰:"纵我不往,子宁不来?挑兮达兮,在城阙兮"。说的是一个年青人在城阙那里焦急地等候他(或她)的恋人。除城阙外,从汉代遗物和文献中可知,由周至汉还有宫阙、墓阙,庙阙等名,与城阙一起,分别置于宫城、陵墓、宗庙和城市的入口处,用来标表这些建筑的重要,以壮观瞻。

据现存汉阙实物、模型或形象资料,汉阙都是在入口外面两边孤立地各立一阙,中间是缺口,双阙之间没有联系。故汉·刘熙《释名·释宫室》云;"阙,阙(缺)也。在门两旁,中央阙(缺)然,为道也",这正是其形制的简要说明。

大约从东汉中期开始,豪强权贵们也开始在自己的坞壁大门处设阙,它们的形制可见于四川出土的东汉画像砖和敦煌石窟十六国和北朝时期的阙形龛以及其他一些有关资料。其特征为左右双阙并不孤立,并从大门外退到院墙一线,和左右院墙连接起来,在它们之间连有屋顶,屋顶下面是大门(图2、图3)。

形制的进一步发展是中央屋顶逐渐升高,以至于高出左右双阙的屋顶(图4)。有的左右双阙的平面略略前伸,使整个平面成一凹字形,如始于隋代而完成于初唐的敦煌石窟397窟壁画上的宫阙:中为宫门,上建高出于双阙之上的正楼,正楼左右各有一阙台,阙体平面向前略有伸出,上各建一屋,此屋的纵轴和中央门楼的纵轴平行(图5)。

图2 四川羊子山东汉墓出土画像砖所见坞壁阙

图3 敦煌石窟十六国晚期第275窟阙形龛所见的坞壁阙

图4 敦煌石窟十六国晚期第275窟南壁出游四门图中的两座阙形

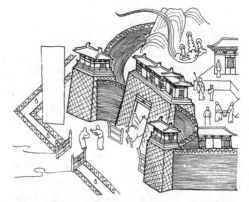

图6 敦煌晚唐第9窟南壁壁画劳度叉斗圣变的城阙

图5 敦煌石窟397窟初唐壁画上的宫阙

《水经注》卷八记洛阳曹魏时筑的金镛城正门说："南曰乾光门，夹建两观"，可能就大致同此。又，在敦煌晚唐还有一幅城阙图，其中的阙形也大致同此，不过左右双臂前伸更远，平面并呈弧状，尽端的阙楼纵轴也与中央门楼的纵轴平行（图6）。

隋唐以后基本上是宫阙独步的时代，除少数帝王陵墓还营建双阙外，其他城阙、墓阙和庙阙已经澌灭。由隋唐而至明清的宫阙形制就是从敦煌397窟壁画上的阙形直接发展而来的。

如前所述，五凤楼之名始见于唐开元，但开元的五凤楼是在隋洛阳官城正门则天门

的原址上重建的，若在考证隋以后各朝宫阙的形制，还得从隋代谈起。

隋以后各朝都城和陪都地点及宫城正门的主要名称列表如下：

隋以后各朝都城及陪都宫城正门名称表

序号	朝代	都城或陪都宫城正门
1	隋	洛阳（东都）则天门
2		大兴（西京）广阳门
3	唐	洛阳（东都）应天门（五凤楼）
4		长安（西京）东内含元殿*
5		长安（西京）西内承天门
6	后梁	洛阳（西京）五凤楼
7	宋	汴梁（东京）宣德门
8		洛阳（西京）五凤楼
9	辽	中京闾阖门
10	金	中都通天门
11	元	大都崇天门（午门）
12	明	中都午门
13		南京午门
14		北京午门
15	清	北京午门（五凤楼）

注：唐长安（西京）东内大明宫城正门虽为丹凤门，但含元殿事实上起着宫城正门的作用。详见正文。

1. 隋东都洛阳

宫城正门称则天门。《大业杂记》曰："则天门两重观，上曰紫微观，左右连阙，阙高百二十尺"（此处的"观"字系指门楼，与"阙"义无关。两重观即两层楼，隋唐多有此用法[3]）。《元河南志》的记述与此全同。这里的"左右连阙"，应即连在中央城楼左右而向前伸出的阙楼。据考古报告，则天门中央部分与左右的连阙，其整体平面正是凹字形。文称："在门址的东西两侧，在宫墙上有向南突出南北向的夯土墙两道，形式极为对称，各宽 17.5 米，相距 83 米，北端与宫墙相接处加宽为 21 米，南端突然加宽至 30 米后即被断崖破坏。再向南为洼地，无踪迹。两条夯土墙保留长 45 米，夯墙之上及其附近有较多的砖瓦堆积……现发现左右突出的土墙垣，无论从土色土质及其夯筑结构，与宫城南墙并无差别，当无早晚关系，正好说明是左右两阙的残存"（中国科学院考古研究所洛阳发掘队：《隋唐东都城址的勘查和发掘》，《考古》1961 年第 3 期）。文中没有附图，为了更形象一些，笔者按比例拟画了一个平面图（图7）。可以看出则天门左右伸出部的前端阙台其纵轴和中央门楼的纵轴平行，这种做法与敦煌壁画所示者相同，而和紫禁城午门略异（后者在此处城墙上建筑了一对重檐方亭，无所谓纵轴横轴），应是一种早期做法。再就是在凹字形的拐角处，夯土墙加宽至 21 米，是否暗示此处墙顶也曾有一座建筑？参考麦积山石窟西魏第 127 窟窟顶所绘的宫门形象（图8），相信这样做是完全可能的。壁画中的这座宫门一共由五座建筑组成：即中央门楼，中央门左右各一座小楼以及峙立在门外的双阙。如果在左右小楼和左右阙之间分别连以城墙，其基础平面与则天门遗址平面十分相似。

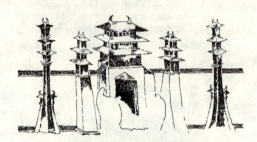

图 8 麦积山石窟西魏第 127 窟窟顶壁画宫阙
（傅熹年摹）

2. 隋西京大兴城

大兴宫正门曰广阳门。隋大兴城是唐长安的前身，隋大兴宫即唐太极宫，或称长安西内。据《唐两京城坊考》卷一载："（唐长安西内）正南承天门，隋开皇二年作，初名广阳门，仁寿元年改曰昭阳门，唐武德元年改曰顺天门，神龙元年改曰承天门"。所述由广阳至承天，仅改名而未重建，可见承天一仍广阳之旧，故广阳门的形制可由下述承天门见之。

3. 唐东都洛阳

据前文所引《唐两京城坊考》的材料知隋则天门至唐初仍存，武德四年焚毁。唐·韦述的《两京新记》和宋·王溥的《唐会要》中皆记述此事。据《唐会要》卷三十"洛阳宫条"，则天门于麟德二年重建，以后又迭经改名，如应天、神龙等，寻复为应天，开元年间及以后又叫五凤楼。据《两京新记》。"东京紫微宫城，南面六门，正南应天门，门外观相夹，肺石、登闻鼓"。仍是左右连建双阙的。现经考古发掘证明，武德年间焚毁则天门时只毁及上部建筑，而两观相夹的总平面格局并未损毁，故麟德二年重建

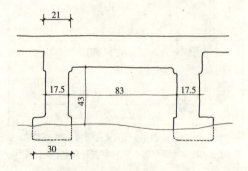

图 7 拟画隋东都洛阳则天门

时仍使用了隋时旧基，作左右双阙前伸式。

又《唐六典》云："应天门端门（据《大业杂记》，端门是皇城正门，故此端门二字疑为衍文）若西京承天门"。故应天、承天亦可互证，见后文。

4. 唐长安东内

东内即大明宫。它的情况有些特别：大明宫宫城正门是丹凤门，但是因为大明宫是一座别宫，不像别的宫城那样在前方还连有一座皇城，故丹凤门直接和民居街坊搭界，相当于一座皇城正门，所以，实际的宫城正门就由丹凤门以北的含元殿来兼任了。唐·李华《含元殿赋》云："翘两阙以为翼"，可见也是有阙的。关于含元殿及其左右二阙的形制已有考古报告发表并经傅熹年先生复原成图，其考订颇为精当，此处不赘（见傅熹年《含元殿复原》，《文物》1973 年第 7 期）。简言之，其左右翔鸾、栖凤二阁实为左右双阙，它们建在阙台上，纵轴和含元殿的纵轴平行，二阙与含元殿呈品字形，其间连以回廊，总平面也是凹字形（图9）。根据上述则天门的情形，似乎在凹字左右拐角处也可能各有一座建筑存在，除去廊庑不计，通体也由五座建筑组成。

5. 唐长安西内

正门曰承天门。据韦述《两京新记》谓："正南承天门，门外两观口（肺）石、登闻鼓"，知门外也有两阙。但承天门的考古发掘只及于门道本身，其他部分都压在近期建筑下没有挖出，只能依靠文献来考证。结果表明承天门的平面形制也是凹字形的，理由如下：

（1）前引《唐六典》述东都应天门时有"若西京承天门"一语，据考古发掘已知唐应天门承隋则天门之制，都是凹字形的，故唐承天门也理应如此。

（2）承天门和含元殿的地位与作用相同，都是外朝，前引《唐六典》所说在重大节日举行的大赦、大宴都要"御承天门听政"，同书记大明宫时也说"丹凤门内正殿曰含元殿……元正、冬至于此听朝也"，可见二处建筑地位与作用相同，形制也当大体相似。

（3）承天门与含元殿和洛阳应天门的附属设施也相同。据前引《两京新记》以及宋·宋敏求的《长安志》、程大昌的《长安宫城图》和清代徐松的《唐两京城坊考》，都记述了在承天门和应天门均有肺石、登闻鼓和朝堂的设施。《唐六典》又说："（含元殿）即朝堂、肺石、登闻鼓如承天之制"，知含元殿也是这样。朝堂是京官上朝时候集的地方，肺石、登闻鼓是表示皇帝"听穷省冤"等"德政"的装饰[4]。由于这三处建筑的设施相同，也可作它们的形制相似的旁证。

（4）日本京都的平安京宫殿（建于793年）是模仿唐代长安的宫殿建造的，在朝堂院（相当于唐的宫城）南墙正门应天门前部左右各伸出一楼，名翔鸾、栖凤（图10），二楼和正门总体也呈凹字形。这组建筑的地位相当于唐长安的承天门，正门"应天"之名与洛阳宫门名同，"翔鸾、栖凤"又与含元殿左右之楼名同，鲜明地显示了这几组重要建筑的密切关系[5]。

综上，可以肯定承天门是凹字形格局，并由此推定它的前身隋代广阳门也必是如此。我们期望今后的长安考古能最终证实这个推论。

图9 唐长安大明宫含元殿（《人类文明史图鉴》）

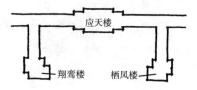

图10 日本京都平安京朝堂院宫门

6. 后梁东京洛阳

前已证明，其宫城正门称五凤楼，从名称到形制都沿承唐五凤楼，仅重修而未重建。

7. 宋东京汴梁

汴京大内南正门名宣德门。宋·孟元老《东京梦华录》卷一"大内条"称其为宣德楼。据南宋·范成大《揽辔录》："乾道六年……至东京，虏改为南京……过棂星门，侧望端门，旧宣德楼也，虏（指金人）改为承天门"，可见又可称为端门，金时称承天门。北宋赵佶所绘《瑞鹤图》中的建筑正是此处，其《跋》云："政和壬辰上元之次夕，忽有祥云拂郁，低映端门，众皆仰而视之。候有群鹤，飞鸣于空中……"（《艺苑掇英》1978年第3期）。所绘的端门正楼是一庑殿顶建筑，左右以廊庑与两侧的歇山顶阙楼相接，看得出来，阙楼的纵轴仍是和正楼平行的。但图上没有显示全貌，也未用透视，故左右是否前伸则不明（图11）。据元·杨奂的《汴故宫记》云："至于汴……正北曰承天门……双阙前引"。辽宁博物馆藏有一宋代铜钟，上刻宫阙，相信就是宣德楼的形象，较《瑞鹤图》更为明确（图12）。金、元时汴梁的承天门就是宋时的宣德门，其双阙前引，也必是凹形平面无疑。

图11　宋《瑞鹤图》中北宋汴梁端门（傅熹年摹）

图12　辽宁博物院藏宋代铜钟所镌宫阙

8. 宋西京洛阳

宫城正门名五凤楼（见前证），它是唐麟德二年在隋则天门旧基上重建后一直保存下来的。中间曾经过几次重修和改名，如后梁开平年间及北宋太祖时都修缮过而未经重建，因此它的形制也必如隋之则天、唐之应天和五凤，仍然是凹字形的。

9. 辽中京

前引《乘轺录》已说明中京宫城正门阊阖门与五凤楼有渊源关系，仅规模"卑陋"而已。据考古报告称："在阊阖门址之南八十米，大道（即报告中所指正对阊阖门中的南北向宽约四十米的道路）与一条东西向之大路相交叉，路宽约十五米"（辽中京发掘委员会：《辽中京城址发掘的重要收获》，《文物》1961年第9期）。交叉点竟在门南80米之远。对照《大业杂记》所载"则天门南八十步过横街"，可以想见，正因为平面是凹字形的，宫门前围出了一个广场，东西向横路在这个广场的南缘，所以交叉点就往南推出去了。现在北京紫禁城午门前的道路交叉点距午门中心也有约130米的距离。

10. 金中都

金中都在今北京西南广安门一带。据《金图经》曰："亮（即金主完颜亮）欲都燕，遣画工写京师宫室制度，阔狭修短，尽以授之左丞相张浩辈按图修之"（清·朱彝尊《日下旧闻考》卷二十九引）；又《元一统志》云："天德（完颜亮年号）元年，海陵意欲徙都于燕……制度如汴，改号中都"，则其宫城正门端门（或名应天门，通天门）应如宣德门式。

《揽辔录》记此门云："驰道之北即端门十一间，曰应天之门，旧尝名通天，亦开两挟有楼……东西两角楼，每楼次第攒三檐，与挟楼皆极工巧"。又《春明梦余录》载此门："通天门即内城之正南门也，四角皆垛楼"。二文互证，可知通天门也是双阙前引式：平面左右前伸之南端即"次第攒三檐"

的"东西两角楼";东北、西北拐角处也是二角,上有建筑,因其挟持在正楼左右,故可称之为"两挟",此二角合前二角共为"四角"。

如此,两文皆可通。这样四角皆有建筑加上正楼一共五座的布局,若加上相连这些建筑的廊庑,那就和午门很相像了。

金中都是仿汴的,从而亦可反证汴梁宣德门的总布局。至于所谓"垛楼",又称"朵楼",有时也可以指阙,是阙晚期的另一名称。宋·高承《事物纪原》卷八云:"观……今俗谓之朵楼,盖周制也"。

11. 元大都

元大都即今北京。元·陶宗仪《辍耕录》云:"宫城正南曰崇天……左右垛楼二,垛楼登门(疑此佚一'楼'字)两斜庑十门('门'应作'间')。阙上两观皆三垛楼,连垛楼东西庑各五间"。明初人萧洵的《故宫遗录》说:"崇天门……总建阙楼其上,翼为回廊,低连两观,观旁出为十字角楼高下三级。两旁各去午门百余步,有掖门"。文中,"廊"而且"回",是凹字形回抱之义。上述两处引文,虽行文各别,所记皆可一一吻合。如此,则崇天门也是五座建筑组成的凹形平面,且明言有"回廊"连接各建筑,与今之明清午门也很相同。傅熹年先生曾绘制了此门复原图,除前端两阙楼呈"∟"形外,余与今午门大略相同(图13)。

《故宫遗录》书尾明人陈世彭的跋云:"洪武元年灭元,命大臣毁元氏宫殿。庐陵工部郎萧洵实从事焉,因而记录成帙"。看来《故宫遗录》成书在洪武初,是目前所知"午门"一词最早的出处,作者萧洵记的是元代宫殿,似可说明元代已开始使用"午门"一词了。

"午"就是"正中"的意思。汉代李尤为洛阳都城正对南宫正门的平门(或称平城门)作铭曰:"平门督司,午位处中,外临僚侍,内达帝宫"(见北魏·杨衒之《洛阳

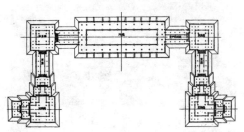

图13 元大都皇宫崇天门(傅熹年复原并绘)

伽蓝记》序"平昌门条"引)。

明清宫城正门的正式名称都叫午门。

12. 明中都

明初,朱元璋一度曾在故乡安徽凤阳修建宫殿,称凤阳为中都,不久又放弃此举,凤阳宫殿遂被拆毁。但至今仍留有许多建筑遗迹,其中也有午门,它的平面布局和紫禁城的午门完全一样[6](图14)。同时,凹字前端的两座阙楼已是方亭,不同于隋唐至元各朝宫阙在此处平面呈横长形。

13. 明南京

《明会典》云:"洪武十年改作大内宫殿,阙门曰午门,翼以两观"。显然两阙也是前伸的,整体凹字形。现南京午门上部建筑已不存,城台左右前伸部从拐角处就被拆毁,但从中止处的断面情况看,显然可见左右前伸的迹象。

14. 明北京

永乐十八年(1420年)基本建成北京紫

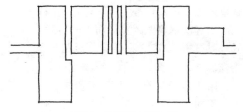

图14 凤阳明中都午门

禁城宫殿，午门同时建成，平面与明中都略同。嘉靖三十六年（1557年）午门等处被火，次年仍照原样重建，以后又多次重修（图15）。

图15　北京明清紫禁城午门
（孙大章、傅熹年摄）

15. 清北京

清定都北京后，于顺治四年（1647年）重修午门，以后又多次维修过，一直保留到今天。明清北京午门呈凹字形，现午门还保存有许多早期彩画，很可能是明代的作品[7]。

在封建社会，宫城正门又称宫阙，是仅次于正殿的重要建筑物，不仅具有可供进出的实用价值，更重要的是按照礼制规定，许多国家级的隆重大典都要在这里举行，象征着皇权的骄傲与光荣。

关于宫阙的形制，经研究可知，从周汉时的双阙孤植的形制，经过汉末魏晋的坞壁阙这一过渡形态，到了隋代，已大体定型了。过去，有人曾认为阙只是汉代以前曾出现过的一种建筑类型，汉代以后已经消亡，此后名之为阙的宫城正门应另作别论，与汉阙无关。但是我们的考察已经证明，阙在汉代以后远未消亡，甚至可以说到了隋代，由周汉阙和汉魏坞壁阙发展而来的宫阙，才正式成熟，并延续发展至清，形制仍然大致未变。

隋代是个只有三十几年历史的短暂王朝，但却是一个开创制度的时代，隋以后各朝许多重要的典章制度都渊源于隋，这已为历史的研究所证明。本文探讨宫阙的形制及其沿革，也从一个侧面补证了这个事实。

综合考察历代十五座宫阙的形制表明，它们的基本特征都是总体平面呈凹字形，在正中建一座正楼，四角各有一座建筑，这五座建筑间应该都有廊庑联结着。

宫阙是坞壁阙形制的进一步发展。后者的左右双阙和中央屋顶平面都处于同一直线上，没有深度。前者则拉开了前后的距离，有了层次，深度感很强，控制的空间更大，气魄更加雄伟。而且，凹字所围成的封闭空间，造成了人们心理上一种强烈的威压感，它所渲染出的某种意境和气氛，正适合封建最高统治者的理想和要求。

据《大清会典事例》卷八六二云："午门……上复重楼五：中楼……东西楼凡四……俗所谓五凤楼也"，似乎是因为上面有五座建筑所以才被称为五凤的。"五凤"一词，最早见于西汉，是宣帝刘询的年号。三国吴主孙亮和隋时的窦建德的年号也有名五凤的。宫阙之命名为五凤楼，则始于盛唐开元。凤本来是一种想像中的瑞禽，五凤一名应有其祥瑞的意义。但考虑到隋唐以后的宫阙一般都是由五座建筑组成的这一事实，似乎五凤之称与此也不无关系。

原载于《故宫博物院院刊》1984年第1期

注释：

[1]《旧五代史》卷四《梁书·太祖本纪》："平开三年正月……改西京（梁之西京即洛阳）贞观殿为文明殿。含元殿为朝元殿"。

[2] 据前引《唐两京城坊考》载，应天门为"避中宗尊号改神龙门，寻复为应天"，则改称为神龙门的时间应在中宗死后即睿宗李旦或其后。睿宗称帝只有三年，后为玄宗，年号先天、开元，故第二次改应天门可能

即在此时。

[3] 如《大业杂记》在另一处就有这种用法："则天门、端门、兴教门、重光门、泰和门……并重观"。又《唐会要》卷八十六："永徽五年，修京罗城郭……九门各施观"。

[4]《周礼·秋官》："以肺石达穷民，凡远近茕独老幼之欲复于上而其长不达者，立于肺石三日。士听其词以告于王，而罪其长"，注云，"肺石赭石……立肺石三日，言赤心不妄告也"。唐·封演《封氏闻见记》卷四"瓯使条"："梁武帝诏于谤木肺石旁，各置一函"。明·王三聘《古今事物考》卷三"登闻鼓条"："昔尧置敢谏之鼓，即其始也。用下达上而施于朝登闻。《东京记》曰'唐置瓯，兴国九年改为检院，曰登闻'"。登闻鼓清时仍有，但不置于宫城正门前。

《大清会典事例》卷一〇四二："顺治元年，设登闻鼓于都察院门首……十三年，将鼓厅衙门移设于长安右门外……遇有击鼓之人，由司讯取口供"。

[5] 早在公元691年（唐武则天天授二年）日本建设的藤原京宫殿朝堂院就是这样的布局。这种布局在公元708年的奈良平城京和793年的京都平安京中依旧沿用，朝堂院正门应天门前正对宫殿区中轴线上的朱雀门，所以朱雀门相当于唐皇城的正门，应天门相当于唐宫城的正门。

[6] 单士元. 北京明清故宫的蓝图.《科技史文集》第五集. 上海：上海科学技术出版社.

[7] 王义章. 故宫午门的油漆彩画. 故宫博物院院刊, 1979, 4

斗栱、铺作与铺作层

钟晓青

"斗栱"与"铺作"所指称的，是中国古代木构建筑中最具特色故而也最令人关注的部分。研习中国建筑历史的人，更是时常见到和用到它们。熟视多年，从未在意两者之间的关系和差异。直到今年年初的某个早晨，才忽然意识到它们虽然可以作为同一类构件的名称，却包含着不同的时段特性，并意识到加深对于铺作层的认识，可能有助于了解和把握中国古代木构建筑的发展过程与历史分期。本文将关于这个问题的一些初步思考提供给大家，希望通过进一步的共同探讨，使这方面的认识逐步充实、清晰并接近历史原貌。

一、释名与定义

1. 斗栱

"斗栱"是以"斗"和"栱"两种构件叠置而成的组合构件。

先秦文献中已见关于建筑物中使用"斗"的记载，如"节（棁）"、"楶"，汉魏以后又称"栌"，一般指置于柱头之上的大斗[1]；关于"栱"的记载则相对出现较晚，最早见于汉魏文献，如"重欒"、"欒栱"、"曲枅"[2]；魏晋以后方始出现合称，如"欒栌"（《魏都赋》）"栌栱"（《洛阳伽蓝记》）、"㮰栱"等[3]。隋大业十二年（616 年）洛阳所出《佛说药师如来本愿经》译本中，出现"斗栱"的用法[4]，是所知最早之例。

值得注意的是，这种关于"斗"、"栱"记载的先后出现，早期两者分称、后来出现合称，及至隋代才出现"斗栱"之称的现象，一定程度上反映了这种组合构件生成、发展的历史过程。

2. 铺作

"铺作"表示的是所在位置不同的单组斗栱。

北宋神宗朝（约1070—1080 年前后）郭若虚《图画见闻志》记："如隋唐五代以前，泊国初郭忠恕、王士元之流，画楼阁多见四角，其斗栱逐铺作为之，向背分明，不失绳墨"。徽宗崇宁二年刊行的《营造法式》（1103 年，以下简称法式）中，则定义为"今以斗栱层数相叠、出跳多寡、次序谓之铺作"，反映出铺作的两个基本构成特点：层叠与出跳。同时出现柱头、转角、补间铺作等称谓，以及四～八铺作的数字序列，所指均为单组斗栱的做法定制。对铺作的这种"定义"，是中国古代木构建筑特定发展阶段背景下的产物，表现了该阶段的斗栱形态及其规制化程度。与之相对应的铺作形象在宋代界画中往往可见：由栱枋叠构而成、形态规则有序的一组组斗栱，整齐地列置于建筑物檐下及平坐下的阑额之上。

3. 方桁

是将各组铺作连接一体、形成纵向构架的水平构件。在法式中称为"方桁",亦即"材"[5]。《旧唐书》礼仪志记唐高宗永徽三年(652年),有司上九室明堂内样,奏言中说:"方衡,一十五重。按《尚书》,五行生数一十有五,故置十五重"[6]。"方衡"即"方桁"。参照法式规定推测,奏文中提到的方衡层数可能是明堂上下层外檐铺作中所用柱头枋层数之和[7]。现存唐辽实例中,内外柱头之上皆可见层叠的枋材,纵横交织,构成整体网状结构层,这也很切合"铺作"一词的字面含义。

4. 铺作层

是与建筑物平面相对应的、采用层叠栱枋方式构成的整体结构层。如果进一步分析,则其中的方桁构成屋身方向的延续纵架,栱枋(昂)与梁栿结合构成前后方向的横架,"斗"则是上下层叠构件之间的联系构件,起到支垫与调节的作用。"铺作"只是铺作层位于柱头处的节点,其形式演变依附并限定于整个铺作层的形成与发展。因此,若要了解"铺作"的形成与演变发展过程、把握"铺作"在中国古代木构建筑中的(结构与标示)作用,必须首先着眼于"铺作层"的研究。

二、斗栱的初始形态

河北平山中山王墓出土龙凤铜案上的斗栱形象,是已知年代最早的一例(公元前4世纪末,图1)。从它精美的造型和复杂的构造来看,显然已是经过多次嬗变并艺术加工的作品。新疆若羌县楼兰故城遗址中采集的木构件,则是一种横栱与小斗连为一体的木栱(公元前206—公元420年,图2)。

斗和横栱生成的初始原因,如果从木构技术上加以解释,可以理解为一种节点处理的方式。斗的作用是构件水平度的调节:如

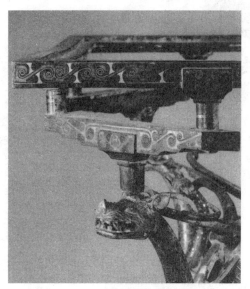

图1 河北平山战国中山王墓铜案上的斗栱

图2 新疆若羌县汉魏楼兰故城采集木构件

柱子的高度不齐,可用不同高度的垫木(斗)使其所承托的梁枋保持水平;横栱是应力传递的过渡:在梁枋接续点与下方的柱子之间采用横木(枅)或上加垫木的横栱,可使构件的受力状态更为合理。不过向外伸出的木枋(出跳栱),显然与前二者的作用略有不同,它们所起到的主要是承挑出檐的结构作用。

就目前所掌握的资料来看,战国至秦汉时期,北方地区建筑的结构方式以土木结构为主,多采用夯土或砌体承重、木构屋檐的做法,大型建筑物则以夯土高台与木构檐廊相结合,构成体量庞大的多层木构建筑外观

（即台榭建筑）；南方地区建筑则较多采用纯木结构，并有干栏、井干与梁柱等不同方式。

带有建筑物形象的汉代资料中（石阙、墓葬、明器、画像砖石等）表现出的斗栱构造方式主要有三种：

（1）插栱。从壁面向外伸出悬挑构件，构件端头置斗栱，上托屋檐（公元1—3世纪，图3~图8）。成都所出汉画像砖中，又可见从敞厅檐柱的柱身中挑出插栱，上置一斗承托出檐、栱尾与内部梁架并不相连的形象（图9）。可知这是一种专为承挑屋檐而设的构件，它的后尾或入墙、或入柱，位置高低颇为自由。其简洁者即一栱一斗，复杂者可于插栱端头之上叠置多层横栱；在屋角处还可通过构件角度的变换做出各种复杂的样式。

图9 成都汉代画像砖拓片

（2）横栱。多见于石阙及井干式建筑图像中。它只是上下层枋木之间或屋身与屋顶之间的联系构件，起到架空、找平并装饰的作用，反映为早期木构多层建筑所采用的水平层叠构造方式。通常周圈排列在水平相交的枋木（平面呈井字，故又称井口枋）之上，枋上置斗、斗托横栱、栱头小斗，其上再承井口枋（图10）。

（3）柱头斗栱。见于汉代崖墓与石室墓中。主要形式为横栱，也见有十字栱。反映出来的结构作用是在室内中心柱位置上承托梁枋（十字栱上即为纵横双向的十字梁枋）。在四川牧马山崖墓出土的东汉明器中，可以见到这种斗栱用于前檐和室内，侧墙上另用悬挑斗栱的做法（图11）。

图3 密县陶楼斗栱　　图4 焦作仓楼斗栱

图5 灵宝水榭斗栱　　图6 甘肃武威出土汉代陶楼

图7 （左）四川三台郪江崖墓柏林坡1号墓后室都柱
图8 （右）河北阜城出土汉代陶楼

图10 雅安高颐阙右阙左侧局部

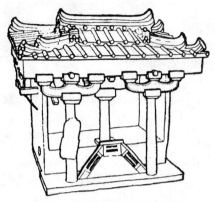

图 11　四川牧马山崖墓出土明器

图 12　云冈 10 窟西壁屋形龛

据之，这三种斗栱形式已流行于汉代建筑中。插栱大都为独立、单向的，相互之间缺乏关联；屋身（檐下）周圈的横栱不出跳，与檐柱不对位。这是斗栱初始形态的主要特点。表明汉代建筑物中的斗栱、梁、柱等构件之间尚未形成牢固的连接，在中国古代木构建筑的发展过程中，尚处于整体构架形成的初级阶段。

三、铺作之滥觞

魏晋时期，由于北方地区长期战乱、政权更迭，建筑发展基本处于停滞状况，在规模和做法上都未能超越汉代；直至南北朝中期，随着社会政治经济状况的稳定与发展，建筑才出现较大改观。

北魏后期的石窟[8]和墓葬中，建筑物的形象出现明显改变。云冈二期第 9、10 窟前廊端壁上的浮雕屋形龛，仍表现出与汉代建筑相似的特点：厚墙围合的建筑物主体前方立有片状木构架；檐柱栌斗上托通长阑额，阑额上相间列置的斗栱与人字栱，与檐柱并不对位（图 12）；而三期开凿诸窟中，佛塔檐下出现了自柱头栌斗上外伸的梁头，斗栱已与檐柱明确对位（图 13、图 14），洛阳龙门古阳洞屋形龛上，可见外檐斗栱栌斗上向外伸出上下叠置的替木与梁枋头，是表现佛

图 13　云冈 5 窟南壁明窗西五层塔

图14 云冈39窟中心塔

殿内部梁枋与外檐斗栱相交结并向外出挑的最早形象，年代约在北魏太和末年（公元5、6世纪之交）。在另一座屋形龛中则出现了重栱形象（图15、图16）。这些迹象表明，自

图15 龙门古阳洞屋形龛斗栱

图16 龙门古阳洞屋形龛

太和末年起，北魏木构建筑在技术和外观形象上出现了较大的改变，构架中已开始形成内部梁架与外部斗栱相连接的铺作层，进入了铺作的滥觞期。

由于建筑实例不存，形象资料缺乏，考古发现较少，目前对南朝建筑尚无直观的了解和准确的把握；但结合文献记载，可以在一定程度上了解南朝建筑技术对北朝建筑发展所起到的重要作用。自4世纪末开始，东晋南朝在百余年内曾进行过数次大规模的城市与宫室建设[9]，南朝后期，更是以不断提高宫室规制作为保持正统的措施之一，建筑技术获得持续的发展；北魏洛阳的建设则从5世纪末才开始，始终处于积极学习、努力赶超的状态之中，建筑技术的总体水平相对滞后。因此，上述北魏建筑中出现的种种变化，很可能是拜南朝建筑技术所赐。也可以说，木构建筑中铺作层的形成，应该是在5—6世纪中，先南后北，相继完成。

从斗栱的初始形态到铺作层的出现，经历了数百年的发展历程。自此，木构建筑中的斗栱、梁枋、阑额、柱子等构件相互连接，逐步形成具有整体结构强度同时满足规模、功能要求的木构架体系。因此，铺作层的出现应视为中国古代木构建筑发展进入成熟期的标志。

四、铺作层的形式

据现有相关资料推测，在南北朝后期，可能存在两种不同的铺作层形式与做法：

1. 井干式

以水平叠置枋木构成的铺作层。见于洛阳陶屋和南响堂山石窟窟檐，可能是北朝晚期流行的铺作层形式。

（1）洛阳陶屋（图17）。陶屋传为洛阳出土，具体地点及制作年代未见确切记载[10]，斜枋的是一座单层木构佛殿，据外观推测它的构造是由三部分叠合而成——屋身、屋顶以及两者之间的铺作层。铺作层部

图17　北魏洛阳永宁寺塔遗址

分是四面围合以及从柱头处出挑的层叠枋木。在实际建筑物中，这些枋木应前后贯通。结合龙门古阳洞屋形龛中自斗栱上外伸的替木与梁枋头形象，推测铺作层的形成可能出现这样的过程：先自栌斗横栱上向外伸出层叠的梁枋头，然后才出现内外跳斗栱，以缩减梁枋跨度并承托檐枋。

（2）北齐南响堂山石窟第1、2窟窟檐。这是一组开凿于北齐天统元年（565年）的双窟，据残存部分可推测窟檐原状为三间四柱，自柱头栌斗连续出两跳斗栱，跳头之上托横栱（令栱），是目前所知年代最早的五铺作双抄斗栱形象。雕刻手法极为写实[11]（图18、图19）。

据云冈、龙门两地石窟中建筑形象的差别，可看出北魏洛阳的建设直接受南朝影响。若非吸纳南朝技术，北魏建筑不可能那么迅速地摆脱平城期特点。唯洛阳后期建筑

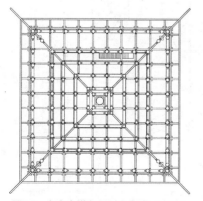

图18　永宁寺塔复原平坐平面（自绘）

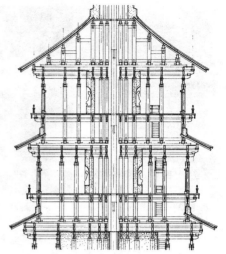

图19　永宁寺塔复原剖面局部（自绘）

形象资料留存较少，反映细部做法的更为有限。但东魏迁邺，拆卸洛阳宫殿，将建筑构件水运至邺城重新装配[12]，故东魏北齐的木构建筑无疑应延续了洛阳建筑的样式做法。因此，响堂山石窟的窟檐形式或反映为北魏晚期（520年前后）木构建筑做法之延续。与洛阳陶屋所表现的铺作形式相比较，双抄跳头上多了横栱，与唐代斗栱更为接近。另据初唐石窟壁画中的相关资料推测，在铺作出跳栱头上置横栱之前，还可能有一个跳头上置替木的过渡阶段[13]。

2. 斜枋式

以上置斜枋为主要特点的铺作层。见于日本现存飞鸟式建筑实例[14]，是学界公认为自百济间接传入日本的中国南朝晚期建筑样式。现存典型实例有奈良法隆寺的金堂、五重塔以及法起寺的三重塔等。

这些建筑物的铺作层剖面中，皆可见由斜枋（日人称"尾垂木"）、平枋与小柱组成的"三角形"构架（图20～图22），形式上与采用水平栱枋层层叠置的井干式铺作层明显不同。这根斜枋在结构上起到类似杠杆的作用——以柱头枋位为支点，利用作用于枋端的檐头下垂重力与作用于枋尾的上层构架

图20 洛阳陶屋

图21 洛阳陶屋铺作层

图22 洛阳陶屋柱头铺作

重力相平衡。的确是一种简洁有效的结构做法。但采用这种做法的建筑物上层一般不可登临[15]。

百济在佛寺与墓葬的营造上，明显表现出深受东晋、南朝的影响。至萧梁时期，不仅佛寺建筑和造像接受南朝样式，还曾于境内为梁武帝建寺，与梁武帝起大通寺不仅在同一年，同时寺名亦为"大通"。公元6世纪上半叶的百济砖室墓中，发现有与南朝大墓制度酷似者，还曾发现带有"梁官瓦为师矣"汉字铭文的模砖。文献记载百济曾于大同七年（541年）从梁地求得工匠、画师等[16]，但实际交往必不止此。史载百济的最后一次朝贡，是在陈后主至德四年（586年）。据百济接受南朝建筑文化的情况，以及百济工匠渡日的年代（577年[17]）推测，他们携入日本的，应是南朝后期的建筑样式，时间上应当与南响堂山窟檐雕凿的年代（565年）相近。它们同源于南朝影响，两者之间的差异或反映为南朝建筑技术的发展与多样，故而导致南北朝后期两地木构技术与建筑形象上的差异。

五、"回"形构架

一种由内外双重柱圈与上部铺作层共同构成的构架形式，其空间特点为外周合围、当中虚空，内外柱圈之间保持相同柱距。因柱头间枋额平面呈"回"字，故暂名之为"回"形构架（图23），图中所见为日本飞鸟建筑中的殿堂平面[18]。前述日本奈良的三座飞鸟式建筑物，虽然外观形式各不相同，但殿身和塔身结构，均采用"回"形构架叠置而成。从现存日本、韩国的早期寺院遗址平面中，可以看到寺内的金堂、佛塔等

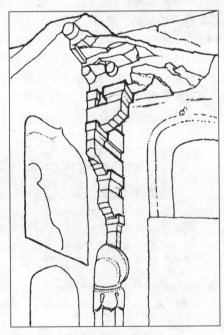
图23 南响堂山1窟窟檐局部

建筑物多采用"回"形构架,而讲堂等不用,推测这种构架形式为比较重要的以及二层以上的建筑物所用。

据文献记载,东晋时有先立刹柱、架构一层,然后依财力分期逐层构筑佛塔的做法[19]。日本多重木塔中的"回"形构架,正是环绕中心刹柱,自下而上各层皆有构成斜坡塔顶的条件,恰符合逐层加建的要求。推测这种构架形式或即是在逐层起塔的做法中逐步发展而来。

北魏长安佛寺中也建有"四面立柱,当中虚构"的层阁式佛塔[20],体现的正是"回"形构架建筑物的内部空间特点。当时这种做法在北方地区似乎被视为一种"时尚"。

隋唐之际建阁之风颇盛,多为安置弥勒大像而建[21]。阁内置像,必"当中虚构";阁高逾百尺,必以多层构架叠置而成。这使"回"形构架获得极大发展,广泛用于建造多层、中空的建筑物,成为中国古代木构建筑中一种成熟的整体构架形式。我国现存实例中,晚唐五台山佛光寺大殿(587年),是采用"回"形构架的最早的单层建筑实例;辽代重建的蓟县独乐寺观音阁(984年),则是最早的楼阁实例。阁身以三层"回"形构架水平叠构而成,同时满足了"中空置像"与"可供登临"的双重功能。学术界公认辽代建筑沿袭的是中唐时期北方地区的建筑做法与风格,因此这也是唐代佛阁习用的构架形式。

从构造角度分析,上述的井干式或斜枋式铺作层均可以作为"回"形构架中的铺作层形式。所不同的是,只有采用井干式铺作层的做法,方可满足建筑物登临的功能。

六、铺作样式的规范

据盛唐壁画中已出现十分规整成熟的铺作样式,结合南北朝晚期建筑技术的发展状况,推测在隋唐南北统一形势下,官式建筑中可能出现过构架与铺作层形式的调整,并确立了规范性的做法。

敦煌莫高窟的盛唐期壁画中(8世纪初,约与法隆寺重建同时),出现多重栱昂相叠出跳的铺作形象(法式称为七铺作双抄双昂,图24)。其中的下昂,既为洛阳陶屋和响堂山窟檐中所不见,又与日本飞鸟式铺作层有所不同。似可认为,下昂是隋代以后出现的新构件,在井干式铺作层中加入斜枋便形成了新的铺作层样式。直至晚唐五代所建的佛光寺大殿(857年)和平遥镇国寺大殿(963年)中,仍然采用这种样式。

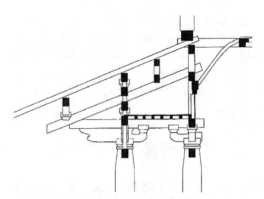

图24 日本奈良法隆寺金堂下层铺作

日本奈良时期(645—784年)建筑物的铺作层做法也出现了一些变化,虽仍保留了斜枋,但增加了横向多层枋栱和内柱上纵向的柱头枋。与飞鸟式建筑中的铺作层相比,井干成分明显增多。例如奈良药师寺东塔、元兴寺极乐坊五重小塔、室生寺五重塔,以及奈良唐招提寺金堂(759年[22],或反映为唐扬州地区的官式建筑样式,图25),也间接反映出隋唐时期中国木构建筑铺作层的调整演变趋势。

从以上情况看,似乎政治因素对于建筑技术的发展还是起到了一定的制导作用。由于北方统一政权的确立,使得北方地区流行的样式、做法如井干式铺作层等被视为正

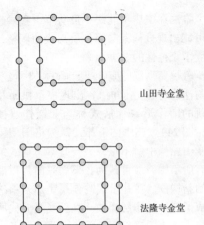

图 25　日本飞鸟期回形殿堂平面

统，作为官式建筑规范得到广泛遵循；而尚未流传至北方的一些营造技术，则仅在南方部分地区以及百济、日本等地流传。日本的多层木塔始终保持着斜栿式铺作层以及塔身不可登临的传统，构成了与中国佛塔最具差异之处。

七、阑额位置的调整

汉魏建筑形象资料中，阑额始终置于柱头栌斗之上，不与柱子发生关系，这种现象在北魏后期资料中依然可见。洛阳陶屋的正面，仍有由束莲柱、栌斗承托横栱（俗称"一斗三升"）的形象，横栱之上才是铺作层（见图10-3）。而且束莲柱与柱头斗栱，明显是在屋身与屋顶对接之后补塑上去的。此点反映出当时存在的过渡性建筑做法[23]：虽然已形成完整的铺作层，却依然保留着柱栌斗横栱托阑额的原始组合形式。类似的情况在龙门古阳洞屋形龛、敦煌莫高窟北周第428窟和隋代第433窟的壁画中均可见到，说明这种现象可能自北朝晚期至隋代，延续了相当长的一段时间。

但以下资料则反映出自铺作层形成之后，构架中出现了柱、额关系的调整，阑额的位置从柱头栌斗之上，下调至柱头之间，成为柱列中的联系构件。

1. 北齐义慈惠石柱殿屋

石柱立于天统五年（569年），柱顶是一座雕刻精致的三间小殿。殿身柱头栌斗之上有通长的阑额，阑额之上没有铺作层，直接为屋盖。值得注意的是，柱头之间明确刻有小枋，截面高度仅为阑额的1/2。表明这时除了栌斗之上仍设阑额之外，也出现了在建筑物柱头之间使用联系构件的做法。

2. 齐隋窟檐

太原天龙山石窟中的第16窟凿于北齐，窟檐中的阑额位置尚在柱头栌斗之上；而凿于开皇四年（584年）的第8窟窟檐，檐柱之间的枋额已位于柱头之下，上置人字栱，与柱头栌斗共同承托替木檐桁。反映出齐隋之际的建筑物中已出现阑额位置下降的趋势。另外，天水麦积山第5窟（该窟年代公认为隋，图26）窟檐中的枋额上皮与柱头平，栌斗承栱并出梁头，额上人字栱，所表现的木构做法较天龙山第8窟窟檐更为合理规整。

图 26　敦煌莫高窟172窟壁画中的斗栱

3. 初唐壁画

初唐石窟墓葬壁画中所见的建筑物，檐柱柱头之间均以上下两道枋材作为联系构件，之间更以蜀柱缀连，作用较单道枋材增强。学界公认这种构件即见于文献记载的

"重楣"[24]。这些形象资料中的建筑物均具有较高规格，因此它们所表现的或是都城长安和京畿地区宫殿佛寺的形象以及建筑物中柱额关系的样式（见图14）。

尽管不同地区的做法之间会存在一定差异，重楣的做法或许会与阑额、普拍枋等并行。但从总体上看，在隋唐之际的木构建筑中，早期"柱头栌斗托阑额"的旧定式已被"阑额位于柱头之间"的新定式所替代。这使柱网层的稳定性和整体强度得到增强，并从此与铺作层明确分开，成为两个相对独立的结构层。

八、铺作层与屋顶梁架

由于铺作层往往直接与屋盖发生关联，因此，随着铺作层形式的不同，屋顶梁架也会出现不同的处理方式。

（1）采用斜栿式铺作层的建筑物，可以顺理成章地在斜栿上架椽承橑，形成周圈坡顶，中空部分的上方加设梁架构成双坡顶，上下相叠形成一种双折式屋顶，如日本大阪四天王寺金堂和奈良法隆寺玉虫厨子所表现的样子（图27）。据敦煌北周壁画可知，这样的屋盖在中国南北朝晚期建筑中已然出现（图28），应是"回"形构架开始流行时采用的屋顶样式。

图28 麦积山5窟窟檐

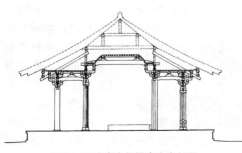

图27 日本奈良招提寺金堂剖面

（2）采用井干式铺作层的建筑物，则在水平的铺作层上满设梁架，法式中称为"草架梁栿"，只为承屋盖而设，故构件表面"皆不施斤斧"，草架下施平棊（平闇），这是汴京宫中建筑的常规做法[25]。现存实例中采用这种做法的，有唐代五台山佛光寺大殿（857年，图29~图31）、辽代蓟县独乐寺观音阁（984年，图32）、辽代大同华严寺薄伽教藏殿（1038年）、北宋正定隆兴寺摩尼殿（1052年）等。这是唐宋时期（约7—11世纪）北方中原地区较高规格建筑物中普遍采用的做法。

（3）我国南方地区现存实例中，年代较早的有3例[26]：福州华林寺大殿（964年）、余姚保国寺大殿（1013年）和莆田玄妙观三清殿（1015年）。这三座建筑物的构架有以下共同点：

① 内外柱不同高，内柱高于外柱；
② 殿内空间彻上明造，不用平棊；
③ 外檐斗栱用七铺作双抄双（三）昂[27]，昂尾托下平槫。

华林寺大殿与玄妙观三清殿的内外柱头铺作后尾昂枋交叠相连（图33），铺作层呈现为与屋顶轮廓相适配的覆斗状，因此其上不需架设草架梁栿、殿内也不必安设平棊。与北方中原地区做法相比，这种构架形式与屋顶之间的关系显得更为简洁合理。同时，尽管内外柱不同高，但仍明确体现为以周圈内外柱和铺作层为结构主体的"回"形构架特点。

图29 日本大阪四天王寺（复建）

图30 日本奈良法隆寺玉虫厨子局部

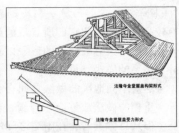

图31 法隆寺金堂屋盖构架与受力形式（西冈常一，《法隆寺——世界最古的木造建筑》，草思社2004年版）（改绘）

图32 敦煌莫高窟296窟壁画中的建筑

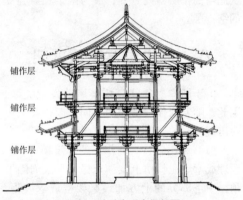

图34 独乐寺观音阁剖面

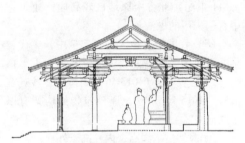

图33 佛光寺大殿剖面

九、铺作层与构架类型

在法式第三十一卷附图中，绘有两种剖面图：一是殿堂等"草架侧样"图（与殿堂的地盘分槽图相对应），另一是厅堂等"间缝内用梁柱"图（图34）。图中明确表现出两者之间的不同之处：

殿堂——内外柱同高，柱头上置多层铺作，用平棊与草架梁栿；

厅堂——内外柱不同高，柱头上只用少量斗栱构件，不用平棊与草架梁栿。

根据这些不同，陈明达先生将其总结为两种基本结构形式——殿堂型与厅堂型[28]。

依据法式编撰的背景，其提供"殿堂"与"厅堂"这两类建筑的侧样，目的是作为北宋官式建筑的标准样式，供官方工程所选用（图35、图36）。但如果依照这两种标准样式对现存的古代建筑实例、特别是早于法式的实例进行构架分类，就会发现一些不相契合的情况，特别是前述浙闽地区的3座实例。它们均不符合殿堂型构架的特点，但外檐斗栱所用七铺作双抄双（三）昂，是现存实例中最高等级的铺作形式，也与厅堂型构架特点不符。其实日本奈良唐招提寺金堂（759年）中，已有类似的做法：内外柱顶高差2足材，或反映为中唐时期扬州地区（隋江都）的殿堂做法（图25）。

图35　营造法式殿堂侧样

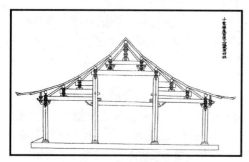

图36　营造法式厅堂侧样

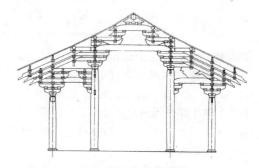

图37　华林寺大殿剖面

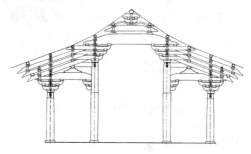

图38　莆田玄妙观三清殿剖面

殿堂与厅堂采用不同的构架形式，体现不同的建筑规格，这种做法的出现既与国家规制以及社会秩序的形成相关，同时又必须以木构建筑自身的技术发展为基础。假如从后者角度来考虑"殿堂"和"厅堂"这两种构架类型的区分，或可认为它们之间的实质性区别，不在于内外柱是否同高，而在于铺作层之有无，即以铺作层在整体构架中所起到的结构作用来加以判定：凡采用殿堂方式（地盘分槽）者，铺作层置于柱头之上，其平面随地盘形式呈"回"、"目"、"日"等形状，是整体构架中不可缺少的水平方向的结构层；而采用厅堂方式者，则是以槫、枋（襻间）等纵向构件，将按间缝排列的一榀榀片状梁柱（排架）相连系，形成整体构架，其间可设少量斗栱，但并不需要、也无从设置铺作层。在华林寺大殿与莆田玄妙观三清殿中，都有纵横交结、自成一体的铺作层，且铺作层在整体构架中所起到的结构作用明显强大（图37、图38）。与法式殿堂侧样相比，所不同的只是内柱高于檐柱，且华林寺大殿的前廊顶部设有平闇，也应是体现建筑物高等规格的标示性做法，因此它们的结构类型应该考虑为殿堂型。

十、铺作层的衰微

12世纪初，南宋朝廷避地临安，仅以原杭州治所为行宫，虽略作营造，但建筑规模与规格大大低于汴京宫殿（如南宋界画中所见，屋顶脊饰皆用瓦兽）。绍兴十二年（1142年）建主殿垂拱、崇政二殿，面阔皆仅五间，"虽曰大殿，其修广仅如大郡之设厅"[29]，推测其构架亦当弃用北宋官式殿堂做法，改用相对简易的厅堂做法。至淳熙六年（1179年）建苏州玄妙观三清殿，虽是九间重檐大殿，也基本保持了北宋官式殿堂建筑的内外观特点，但构架形式简化，铺作层在整体构架中的作用远不如北宋官式。

北方金元建筑中也出现同样的演变趋

势。大同善化寺的山门、三圣殿（1128—1143年）及大雄宝殿中，建筑物的体量虽得到保持，但铺作层的作用相对梁柱明显减弱。宫殿建筑亦然，史料记载绍兴十六年（1146年），"金主以上京宫室太狭，是月，始役五路工匠撤而新之。规模虽仿汴京，然仅得十之一二而已"[30]。以此度之，建筑物中标示规格等级的做法恐亦失之大半。

此后，木构建筑中铺作层的结构作用渐失，所占构架成分渐少，外观高度比例渐小，唯补间铺作的数量相应增多。限于篇幅，就不一一列述了。

十一、结语

本文以铺作层的形成、发展、衰微及其在木构架中的作用为主要视点，探讨中国古代木构建筑发展的一个特定方面。归纳其中的主要观点如下：

- 铺作是木构架发展到一定时期所出现的高级斗栱形态；
- 铺作层是由铺作、方桁等层叠栱枋构成的整体结构层，它的形成与完善是木构架发展进入成熟期的标志；
- 魏晋以前的土木混合结构建筑物中，斗栱形态以单个的插栱为主；东晋南北朝时，铺作层在南北方建筑中渐次形成；
- 由铺作层和柱网结合而成的"回"形构架，自南北朝以来广泛应用于多层、中空的建筑物，是中国古代木构建筑发展过程中的一种重要构架形式；
- 隋唐之际通过规范铺作样式、调整柱额关系，使木构建筑中结构的明晰性和整体强度趋于完善；
- 自南宋（金）时起，铺作层的结构作用减弱，建筑物的构架形式转为以简约有效的梁柱式为主，但斗栱作为建筑物规格标示的作用仍得以延续，直至中国古代社会终结。

本文所及仅为初步思考，但开展这方面的探讨对于理清中国古代建筑的发展脉络不无裨益，故搁置五年之后捡出发表，希望能够引起大家的关注与讨论，并切盼有识者不吝指正。

2003年8月写毕，2006年12月修改，
2008年3月定稿

注释：

[1]《礼记》、《论语》："山節藻梲"，《尔雅》："栭谓之㮰"，皆指大斗；《文选·西京赋》注文："栾，柱上曲木，两头受栌者"。

[2]《西京赋》："结重栾以相承"，《鲁灵光殿赋》："栾栱夭矫而交结"，《广雅》曰："曲枅曰栾"，前注中《西京赋》李善释"栾"为"两头受栌者"，约当今天所谓"一斗二升"式的栱。

[3] 关于早期文献中的这类名词，古人的解释往往不尽相同，如亦有释"欂栌"为斗栱者，但细辨之下，"欂"与"枅"似乎都只能视作柱头之上的替木，其形式和作用皆不同于斗栱，故不取。

[4] 经中描写琉璃光佛国中"城阙垣墙门窗堂阁柱樑斗栱周匝罗网。皆七宝成。如极乐国"。此经为天竺僧人达摩笈多译（一说洛阳沙门慧矩等译），文字当出自汉地沙门笔下，故建筑物描写显具汉地特点。此据《国学宝典·大正大藏经》录文。

[5]《营造法式》卷一释名"材"篇下注曰：今或谓之方桁，桁音衡。

[6]《旧唐书》卷22 仪礼二 中华书局版③p.861

[7] 初唐铺作中的出跳栱多用偷心，故方桁应仅用作柱头枋，每间所用数量亦应较法式为少，有可能上八下七，或上九下六，合为十五。

[8] 云冈第9、10双窟于太和十三年

(489年）毕工，而第6窟完工于太和十八年（494年）、第5窟因迁洛而辍工，正是分属改革前后不同阶段的作品。见宿白：《平城实力的集聚和"云冈模式"的形成与发展》，《中国石窟·云冈石窟》上，文物出版社1991年

［9］傅熹年主编．中国古代建筑史 第二卷．北京：中国建筑工业出版社，2001：62-63．

［10］目前公认陶屋的制作年代为隋代，可能因其外观与日本飞鸟式建筑颇多相似之故。

［11］考虑到采用石雕方式表现木构建筑必然受到工艺水平与载体条件的限定，故石窟中的建筑形象与现实建筑之间还是会有一定差距，如出跳长度等。

［12］"……天平初，迁邺草创，右仆射高隆之、吏部尚书元世俊奏曰：'南京宫殿，毁撤送都，连筏竟河，首尾大至，自非贤明一人，专委受纳，则恐材木耗损，有阙经构。（张）熠清贞素著，有称一时，臣等辄举为大将。'诏从之。"《魏书》卷。据此，则认为东魏北齐的官式建筑沿续了北魏晚期的建筑样式和做法，应不会有太大出入。

［13］敦煌第321窟初唐壁画中的楼阁上层铺作层即为双抄斗栱承替木的形象。

［14］这里所指为具有飞鸟时期典型特征的建筑样式，并非特指飞鸟时期（552—645年）建造的建筑物。

［15］塔身不可登临是我国早期佛塔规制，至北朝后期方始改变。故灵太后欲登永宁寺塔，遭崔光谏阻。见《魏书》卷67崔光传。

［16］"中大通六年，大同七年，（百济）累遣使献方物，并请涅盘等经义，毛诗博士并工匠、画师等，并给之。"《南史》卷79，列传第六十九夷貊下东夷

［17］据《新选日本史图表》第一学习社 平成2年（1990年）改订版，p. 179。

［18］引自村田健一：《山田寺金堂式平面建物の上部构造と柱配置の意味》，《奈良文化财研究所纪要·2001》

［19］东晋兴宁中（363—365年），释慧受于建康乞王坦之园为寺，又于江中觅得一长木，"竖立为刹，架以一层"。《高僧传》卷13〈释慧受传〉，《大正大藏经》NO. 2059，p. 410。东晋宁康中（373—375年），释慧达于建康长干寺简文帝旧塔之西更竖一刹。太元十六年（391年），"孝武更加为三层"，同上〈释慧达传〉，p. 409。

［20］唐长安宝刹寺"佛殿，后魏时造。四面立柱，当中虚构，起两层阁"《长安志》卷8，崇仁坊条下。中华书局影印《宋元方志丛刊》①p. 114。

［21］长安曲池坊建福寺，本隋天宝寺，寺内隋弥勒阁，崇一百五十尺（约合42米）；7世纪末武则天于明堂后建天堂置大像，高逾三十丈（近90米）；天堂焚后，中宗神龙元年（705年）立洛阳圣善寺佛阁，将天堂大像锯短移入阁中。此像仅头部便高八十三尺，可推想佛阁体量之巨大；9世纪初五台山佛光寺亦曾建"三层七间弥勒大阁，高九十五尺（约合30米）"。

［22］据《新选日本史图表》第一学习社 平成2年（1990年）改订版。

［23］虽然陶屋外壁所刻"维摩变"以及束莲柱、柱头一斗三升等形象均见于敦煌隋代壁画，但考虑到其出土地是洛阳，故其制作年代存在北朝晚期的可能性。

［24］《旧唐书》卷22，总章明堂诏，内记有"重楣，二百一十六条"。

［25］《营造法式》卷二总释下"平棊"条下注文：今宫殿中其上悉用草架梁栿承屋盖之重，如攀额、樘柱、敦㭿、方椽之类，及纵横固济之物，皆不施斤斧。

［26］苏州虎丘二山门建筑规格较低，故不取。其年代学界也尚未取得共识。

［27］这里仍是按照法式"依跳计铺"

所得的铺作数。但实际上，华林寺大殿和玄妙观三清殿均为双抄三昂，比保国寺大殿的七铺作多置一昂，而且是实实在在的昂尾上托平槫的真昂，在做法和规格上明显更为讲究。对于这种法式规定中未能涉及的情况，以及法式本身的局限性，在今后的研究中应当予以足够的认识。

［28］陈明达. 营造法式大木作制度研究. 北京：文物出版社，1980

这一概念目前已普遍为建筑史界所接受，不过考虑到"结构"一词的广义内涵，若以"构架"一词代之，或许更为恰当。

［29］《宋史》卷 154 中华书局版（11）p. 3598

［30］《续资治通鉴》卷 127 中华书局版（7）p. 3364

石头成就的闽南建筑

方 拥

闽南传统文化的主要来源有三：一、先秦迄至初唐闽越固有文化的底层积淀；二、晋唐时期中原华夏文化的有机移植；三、宋元时期西域文化的强烈影响。大体说来，闽越固有和华夏移植构成了闽南传统文化的主干部分。但若仅此两部分，人们一定会说，中国东南沿海地区的文化多半如此，闽南的地域特色无从谈起。1992年，联合国教科文组织宣布，泉州为"海上丝绸之路"中国段唯一入选的城市。异议者认为，只有在元代，泉州的对外贸易总量才超过广州；从历史上长期的影响力着眼，泉州始终处于广州下风。这些看法有其道理，可是广州作为海洋大港的历史地位多见于史料，实物仅存于少数遗址。泉州则保存有数量众多、种类纷繁的物质遗产，特别是石头雕刻或建造的佛道造像、长桥高塔、印度教寺、清真寺以及穆斯林墓葬等。

毋庸置疑，使闽南文化显得绚丽多彩且异于中国其他地域的，主要是宋元时期发达的海上贸易所带来西域文化的强烈影响。其中最值得注意的是，闽南于宋元时期正面接受石头作为建筑材料的西方理念，将石头从中国传统中被压抑的状态下解放出来，在雕刻和建筑工程中大规模使用，进而推动石结构技术与艺术的长足发展。

一般说来，流行话语"建筑是石头的史书"，其实只能适用于欧洲，用于中国并不贴切。就材料的耐久性而言，木材比不过石材，这使得中西两大文明的建筑表现全然不同。从古希腊到巴洛克，石结构的欧洲建筑遗产蔚为壮观；相比之下，从春秋战国到明清，木结构的中国建筑遗产似乎乏善可陈。19世纪以来，在不少西方学者眼里，中国古代建筑只不过存在于纸上（即文献），或干脆说等于零。这种看法曾得到很多本土学者的呼应，继而汇成一股妄自菲薄的浊流。迄至今日，中国石结构建筑的低调表现，仍令很多学者感到困惑。为什么直到明清，在加工条件完备、同时也不无需求的情况下，石材在中国始终未能登堂入室？梁思成分析材料背后的观念，曾经给出一个推论。"中国结构既以木材为主，宫室之寿命固乃限于木质结构之未能耐久，但更深究其故，实缘于不着意于原物长存之观念。"[1]

然而为什么中国人"不着意于原物长存"，依然是个问题。看来解决问题的平台，必须切入哲学层面才能找到。我们应当认识到，文化价值的终极判断，绝不可仅仅着眼于物质层面。将希腊哲人与先秦诸子并列，怎可轻言高下？可是这样一个过于深入精神层面且带普世性的问题，本文暂且撇开不谈。

直到20世纪中期，无论来自欧洲、日本还是中国本土，建筑史学家的目光总是盯着华北和西北地区。梁思成和刘敦桢田野调查

图1 莆田广化寺南宋初石叠涩释迦文佛塔

图2 泉州开元寺南宋中期石斗栱东塔

的足迹从来没有踏入福建。他们在山西、河北和甘肃等地积累的资料，奠定了中国古代建筑研究的基石。偶有建筑爱好者来到福建，猎奇般地点滴记述，但始终未能填补这一地区的学术空白。

20世纪后期，几位中青年建筑学者欣逢其时，在八闽大地上辛勤耕耘。从福建特别是闽南沿海，大家看见了显然有别于北方体系的异类遗产。这里保存着大量唐宋元明清的石雕刻和石建筑，其壮观、精美之程度皆非亲眼所见者所能想像。其中最具代表性的是宋元石结构的高塔和长桥，其技艺水平与代表当时世界最高水平的欧洲石建筑相比，差别并不明显。它们极其雄辩地证明，石材在中国历史上其实有过辉煌成就。

迄至唐代，中原石刻艺术在闽南地区已经完成了有机移植。闽南遗存的晋唐墓葬表明，除了石象生自身的形态和技法承袭中原以外，墓室建筑模拟府邸，周围环境力求形胜，各方面成就皆与中原形制一脉相承。宋元时期，闽南宗教石刻的成就登峰造极，其中有些称之为世界雕塑史上的极品亦不为过。时当海上丝绸之路的空前繁荣，这批石刻必不可免地受到西域文化的影响，然而华夏文化的主体地位并未动摇。闽南没有开凿像西北或中原那样空间深入的佛教石窟，其原因主要在于山体的地质状况。闽南遍布的花岗岩硬度很大，即便依就山体开凿摩崖造像，也是耗费巨万的浩大工程。花岗岩良好的坚固耐久性，使宋元闽南雕琢的精美造像，有多座至今保存完好。为了使造像得到更好的保护，闽南人常在其外建造石室，大大推动了完全石结构建筑在中国的发展。

从唐代中期开始，随着佛教密宗的传播，中国建筑中增加了一种石刻类型——经幢。五代、北宋时期，经幢的数量愈多，形制愈繁。南宋以后，随着密宗的衰退，一般佛寺中不再建造经幢。其体量通常不大，但因雕刻精美而具艺术价值，又因铭文众多而具历史意义。在中国现存经幢中，唐代遗构极少。闽南现存有一座唐代经幢的主体部分，还有五代、两宋的完整遗构10余例。这些经幢的建造经过和结构形态表明，它们既与北传佛教的关系密切，又有独具一格的地域特点。

宝箧印经塔是一种形制独特的佛塔。五代十国时吴越王追随古印度阿育王，制作八万四千塔,高仅盈尺,用以藏经或藏舍利。其原型与半球形佛塔同样出自古印度,传入中土后首先缩微成塔刹形式置于楼阁式塔顶部。如云冈北魏石窟中的浮雕塔、济南隋代四门塔。五代所制小型塔近年屡有发现,浙、皖两地尤多,如金华万佛塔地宫一处就出土了15座。两宋时期,在以闽南为中心的东南沿海如同安、泉州、仙游等地佛寺中,出现若干高达5~8米的大型石结构宝箧印经塔。它们的造型与吴越小型塔一脉相承,但尺度急剧增大,雕刻题材极为丰富。其中浓厚的印度色彩,与业已深刻汉化的北传佛教之间形成差异,暗示着海上丝路所带来强烈的西域影响。

当中土的唐宋两代,西域各国如阿拉伯、埃及、波斯等先后统领于伊斯兰教的大旗之下。随着海外交通的兴盛,各国的石雕刻建筑艺术都对闽南产生了强烈影响。泉州出现过完全由穆斯林自行建造的建筑,西亚、北非或中亚的情调浓厚。明初排外风潮的爆发,使泉州伊斯兰教建筑几乎全部被毁。有幸的是,其中很多建筑以坚固的石头作为主体材料,遗留至今的断壁残垣,仍然能在中国文物中占据一席之地。

泉州出现过完全由印度教徒自行建造的寺庙建筑,种类繁多。建筑虽于明初全部被毁,但其雕刻精美的辉绿岩石部件,很多得以残存。泉州海交馆收藏的大量印度教石刻,不但是中国独存仅有的文物,而且堪称世界宗教艺术的奇珍异宝。泉州的印度教神庙和祭坛的石雕刻,反映出侨居的印度、锡兰或马八儿人的文化传统,雕刻工艺则出自泉州匠人之手。其中常可看到中国传统的图案,如双凤朝牡丹、狮子戏球、海棠菊花、牝鹿教子等。

宋元时期泉州建筑中发生的多种文化深刻融合现象,迄今并未得到足够细致的认识和研究。1980年代末,开元寺大殿落架大修之前,庄为玑教授曾建议将殿内印度教构件

图3 泉州开元寺大殿印度教石柱神降魔

图4 泉州开元寺大殿印度教石柱神角力

全部拆卸移出。经过慎重讨论,修复委员会最终没有接受。因为在此前进行的全面测绘中,发现殿内上部构架通常不被人注意的大量构件,都带有印度或其他西域文化的色彩。这使大家真切认识到,泉州文化的宽阔胸怀曾经包容全世界。开元寺大殿露台须弥座的束腰部分,保存七十多方辉绿岩雕刻形

态各异的人面狮身像。这一题材可以溯源直至古埃及,后经由波斯、印度最终传到中国。大殿门楣上镶嵌的"御赐佛像"石匾,本为元初印度教湿婆神庙的构件。明初被移入开元寺,明末僧木庵曾作颂诗,将其作为佛教宝物,列入开元寺"六殊胜"之一。

交通是经济的命脉,修桥铺路是经济发展的必然要求。福建境内河流交错,为了使富庶的沿海地区的相互往来畅通无阻,修建桥梁至关重要。据福建省公路局统计,福建宋代建成桥梁共646座。在对外贸易最为发达的泉州,桥梁建设的成就尤具代表性。以泉州濒海或近海的五县统计,宋代建桥106座,总长度约五十多里。南宋初年达到高峰,仅绍兴三十二年(1162年)就修建了25座。[2]数十座跨江越海的石桥陆续兴建,基本满足了沿海地区陆地交通的需要。洛阳桥"当惠安属邑与莆田、三山、京国孔道";安平桥位于安海与水头之间,"方舟而济者日以千计";顺济桥"下通两粤,上达江浙",石笋桥"南通百粤北三吴,担负舆肩走骈牡"。[3]

两宋时期闽南建造的大型石桥,全部采用了我国传统的梁式结构。建设者们不断总结经验,在地质和水文情况十分复杂的沿海地区,创造了许多结构和施工上的奇迹。总的说来,欧洲古代石桥采用半圆拱券结构,它与中国梁式桥相比各有利弊。半圆拱桥的优点是部件尺度较小、整体承载力较大,而其下部空间较高,在有舟船经过时十分有利。缺点是投资较高、整体施工期较长,而其桥面过高过陡,在有车马经行时颇为不便,此外拱券自身必然产生的水平推力易于危及桥梁整体的稳定性。相比之下,水平梁式桥完全避免了拱桥的所有缺点。而因闽南内陆溪流短急舟船较少,桥下空间较低并非不利;作为闽南陆上道路的连接部分,梁式桥可以满足承载力的要求;至于石梁过重过大难以运输和安装的问题,也借用舟船得到

了十分巧妙的解决。

在中国古代建筑史上,闽南石结构高层佛塔书写了极其灿烂的一章。无论从结构技术,还是从造型艺术上看,它们都是绝无仅有的成就,我们对其无论作何评价也不会过分。两宋时期,正当欧洲高直式建筑登峰造极之时,在海上贸易极其繁荣的背景下,闽南佛塔和欧洲教堂皆为石结构的高层建筑,二者之间如果完全没有联系,是很难想像的。技术史专家大多抱着封闭观点,眼光仅仅局限于僵化的书面范畴,认为中土既然没有足够硬度的加工工具,则泉州宋塔只能采用石头对磨的加工方式。可是只需亲眼看一次建筑实物,人们立刻就可明了这一说法是无稽之谈。

闽南曾因石雕刻造型艺术和石结构建筑艺术的成就,在中国古代纷繁绚丽的地域文明中异军突起,显示出与众不同的独特性格。在这些成就背后发挥重大作用的,是闽南人勇于冒险的进取精神和勇于接纳的开放胸怀。晋唐时期的衣冠南渡和平民闯荡,是勇于冒险的初次表现;宋元两代的海上贸易和番人定居,是勇于接纳的当然结果。闽南

图5 新加坡双林寺2000年仿福清石塔

人的进取精神和开放胸怀，在明清两代得到进一步发扬。明初闽南人已较多出国定居，永乐年间郑和船队的马欢在爪哇发现，"国人多是广东、漳、泉人移居在此"。[4] 向中华帝国以外空间的大规模迁移，是闽南人寻找生存与发展的必要手段。清代台湾的开发以及东南亚特别是新加坡华人社会的繁荣稳定，是闽南人在华夏文明史上添加的灿烂篇章。

图6　新加坡双林寺1999年仿泉州石经幢

在华夏文化始终牢牢占据着主体地位的同时，闽南人一直在对中原文明的精神遗产进行着改造。如"离乡背井"观念，原指不得已而离别家乡的痛楚，元明杂剧《对玉梳》："送的他离乡背井，进退无门。"例如"安土重迁"观念，是中原民众延续两千多年的本性。《汉书·元帝纪》："安土重迁，黎民之性；骨肉相附，人情所愿也。"就全国而言，这类痛楚直到20世纪70年代之后，才因改革开放所带来"蓝色文明"的影响而逐渐消退。可是在闽南，至迟于宋代就已被扬弃。福建俗语"在家是条虫，出门是条龙"，主要刻画的就是闽南人。

闽南有着古老的重商传统，"人人皆商"至今依然，其源头较之欧洲的重商主义更加久远。将闽商与中华后起的晋商和徽商相比，前者的势力方兴未艾，后者早已势微。只有闽商，曾经发挥过将中华文明传遍世界的使者角色。从全球视角看，源于闽南的妈祖崇拜本质上是汉文化崇拜，她曾在所有"有水的地方"传播，至今拥有世界性的强大影响。在15~17世纪很多西欧人眼里，闽南人就是中国人，闽南语就是"正宗"的中国语言。这种看法今天当然难以成立，闽南文化并不具有中国文化的主流地位。可是作为一种意义深远的突破，闽南人在中国文化日益丰富多样的历史进程中，显然功不可没。

原载于《建筑师》2008年第5期

注释：

[1] 梁思成. 梁思成文集·第三卷. 北京：中国建筑工业出版社，1986

[2] 乾隆《泉州府志》卷10《桥渡》

[3] 王十朋《梅溪王先生文集·后集》卷19《石笋诗》

[4] 《瀛涯胜览》

中国近代建筑史研究

中国近代建筑的发展主题：现代转型

侯幼彬

什么是中国近代建筑的发展主题？一言以蔽之，可以说是"现代转型"。

美国比较现代化学者布莱克 C. E. Black 曾经指出：人类历史上有三次伟大的革命性转变。第一次大转变是原始生命经过亿万年的进化出现了人类；第二次大转变是人类从原始状态进入文明社会；第三次大转变则是世界不同的地域、不同的民族和不同的国家从农业文明或游牧文明逐渐过渡到工业文明。[1]布莱克所说的这个第三次大转变，指的就是世界现代化进程。我们从他的这个概括中，可以强烈地意识到：（1）把向工业文明过渡提到与人类的出现，与文明社会的出现并列的高度，可见这个转变的意义的重大；（2）作为人类历史的第二次大转变，向工业文明过渡是一个很长的历史时期，是一个连续的、动态的过程，是当代世界正在持续着的历史进程；（3）从农业文明、游牧文明向工业文明过渡的一开始，就已进入这个世界现代化进程，因此这个"现代化"是涵括"近代化"在内的。所谓"近代化"，实际上是在近代史上发生的现代化过程，是现代化的一个发展阶段。由此，我们不难认识到近代的起点就是人类历史第三次大转变的起点，近代化的进程就是现代转型的进程。我们研究近代中国建筑，自然要把它摆到这个历史大背景的高度来考察。

从世界现代化进程的全局来看，作为现代化早期阶段的近代化，在不同地域、民族、国家的起步时间是不相同的。英、美、法等国属于"早发内生型现代化"，"早在16、17世纪就开始起步，现代化的最初启动因素都源自本社会内部，是其自身历史的绵延"[2]。德、俄、日和包括中国在内的发展中国家，属于"后发外生型现代化"，人多迟至19世纪才开始起步，最初的诱发和刺激因素主要源自外部世界的生存挑战和现代化的示范效应。[3]因此，中国的近代史（1840—1949）和世界的近代史（1640—1917）是不同步的，比世界近代史的起始整整晚200年。

这样，当中国建筑处于近代发展时期时，世界史已经进到近代后期和现代前期，中国社会已经进入由农业文明向工业文明过渡的转型期。这个转型是一场极深刻的变革。它的主轴是工业化的进程，也交织着近代城市化和城市近代化的进程。由于中国近代处于半殖民地半封建社会，中华帝国闭锁的国门是被资本主义列强用炮舰冲开的。中国的开放是被动的开放，外来的、诱发中国启动现代化的要素是通过不平等条约施加的。这使得中国近代化的进程不得不迈着蹒跚的步伐。中国近代正是在这样的历史背景下，随着城市的转型而展开建筑的转型。

一、城市转型与建筑转型

中国近代城市转型，既发轫于西方资本主义的侵入，也受到本国资本主义发展的驱动；既有被动开放的外力刺激，也有社会变革的内力推进，是诸多因素的合力作用。在诸多因素中，通商开埠无疑是最突出的因素。据统计，从1842年《中英南京条约》开辟五口通商开始，到1924年北洋政府自行开放蚌埠为止，中国近代开放的口岸城镇共112个。其中77个口岸是通过不平等条约被动开放的，称为"约开口岸"；35个口岸是清政府和北洋政府自动开放的，称为"自开口岸"[4]。

"约开口岸"的情况比较复杂，由于列强侵占的方式不同，所签订的不平等条约的条款不同，而有种种不同的类别：有的属于租界型开埠，如上海、天津、汉口、厦门、广州等；有的属于租借地、附属地型开埠，如青岛、大连、哈尔滨等；有的"约开口岸"并没有开辟由外国人掌管行政权的租界，而是设立仍由中国政府管理的"外国人居留区"，呈现居留区型开埠，如宁波、福州、烟台、营口等；而都城北京则因被迫设立由公使团管辖的东交民巷使馆区，区内设有外国兵营，住入外国商民，盖起商店、邮局、银行，俨如一处特殊的"公共租界"，成为一种特殊的使馆区型"开埠"。

"自开口岸"也称"通商场"，是清政府援引宁波居留区模式而施行的。当时已认识到，"泰西各国首重商务，不惜广开通商口岸，任令各国通商，设关榷税，以收足国足民之效"。[5]可见通商场是为"振兴商务，扩充利源"而采取的开放措施，是为避免被迫开辟租界而采取的主动开放政策，是一种自行划定的、由中国政府管理的外国人居留、贸易区。当时也被称为"自开租界"、"自管租界"、"通商租界"，实际上与租界有着本质的区别。这种"自开口岸"，在清末，从光绪十三年（1887）到宣统元年（1909）开辟了20个；在北洋政府时期，从民国元年（1912）到民国十三年（1924）；开辟了15个。

这些"约开"、"自开"的通商口岸，成了近代中国的开放性市场。多数口岸城市都因商而兴，市场发育转化为商品生产和金融活动的发育，推进了口岸工业的发展，推动了口岸房地产业的开发，刺激了口岸金融业和其他市场中介服务业的繁荣。口岸城市面积扩大，人口集中，人才集聚，文化集约，市民生活方式嬗变，市政建设率先传入和引进西方发达国家的先进技术。通商口岸成了传播西方文明的窗口和中国近代化的前哨，口岸城市自然成了中国近代城市转型的先导和主体，两种口岸城市，——"主体开埠城市"和"局部开埠城市"自然成了新转型城市中最突出的类型。

主体开埠城市指的是以开埠区为主体的城市，是近代中国城市中开放性最强、近代化程度最显著的城市类型。它明显地分为两类：一类是像上海、天津、汉口那样的多国租界型，另一类是像青岛、大连、哈尔滨那样的租借地、附属地型。前者由于地理区位上的优势而形成多国租界的集聚，租界所占面积很大，有的超过旧城数倍，成了整个城市的主体或中心。这类城市都带有商贸中心、金融中心、工业中心、文化中心和水陆交通枢纽的综合型城市性质，都属于中国近代特大型城市。后者则是随着租借地、附属地的开辟由偏僻村落崛起的新城。它们被单一殖民国家所侵占，都制订过适应殖民利益需要的城市规划，都经过统一的、整体有序的城市建设，都成为区域性的商贸中心和水陆交通枢纽，新城建设多能接近或达到引进国当时的建设水平。它们也都发展成为中国近代重要的大城市。

局部开埠城市不像上海、天津、汉口那样由大片租界构成城市主体，也不像青岛、大连、哈尔滨那样形成大面积的整体开放，它只是划出特定地段，开辟面积不很大的租界居留区、通商场，形成城市局部的开放。在口岸城市中，这种局部开埠城市占了绝大多数，济南、沈阳、重庆、芜湖、九江、苏州、杭州、广州、福州、厦门、宁波、长沙等，都属这类城市。它的近代化进程，大体上都是从新开区兴起，而后带动旧城的蜕变。这类城市的转型，除开埠的推动外，多兼有其他推动因素。由于其他因素的不同，这类城市的发展状态也千差万别。其中许多作为省会的城市，大多成了区域性的政治中心和区域性的经济中心相结合的复合型城市。

中国建筑的现代转型，主要就是在这两大类口岸城市以及一些非口岸的工矿专业城市、交通枢纽城市中展开的。它体现在：

（1）适应近代化、工业化、城市化的需要，形成一整套建筑新类型，包括各种类型的近代居住建筑；第二产业的各类工业建筑；第三产业的商业、金融业、生活服务业、生产服务业、专门服务业、社会服务业的各类公共建筑。

（2）适应近代建筑功能、建筑类型的需要，输入和引进了国外先进的技术经验，运用了新材料、新结构、新设备，采用了新建筑的设计方法，新结构的计算方法和新材料的制作工艺，掌握了近代的施工技术，形成一套新技术体系和相应的施工组织、施工队伍。

（3）适应近代建筑业的需要，开始了出国留学建筑和国内开办建筑教育，成长了中国第一代、第二代掌握建筑科学知识和设计方法的专业建筑师，成立了建筑师事务所和相关的职业团体、学术机构，建筑思潮和建筑风貌都受到世界建筑潮流的影响，中国近代建筑纳入了世界近现代建筑的影响圈。

值得注意的是，对于近代时期的中国建筑发展，我们的学科研究很长时间主要关注的是以上三方面发展，而忽视了近代时期建筑制度层面的根本性变革。在这方面，赖德霖博士的学位论文填补了这个重大课题的研究空白。他沿着何重建、胡本荣两位先生所揭示的上海城市建设中建筑市场、房地产市场和资金市场之间形成的循环运行机制的思路，以上海公共租界为对象，对中国近代建筑制度的形成，展开了富有创造性的研究，翔实地论证了建筑生产的商品化、建筑管理的法制化、建筑师职业的自由化、当事人关系的契约化，对近代上海建筑发展的促进作用。[6]这是对于建筑制度现代转型的理论认识的突破性进展，也是真正跳出生产力层面而从生产关系层面找到了近代建筑的发展机制。的确，在近代市场经济发育的条件下，房地产开发存在着土地大幅度增值、房产高营利收益的潜能。高回报率促使房地产业成为近代资金投入的一个重要领域。一位外国房地产商人斯巴克说："上海之金融组织基础，筑在地产和房屋之上，有如南非筑在金与金刚钻上，南洋群岛筑在马口铁与橡皮之上"。[7]可以想见房地产业对金融业作用之重大，而金融业的借款支持，则反过来有力地加大了房地产的资金投入和流转速度，促使建筑市场更大、更快地发展。赖德霖博士引用的资料提到：上海公共租界和法租界的年建筑投资额，在1925年已达3105万元，到1930年扩大到8388万元。从1925年到1934年9月，投入两租界的建筑资金总额达4.673亿元。[8]显而易见，这笔巨额的建筑投资正是20世纪20、30年代上海租界建筑大规模、高速度发展的经济基础。近代中国城市新城区的快速崛起和大型的、大批量的近代建筑的集中涌现，很大程度上都有赖于房地产开发所提供的资金运转。没有近代中国建筑制度规范下的房地产市场，就不可能出现像上海、天津等大城市那样的近代建筑发展力度和发展速度。清醒地认识建筑制度转型及其推进近代建筑的发展机制，对我们认识今天的建筑发展仍然具有重要的借鉴意义。

二、近代建筑转型的两种途径

近代中国的建筑转型，基本上沿着两个途径发展：一是外来移植，即输入、引进国外同类型建筑；二是本土演进，即从传统旧有类型基础上改造、演变。这两种转型途径，在居住建筑、公共建筑和工业建筑中都有反映。

总的说来，外来移植是中国近代建筑转型的主渠道。它形成了中国近代化生活和工业化生产的一整套新建筑类型，构成中国近代新建筑体系的主体。这些建筑多数是在开放的设计市场，由外国建筑师或中国建筑师设计的。许多建筑是一步到位地接近甚至达到引进国的建造水平。由英商公和洋行设计，耗资一千余万元的上海汇丰银行，当时被誉为"从苏伊士运河到远东白令海峡的一座最讲究的建筑"。[9] 1902年出现于哈尔滨的第一家电影院，只比1896年法国里昂出现的世界第一家电影院晚6年．建于1931—1934年，由邬达克洋行设计的上海四行储蓄会大楼（国际饭店），高24层，当时号称"远东第一高楼"，此纪录一直保持了30年。[10] 而建于1933年同样由邬达克设计的上海大光明电影院，以其规模宏大、装饰豪华、设备齐全和最新时尚，被誉为"远东第一影院"。这些情况表明，中国作为"后发现代化"国家，在新建筑类型和新建筑技术的吸纳上，其进展速度是相当快的，它明显地受惠于西方"早发现代化"的示范效应，明显地显现出引借先行成果的"后发优势"。但是，这种"外来移植"的转型方式，也带来两方面的问题：一是其中有很大一批建筑是基于外国殖民活动的需要而建造的，这部分建筑纠缠着近代化与殖民化的矛盾；二是外来移植的建筑都属于西方传统的或西方流行的建筑样式，搅拌着近代化与"西化"的矛盾。这两个问题大大增添了近代中国建筑转型的复杂性。

对于前一个问题，马克思对殖民主义"双重使命"的分析，有助于我们澄清这方面的认识。1853年，马克思在论述英国在印度的统治时指出：

> 英国在印度要完成双重的使命：一个是破坏性的使命，即消灭旧的亚洲式的社会；另一个是建设性的使命，即在亚洲为西方式的社会奠定物质基础。[11]

与这段论述相关联，马克思还在另一篇文章中写道：

> 英国在印度斯坦造成社会革命完全是被极卑鄙的利益驱使的，在谋取这些利益的方式上也很愚钝……但是问题不在这里。问题在于，如果亚洲的社会状况没有一个根本的革命，人类能不能完成自己的使命。如果不能，那么英国不管是干出了多大的罪行，它在造成这个革命的时候毕竟是充当了历史的不自觉的工具。[12]

在这里，马克思是从"历史中的资产阶级时期负有为世界创造物质基础的使命"[13]这个"人类的生产力"、"人类的进步"的宏观视野的高度来看问题的。这对于我们认识殖民主义的建筑活动具有极为重要的指导意义。我们从中不难领悟到，殖民主义在近代中国所进行的建筑活动都带有与"双重使命"相对应的"双重属性"。一方面，它是殖民化的产物，是殖民者在"极卑鄙的利益驱使"下建造的；另一方面，它是中国建筑现代转型的重要组成。这当然不是殖民者的初衷，殖民者在这里只是"充当了历史的不自觉的工具"。

对于后一个问题，由于"早发现代化"都发生于西方国家，"后发现代化"国家所接受的当然都是西方工业文明的"示范"。这是世界现代化进程的总体格局所决定的必然现象。中国建筑突破封闭状态，进入世界近现代建筑影响圈，迈上现代转型的轨道，是意义重大的、突破性的进展。它完全不同于古代历史上的外来建筑文化的传入和交流，那是同属农业文明的同一发展阶段的异质建筑文化的交流、融合。而近代时期的外来建筑，则是工业文明的新建筑体系的导入。这是意味着中国建筑向工业文明转型的划时代大跨越。至于它带着西式的洋风面貌，那只是大跨越中的一个小插曲。

近代中国的西式建筑活动，在1900年前虽已启动，但数量有限，应该说主要集中在20世纪的头30年。这时期，学院派的折中主义在欧美各国仍盛极一时。学院派建筑思潮给面临现代转型的中国建筑带来了双重影响：一是导致当时中国的西式建筑基本上都是西方折中主义的风貌；二是导致当时留学欧美的中国建筑师，基本上接受的都是学院派的教育。因此，西方折中主义就成了中国近代许多城市中心区和繁华商业街的奠基性的、最突出的风格面貌，学院派的建筑思潮就成了中国第一代建筑师占主导地位的建筑思想。折中主义建筑所展示的西方建筑历史样式的大汇演，自然形成"十里洋场"的触目景象。为了摆脱"西化"羁绊，中国建筑师仿照外国建筑师处理中国式教会大学建筑的方式，在孙中山陵园、"首都计划"和"大上海中心区计划"等建筑活动中，掀起了一股以"中国固有形式"为特征的"传统复兴"建筑潮流。这是近代中国建筑转型中，对于外来建筑进行"本土化"的一种努力，也是对于新建筑体系处理现代性与民族性问题的一种探索。当时中国建筑师在"中体西用"、"中道西器"、"中国本位"的文化观笼罩下，认为采用"中国固有形式"意味着复兴中国建筑之法式，发扬中国建筑之精神，把它视为融合中西建筑文化的理想模式。现在看来，这里面存在着认识上的误区：一是夸大了建筑风格的作用，把洋风建筑的艺术风貌问题夸大为"西化"的政治取向问题，夸大为损害民族情感的意识形态问题；二是对中国建筑理解的偏颇，把"中国固有形式"当成中国建筑的"国粹"，视为中国建筑的"精神"所在，对待中国建筑遗产的继承，拘泥于"固有形式"的框框；三是套用折中主义的手法来处理"中国式"，在"宫殿式"、"混合式"的处理中，都显现出旧样式与新形态的格格不入；四是过分专注于民族性的强调而忽视了地区性的融合，其实后者恰恰是外来建筑"本土化"的更重要的课题；五是影响了对现代建筑的认识。当20世纪30年代准现代的"装饰艺术"和现代的"国际式"进入中国时，中国建筑师很大程度上仍然把它视为折中主义诸多样式中的一个摩登的新品种，相应地推出了一种现代建筑体量上点缀中国式装饰细部的"传统复兴"新模式。以上这些问题是很值得我们认真研究的，因为这实际上涉及建筑转型中的现代性与民族性问题，这个问题曾经长期困扰着当代的中国建筑界。

至于"本土演进"的建筑转型，虽然不是现代转型的主渠道，也是很值得注意的，因为它主要出现在面向城市中下层市民的商业建筑和居住建筑中，与广大市民息息相关。近代中国的中小型店铺、商场、菜市场、餐馆、酒楼、澡堂、客栈、钱庄、当铺、戏园等建筑，往往由匠师根据新的功能要求，在旧建筑体系基础上，吸取某些新材料、新结构方法，而改造、演变为新的商业、服务业建筑。居住建筑也是如此。盛行于上海、天津、汉口、南京等大城市的里弄住宅，分布于青岛、沈阳、长春、哈尔滨等地的居住大院，出现于广州一带的竹筒屋，散见于广东侨乡的楼式侨居、庐式侨居等，都是在乡土住宅基础上融入外来建筑影响而形成的。值得注意的是：本土演进的建筑虽然品类并不很多，但建造的数量却很大。有一种本土演进的、称为"铺屋"的"下店上宅"的宅店一体建筑，通常高2~3层，可以是单开间，也可以是多开间，彼此联檐通脊，沿街或沿河成排毗连，以其高密度、低造价和规模可大可小的灵活性而成为近代南方许多城市用得最广泛的街面建筑。里弄住宅的建造量也十分可观，据1950年统计，老式里弄和新式里弄在上海居住房屋总量中占到72.5%的比重。[14]这表明，里弄住宅实际上是近代上海住宅的主体。正是这种大数量的、扎根于地域实际的本土演进式建筑，构成了中国近代的新乡土建筑。这方面的转型规律也是我们应予认真研究的。

三、二元经济下的乡土建筑推迟转型

在半殖民地半封建的社会条件下，中国的经济是一种被称为"二元结构"的经济。"在现代地区和部门变得越来越现代的同时，传统的地区和部门似乎变得越来越'传统'和落后"。[15]先进的、新转型城市的现代地区相对于落后的、未转型的传统地区，犹如汪洋大海中的一个个兀立的孤岛。因此，近代中国建筑所面临的向工业文明转型是极不平衡的。广大的农村、集镇和大多数的中小城市，从民居、祠堂到店铺、客栈等一整套乡土建筑，几乎都停留于传统形态。即使在新转型的城市中，旧城区的住宅也有相当大的数量延续着旧的传统。这种情况构成了近代中国乡土建筑的推迟转型现象，它们成了中国近代的旧建筑体系，导致近代中国并存着新旧两种体系的建筑活动。这是近代中国建筑发展的一种严重滞后。但是，推迟转型所形成的中国近代庞大数量的传统乡土建筑实践，却给我们留下一份以"严重滞后"的代价换来的十分宝贵的建筑遗产。对于这份建筑遗产，我们不能因为它在近代属于落后于时代的旧建筑体系而轻视它、否定它。我想重复我在另一篇文章中提出过的看法："中国木构架建筑体系不仅在本土持续地走完古代的全过程，又通过乡土建筑的推迟转型持续不断地延承到近代的全过程。中国建筑体系的特色，特别是属于下位文化的民间建筑的一系列贵因顺势的特色，如因地制宜的环境意识，因材致用的构筑方式，因势利导的设计意匠，因物施巧的设计手法等，都延承了下来。在吻合生态、适应环境，就地取材、运用低技术、突出地域特色、突出多民族特色、擅长群体组合、擅长粗材细作、展现民风民俗、塑造质朴形象、诗化环境意韵等等方面，都有精彩的表现。从这一点来说，这些产生于近代的乡土建筑，可以说是中国古老建筑体系的'活化石'。它们中的典型地段、群组，它们中有代表性的精品、佳作，积淀着极为丰富的、历史的、文化的、民族的、地域的、科学的、情感的信息，是当之无愧的'人民千百年传统的活的见证'（《威尼斯宪章》语），不仅是中国的文化遗产，也是人类的文化遗产。"[16]这批推迟转型的乡土建筑，在中国近代建筑史上作为旧建筑体系的历史地位的评价，与它在今天作为中国传统建筑遗产的历史意义的评价，是两回事，是我们不应混淆的。这批近代时期留下的传统建筑活化石珍贵遗产，正在当前城镇、农村热火朝天的建设大潮中，遭到无知的、粗暴的、毁灭性的破坏，这是令人非常痛心的。在我们清醒地评价中国近代新建筑体系所体现的现代转型的重大意义时，也应该充分关注中国近代旧建筑体系在当前所面临的、迫在眉睫的建筑历史遗产的保护问题。

原载于《中国近代建筑研究与保护》（二），
清华大学出版社，2001

注释：

[1] 布莱克. 现代化的动力：一个比较史的研究. 景跃进，张静译. 杭州：浙江人民出版社，1989：1-4.

[2][3] 许纪霖，陈达凯. 中国现代化史. 第一卷. 上海：上海三联书店，1995：2.

[4] 张洪祥. 近代中国通商口岸与租界. 天津：天津人民出版社，1993：321-326.

[5] 朱寿朋. 光绪朝东华录. 北京：中华书局，1958：4062.

[6] 参见赖德霖博士学位论文《中国近代建筑史研究》第一篇"从上海公共租界看中国近代建筑制度的形成".

[7] 时事问题研究会编. 抗战中的中国经济. 抗战书店，1940. 中国现代史资料编委会，1957年翻印，第282页.

[8] 枕木. 十年来上海租界建筑投资之一斑. 申报，1934-10-23. 转引自赖德霖博士学位论文.

[9] 转引自《上海的故事》第1辑，上海，上海人民出版社，1963年版，第22页.

[10] 上海建筑施工志编委会编写办公室. 东方巴黎——近代上海建筑史话. 上海：上海文化出版社，1991：91-92.

[11][12] 马克思. 不列颠在印度统治的未来结果//中共中央马恩列斯著作编译局编译. 马克思恩格斯选集：第2卷. 北京：人民出版社，1972：70，75.

[13] 马克思. 不列颠在印度的统治//中共中央马恩列斯著作编译局编译. 马克思恩格斯选集：第2卷. 北京：人民出版社，1972：68.

[14] 叶伯来主编. 上海建设：1949—1985//中共中央马恩列斯著作编译局编译. 上海：上海科技文献出版社，1989：981-982.

[15] 孙立平. 后发外生型现代化模式剖析. 中国社会科学，1991（2）.

[16] 侯幼彬. 乡土建筑转型：世纪之交的建筑重任. 第1届中国建筑史学国际研讨会论文. 北京，1998.

近代中国私营建筑设计事务所历史回顾

伍 江

建筑师作为一个新的职业在中国出现是在 19 世纪下半叶。鸦片战争之后，随着中国被迫开放门户，一些西方职业建筑师也随着其他西方移民一起逐步进入中国，并最先在上海立足。因此在中国领土上的早期建筑事务所都是由西方侨民开设的，并且为数不多。至 1893 年之前，上海的建筑师事务所总数从未超过 7 家。[1] 这时的建筑事务所一般由建筑师与土木工程师合作，有时甚至是一人同时身兼建筑师与工程师二职。其中大部分事务所在从事建筑设计业务的同时还参与房地产经营。这些建筑事务所大多以"洋行"为名。1901 年，上海的建筑界人士开会成立"上海工程师、建筑师学会"（Shanghai Society of Engineers and Architects），52 位参加者中有 9 位建筑师。这是中国领土上第一个职业建筑师的组织，尽管其中并没有中国人。至 1910 年，上海的开业建筑事务所已有 14 家。[2]

在这些早期建筑事务所中也不乏具有较大规模和较大影响者，如玛礼逊洋行。主持人玛礼逊（G. J. Morrison, 1840—1905）原是一位土木工程师，19 世纪 70 年代主持设计了中国第一条铁路淞沪铁路，并因此而成为上海工程界知名人士，曾被选为上海公共租界工部局副总董（1886—1888）。1885 年，玛礼逊与另一位建筑师格兰顿（F. M. Gratton）组

建玛礼逊洋行（Morrison&Gratton）。格兰顿早年来上海前就在伦敦从事建筑设计工作，是当时上海建筑师中为数不多的英国皇家建筑师学会（RIBA）会员之一。现存上海外滩中山东一路 6 号原中国通商银行大楼即为玛礼逊洋行此时期的作品。1889 年，玛礼逊洋行加入了一位新成员斯各特（W. Scott），这是一位出生于印度、在英国接受建筑教育的建筑师。玛礼逊洋行的英文名称也随之改为"Morrison, Gratton&Scottt"。1902 年，另一位建筑师卡特（W. J. B. Carter）加入成为合伙人，加之玛礼逊、格兰顿相继谢世，玛礼逊洋行的英文名称遂改为 Scott & Carter。现存上海外滩中山东一路 19 号原汇中饭店（今和平饭店南楼，建于 1906 年）是玛礼逊洋行此时期的代表作。玛礼逊洋行在第一次世界大战爆发之前关闭。

另一个具有更大规模、影响更大的建筑事务所是通和洋行（Arkinson & Dallas）。它由英籍建筑师艾金森（B. Atkinson, 1866—1907）于 1894 年创立。1898 年，另一位英籍建筑师、英国皇家建筑师学会会员达拉斯（A. Dallas）成为合伙人。从此通和洋行的建筑设计业务蒸蒸日上，成为上海 20 世纪初最有规模、最具实力的建筑事务所。其作品数量多、类型广，涉及工厂、洋行、银行、领事馆、学校、教堂和私人住宅等各种建筑类

型。通和洋行有大量作品现仍存，如建于 1906 年的上海外滩中山东一路 7 号原大北电报公司大楼，一座有一对法国巴洛克式穹顶的新古典主义建筑。通和洋行也是在中国的建筑事务所中较早在设计中考虑中国民族风格的建筑事务所。如建于 19 世纪 90 年代的会审公廨（今已不存）和圣约翰大学怀施堂（今华东政法大学韬奋楼）等，均尝试采用中国式的大屋顶，尽管做得并不地道。通和洋行除了建筑设计外还从事房地产经营。它的业务活动一直持续到第二次世界大战期间。

新瑞和洋行（Davies&Thomas）也是此时期的重要建筑事务所。它由英籍建筑师覃维斯（G. Davies）于 1895 年创立。1899 年另一位建筑师托马斯（C. W. Thomas）加入。后托马斯退出，蒲六克（J. T. Brooke）加入，事务所的英文名称改为 Davies&Bfooke。新瑞和洋行设计了大量的办公楼和私人住宅。它的早期作品中值得一提的是建于 1908 年的上海德律风公司大楼（今上海市内电话局）——中国第一座钢筋混凝土框架结构的建筑。新瑞和洋行直到 20 世纪 30、40 年代还十分活跃。不过此时它已改名建兴洋行（Davies, Bfooke & Gran），设计风格也从复古主义转向时髦的装饰艺术派。如建于 1934 年的麦特郝斯脱公寓（今上海泰兴路泰兴公寓）和中国通商银行新厦（今上海福州路建设大厦）以及建于 1936 年的青岛东海饭店。

安利洋行（Algar&Co.）是此时期另一家不可不提的建筑事务所。它隶属上海业广地产公司，注册于上海，但设计任务遍及全国。北京六国饭店、天津仁记洋行和天津游艺津会（今天津市人大常委会办公楼）均出自其手。在上海它则留下了外滩的俄罗斯领事馆等大量建筑。

此外，设计了上海华俄道胜银行（建于 1901 年，今上海外汇交易中心）和德国总会（今已不存，原址已于 1936 年建造了中国银行大楼）的倍高洋行（Becker&Baedecker，成立于 1899 年）和设计了上海总会的马海洋行（Moorhead & Halse，成立于 1907 年）也不可不提。倍高洋行除在上海开展设计业务外还在北京和天津开设了分号，留下了原北京德华银行大楼（建于 1906 年，1992 年拆除）和原天津德华银行大楼（建于 1907 年）等作品。倍高洋行在第一次世界大战爆发后停业。而马海洋行在 1920 年经过改组，英文名称也随之改成"Moorhead, Halse & Robinson"。1928 年，马海洋行再度改组，原斯九生洋行（Stewardson & Spence）的合伙人斯彭斯（H. M. Spence）加入，洋行改名为新马海（Spence Robinson & Partners）。斯九生洋行也是 20 世纪 20 年代的知名建筑事务所，曾因设计了上海外滩的怡和洋行大楼（建于 1921 年，今上海外贸大楼）和上海邮政总局（建于 1924 年）而名噪一时。汉口的江海关（建于 1921 年）也出于斯九生之手。因此斯彭斯的加入大大增强了马海洋行的实力。现存原上海跑马总会（建于 1934 年，今上海美术馆）即是新马海洋行留下的作品。

与上述建筑师不同，美国建筑师墨菲（H. K. Murphy，1877—1954）的设计业务更多的是在北京、南京和广州而非上海。墨菲毕业于美国耶鲁大学，1908 年起成为开业建筑师。这位曾于 1914 年初次来中国的美国建筑师，终于在 1918 年决定来到中国开设一个设计分部。之后他曾设计了北京燕京大学（今北京大学）校园内的多座建筑，清华大学园内的多座建筑，南京金陵女子大学（今南京师范大学）主楼等许多重要作品。墨菲在差不多 20 年的时间里，竭尽全力推动中国传统建筑的复兴，不仅设计了诸如南京金陵女子大学主楼这样的中国古典复兴建筑，也促使许多中国年青建筑师投身于中国民族建筑风格的复兴。中国第一代建筑师庄俊、吕彦直等都曾直接受到他的影响。

同时期汉口的景明洋行在汉口也留下了大量作品。20 世纪 20 年代，上海出现了一些建筑设计事务所巨头。这其中影响最大的要数公和洋行。公和洋行由英国建筑师萨尔威（W. Salway）于 1868 年创立于香港。1890 年后由其两位合伙人巴马（C. Palmler）和丹拿（A. Turner）主持，其英文名称也随之改为 Palmer & Turner，并一直沿用至今。[3] 1911 年，随着上海经济的繁荣和其作为远东最大都市地位的逐步确立，它决定在上海开设分部，并取中文名公和洋行。不久以后它的总部也迁来上海。此时期公和洋行的主持人威尔逊（G. L. Wilson，1880—?）为公和洋行在上海的发展作出了不可磨灭的贡献。公和洋行来到上海后的第一个设计任务是位于外滩广东路口的天祥洋行（又称有利银行大楼，设计于 1912 年，1916 年建成）。这座中国第一座全钢框架结构的办公楼一炮打响，为公和洋行在中国内地的发展打下了良好的基础。设计事务所就设在它自己第一个作品顶层的公和洋行就此而一发而不可收，接着获得了一个又一个重要设计任务，成为上海最大、最有实力的建筑事务所。上海外滩有 14 座建筑建于 1920 年以后，公和洋行的作品就占了其中的 8 座，[4] 由此可见其实力。公和洋行早期作品都是设计极见功力的新古典主义风格，其中最有代表性的是上海外滩的汇丰银行（建于 1925 年，今浦东发展银行）和上海海关大楼（建于 1927 年）。1929 年建成的沙逊大厦（今上海和平饭店）标志着公和洋行设计风格的转变。这座上海最早的装饰艺术派建筑就像一股旋风，将上海的建筑时尚几乎完全推向装饰艺术派，并使这一新风格逐渐成为上海的主导性城市建筑风格。作为 20 世纪 20、30 年代上海最大也是最重要的建筑事务所，公和洋行以其绝对的设计数量和高超的设计水平在上海乃至中国近代建筑史上扮演了一个极其重要的角色。它的作品几乎成了整个 20、30 年代上海建筑的缩影。

邬达克（L. E. Hudeck，1893—1958）是 20 世纪 30 年代上海建筑界的另一巨头。这位出生于奥匈帝国的建筑师毕业于匈牙利布达佩斯皇家学院，1918 年来到中国上海。起初他在美国建筑师克利（R. A. Curry）开设的克利洋行工作，在此其间他与克利合作设计了美国总会（建于 1923 年）等一系列作品。1925 年邬达克自己开业。开业最初几年他的作品与他在克利洋行期间参与设计的作品风格并无太大的区别，即复古或简化的复古式样，并喜用深色面砖。30 年代后，邬达克的设计风格彻底转向现代装饰艺术派。建于 1933 年的大光明大戏院和建于 1934 年的国际饭店是其代表作品。

除上述建筑事务所之外，还有匈牙利建筑师鸿达（C. H. Gonda）的鸿达洋行、美国建筑师哈沙德（E. Hazzard）与菲利普斯（E. S. J. phillips）合作组建的哈沙德洋行、法国建筑师赉安（A. Leonard）与维赛（P. Veysseyre）合作组建的赉安公司，以及法国工程师米吕蒂（R. Minutti）领导的法商营造公司等也都是当时上海很有影响的建筑事务所。

从 20 世纪 20 年代起，中国第一批留学西方的建筑师回国，并陆续开设建筑事务所。从此中国建筑师开始在中国的建筑设计市场上不断拼搏，逐渐取得了足以与外籍建筑事务所势均力敌的地位。在 1936 年上海登记注册的建筑事务所共 36 家，中国建筑师就占了其中的 12 家，[5] 可见其发展之快。

早在归国留学生开设建筑事务所之前，上海在 1915 年左右就出现了中国人自己开设的建筑事务所——周惠南打样间。周惠南（1872—1931）并非科班出身的建筑师，早年曾在英商业房地产公司供职，通过自学与实践掌握了建筑设计的基本方法。周惠南打样间曾设计过剧场、办公楼、住宅、饭店等各类建筑，其中以上海大世界（建于 1917 年的早期大世界）最为著名。周惠南打样间是迄今为止我们所知道的最早的由中国人开设的建筑事务所。

近代中国由留学归国的建筑师开设的建筑事务所最早最有影响也是规模最大的是基泰工程司。基泰工程司由留美归来的关颂声于1921年在天津成立。关颂声毕业于美国马萨诸塞工学院（MIT）建筑系，后又在哈佛大学学习市政管理，1919年回国。1923年，毕业于美国宾夕法尼亚大学的建筑硕士朱彬（1896—1971）加入基泰，1927年，同样毕业于美国宾夕法尼亚大学的建筑硕士杨廷宝（1901—1983）加入。基泰的英文名称也随之称为"Kwan, Chu& Yang"。从此基泰的事业蓬勃发展，并成为近代中国由中国人开设的最具实力的建筑事务所之一。作为基泰工程司的主要建筑师，杨廷宝在20余年间设计了大量极有影响力的作品，充分表现了他的设计才华。这其中如沈阳京奉铁路奉天总站、北京交通银行、清华大学图书馆扩建、南京中央医院、中央体育场、中山陵音乐台、上海大新公司等都已成为我国近代建筑史上的不朽杰作。基泰工程司的大部分作品都在不同程度上探索了对中国民族建筑传统的表达。基泰工程司创立于天津，在北京、南京和上海等地设有分部。20世纪20年代末其总部由天津迁往南京。1938年抗日战争爆发后基泰将其总部迁往重庆。抗战胜利后又迁回南京。1949年由朱彬主持，在香港开设分部。同年，关颂声开设台湾基泰工程司，在台湾留下了许多重要作品。关颂声本人也曾担任台湾建筑师公会的会长。解放以后，内地的基泰各分部相继歇业。

与基泰工程司同年成立的东南建筑公司，由留学美国康奈尔大学的吕彦直（1894—1929）和过养默、黄锡霖（英国伦敦大学毕业）合伙组建，也是最早开设的建筑事务所之一。后吕彦直离开东南建筑公司于1924年成立彦记建筑事务所，并于1925年南京中山陵设计竞赛中获头奖并付诸实施。1929年，彦记建筑事务所又在广州中山纪念堂设计竞赛中再度夺魁并付诸实现。吕彦直擅长于将中国传统建筑风格用于较大体量的现代建筑之上，对后来的中国建筑创作产生了重要影响。1929年吕彦直英年早逝，事务所由出生于美国纽约的李锦沛（Poy Gum Lee）主持，事务所改名为彦沛记建筑事务所，继续负责南京中山陵工程的实施。1933年中山陵工程全部完成后李锦沛将事务所改名为李锦沛建筑师事务所，在上海留下了不少重要作品。

庄俊建筑师事务所成立于1925年，是留学生中最早在上海开业的建筑师。曾设计了上海金城银行（建于1926年）、上海大陆商场（建于1931年，今东海大楼）和上海大西路妇产医院等重要作品。庄俊建筑师事务所的任务不仅限于上海，在青岛、大连、哈尔滨、武汉、南京等地也都留下了许多作品。庄俊还是成立于1927年的上海建筑师学会（第二年改为中国建筑师学会）的发起人之一，并担任了上海建筑师学会的第一任会长。

范文照建筑师事务所成立于1927年，也是早期有较大影响的事务所。范文照曾和庄俊一道发起组织了上海建筑师学会，并于1928年担任会长。范文照建筑师事务所曾设计了上海的北京大戏院、南京大戏院和美琪大戏院，以及南京的交通署大楼和铁道部大楼等重要作品。

除上述事务所外，早期建筑事务所还有成立于1922年的华海建筑事务所（由留学日本的柳士英、刘敦桢、朱士圭、王克生等四人组成），同年成立的凯泰建筑事务所（由毕业于南洋矿业学校土木科的黄元吉主持，曾设计了上海恩派亚大厦等重要作品），以及差不多同时期成立于上海的华信工程司（由留学意大利的沈理源与杨润玉、杨玉麟、周济之组成）。

20世纪30年代是中国建筑事务所的又一个成立高峰。

这其中最有影响的是由同毕业于美国宾夕法尼亚大学的建筑硕士赵深、陈植和童寯组成的华盖建筑师事务所（The Allied Architects）。1930年，赵深开设赵深建筑师事务所，1931年陈植加入，组成赵深陈植建筑师事务所。1932年童寯加入，事务所遂取名"华盖"。华盖建筑师事务所从成立到1952年结束，设计作品近200项，是近代上海最多产的华人建筑事务所。华盖建筑师事务所的三位成员均毕业于学院派教学体系的宾夕法尼亚大学，但都选择了现代建筑的道路。他们不赞成中国式的复古建筑，曾"相约摒弃大屋顶"[6]。其作品大上海大戏院（1933年）、上海恒利洋行大楼（1933年）、浙江兴业银行大楼（1935年）和浙江第一商业银行（1948年）等都具有现代建筑的特征。

另一个有强烈现代建筑倾向的建筑事务所是奚福泉创办于1931年的启明建筑事务所。奚福泉（F. G. Ede），留学德国，是现代建筑的积极倡导者。上海虹桥结核病疗养院（1934年）、南京国立美术馆和国民大会堂（1934—1936年）是其代表作。1935年奚福泉脱离启明建筑事务所，另与著名结构工程师杨宽麟合伙组建公利营业公司（Kun Lee Engneering Company）。

董大酉建筑师事务所，成立于1930年，主要担任了新规划的上海市中心区多座大型公共建筑的设计，包括市政府大厦（今上海体育学院主楼）、上海市博物馆（今上海长海医院内）和上海市图书馆（今同济中学）等。根据当时上海市中心区规划，这些建筑几乎全部为中国传统建筑式样。董大酉本人也因此成为中国古典复兴建筑的专家，尽管他给自己的住宅却设计成一座十足的现代建筑。

除上述建筑事务所外，成立于1930年的杨锡建筑师事务所（曾设计了上海百乐门舞厅）和成立于1933年的兴业建筑师事务所（由留学美国密歇根大学的徐敬直和李惠伯以及杨润钧三人组成，曾设计了南京中央博物院）也是当时值得一提的建筑事务所。

20世纪40年代后又有由戴念慈、徐尚志组建的信怡工程司，黄家骅主持的大中建筑师事务所，陆谦受、黄作燊、王大闳、陈占祥和郑观宜组建的五联建筑事务所，张玉泉和费康组建的大地建筑师事务所，唐璞主持的天工建筑事务所，刘鸿典主持的鼎川营造工程司等。

解放以后，中国大部分私营建筑事务所仍继续开业。一部分建筑事务所则经过重组后开业。如1950年在原华盖建筑师事务所的基础上组建上海联合建筑师、工程师事务所。同时北京、上海等各地相继成立公营建筑设计机构。至1956年，我国完成对全部私营建筑事务所的社会主义改造。

原载于《时代建筑》2001年第1期

注释：

[1][2] 参见Jeffrey Cody, Henry K. Mwphy. An American Architect in China, 1914—1935. U. M. I. Dissertation Information Service, 1990: 77. 事务所名称参见郑时龄. 上海近代建筑风格. 上海：上海教育出版社, 1999: 320 - 322.

[3] 该事务所现仍在香港开业. 不过其中文名称已改称巴马丹拿建筑设计国际有限公司.

[4] 参见伍江. 上海百年建筑史. 上海：同济大学出版社, 1997: 136 - 137.

[5] 娄承浩. 近代上海的建筑师//上海建筑施工志编委会编写办公室. 东方"巴黎"——近代上海建筑史话. 上海：上海文化出版社, 1991: 112.

[6] 陈植. 意境高逸, 才华横溢——悼童寯同志. 建筑师, 16: 3.

清末天津劝业会场与近代城市空间

青木信夫 徐苏斌

序

美国的中国历史学者科恩（P. A. Cohen）1984年出版了十分具有影响力的著作《发现中国历史》（Discovering History in China, Columbia University Press, 1984.），在该书中作者批判了美国的中国近代历史研究都是以西方为准绳来衡量中国的历史，提出应该从中国人自身探寻中国近代史。中国的近代建筑研究实际上也经历了这样的过程，首先从沿海城市开始寻找"外来冲击——中国反应"的痕迹。反映在重视租界研究而对中国人自身的近代化遗产的研究则相对薄弱。天津也不例外。这种认识也影响了现行的历史风貌建筑或历史街区的保护政策，即保护相对完好的是租界区，是租界建筑，而和中国自主性城市建设相关的老城1998年被拆掉，庶民的生活空间南市正在消失，"洋务"、"新政"的成果河北新开区的遗存也基本被新建筑代替。

比较起历史研究者，城市规划和建筑研究者在现行的城市和建筑保护中具有更为重要的责任，对于近代城市的理解决定了保护对象的选择基准，如果仅从建筑材料的质量、样式出发就往往会无视来自其他学科的视线，发现中国历史应该包含了从政治和社会学的角度挖掘历史，这是重新认识城市遗产价值的关键，因此本稿试图从城市规划和建筑学的角度着手，分析物质性的建筑空间是如何与政治、经济、社会等要素匹配而进行城市的近代化转变的。

从城市规划角度来看南通和天津都是中国自主性近代化城市规划的先驱城市，但是和南通的研究相比较，天津的洋务运动时期的城市建设研究基本是个空白，需要进一步深入研究。[1] 这里涉及了袁世凯早期在天津的城市规划活动，以往多从政治的角度考察袁世凯的生平，今后立体地表现袁世凯这一历史人物也是深化近代史研究的一部分。

一、劝业会场与近代自主型城市规划

劝业会场的创设是以清末河北新开区的开发为背景的。河北新开区位于由北站、老天津城、金钟河、新开河、白河围成的区域内。这个区域是袁世凯以天津为基地，实行"新政"，使天津成为北方"洋务"的中心的目标。开辟新市区也是"新政"的内容之一。义和团运动后八国联军占领了天津，天津呈现出衰败的景象，为了振兴天津，1901年上任的直隶总督袁世凯采取了一系列工商振兴的措施，成立了直隶工艺总局，下设考工厂、工艺学堂、实习工厂等，这些机构包括总督府在内都分布在河北新开区，使新开区成为"洋务"的中心。铁道建设也在同时进行，1903 年北站的竣工，改变了过去只有位于租界地的老龙头车站的局面，中国人乘车十分方便。在天津近代自主性城市建设史上，河北新开区的规划具有先驱的意义。

袁世凯 1902 年开始进行城市规划，当时在三条石的张公祠设置工程总局，下设测量、道路、桥梁、河道等科，雇佣德国技师，官僚 60 人，职员 200 人，施工人员 300 名。1906 年工程总局废除，合并为巡警总局工程科，担当市政工程和道路建设事业。

1903 年袁世凯批准了工程总局制定的《河北新开市场章程》[2]。

从该章程中首先了解了新开区规划的范围"东至铁路，西至北运河，南至金钟河，北至新开河"，负责该项工作的是工程总局，此地区原来的状况为"冢墓"、"水坑地"等，规划区域的土地分为三等，"其现下已建有房屋或填平与马路毗连者作为一等；地不近马路者作为二等；水坑地作为三等"，地租为"第一等每亩为每年征收行平银七两五钱；二等五两；三等二两五钱。"工程总局审批该界内所有买卖租押地业等事（图1）。

从 1909 年的《天津志》的介绍中可知，度支部造币总局、高等工业学堂（原工艺学堂）、实习工厂、铁工厂、劝业会场（其中包括劝工陈列所等很多公共设施）等都在这个区域里，下文将以劝业会场为主讨论。

新开区中的公园建设是光绪三十一年正月十一日（1905 年 2 月 14 日）先从官绅开始提起的。天津各学堂绅董教员提议在河北旷地开辟公园。

天津最早的租界公园是维多利亚花园，又名"英国花园"，于 1887 年 6 月 21 日英皇诞辰 50 周年之日正式开放[3]。但是租界的公园并不是为了中国而开设的，因此袁世凯认为海滨巨埠无一园林诚为缺点，若官绅

图 1　河北新开区位置图（《天津志》）

合力兴作并非难事，故应准如禀议行。1905 年 5 月银元局总办周学熙邀请工程局麦道（原缀不详）和天津府县会勘公园地址，选定了度支部造币总局之后临大经路（现中山路）的地点。但是该地后面有金钟河，又有张姓祖坟，张姓不肯退让，因此向东北扩展，丈量绘图。两个月后由麦道交上一份图纸，占地 200 余亩。这张规划图被送到袁世凯处，袁世凯给予如下批示：[4]

"详图均悉，应如所议，各专责成。点缀布景一层，即由该道等会同选举能员呈请，委派专办，余候分别饬遵。至公园地界，自应逐渐开拓。日本之日比谷公园，据称某处仿照某国，各有取意，经营十六年始成。其浅草公园中有水族馆、动物院等，大抵皆足以增长智识，振发精神，非漫为俗尘之游可比。天津公园虽属初阶，不可不知。此意仰即次

第筹办,以观厥成。此缴。"

光绪三十一年七月十七日(1905年8月17日)袁世凯的批文说明他对公园建设的重视。袁世凯具体指示了"点缀布景"委托周学熙委派专员办理。并且特别提到公园与其他公园不同的地方是"非漫为俗尘之游可比"。

公园的命名也反映了袁世凯的意图:[5]

"始名公园,取与民同乐之意,继以园中建置皆关学界工商界,虽为宴乐游观之地,实以劝唱实业为宗旨,故奉□督宪谕改名曰劝业会场。"

"劝业会场总志"也记载了公园建设的由来和命名:[6]

"项城宫保督直以来大开风气,各学堂工厂次第创建。光绪三十一年春津绅复以建设公园请。

宫保谓海滨巨埠无一园林诚为缺点,饬天津府县暨工程局会同银元局筹办。其时银元局总办即今之周督办也。会勘定河北大经路中州会馆之右,购地二百余亩,三十二年夏先造就罩棚茶座,继续兴工,三十三年改隶工艺局专办,夏五月工程告竣,详请定名。

宫保以所建设皆关学业实业,与各国公园性质专备游览不同,乃名曰劝业会场。"

袁世凯认为该公园建设是以教育设施为首,是为了发展实业而兴建的,和各国的公园所具有的游览性质不同,因此命名劝业会场。劝业会场最后完工的时间是1907年。

二、劝业会场和日本的劝业博览会

首先劝业会的概念是从日本引进的。1903年直隶成立工艺总局,聘请日本藤井恒久开始为工艺总局顾问。藤井恒久1883年东京帝国大学应用化学科毕业,1891年任大阪商品陈列所所长,义和团运动后来到天津。工艺总局下设考工厂和工艺学堂,考工厂虽然名称上继承了中国的汉字"考工",但是其内容是大阪商品陈列所的翻版。教育家严修曾说天津的工艺总局就是日本商工局的具体化,劝工场就是商品陈列所,[7]而劝工场1906年前的名字就是"考工厂"。

1903年工艺总局总办周学熙参了在大阪举办的第五回内国劝业博览会。在周学熙的日记上他详细记载了参观大阪商品陈列所的情况。[8]与商品陈列所不同的是日本在国内劝业博览会举办以后为了贩卖剩余物品设置了"劝业场",也称为"劝工场",这成为近代百货商店的前身。[9]劝业场主要以贩卖为主,而商品陈列所则以展示为主。天津考工厂吸取了日本商品陈列所和劝业场的特点,即展陈富有地方特色的产品,同时也像日本劝业场一样贴上价格标签,贩卖。1904年在天津老城北马路建成2层的洋馆,一层展卖中国货,2层是日本工艺品参考室(图2)[10]。

这样细致地参考了日本的内容和形式,甚至专门在2层展示了日本的工艺品是和考工厂艺长盐田真分不开的。周学熙在日本考察期间经过藤井恒久的介绍,1903年11月邀请盐田真(1837—1917)来到天津主持考

图2 老城北马路考工厂(《近代天津图志》)

工厂。盐田真曾经在日本工部省、农商务省担当商品陈列所和博览会事项，1873年参加审查维也纳万博的工作，1876年被政府派往费城博览会，1900年担任巴黎万国博览会审查，1903年第五回内国劝业博览会时是"美术及美术工艺"部门的审查员。他既是官僚同时也是技术人员，主要精通陶器和古美术。曾经在日本的美术教育权威学校东京美术学校任教。

艺长的责任主要是担当实业家的顾问，详细回答各工商界人员的咨询，同时还要演说工商要理，教授工艺方法，规划标本展陈，制作说明，鉴别商品等。[11]

盐田真的存在使得考工厂带有很浓郁的日本特色。1906年考工厂扩大规模，迁移的劝业会场，于是名称也变成了"劝工陈列所"，合"劝工场"和"商品陈列所"为一体，更接近于中国的融合两者展陈和贩卖于一体的特征。而会场名称"劝业会场"也直接来源于"劝业场"，自1906年每年举办的劝业展览会。

在上述袁世凯对公园建设的批文中提到了日本的日比谷公园，日比谷公园是日本最早的公园，日比谷原来是练兵场，1888年定为公园。另外浅草公园附属地中也有著名的浅草劝业场。袁世凯非常具体地提示可以参考的对象。他对日本的公园印象是"大抵皆足以增长智识，振发精神，非漫为俗尘之游可比"，这是对天津劝业会场影响最大的。同时日本的近代公园也经历了由博览会场址开辟为公园的过程。如上野公园就是日本第一次内国劝业博览会（1877年）的会址。日本的劝业会一方面继承了"缘日"（庙会）的商卖、娱乐的一面，同时也有很强的政治性，袁世凯更为强调其政治的一面。

劝业会场公园的总体规划也和日本的第一回内国劝业博览会规划十分接近（图3，图4），日本的平面是三角形，而中国的则是圆形。日本在表门的外面有卖店。逢传统的

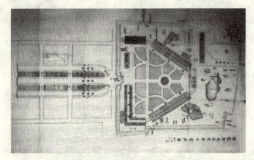

图3　第一次内国劝业博览会场平面（《明治十年内国劝业博览会场案内 改正增补》）

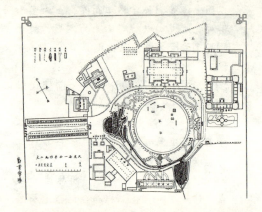

图4　天津劝业会场平面（《直隶工艺志初编》）

"缘日"时寺院入口处自然形成了商店，这个空间日本称为"缘日空间"。这里构成了进入寺院的空间序列，也是百姓娱乐的场所之一。而第一次内国劝业博览会吸取了这种做法。在天津劝业会场在一门和二门之间会发现同样有一个序幕性的商业空间，也构成了进入会场的前奏，并加强了劝业会的娱乐性。也就是说公园的理念和劝业会的理念都直接受到日本很大影响，并且在设计构思方面也有相通的地方。

三、劝业会场与近代公共空间

根据"银元局总办周详遵饬会勘公园地址及工程局绘图呈□督宪文"提到交给袁世凯的图纸为工程局绘制，虽然没有发现有工

程局署名的图签，但是基本上可以认为是工程局绘制的公园规划，其中还提到"相隔两月，昨始经麦道面交地图一纸"，该"地图"应该是公园的初步设计意向，因此麦道至少有可能参与了设计。

"劝工陈列所总志"中详细描述了劝业会场规划的内容（图5，图6）[12]：

图5　劝业会场大门（《北清大观》）

"考本场之区划，于二门外设事务所，经理全场事务。自二门至头门两边为市场，中为马路。入二门路分为南北，四周交通。由北马路东行为教育品制造所，再往东为参观室，为茶园，其后为油画亭，再东为花市，为劝工陈列所。折而南西向，面头门为抛球房。又左为照相馆。由南马路东行为会议厅，再东为学会处，再东为宴会处，中拟设番菜馆、电戏园。其南隔游廊数十间，前有荷花池，池水由墙外之金钟河用机管引入，过桥一折而北至鹤亭，一折而西曲折至土山后。自二门直入，迎面为月牙池，池后为土山，山前立观音像，倒执瓶，有机管自山腹通入土山后，机拨动则吸山后池水，由瓶口喷泻下，山岭建翠微亭，右有小土台，置石桌凳，后为茅亭，亭后为体操场，中置跳台、木马、秋千等具。场之后右为鹿亭，左为鹤亭。又左之前为林亭，又左为八角音乐亭。场之北为花圃，其操场四面环以碧栏，栏外之亭若圃，又以红栏四周绕护之。其最后即为抛球房，建洋楼，楼上周览全场及前后左右，历历在目。楼后为交通马路，路后为学务公所，即提学使署。其自二门内外复分布巡警岗位，规模整肃。此会场配布之大概也。"

从这个规划中可以看到，劝业会场不仅包括商品的贩卖和展示，而且还设置了抛球房（台球房）、照相馆、宴会处、番菜馆

图6　劝业会场二门（《北清大观》）

（西餐厅）、电戏园（电影院）等公共娱乐空间，还有教育品制造所、参观室等提高民智的设施。在劝业会场中包含了很多具有近代意义的公共空间。

规划中劝工陈列所是主要建筑之一。劝工陈列所的前身是考工厂，1906年搬到劝业会场，依然具有展示的功能（图7）。

规划也和近代图书馆的诞生无不关系。学务公所是管理教育的机构，在劝业会场开放的第二年，清光绪三十三年十月（1907年11月）直隶提学使卢靖（木斋）以"保存国粹，宣传文化，辅助学校教育，增长社会知识"为宗旨，开始在直隶学务公所内筹建直隶图书馆。光绪三十四年五月十一日（1908年6月9日）正式开馆（图8）。藏书以严范孙先生原陈列在天津教育品陈列馆的

图7 劝工陈列所（《北清大观》）

图9 教育品参观室（《近代天津图志》）

图8 直隶学务公所内筹建直隶图书馆
（《近代天津图志》）

1342部、直隶督署下发的1万余卷图书和提学使司请款专购的12万卷图书为基础，继之，严范孙先生又捐赠图书1200余部，又有奉天总督徐世昌等捐赠图书。开馆初期藏书近20万卷（册）。所编《直隶图书馆书目》32卷。[13]中国其他早期的图书馆还有1909年创建的京师图书馆和陕西图书馆。

劝业会场的教育品制造所、参观室则提供公共教育的场所。在教育品参观室收集、陈列了教育用品和图书，成为图书馆的先驱，该建筑后来成为了河北省第一图书馆（图9）。

此外，照相馆也是近代的产物。中国首次应用摄影术是在19世纪40年代，1843年被称为中国第一个外交官的两广总督耆英接受了英国外交官璞鼎查（Pottinger. Sir Henry, 1789—1856）的画像，1844年有法国海关总检察官埃及尔（Jules Itier）给拍的照片。1846年香港的报纸上出现广告："香港银版摄影和锌版印刷公司有香港及中国彩色与黑白照片出售。"[14]天津19世纪末天津的照相业发展迅速，在中国北方城市照相业中具有代表性。光绪初年，广东摄影师梁时泰由上海来天津开业，此外还有广东人士黄氏所开的"恒昌"照相馆，德国人来兴克所开的照相馆。[15]1885年梁时泰拍摄了北洋舰队的官兵，受到醇亲王的赞赏。[16]康有为在《公车上书》中指出"照相片"在中国已有"家至户有，人多好之"的趋势。也就是说，19世纪末20世纪初还是天津照相馆向一般市民的普及初级阶段，因此照相馆也成为新型的吸引市民的公共场所。

电戏园就是电影院，电影首次引入中国是在1896年，但是称为"电光影戏"，"电戏"是简称。1903年在上海首次公映电影，但是西班牙人雷玛斯（A. Ramos）使用旧的放映机在福州路升平茶楼放映电影，向观众收取30文的入场费。他1908年在上海虹口（Hongkew）设立了第一个电影院，在那里最初放映的电影是"龙巢"（The Dragon Nest）。[17]1906年12月美国电影商人来到天津，租了法租界的权仙茶园，三天一次放映新的电影，其后电影成了茶园的主要业务，权仙茶园也改为电戏园了。[18]劝业会场中拟设电影院，表现了设计者积极吸取新事物的设计精神。

其他如抛球房、西餐厅、油画亭都是具有近代意义的公共设施。在周围一组公共建筑的环绕下，中间是体操场（运动场）。当时影响广泛的社会进化论对中国产生深远的影响，卫生和健身成为广泛关注的内容。

由上述这些设施构成的公园，远远超出现在对公园的狭隘理解，是具有多项功能的强力磁场。不仅平时，逢召开劝业展览会的时候，吸引了天津市及周边甚至他省的观览者。[19]大量的公共建筑共同构成了一个庞大的综合设施，这种物质性的公共空间为下面将要探讨的统合民族意识奠定了基础。

四、劝业会场与国民意识的统合

近代公园的典型特征是公共性，表现为一般公开，并收入场卷。古代园林虽然也有一些向公众开放的园林，但不是主流，皇家园林、寺庙园林和私家园林占主要地位。近代园林的主流和古代园林最重要的区别是其公共性。

近代园林中又分为三类：（1）租界公园；（2）旧皇家园林、寺庙园林和私家园林开放后形成的公园；（3）自主创建的公园。租界公园出现较早，外滩公园是上海最早的租界花园，也是我国近代历史上首次出现的公园。该园英文原名 Public Garden，清政府时期被译作"公家花园"或"公花园"，但普通中国人都称它为外滩公园，于 1868 年 8 月 8 日正式开放。[20]但是租界公园的初衷并不是面对中国的市民社会。第二类是在性质发生转变以后实现的，如皇家园林的开放是在其所有权转变的民国以后，代表有中山公园，1914 年开放。近代自主创建的公园对于中国的市民社会则具有更重要意义。天津的劝业会场就是这样的公共空间。它除了具有娱乐性之外更具有启蒙性，它不完全是市民社会自然形成的产物，而是由官方介入制造的一个政治空间。

"劝业会场总志"中阐述了设计意图和各部分的作用，反映了设施的政治目的：[21]

"而所以名劝业之宗旨尤有可得而言者。其体操场、音乐亭备各学堂学生分期运动、奏演，以决高下而发扬精神；其学会处备学界中人讨论学务，以期改良进步；其陈列制造等，所以振兴工业之思想；其市场以提倡商业而鼓舞商情；其油画亭悬挂各种油画，以兴起国民之神志；其会议处、宴会处以备官场办公与官绅宴集之用；其照相、抛球、番馆、茶园、戏园以备阖郡士民节劳娱性之资；其山水、花树、鸟兽更可以活泼心思而研求动植物学理。每当四时良辰，风日和煦，马龙车水，联袂游观。官商绅民，通情合志，交换智慧，互轮学识。因会集而比赛，由比赛而竞争。于是，父诏其子，兄勉其弟，师（日/助）其徒。而凡学界、实业界以及一切理想，其所以洗濯锢蔽而焕发文明者自能转移于无形之中。而神其妙用，此又劝业会场建置之宗旨也。虽然开办之时有限，当前之物力维艰，竭蹶经营，收兹效果。而揆诸当事者澎涨之毅力与倡导之热心，盖一日不媲美欧瀛，即一日有未能踌躇满志者。"

"劝业会场总志"提到了"官商绅民"和"以兴起国民之神志"，应该说"官商绅民"包括了官方和市民社会。关于"官"并不必赘述，但是关于"市民社会"则是广为学界关注的焦点。[22]对市民社会研究卓有贡献的马敏认为：清末的市民社会的形成直接受惠于通商口岸地区的商业革命，新的市场、新的产权和契约关系为市民社会奠定了经济基础，而在社会等级意义上，绅商是这种市民社会的直接缔造者和操纵者。[23]他说明了"官商绅民"中的"商绅"的地位，此外"官商绅民"中的"民"是"士民"，应该是市民社会中较底层的人群，而劝业会场容纳了市民社会的所有阶层。

除了"官商绅民"之外文章中也出现了"国民",这应该是同一概念,接近西方"nation"的概念。"nation"现在被翻译为"民族"、"国家",也有"国民",日文也翻译为"国民"或假名。在中文中"国民"的译法尽管不多但是本文暂用这个词。这是一个比较政治性的概念。简单地加以定义:国民是一个已经拥有、或企图拥有自己的"国家"的群体,亦即:以这个群体为范围,建立一个单一的政治社区。它不同于族群(ethnic),族群是一个文化性的社群,是一个以文化差异为基础的社会组织。

在论及晚清官方和市民社会的关系时,马敏指出:清末中国市民社会只是处于雏形状态,它与国家的关系主要不是抗衡而是寻求平衡。[24]劝业会场就是一个官民的平衡点。

中国的劝业会也有借助寺观庙会举行的,如成都劝业会借道观青羊宫从1906年开始每年举办劝业会,从表面上看是和庙会十分接近,但是庙会是一个自发的行为,而劝业会是有官方组织的带有启蒙性的公共空间。

劝业会场的启蒙性原本于进化论的影响,19世纪末正是社会进化论影响中国的时代。近代思想家、翻译家、教育家严复1896年在天津翻译《天演论》,以"物竞天择"、"适者生存"的生物进化理论阐发其救亡图存的观点,提倡鼓民力、开民智、新民德、自强自立。严复的《天演论》广泛流传,风行全国,先后出版数十次。可以说它对中国的影响是近代外来影响最广大、最深远的影响之一。[25]《天演论》和天津的关系又是与众不同的,该书不仅成书于天津,而且其发表、修改和出书也都与天津息息相关。该书最初于光绪二十三年农历十一月二十五日(1897年12月18日)出版的《国闻汇编》上发表。这是《国闻汇编》第二册,刊登了严复的《译天演论自序》、《天演论悬疏》(未完)。以后《国闻汇编》第四册、第五册、第六册,连续刊登《天演论》。《国闻汇编》与当时著名的《国闻报》都在天津,且都是严复主管的编辑部。[26]劝业会场的建设正是《天演论》出版10年,在劝业会场的创建意图上处处体现进化论的影响,其中"官商绅民,通情合志,交换智慧,互轮学识"体现了启发民智的意图,而"因会集而比赛,由比赛而竞争"反映了"择物竞天,适者生存"的思想。为此,国民的健身成为十分重要的内容。为此体操场的建设显得意义重大。日本的公园虽说有的设体操场,但是第一回劝业博览会的会场并不是以体操场为中心的,天津劝业会场将体操场放到最重要的地位,这反映了当时对健身重要性的理解。

劝业会场的规划可以说是《天演论》主张的具化体现。

George Lachmann Mosee《大众的国民化》[27]这本书探讨的是德国的政治象征和大众运动,但是论述了国民崇拜的祭祀与空间,他把提示大众作为国民参加政治的视觉式样称为"新的政治",这不是民主主义者进行理想的合理的讨论,而是用国民的纪念碑或者公共的纪念仪式来表现代表大众的美学意识的政治。想像的共同体都需要一个崇拜的空间,佛寺是佛教信者崇拜的祭祀空间,道观是道教的空间,而祠堂是血缘氏族的空间。而建筑、广场、纪念碑、公园都已经成为祭祀空间,只是祭祀性有弱有强。成都的"辛亥秋保路死事纪念碑"就是中国近代最早的革命纪念碑。而劝业会场也是一个有意识建立的祭祀空间,从各个角度试图培育当时处在萌芽阶段的国民意识。

Anthony D. Smith 认为,西洋的国民(nation)的成立条件是经济革命、政治革命和文化教育革命[28]。如果考察劝业会场也会发现其为培育新的共同体创造了最好的条件。首先这里不仅为市场"以提倡商业而鼓舞商情"提供了日常性的市场和劝工陈列所，而且每年举办劝业展览会。

在教育方面有学务处（内设图书馆）、教育品制造所、参观室，而且在河北新区中也建设了直隶高等工业学堂（原工艺学堂）等学校，通过标准化的爱国主义教育导致产生具有献身性的政治意识的市民的形成。

另外，会议处、宴会处以备官场办公与官绅宴集之用，为商讨政治提供场所。

Anthony D. Smith 还认为，国民也需要向它的起源族群（ethnic）共同体寻求历史方面的援助，补完成立过程。即国民需要历史，需要更明确的根的感觉，需要记忆下和族群共有的"过去"。[29]

在天津劝业会场的入口设置了观音像，倒持仙水瓶。观音的形象是中国普遍存在的观音信仰的视觉表现。宗教信仰也是构成族群的一个部分，借助宗教所具有的历史延续性来补完劝业会场所支持的新的共同体——国民。在成都的劝业会也表现了对历史的依存，青羊宫是成都道教信仰的祭祀空间，在劝业会期间，它不仅扮演了劝业会的新的政治空间，并且给予国民根的感觉。

在有九国租界的天津，带有政治色彩的国民的成立具有十分重要的意义，可以说天津是理解"择物竞天，适者生存"进化论思想最好的课堂。近者，劝业会场和各国租界遥遥相望，欧洲和日本无时不给中国国民以适者生存的压力；远者，1904 年日本在日俄战争中胜战展示了惊人的世界力量平衡的变更，让中国人强化了国民意识。劝业会场的创办者"盖一日不媲美欧瀛，即一日有未能踌躇满志者"。

天津劝业会场是以近代公园的名义开始建设，和古代园林或租界公园不同，其中担负着更多的政治责任，它是一个近代性的公共空间，其近代性表现在它担负了一个国民意识统合的重任。

结语

当我们探讨清末的公共空间和现代的公共空间时具有完全不同的意义。今天的公共空间的探讨多侧重于功能方面的探讨，但是清末的公共空间基本是和新的共同体——"国民"（nation）共生的。

有形的公共空间担负着呵护和培育共同体的重要职责。自古以来佛教是靠寺院作为共同体的维护空间；宗族社会是靠祠堂作为共同体的维护空间。近代以后出现了劝业会、公园、博物馆、图书馆等新的公共空间，为无形的共同体提供了最佳的生长环境。清末的南洋劝业会就是这样的有形空间。当我们探讨共同体的成长的时候不应该忽视有形的城市建筑空间所发挥的社会作用，反之，当我们论及城市和建筑的时候也不应该忽略它的社会性。

注释：

[1] 于海漪. 南通近代城市规划建设历史研究系列之一：引言：研究目的和方法. 华中建筑 2004（5）：142－145. 南通市文化局编. 南通"中国近代第一城"研究论文集. 2003.

[2] 原载 1903 年 2 月 23 日《北洋官报·本省公牍》，其中有十三条内容：

一、勘定河北市场地界四址，东至铁路，西至北运河，南至金钟河，北至新开河。

二、该界内各户居民，应归地方官及工程总局管辖。

三、自出示之日起，该界内业主限一个月内，须到工程总局将地业印契呈验照章注册。

四、工程总局开通沟道及一切工程应须之地，即按官价发给地主。

五、该界内募设巡警、开筑道路、备设

街灯等项均需巨资，除应遵照嗣后工程总局所定章程纳捐外，所有一切地亩分为三等征收地租，其现下已建有房屋或填平与马路毗连者作为一等；地不近马路者作为二等；水坑地作为三等。自出示之日起，第一等每亩为每年征收行平银七两五钱；二等五两；三等二两五钱。

六、该界内所有冢墓限六个月一概迁移，分为三等办理：一凡遇族冢用地多者应酌给地价，每棺给银十两；一无主之冢应由工程总局会同地方官妥为迁移；一有主之冢葬于义地者，每冢给银八两。

七、所有界内一切水坑地，限一年内一律填平。附近该界四里内空地，不许擅自挖坑取土。

八、该界内所有买卖租押地业等事，须先禀准工程总局方能交易。

九、界内开设道路方向均由工程总局绘图悬示，此项道路之上不准建造房屋并作别用。

十、该界内所有业主限于十个月内或建造或修理房屋，其工料价银每亩内至少不得在需银一千两以下。

十一、该界内凡建造房屋、栈房、机器房，均须绘图禀准工程总局方能兴工。

十二、凡遇囤积引火货物，如火药、灯药、火油等类，均须禀准工程总局，违者充公重罚。

十三、该界内业主倘有不遵以上章程，即将该地段拓〔托〕卖，所得之价先行扣出，备抵所欠公项及各费用，余还原主。倘无人买受即按官价收回。

[3]杨乐，朱建宁，熊融.浅析中国近代租界花园——以津、沪两地为例.北京林业大学学报：社会科学版，2003，2（1）：17-21.

[4]"银元局总办周详遵饬会勘公园地址及工程局绘图呈 督宪文"（光绪三十一年七月十七日）北洋官报总局《直隶工艺志初编》上，章牍类卷上，1907年，20页。

[5]"劝业会场要略表"北洋官报总局《直隶工艺志初编》下、志表类卷下，光绪三十三年（1907）、3页。

[6]"劝业会场总志"北洋官报总局《直隶工艺志初编》下、志表类卷下、光绪三十三年（1907）、1页。

[7]严修著，武安，刘玉梅注《严修东游日记》天津人民出版社，1995年12月，173-174页。

[8]周学熙.东游日记.実藤文庫蔵，1903：19.

[9]初田亨.百貨店の誕生.筑摩書房，1999.

[10]東亜同文会.支那経済全書，第11輯.1908：57.

[11]"天津考工厂试办章程"《北洋公牍类纂》卷17、工艺2（研究）、光绪三十八年刊本，1279-1286页。

[12]"劝工陈列所总志"北洋官报局《直隶工艺志初编》下、志表类卷上，光绪三十三年（1907年），11页。

[13]"天图简史" http：//www. tjl. tj. cn/bbgk/ttjs. php。

[14]彭永祥，李瑞峰.中国摄影史话.大众电影，1981（7）.

[15]（清）陈文琪绘"一八八八年天津洋行分布图"天津历史博物馆藏。

[16]周馥.醇亲王巡阅北洋海防日记.近代史资料，1982（1）.

[17]《上海研究资料续集》上海通社编辑《民国丛书》第4编80，上海书店，532-533页、541页。

[18]周利成"名家十日谈：天津第一家电影院"《天津青年报》2004年2月26日。

[19]"考工场工商劝业展览会演说纪略"（北洋官报总局《直隶工艺志初编》下，志表类卷下，光绪三十三年，2页。）"天津考工厂展览会记事"《东方杂志》Vol. 4, No. 5, 1907年7月，97-98页。）详细记录

了展览会的盛况。

［20］王绍增. 上海租界园林. 北京：北京林业大学图书馆，1982.

［21］北洋官报局《直隶工艺志初编》下，志表类卷下，2 页.

［22］近十几年来中国近代史的研究广泛关注市民社会。市民社会理论传入中国首先是政治学界和社会学界使用的理论，1993 年邓正来、景跃进发表了"建构中国的市民社会"（《中国社会科学季刊》（香港）总第 1 期（创刊号）1992 年 11 月），探讨了中国当前形成市民社会的可能性，引起了历史学界的广泛关注。十年来对市民社会的主要研究成果有研究商会的朱英的《转型时期的社会与国家——以中国商会为主体的历史透视》（华中师范大学出版社，1997 年）、马敏的《官商之间——社会剧变中的近代绅商》（天津人民出版社，1995 年），研究不同地域的公共领域的王笛的"晚清长江上游地区公共领域的发展"（《历史研究》1996 年第 1 期）、王笛的"二十世纪初的茶馆与中国城市社会生活"（《历史研究》2001 年第 5 期），邱捷的"清末广州居民的集庙议事"（《近代史研究》2003 年第 2 期）。对于天津市民社会的关注的代表性研究有吉泽诚一郎的《天津の近代 清末都市政治文化与社会统合》（吉沢誠一郎《天津の近代 清末都市における政治文化と社会統合》名古屋大学出版会，2002 年 2 月）。

［23］马敏. 试论晚清绅商与商会的关系. 天津社会科学，1999（5）.

［24］马敏. 官商之间——社会剧变中的近代绅商. 天津：天津人民出版社，1995. 289.

［25］关于社会进化论对中国的影响，吉澤誠一郎《愛国主義の創成：ナショナリズムから近代中国をみる》（岩波書店，2003 年）、坂本ひろ子《中国民族主義の神話 人種・身体・ジェンター》（岩波書店，2004 年）作过比较深入的讨论。

［26］章用秀.《天演论》在津成书与刊行始末. 今晚报//http://mem.netor.com/m/jours/adindex.asp?boardid=494&joursid=308782004-2-5.

［27］George Lachmann Mosee. The Nationalization of the Masses: Political Symbolism and Mass Movements in Germany from the Napoleonic Wars through the Third Reich. New York: Howard Fertig Inc., 1975

［28］Anthony D. Smith. The Ethnic Origins of Nations. B. Blackwell, 1986.

［29］族群是一个文化性的社群，是一个以文化差异为基础的社会组织。这项文化差异是由族群成员根据某些文化象征，主观地加以认定或创造的。这项主观地创造或加以认定的过程，乃是族群再和其他族群的互动过程中造成的结果。Anthony D. Smith 指出族群有五个特征：（1）有名称；（2）共同的血统神话；（3）共有历史；（4）独自的文化（言语、习惯、宗教等）；（5）与某特定的领域如圣地相关；（6）连带感。

当代建筑理论

建筑的模糊性

侯幼彬

近年来,我国学术界开始重视模糊性问题的研究。建筑中呈现着大量模糊现象、建筑的模糊性问题是值得我们认真研究的一个重要的、新鲜的理论课题。

一

1. 什么叫模糊性(Fuzziness)?

事物的性状、形态,有的有明显的界限,有的没有明显的界限。"开水"与"非开水"之间,有明确的临界值。而"热水"与"凉水"之间,就没有清晰的分界点。处于中介过渡阶段的温水,不能简单地判定它是热水,还是凉水。它既可以说是某种程度的热水,又可以说是某种程度的凉水。客观事物在相互联系和相互过渡时所呈现出来的这种"亦此亦彼"性,就是事物的模糊性。

2. 模糊性的主要特点

(1)模糊性呈现在事物相互联系的中介过渡区。"老人"一词,虽然是模糊概念,但人们不会对"八十岁是老人"产生模糊,而只是对五十岁上下,介乎老、中年的中介过渡区的岁数,感到"亦此亦彼"的模糊。在非过渡区是不模糊的。

(2)模糊性的出现,是由于标志事物某种性状的量的规定性,缺乏确定的临界值,因而反映出来的是没有明确的外延的模糊概念。如"高大"、"宽广"、"明亮"、"暖和"、"简洁"、"漂亮"等等,都是外延不明确的模糊说法,都是描述模糊现象的模糊语言。

3. 模糊性用隶属度来衡量

"隶属度是反映事物从差异的一方向另一方过渡时能表现其倾向性的一种属性。"[1]确定恰当的隶属度是处理好模糊事物的关键。

4. 模糊性与复杂性相伴生

复杂性意味着综合性强,意味着确定隶属度要涉及许多参数,难以定量。因此,复杂的系统中呈现的现象差不多都是模糊现象。

5. 建筑模糊性的由来

建筑是复杂的事物,复杂的系统。建筑中之所以呈现大量模糊现象,是和以下两点分不开的:

(1)对建筑品质的要求方面很多,影响建筑的因素十分庞杂。

建筑有"适用"、"经济"、"美观"三大要求,其中每个要求本身都包含着多系列、多层次的因子。适用既反映在建筑空间的尺度、数量,也反映在建筑空间的一系列性能,还反映在建筑空间的组合关系和建筑与环境的关系等等方面。经济既反映在一次投资(建筑造价)、常年维修投资,还反映在占地指标,道路管网投资,甚至要考虑到环境治理投资等等。美观既体现在空间观感、体量造型,也体现在色彩、质地、细部装饰;既反映在个体形象和组群面貌，也反映在环境景观和室内景观；既要符合一系列形式美的构图法则，又涉及时代的、民族的、乡土的、学派的一整套风格问题。这些多系列、多层次的品质要求，相应地受到多系列、多层次的影响建筑的因素的制约。既有社会、阶级对建筑物质功能、精神功能需求的制约因素，又有经济条件、建筑科学技术条件的制约因素，还有气候、地形、道路、供水、绿化、自然景观、人文景观等一系列环境条件的制约因素。所有这些庞杂的品质要求和庞杂的影响因素，形成错综复杂的制约关系，交织出建筑的综合性、复杂性和伴之而来的模糊性。

(2) 对建筑某些品质要求自身有模糊性。

建筑中庞杂的品质要求，有的有明确的数值指标，如结构构件的受力性能，围护构件的热工性能，观众厅的音质，车间的洁净度，居室的日照度，容纳设备的空间最小值等等，可以定量，是不模糊的。但建筑中有许多物质功能和精神功能，涉及生理学、心理学问题，涉及复杂的行为科学问题，从低层次的生理机能需要，到高层次的心理、精神需要，有许多就难以准确地定量，没有精确的数值指标。建筑设计中的许多标准，看起来是单一的，而实际它是由一系列下属层次的标准组成的。例如，休息室的标准，假定分为简易休息条件、一般休息条件、较好休息条件等不同等级，这些等级的标志就不是单一标准。因为这些等级的差异涉及休息室的面积、装修质量、家具陈设、冷暖设备、照明方式、环境景观等等因素，其中每个因素又涉及一系列更下一层次的因子。这个休息条件的标准本身包含着人的休息行为的多方面、多层次的综合需要，很难给定一个综合的定量值，这个标准实际上是模糊标准。至于建筑形式美、建筑艺术质量的问题，涉及的因子更多，就更是难以定量。和谐与紊乱，精致与粗糙，简洁与繁复，活变与呆板，丰富与烦琐，玲珑与纤巧，研秀与艳丽，

质朴与俚俗等等，作为美与丑的对立，都是不同质的差异，但是它们之间的界限都是不清晰的，找不到可供定量的临界值。显然，建筑艺术质量的这种模糊性，也大大增加了整个建筑的模糊性。

二

建筑的模糊性，带来了"建筑设计"这门学科的特殊性。呈现出下列特点：

1. 建筑设计的惯用方法是方案比较法。建筑设计中涉及的许多因子及其相互制约的复杂关系，既无公式可循，又不易定量运算，导致凭经验来给定某些假定值，确定某些假定关系，形成若干可能的方案，然后进行比较，以择定最优方案或满意方案。建筑方案的这个酝酿、思索过程，就是"建筑构思"。这是建筑设计中关键的、艰苦的、最富创造性的环节。设计方案的构思能力是建筑师最重要的职业才能。开展设计竞赛，就是动员更多建筑师的设计构思，是一种大数量的方案比较，因此历来都视为提高建筑设计质量和发展建筑设计学科的重要途径。

2. 建筑设计的规律性主要凝聚在建筑师的创作方法和设计手法中。不是呈现为建筑设计定律和设计公式。建筑师的实践经验和设计成就，也无法提纯为设计定律和设计公式。建筑设计学科的发展，并不体现在新设计公式的发现，而是反映在建筑创作方法和设计手法的进步、创新。建筑师创作方法和设计手法的理论概括，构成建筑设计原理的主要内涵。建筑作品则是建筑师创作方法和设计手法的物态化存在，是传递建筑设计经验更具体更生动的信息载体。

3. 建筑设计的许多方面还得凭经验，还不能全面运用数学方法，因此严格说还不算"真正发展了"的科学。模糊性意味着规律性的隐埋，掌握设计规律带有很浓厚的经验性。表现在设计评定上，不仅难以定量地、

精确地确定最佳值，而且常常出现"公说公有理，婆说婆有理"的局面，只好依赖权威裁判或多员裁判。显然，这两种裁定方式都不能完全排除错判。真正的优秀方案而没有取得优秀名次，是屡见不鲜的。建筑模糊性在这里导致了建筑评定的复杂性。

4. 由于建筑的模糊性，建筑设计中许多量的确定都不是二值逻辑（隶属度0或1），而是属于连续值逻辑，可以在从"0"到"1"的广阔区间浮动地选定隶属度。而这种隶属度的选定，通常情况下都不是通过数学方法运算的结果，很大程度上是根据经验挑选的，因而带有很大的经验性、主观性。这里面就产生"仁者见仁，智者见智"。有的偏情，有的重理。这既同建设单位和审批单位的主观要求有关，也同建筑师的主观因素有关。建筑师的德、才、学、识，建筑师的世界观、专业修养、文化素养、思维能力、性格爱好、创作才能、艺术趣味，建筑师对国情、对建筑发展动向、对时代的风尚、社会的需求、民族的特点的领会程度等等，都集中通过他的创作方法和设计手法，左右着设计构思中的一系列隶属度的选取，产生种种不同格调、不同特色的设计方案。这就是建筑之所以产生显著的方案差别和个人创作风格的一个缘由，也是建筑设计学科较之其他工程技术学科更容易呈现学派差异的重要原因。

5. 建筑设计水平的高低差距很大。这也是模糊性引起的。结构设计的安全与否，可以用"是"或"非"来回答。"是"则方案成立，"非"则方案否定。而建筑设计的适用与否、美观与否，常常无法简单地用"是"与"非"来回答。适用与美观的隶属度都可以在0.1~1的广阔区间浮动。一栋结构不安全的房屋，必须加固或拆除。一栋适用、美观隶属度很低的房屋，却可以凑合着存在。这就使得建筑作品高下优劣的差距非常大。优秀的建筑设计是高难度的创作，需要高度的专业修养和技能，而低劣的建筑设计则是很容易应付的，甚至连外行也能插手。低劣的建筑设计必然造成重大的浪费和持久的损失，却往往因其评定标志模糊而不易觉察，成为"无形的次品"，这在设计管理上是不可等闲视之的。

建筑的模糊性带来的建筑设计的这些特点，大大增加了建筑设计的"创作"特色，这是值得我们深入研究的课题。

三

建筑中交织着各种各样的模糊性，建筑设计要触及各种各样的模糊关系。因而必然造成多种多样处理模糊关系的设计手法。这些设计手法，在中外建筑中都是常见的。我们从分析模糊性的角度，不妨把这类设计手法加以概括，抓住它们内涵的模糊处理的共性，统称之谓"模糊手法"。

显而易见，模糊手法的共同特征是，把握住建筑中的某对矛盾，巧妙地利用对立面的"中介过渡"，在相互渗透、相互过渡的关节，大作"亦此亦彼"的文章。它的方式众多，形态各异。在建筑空间的交融、技术体系的综合、建筑与自然环境的渗透、构件与设备的同化等等方面，都有大量的表现。

建筑内部空间和建筑外部空间的相互交融、渗透，可以说是模糊手法的典型表现。它意味探求内外空间的"中介"，意味着创造亦"内"亦"外"的模糊空间。我们从模糊性的分析可以清楚地看出，这种亦内亦外的模糊空间，正是内部空间要素与外部空间要素"中介交叉"的结果。

建筑内部空间和外部空间，各有自己的围合要素和装点要素。建筑内部空间是由内界面三要素——地面、墙壁、天花板（或屋顶）围合而成的，是由室内家具、灯具、陈设和室内纺织品等要素充实、装点的。建筑外部空间是"没有屋顶的建筑空间"（芦原义信语），是由外地面和外围护（包括建筑物外界面、围墙和围护型绿化等）两要素所围合、限定的，是由树木、花草、山石、水体、室外家具、室外灯具、建筑小品等要素充实、装点的。分析比较两者的围合、装点要素，可以看出：①有无屋顶是区别内部空间与外部空间的重要标志；②具备内界面和外界面的墙壁，既是分隔内外空间的手段，也是沟通内外空间的障碍；③地面、墙面是内外空间共有的围合要素，可以有不同的表征，也可以使之一体化；④内外空间不同的装点要素，既是内外空间物质功能的不同需要，也起着点染内外空间不同气氛的作用。各式各样的内外空间融合，实质上都是抓住这几点巧妙地作文章（图1）。例如：

抓住屋顶是区别内外空间的重要标志，采用挖小天井，做半透空的"箅状天棚"，做透明的玻璃顶棚等方式，通过屋顶的"半有半无"，来创作空间的"亦内亦外"；

抓住墙壁是分隔和沟通内外空间的关键，在墙壁的开合闭敞上下功夫，通过敞开一面、两面、三面甚至四面墙壁，通过调节不同的隔断高度，选用不同程度的似隔非隔的界面等，取得内外空间不同程度的交融、渗透；

抓住内外空间共有的围合要素，使室内地面、墙面换上室外地面、墙面的表征，或者进一步把室外地面、台阶延伸入室内，把室内的墙体延伸到室外，等等，通过围合要素的内外一体化，使室内外空间融结成一体；

抓住内外空间装点要素的点染作用，把外部空间的装点要素——绿化、山石、水体、建筑小品等移入内部空间，给内部空间带来浓郁的外部空间气息。

可以看出，诸如此类的模糊手法，在中国传统民居、传统园林建筑中都是普遍运用的，而且综合运用得很巧妙。现代建筑更是大大发展了这类模糊手法。波特曼的"中庭空间"可以说是综合运用这类手法的集大成。它采用高大的多层大厅，使大厅四壁的内界面呈现外界面的高大尺度和多层建筑的外表特征；它采用玻璃顶棚，引入了阳光，并悬挂滤光装置，使阳光洒落在地面，呈现出斑斑阴影；它引入树木、花草、水池、瀑布、小岛、伞罩、帐篷和室外雕塑等等，极力以外部空间的装点要素来点染内部空间的室外气息。这一系列模糊手法的综合运用，从使用上和观感上都使得中庭空间成为出色的、引人的、亦内亦外的模糊空间。

模糊手法在其他方面，如内部空间与外部空间之间的渗透交融，外部空间与自然空间之间的渗透交融，建筑构件与建筑设备之间的交叉结合（如传统建筑的栏杆凳、美人靠栏杆、博古架和现代建筑的"家具壁"所呈现的家具与建筑构件的同化）等等，都运用得很广泛。适应不同功能的需要，这类渗透交融往往呈现着不同的隶属度。图2是室

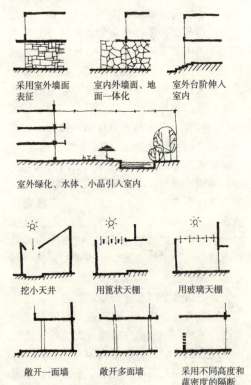

图1　创造"亦内亦外"模糊空间的常见手法

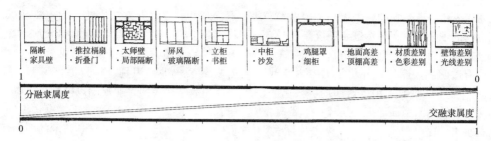

图2　室内空间不同隶属度的分隔和交融

内空间内部不同隶属度的分隔和交融，它显示了模糊手法中隶属度的丰富性。

值得注意的是，模糊手法在现代建筑发展中，越来越引人注目。从后现代主义建筑理论的代表作——罗伯特·文丘里的《建筑的复杂性和矛盾性》一书中，可以看出，文丘里的许多提法，虽然没有使用"模糊手法"这个字眼，但他所强调的建筑复杂性和矛盾性，有一些说的正是建筑的模糊性问题。他声称："我爱两者兼顾，不爱非此即彼"。他主张"是黑白都要，或是灰的"。他一再强调应该要"通过兼收并蓄而达到困难的统一"，不要"排斥异端而达到容易的统一"，他赞赏夏德汉住宅是"封闭的，又是敞开的"；萨伏依住宅是"外部简单而内部复杂的"；马赛公寓的遮阳板"既是结构，又是外廊"。他说他自己设计的栗子山住宅，是一座"承认建筑复杂和矛盾的实例，它既复杂又简单，既敞开又封闭，既大又小"。[2]

当然，文丘里的设计思想是非常复杂的，他的理论和创作都带着浓厚的"新折中主义"的色彩。这里面有折中主义的东西，也有属于模糊手法的东西。这两者的混杂，构成了文丘里的一大特色。

日本著名建筑师黑川纪章，可以说是一位十分关注"模糊性"的建筑师。他也没有使用"模糊性"这个字眼。他在《日本的灰调子文化》一文中阐述的"灰"这个概念，几乎可以看作是"模糊"的同义语。他说："灰色是由黑和白混合而成的，混合结果既非黑亦非白，而变成一种新的特别的中间色。""缘、空和间都是表现在空间、时间或物质与精神之间的中间区域的重要字眼，它们属于我们所说的作为日本文化基础的'灰'域"。他在分析"缘侧"（檐下的廊子）时说："作为室内与室外之间的一个插入空间，介乎内与外的第三域，才是'缘侧'的主要作用。因有顶盖可算是内部空间，但又开敞又是外部空间的一部分。因此'缘侧'是典型的'灰空间'，其特点是既不割裂内外，又不独立于内外，而是内和外的一个媒介结合区域。"他认为"（16世纪京都）串联着住宅、店铺和作坊的街道，发挥着如建筑物的'缘侧'的作用……既是私生活的延伸区域，又是公共活动的场所"。他指出，"建筑师们试图通过创造一个既非室内又非室外，含糊、穿插的空间去发展'间'使人们得到一个伸展到街道上的公共空间和内部的私自空间的特殊联系的体验。因此，'间'区域或'灰'区域正在建筑和城市中复苏。"[3] 显然，黑川纪章所说的"间区域"、"灰区域"、"媒介结合区域"、"中间区域"、"边缘空间"、"暧昧空间"、"灰空间"，实际上都是说的"模糊空间"。他在自己的建筑创作中，创造了多种多样体现这种"间"区域、"灰"区域、"边缘空间"、"暧昧空间"的模糊手法。例如：在东京福冈银行大楼，设计了一个巨型屋盖覆盖下的巨大开敞空间。在东京大同保险公司，把新型的街道空间穿插进建筑物内。在埼玉县立美术馆，用一道附加的格栅墙构成建筑与自然之间的中间区。在日本红十字会新建总部办公楼，利用楼身之间的豁缝区，组织了一个带有透明圆天棚的室外化了的室内空间。同时又在外立面上采用半透明的、蓝色的、布满室外景色的镜面玻璃，构成一个带有室内感觉的室外空间。而在"和木镇厅舍"中，则精心围出一个开敞的院落，用上铺地、画廊、雕塑、绿化，创造了一个"半公半私"的既非开敞的广场，又非封闭的庭院的室内外景色交融的"暧昧空间"。

这些都表明，从我国传统建筑到国外现代建筑，模糊手法都显示出它的活力，而且在今天，越来越引人注目。我们有必要从模糊性的角度，弄清模糊手法的"中介"特性，更自觉地运用它、发展它。

四

建筑的模糊性，给现代建筑师带来一个恼人的难题——采用现代设计方法的艰难性。

现代建筑的发展推动着建筑设计学科的深化。现代建筑日益复杂的物质功能、精神功能、科学技术、经济效能，迫切要求建筑设计走向精确化。但是，建筑的模糊性所呈现的设计对象的非线性和各种参数的复杂性，使得建筑设计的定量化、数学化遇到极大困难。建立建筑设计数学模型的困难严重阻碍着电子计算机在建筑设计上的运用。被称为第一代数学的经典数学的方法，只能停留在建筑设计的某些局部的初级层次起作用。被称为第二代数学的概率论和数理统计，由于建筑设计主要问题在于模糊性，而不在于随机性，也起不到重大作用。建筑设计就这样长久地陷于"非数学"的方法，在设计方法现代化的进程中一直迈着艰难的步伐，成为学科现代化的一个老大难的"顽症"。

以1965年美国加利福尼亚大学查德（L. A. Zadeh）教授发表《模糊集》论文为起点，诞生了被称为第三代数学的模糊数学。模糊数学的出现，为模糊事物运用数学方法开辟了新的道路，为电子计算机效仿人脑，对复杂系统进行识别、判断提供了新的途径，引起学术界的普遍反响。模糊数学以其擅长处理模糊关系、聚类分析、模式识别、综合评判的触角，伸向了科学技术的各个领域，也伸向了原先列为数学禁区的心理学、教育学、法学、语言学等许多属于"软科学"的领域。我国在1976年出现第一篇介绍模糊集合论的文章后，模糊数学也受到广泛的重视，目前正在自然科学、技术科学和社会科学的许多领域扩展。从天气预报、城市交通、中医诊断、体育运动训练、古代历史分期、教学质量评判到模糊语言、模糊文法的研究等等，都在探试运用模糊数学的方法。

处理模糊事物的需要，推动了模糊数学的发展；而模糊数学的发展，又反过来加深了人们对事物模糊性的认识。建筑的模糊性受到了重视。模糊数学被建筑学家惊喜地视为正对专业口径的数学工具。电子计算机在建筑设计中的运用，由于引进模糊数学的方法，将展露出崭新的前景。现在国外已经进展到把语言变数变量的方法和语义学的研究方法运用到建筑中来。

明确建筑的模糊性，在建筑设计中，面对一系列制约因素，可以将其中的确定性设计因素作为常数，将模糊性的可变因素，按照隶属度的高低，取一定的阈值进行"截割"。"模糊数学有一个分解定理，它给出了模糊集合与其截集之间的相互转化关系，可以在一定程度上起到从模糊性通向精确性的桥梁作用。"[4]

建筑设计的过程，包含着大量的、为各个层次的模糊标准，为建筑诸因子的尺度、位置、性能、序列和种种相关性的隶属度选定阈值的工作。这种阈值的选定，由于它的模糊性，通常只凭经验进行截割，抛弃一切中介过渡的信息。应用模糊数学的截割理论，可以让这些模糊标准不加截割地进入数学模型，充分利用中介过渡的信息，通过隶属程度的演算规则及模糊变换理论，最后在一个适当的阈值上进行截割，作出非模糊的判定。[5] 显然，这种阈值的选择，从原先的推演前截割转变为推演后截割，意味着从盲目的选择，转变为科学的、较精确的选择。处理模糊性问题，有一个"测不尽原理"，就是说模糊性是分析不尽、测定不完的。[6] 建筑的模糊性也是如此。电子计算机不可能完全取代建筑师的创作。运用模糊数学于设计手法，也不可能使建筑设计的模糊性问题达到完全精确的解决。但是应用模糊集，毕竟向模糊性事物的精确化逼近了一大步。模糊数学还出现了"2型模糊集"、"模糊模糊集"和"格模糊集"等新理论，正在向模糊性事物的精确化进一步逼近。[7] 深入研究建筑的模糊性，努力在建筑设计中探索模糊数学方法的运用，无疑是推进建筑设计方法现代化的重要途径。

综上所述，建筑的模糊性问题，既涉及建筑的认识论问题，也涉及建筑的方法论问题，而且是现代建筑设计方法奔向定量化、数学化的症结。我们应该把建筑的模糊性提到建筑的重要特性的高度，予以重视和研究。

原载于《建筑学报》1983年第3期

注释：

[1] 参看沈小峰，汪培庄. 模糊数学中的哲学问题. 哲学研究，1981（5）.

[2] 以上所引文丘里言论，均见罗伯特·文丘里. 建筑的复杂性和矛盾性. 周卜颐摘译. 建筑师，第8辑.

[3] 以上所引黑川纪章言论，均见黑川纪章. 日本的灰调子文化. 梁鸿文译. 世界建筑，1981（1）.

[4][5] 参看沈小峰，汪培庄. 模糊数学中的哲学问题. 哲学研究，1981（5）.

[6][7] 参看吴望名，应制夷. FUZZY集及其应用浅谈. 模糊数学，1981（2）.

现代化－国际化－本土化

吴焕加

前年秋天，中国建筑师学会建筑理论与创作委员会举办年会，会议主题为"现代建筑的国际化与本土化"，这是有意义的题目。我未与会，也无论文，现在写一些看法，算是迟交的作业。

一、极长寿的传统建筑

今日之事与昨日有关，中国建筑"现代化－国际化－本土化"问题，与中国建筑历史的特殊性有关，许多问题由此而生。

关于中国传统建筑历史的特殊性，林徽因先生有扼要而精辟的概括，她写道：

"中国建筑为东方独立系统，数千年来，继承演变，流布极广大的区域。虽然在思想及生活上，中国曾多次受外来异族的影响，发生多少变异，而中国建筑直至成熟繁衍的后代，竟仍然保存着它固有的结构方法及布置规模；始终没有失掉它原始面目，形成一个极特殊，极长寿，极体面的建筑系统。"（梁思成著《清式营造则例》绪论）

林徽因先生在这里指出中国传统建筑的几个显著特点是：一、极特殊，二、极长寿，三、极体面，四、始终没有失掉它原始面目。其中第一与第三两项是传统建筑的骄傲。第二与第四项在建筑史学研究上很有意义，但是从一分为二的观点和实际使用的角度看，这两个特点又有其负面效应。

从远古到清代，我们固有的建筑体系数千年一贯制，有小的变化，没有大的起伏，一本中国古代建筑史就把从原始社会到19世纪末的中国建筑历史都包括在里面，长寿性举世无双。

数千年中，我们的建筑可以说全是本土的，既无"现代化"，也无"国际化"，清静得很。

设想：一、如果从清末至今，中国社会没有变化，则传统建筑可以长寿至今；二、如果中国至今仍闭关锁国，把外国建筑成功地拒于国门之外，就既无"国际化"问题，也无"本土化"问题；三、如果中国在世界上最先发生产业革命，中国建筑业率先走上近代化及现代化的道路，我们有内发自生型的现代建筑，则建筑"国际化"主要是别人的课题。

然则实际历史与这些假设正好相反，三个"如果"全是瞎想。

一个国家或一个民族的建筑，其命运同该国、该民族的命运紧密相关。中国建筑在唐宋时期居于世界前列，后来中国社会发展停滞，国家积贫积弱，建筑业也停滞了，渐渐落后于他国。至清末，中国遇到李鸿章所谓的"三千年未有之变局"，社会大变动，建筑方面也不可避免地发生从所未有的改变。

二、外发次生型现代建筑

中国的近、现代建筑不是"内发自生型",而是"外发次生型"。

清朝晚期,随着西方列强势力伸向中国,欧美的近代建筑首先在我国沿海的几个城市登陆。从此中国土地上除了固有的传统建筑,又有了外来建筑,它们被称作"洋房"。

外国建筑传入中国,正是西方列强以武力为手段,企图将中国变为它们的殖民地的时期,洋建筑登陆与列强入侵直接关联。中国人把那个时期出现在中国的洋建筑,视为西方侵略行径的组成部分是有理由的。

不过我们也要看到,只要中国原有建筑体系没有在近代自主地提升,即使没有列强对中国的入侵,外国的近代和现代建筑也会传入中国。世界许多国家的建筑进程说明了这一点。

为什么呢?因为,建筑技术及建筑的其他物质层面,一般说来,总是由先发达地区向后发达地区传播和扩散的,而建筑技术及其他物质层面,正是一种建筑体系所形成的基础。

中国社会变化虽然迟缓,但进入20世纪后,还是出现了与封建农业社会大不相同的生产方式和生活方式,提出了许多新的建筑课题。始终保持原始面目的传统建筑体系不能满足新的建筑需求,外国建筑体系来到中国。

三、中国人与洋建筑

火车、电报到中国之初,有士大夫"闻铁路而心惊,睹电杆而泪下"。清末小说《官场现形记》第四十六回里一位清朝官员说:"臣是天朝的大臣,应该按照国家的制度办事。什么火车、轮船,走得虽快,总不外乎奇技淫巧。"然而过不多久,清代官员便用起电报、坐上火车了。外国建筑开始登陆中国沿海城市之时,肯定也有人不高兴,但很快就被认可了,还受到欢迎。

1890年张之洞创建汉阳钢铁厂,1893年建成远东第一座钢铁联合企业,其中有中国最早的钢结构厂房,它们由张之洞聘请的英国工程师担任设计、施工、安装工作。

1906年,清政府设陆军部,把现在北京张自忠路的一座王府拆掉,造两层洋式楼房。这座楼房的设计与施工都是中国人完成的。"委员沈琪绘具房图,拟定详细做法,督同监工各员监视全署一切工程……于光绪三十三年七月间全工一律竣竣。"一说沈琪可能是当初福州船政学堂派往法国的留学生之一(建筑史学者赖德霖还在深入考证沈琪其人其事)。

张之洞造钢铁厂,清政府建陆军部,为什么不将任务托付给样式雷后人或鲁班馆师傅?

非不为也,是不能也。

清末最高统治者慈禧在接受和使用洋建筑方面也算一个带头者。1908年,北京西直门外为慈禧建造的行宫畅观楼落成,她到这个欧洲巴洛克式的两层楼去了一次,很是喜欢,表示还要再去,不料很快死了。清末重臣李鸿章晚年在上海建"丁香花园",他专门聘美国建筑师(艾赛亚·罗杰斯),按当时美国流行样式建成那座花园别墅。清末民初著名国学大师、保皇派首领康有为晚年在青岛买下一座原德国官员的官邸,康先生在日记中记下自己住进洋房的满意和快慰心情。畅观楼、丁香花园、康有为故居这三座洋楼,今天都健在。

慈禧、李鸿章和康有为三人,自身就是中国传统文化的产物,他们对传统文化的挚爱、忠诚和执著,不容置疑。三位都在中国传统建筑环境中出生和成长,受传统建筑文化长期熏陶,对祖传的宫殿、四合院、胡同等太熟悉了。然而,他们遇着外国建筑却无格格不入之感,对于外国建筑师打造的洋房,不但不拒斥,反而违反祖制,不顾夷夏之别,竟然主动地、愉快地,比大多数中国人都早地住进了洋房。

梁思成先生在他的《中国建筑史》绪论中写道:"最后至清末……旧建筑之势力日弱。"到民国时期,中国城市里的洋建筑愈来愈多。除了真洋人外,住在里面的不是中国的高官显贵,便是富商巨贾,不是前朝遗老遗少,也是今日社会精英,总之,都是高等华人,普通人和贫苦大众只能望洋房兴叹。

以后,随着中国社会经济的步步转变,洋式建筑逐渐增多、逐渐普遍。与"洋布"、"洋火"一样,把"洋建筑"的"洋"字头取消,大家不再强调它们的洋来源,改称新式房屋和新式建筑。

四、建筑的器物性

人们说传统建筑和建筑传统是民族情感之所系,是民族性的表现,是民族的符号,这是对的,但有人认为它们不应改变,也不会改变,持这种意见的人对中国传统建筑的减少和建筑传统的削弱有失落感。他们无意中把建筑看成固定的、不能变化的东西,也忽略了人民群众对建筑的看法已经发生变化的事实。

20世纪80~90年代,中国学术界兴起"文化热"(相对于20世纪前期的"新文化运动",这一次的主流实系"传统文化热")。建筑师中相应地也兴起"建筑文化热"(主要是"传统建筑文化热"),一时间,什么事情都归结为文化,说不清的问题都归因于文化。一些学者似乎认为,大众人心不古,在建筑方面弃旧趋新,是由于文化水平低,不知尊重文化,不知建筑乃是文化的缘故。

呜呼,"文化是个筐,什么都能往里装"。

建筑属于文化,当然正确。不过文化有多个层面,并非铁板一块。有些学者认为,文化由外向内分为三个层面:一、物质文化,二、制度文化,三、精神文化。另一些学者认为文化分四个层面:一、器物文化,二、制度文化,三、行为文化,四、观念文化。不论哪种分法,文化学者们都指出文化的外层比较松动,容易改变,越往里越稳固,观念的东西最难改变。

物质或器物文化与生产力和科学技术相关,在与别种文化交流时容易受到影响,发生变化。在交流不发达的时代,一国、一地区的器物文化有明显的地域特色和民族特色,但与别种文化相遇后,又容易吸纳外来器物,或者与之交融,旧有的特色便趋于淡化。19世纪后期,中国与西方文化相遇时,中国人采取"中体西用"的方针,肯"师夷之长技",表明外来的器物文化可以接受,但需保持原有的制度文化和观念文化,不让改变。

建筑处于哪个层面呢?

建筑是个大系统,种类很多,差别很大,情形复杂。建筑物与文化的各个层面都会发生关系,但视建筑物的类型、条件程度各各不一。例如,生产性厂房常是单纯的器物性建筑,宗教建筑、纪念建筑则带有强烈的精神、观念文化的品格。

不论怎样,建造房屋的根本和初始目的是容纳人及人的活动,意在使用,重在使用,因而,从根本上说,建筑首先主要是一种人工制作的物质性的器物。这是大多数建筑物最根本、最基础的特征。建筑的其他特征都建立在这个基础之上。所以,绝大多数建筑物属于器物文化的范围,位于文化的外层,是一种外围文化。

今天我们用的日用器具、交通工具等,同我们祖父辈、父辈时期已大不一样。服饰的改变尤其迅速,现在更是加速度地变化,原因就在于这些东西属于器物文化,一般人对于器物持实用主义的态度，首先讲实惠与实效，实行拿来主义。

请看普通百姓购房，他首先看面积、售价、朝向、格局、几个厕所、会不会漏水等等，外观样式、风格、和谐、对比等等不是不要紧，但排在后面，先物质，后精神，我本人就是这样。

有些中外人士似乎认为，北京老百姓如果离开老四合院便会失魂落魄。这样的人当然也有，但不是多数。我反而发现失落感最甚的人，其实自己并不住在普通的老四合院中。如果这些先生不仅研究前朝的王府、今日的四合豪院，暂时把关于中国人的神秘幻念放到一边，屈尊下到许多户人家以至十几户人家杂居的拥塞的四合杂院里去看看，问一问那里的住户：你们的厨房在哪儿？你们的厕所在哪儿？你们在哪儿洗澡……了解一点居民的生活实况之后，女士先生们关于老四合院的意见与主张或许会稍有改变。

当年李鸿章、康有为先是在上海、广州等处见识过洋建筑，后来又到国外住过洋房，经过比较，知道当时的洋房已比祖国老屋来得卫生、方便、舒适，所以两位大人在晚年不约而同地到上海、青岛择洋房而居。他们显然认为满足现实生活的需要，比遵守祖制和延续传统更为重要，两人在居住方面都把实用、实惠放在首位。

对于大多数普通人，搬入楼房新居更不是灾难而是喜庆。近时北京人见面不大问："您吃了吗？"而改问："您搬（新居）了吗？"在住的问题上，普通人的态度与李鸿章、康有为相当一致。

器物性是建筑的根本特征，是基础的东西。艺术性、象征性、集体记忆、诗意与哲理，深层潜意识与无意识等等，全建立在这个基础之上。

李鸿章与康有为择洋楼而居，不是被洋建筑的艺术性、象征性、诗意与哲理所吸引。反之，中国传统住宅被新型住宅楼替代，也不是由于老房子艺术差、象征少、诗意与哲理不足，呜呼，根本原因在于建筑的器物性耳。

五、多元建筑文化

过去几千年，中国大地上的建筑虽有差别，但大同小异，旧时的建筑文化基本是一元的。只是到了近代，情形才生变化。

"凡在天地之间者，莫不变，故夫变者，古今之公理也……大势相迫，非可阏制。变亦变，不变亦变！"这是梁启超在《变法通议》中留下的果断坚决、掷地有声的话语。19世纪末期，中国建筑业因"大势相迫，非可阏制"，出现变局。吕彦直、梁思成、杨廷宝等前贤当年出国研习建筑，为啥？为的是把外国建筑真经取回中土，走变的路线，促进中国建筑业的发展。

过去一百年，是中国大量吸纳外国建筑文化的一百年。与20世纪以前相比，中国建筑从材料、技术、研究、设计，到建筑教育、体制，出现了全面、剧烈的转轨与转制，回头看，一百年中中国建筑业蝉蜕龙变，蔚为大观，令人惊叹。

新型建筑不断增多，传统建筑的数量和比重不断缩减。但是不等于全部消失，也不可能完全消失。除优秀的建筑遗产作为文物保护起来外，新造的建筑物之中，在宗教性建筑、风景名胜区和园林中的亭台楼榭、有特殊意义的纪念性建筑等方面，群众希望看到传统的建筑艺术形象，所以都是传统建筑显身手的领域。此外，传统建筑中的许多元件或元素，已经并将继续融入中国新的建筑中去。

今天中国大地上存有少量宋、元和更早的建筑，较多的明、清建筑；有近百年来出现的各种样式的建筑物：其中有外国人在中国造的新、老洋房；有中国人自己造的近乎西洋老式的，近乎西方近代的、现代的和后现代的，以及最最新式的建筑物；又有仿中国古典建筑的，仿各地民间建筑的，仿少数民族建筑的等等。过去中国的建筑单源又一元，如今多源又多元，五花八门，三六九等，品类繁多，热闹非常。

这是当今中国社会多元文化的产物。

请看，越来越多的中国人讲中国话又讲外国话；爱李白、杜甫又欣赏莎士比亚；这个舞台演霸王别姬，旁边那座剧场演茶花女；人们喜爱陕北民歌又欣赏贝多芬和柴可夫斯基；生了病先找西医再瞧中医，或先中医后西医；饮食有川、鲁、湘、粤……八大菜系还有西餐和日本料理；穿着有唐装、旗袍，更有西装、休闲装；人们过中秋节、春节又忙着庆祝耶稣圣诞，既吃月饼又爱芝士蛋糕……总而言之，中外古今、东西南北的文化今天在中国大地上相遇，处处可以见到中西并立、中西合璧、中西互补的景象。实际上我们社会的西化程度已经相当之高。上至国家领导，下至农夫小贩，都兴穿西服，中国已是世界上穿西服人数最多的国家。封闭的一元文化的社会已经过去，当今中国是开放的双元文化的，细说是多元文化的社会。

多元文化的社会便有多元的建筑文化，今日中国建筑的状况是今日中国社会文化的反映和产物。这是时代特色。

您在北京或来北京，请去天安门广场，您站在广场中央，只消转头四下一望，中外古今的建筑代表尽收眼底。

六、本土化情结

今天，在信息化和经济全球化的时代，美国、西欧、澳大利亚、日本……不论地球上哪个角落出现什么新建筑，有什么新动向，有关信息即刻传来。世界各地业界人士频繁交流，中外建筑师和建筑院校学生东跑西颠，你来我往……建筑已成世界性的事业了，不国际化岂有可能！

中国不是外国，中国人不是外国人，笼统地说，外国建筑来到中国应该使之中国化，即本土化。然而建筑物种类极多，情况各异，一个建筑物是否需要本土化，本土化到何等程度，还得视具体情况、具体条件，区别对待。

1. 建筑本土化的两种含义

第一种含义指功能与材料等物质方面的本土化。举例说来，现今各地建造的高层住宅楼，如果设计得符合当地的自然条件，适合现今中国居民的经济条件和居住需求，采用当时当地适宜的材料、技术，设备等等，那么，可以说这种居住建筑形式虽源自外国，但已本土化了。再如抗日战争时期，大后方建筑师建造的许多机关、学校、医院、礼堂等，就地取材，因地制宜，也是外来建筑本土化的明显例子。就这第一种含义来看，从早期到现在，中国土地上建造的大量新建筑其实都已不同程度地本土化了。

第二种含义指建筑物形象和样式方面的本土化。对比较重要的建筑物，如政府机关，国家级图书馆、博物馆，造在国外博览会中的中国展馆……即那些具有纪念性、标志性、带政治意义的、需要突出国家和民族识别性的头面建筑，加以特别的处置，使它们的形象带有中国人习见的特征，减少其洋相。这第二种本土化很受人注目，常常成为建筑界和公众争论的焦点。在这种争论中，有人顾左右而言他，大谈技术问题或经济得失，但他们的出发点和关心的重点其实在于那些建筑的形象。

为着使新式建筑的形象本土化，人们（包括一些在华执业的外国建筑师）早就开始探索，并有不少成绩。但不同时期有不同的提法，如1925年征集孙中山陵墓建筑方案时规定"祭堂须采用中国古式而含有特殊纪念性质，或根据中国建筑精神特创新格"。1929年南京首都计划规定政府建筑要采用"中国固有之形式"，1933年上海建市政府大楼，要求"其建筑格式应代表中国文化。"到20世纪50年代初，口号改为"民族形式"。近百年中，中国建筑师为新建筑的本土化努力探索，遇挫折，遭批判，仍前仆后继，许多事迹令人钦佩。

2. 国际化具普遍性，本土化不是绝对的

一百五十多年前，马克思和恩格斯就指出："资产阶级由于开拓了世界市场，使一切国家的生产和消费都成为世界性的了……过去那种地方的自给自足和闭关自守状态，被各民族的各方面的互相往来和各方面的互相依赖所代替了。物质的生产是如此，精神的生产也是如此。各民族的精神产品成了公共的财产。"又指出现代大工业"创造了交通工具和现代化的世界市场"，"它消灭了以往自然形成的各国的孤立状态……历史也就在愈来愈大的程度上成为全世界的历史。"

建筑国际化削弱和减少了建筑的地域特征和民族特征，但是如前所述，没有也不可能使之完全消失，因为一直存在着有相反要求的社会观念和社会力量，这是中国人挥之不去的本土化情结，它要求中国的新建筑有别于他国，具有本土识别性。

国际化与本土化都是现实的社会需求。就两者的关系看，国际化是第一位的，具普遍性。本土化是国际化条件下的本土化，具有相对性。同历史上鲜明突出的民族性与地域性相比，趋势是越来越弱化。

为使新建筑的形象本土化，过去的做法多是在新建筑内外，加进中国传统建筑特有的某些元件或形式要素。20世纪几座著名建筑物：南京中山陵（吕彦直，1929年）、北京民族文化宫（张镈，1959年）、广州白云山山庄旅舍（莫伯治，1962年）、锦州辽沈战役纪念馆（戴念慈，1986年），都走这条路线，都是既现代化又本土化的成功作品。但是从这几个例子也可以看出，随着时间的推移，传统成分的比重在逐步减少，形象趋于简化，形似减弱，神似还在。可见形象本土化没有固定的模式，做法与形象必然与时俱变。

3. 需要刻意追求形象本土化的建筑物不多

建筑物的类型和等级极多，差别很大，代表国家的建筑物，有纪念意义的建筑物，特殊的标志性建筑物等等，它们的形象需要认真考虑本土化问题，但它们的数量其实很少。很多建筑物可要可不要，本土化的程度也是可高可低。大量的房屋则应听其自然，实际是不需要。

为什么？道理挺简单，因为造房子的事，需求、条件千差万别，必须区别对待。拿服装作比方：多的为日常穿着的服装、另有干活穿的、在家穿的等等，……礼服为数极少。建筑也是这样，只有起"礼服"作用的重要建筑物，才需刻意追求形象的本土化。再说，造房之事多而分散，大部分是群众的自主行为，谁能颁布划一的死规定呢！计划经济办不到，市场经济更别提了。总之，本土化问题不应笼统谈论，不可以偏代全，不应泛化。

4. 外来建筑形象大多会被国人接受

时至今日，许多外国建筑形象，或准外国建筑形象，已经被相当多的（不是全体）中国人接受了。因为外来建筑与本土建筑本来不是矛盾对立、水火不相容的东西。

上海、青岛、天津、哈尔滨等地的老的洋建筑，如今不是受到人们的高度珍视吗？全国各地住宅小区中，大批带有"包豪斯"简洁风格的房屋也被人们接受了。"欧陆风情"屡遭专家的白眼，但还是陆续出现，为啥？因为有市场，有市场表明有人喜欢，有什么办法！

中国在历史上早就吸收了众多异域的器物文化。一本讲唐朝文化的书上说，中国唐朝时的"7世纪是一个社会变革的时期……7世纪还是一个崇尚外来物品的时代"，"长安和洛阳两座都城……是胡风极为盛行的地方"。出现胡风表示唐朝人喜欢从胡地传来的许多东西，包括胡服、胡饰、胡食、胡乐等等。胡饰有胡帽、回鹘髻等。胡食有胡饼、婆罗门轻高面、千金碎香饼子等等。胡人的帐篷也有人喜欢。白居易曾在自家院子里搭上帐篷，邀朋友在帐中饮宴（美，谢弗《唐代的外来文明》）。一些胡人传入的器物我们今天还在应用，京剧里的胡琴就是一例。谁会料到，这个西域乐器现今成了中国的国粹。

社会学家把外部事物经过认知转化为人的内部思维称作"内化"。胡琴变成中国国粹也是一种"内化"现象。

再如，很长一段时间，中国人穿着最多的是中山装和干部服，这两种服装在中国历史上没有，哪来的呢？大家知道前者来自日本。后者呢？其实，干部服的来源之一是德国的一种军服。抗日战争前，国民党政府仿效德国军事制度，这款德国军服（还有德式钢盔等）随德国军事顾问传入中国，定为当时中国军队的服装，由于它比较适合中国国情（不打领带等），遂在中国推开，以至被西方称作"毛式服装"。这也是外来器物"内化"为中国器物的例子。

现在似乎没有人还想着把西服、汽车、电脑、洗衣机的形象加以本土化了。同理，对一般住宅楼、航站楼、核电站、肿瘤医院、超市等建筑形象，也不必费心加以本土化。许多源自异域的建筑物的形象，包括不少出自外国建筑师之手的建筑物，几十年来，能够并且已经为广大人民习见、接受、认同。见洋不洋，不管您赞成还是反对，它们已经内化到大众日常生活和审美习惯中了，"洋为中用"，此之谓也。

5. 建筑形象本土化是一个历史过程

建筑形象的本土化，到现在为止，常常采用的方法是将有象征意义的中国传统建筑的元件和元素加到用现代建筑材料、建筑技术建造的满足新的功能需要的现代建筑中去。将中国—古代和外国—现代两类虽不对立却相去甚远的两种建筑体系的元素结合在一幢建筑物上并非易事，做到两者完美融合更加困难。这是艺术创造性的工作，需要摸索和多方尝试，需要经验积累。

所以本土化不是靠少数专家策划而能计日程功的一项工程，更不是行政长官凭其意志就能操办的事。那一年，有个北京市长叫唤"维护古都风貌"，他颐指气使，对建筑师指指点点，可是几年过去，不见成效，古貌不增反减，他又急忙下令："夺回古都风貌！"试问，"维护古城风貌"范围要多大？"古风"要"古"到历史上哪个时代？怎么才算维护？再说"夺回"，从谁的手里"夺回"？怎么夺法？夺到什么程度算是获胜？单个建筑的"古风"就不容易，遑论一个大都市！这样复杂困难的事，该人以为靠自己的意志和手中的行政权力就能完成，真乃简单粗暴之典型，由此看来，该前市长是一位堂吉诃德式的勇敢分子。

没有哪个人能够规定建筑形象本土化的进程，没有哪个人能判定本土化是否完成。本土化没有一定的模式，是一个无数人参与的经验性的累积的实践过程，因而本土化是一个很长的、要经过数代人努力的、几乎没完没了的历史过程。

6. "外之既不后于世界之思潮，内之仍弗失固有之血脉"

这是鲁迅关于中国新文化说的两句话，见于他的文章"文化偏至论"（《鲁迅全集.第一卷》）。话虽少，却表明他是从中国与世界、今天与历史联系的角度看待文化问题，并指明民族性与世界性、历史性与时代性的关系。虽然建筑有特殊性，虽然并非所有建筑物的形象都需本土化，然而鲁迅的这两句话，却可以悬为中国建筑的目标境界和中国现代建筑文化的总体精神。

结束语

以上文字归结起来想表明这样的意思：

建筑的现代化是必需的，国际化是不可避免的，本土化不是绝对的。

在建筑文化问题上，我们同别国主动、平等地交往，摒弃晚清士大夫那种狭隘民族主义的心态。

德国哲学家伽达默尔写道："我本人的真正主张过去是，现在仍然是一种哲学的主张：问题不是我们做什么，也不是我们应当做什么，而是什么东西超越我们的愿望和行动与我们一起发生。"（《真理与方法》）

我以为伽氏的看法符合实际。

原载于《建筑学报》2005年第01期

当代建筑批评的转型
——关于建筑批评的读书笔记

郑时龄

建筑批评具有五种基本功能：一是说明与分析功能；二是判断功能；三是预测功能；四是选择和导向功能；五是教育功能。这五种最基本的功能相互之间不断渗透，互为因果。不同的批评模式，会在这五种功能中分别有所侧重，艺术批评的基本功能与建筑批评的功能是一致的。

建筑批评的起源可以追溯到维特鲁威（Vitruvius，公元前 1 世纪）的《建筑十书》（De architectura libri decem），而建筑批评理论则源自文学批评和艺术批评。在这方面，文学批评和艺术批评比建筑批评有着更广泛与深入的基础，有着更悠久的历史，并有着十分坚实的理论基础，积累了丰富的经验。被公认为西方第一位美术史家的瓦萨里（Giorgio Vasari，1511—1574）是意大利文艺复兴后期的画家和建筑师，他的著作《意大利杰出建筑师、画家和雕刻家传》宣告了新时代的到来。这本书最先全面地将艺术批评与建筑批评综合在一起，将艺术家的传记和艺术理论联系起来，成为艺术史批评的范式。瓦萨里将绘画、雕塑和建筑总称为"设计艺术"和"采用了设计构思的美术"。意大利文艺复兴后期建筑师、建筑理论家斯卡莫齐（Vincenzo Scamozzi，1552—1616）则称之为"美术"，直至"法兰西学院派"兴起

后，"美术"的说法才被普遍接受，并流传至今，设计艺术的统一性为美的理想所取代。艺术史学家和思想家认为：绘画、雕塑、建筑、音乐和诗歌这五种艺术构成了艺术体系的核心（Theodore M. Greene，1940），而当代艺术的核心体系已经拓展，包括建筑、艺术设计、绘画、雕塑、电影、摄影等。

由于表现主题的永恒意义，远古时代的艺术与建筑在本质上相互关联，建筑与艺术都象征着生命与命运。在更高的层面上，当代建筑正愈益与艺术融合，建筑尤其被看作与雕塑在某些方面具有同构的性质。随着应用艺术的发展，艺术的领域正在拓展。早在 1962 年，美国艺术史学家、耶鲁大学教授乔治·库布勒就认为，艺术品的范围应该包括所有的人造物品，而不仅是那些无用的、美丽的和富有诗意的东西。关于建筑是否是艺术的论争一直延续至今天，在后现代建筑理论中，建筑与艺术的关系始终是核心问题。

德国哲学家和教育家鲍姆加登（Alexander Gottlieb Baumgarten，1714—1762）创造了"美学"一词，并将美学定义为"美的科学"，使艺术批评在 18 世纪形成了科学的体系，奠定了艺术批评的理论基础，完善了艺术史，大致与建筑批评体系的形成处于同一个时代。美学的法则和艺术理论成为哲学的

分支,建筑从属于美术,建筑理论从属于艺术理论。建筑与艺术的分离只是由于大部分艺术史学家和艺术理论家并不能兼通建筑,从而使建筑与艺术疏离,只是在美学中才又综合在一起,艺术构成了哲学的主要关注对象。黑格尔(Georg Wilhelm Friedrich Hegel,1770—1831)将美学定义为"艺术的哲学",完善了从鲍姆加登以来发展的古典美学理论。

艺术理论家有理由认为,美学史没有给予建筑以应有的地位。许多建筑理论家、建筑师和哲学家认识到建筑是一门伟大的艺术,勒·柯布西耶(Le Corbusier,1887—1965)说过:"建筑是为了持久,建筑艺术是为了永恒。"[1]建筑也被称为"建构艺术"、"特殊艺术"、"空间和时间的艺术"、"社会艺术"等。今天,仍然有许多建筑师和建筑理论家赞同建筑是艺术的观点,美国建筑理论家亚历山大(Christopher Alexander,1936—)认为建筑是"感情","建筑师被委托的任务就是创造世界的和谐。"[2]威廉·寇蒂斯(William Curtis,1948—)在他的《1900年以来的现代建筑》(Modern Architecture since 1900)第一版前言中就明确地表示他所选择的标准是"高度的视觉效果和智性品质"。[3]建筑是社会、城市空间和场所的艺术,尽管建筑的许多方面与艺术无关,例如构成建筑的技术、设备、产权等,但是并不能抹杀建筑是人们最熟悉的艺术,无法避免的艺术。

历史学家和建筑理论家往往把阿尔伯蒂和米开朗琪罗的论著和作品作为建筑是艺术的例证,现代建筑则以勒·柯布西耶为代表,将立体主义艺术应用到建筑上。包豪斯学校把艺术家、建筑师和艺术设计师聚集在一起,德意志制造联盟试图克服建筑与艺术的分离。建筑与艺术的结合尤其是在当代城市的发展中臻于完美和统一,德国建筑师、导演弗里茨·朗格(Fritz Lang,1890—1976)的电影《大都会》(Metropolitan,1927)表现未来主义式的城市,这部预言式的电影史无前例地将艺术与建筑的幻想加以统一。现代建筑的创导者和理论家雷纳·班纳姆(Reyner Banham,1922—1988)也强调:"建筑是一种必不可少的视觉艺术。无论承认与否,这是一个文化历史性的事实,建筑师受到视觉形象的训练与影响。"[4]建筑作为艺术的观点在今天的建筑界已经成为主流,并在许多明星建筑上得以充分表现。

2004年,意大利热那亚市荣膺欧洲文化之都,举办了一次"建筑与艺术1900/2004——建筑、设计、电影、绘画、摄影、雕塑的创造性世纪"(Architecture & Arts 1900/2004——A Century of Creative Projects in Building, Design, Cinema, Painting, Photography, Sculpture)展,其主题显然表明建筑与设计艺术、电影、雕塑等的特殊关系。策展人杰尔马诺·切尔兰(Germano Celant)指出:"当今艺术与建筑的关系在于他们对形象和外观的关注,今天考虑的问题是有赖于图像作用的建造过程的显示性与再现,在图像的表现中,建筑的识别性和传达价值迅速得到展现,将有关的事物理解为承载信息的工具。这些建筑往往不必仅仅有用,具有功能作用,能住人,能生活,而且还是广告、推销、政治和机构的投资。近来的建筑思想优先考虑室外而非室内,优先考虑表面而非结构。建筑趋向于纪念性,对于业主而言具有双重意义,成为业主的品牌,成为业主的公共形象,自我陶醉的形象。"[5]在形象表达和图像作用的类比方面,当代建筑与艺术具有共性。因此,今天的世界充斥着以菲利普·约翰逊(Philip Johnson,1906—)的纽约AT&T大厦为先导,以弗兰克·盖里(Frank Gehry,1929—)的毕尔巴鄂的古根海姆博物馆为高潮的这一类明星建筑和形象工程就不足为奇。因此,查尔斯·詹克斯(Charle Jencks,1939—)在他的新著《图像建筑,不可思议的力量》(The Iconic Building, the Power of Enigma, 2005)中,开宗明义就说："一个幽灵正萦绕在地球村，图像建筑的幽灵。"[6]我们也可以把图像建筑翻译成形象工程。

尽管建筑与艺术具有某种松散的统一和类比关系，建筑理论与艺术理论的关系则是紧密的，一些建筑理论认为："建筑的基本原理是艺术的一般基本原理在某种特殊艺术上的应用。"[7]由于建筑理论与艺术理论的相通，建筑批评与艺术批评在意识形态批评、价值批评、符号批评及方法论上具有相似性，在许多情况下甚至是相通的，具有同一性。

自维特鲁威的《建筑十书》问世以来，与建筑理论一样，建筑批评经历了从历史批评、艺术批评到智性批评，又进入哲学和文化批评的阶段。建筑批评与建筑的历史演变十分密切，建筑批评反映了建筑的这种演变，尤其是反映重大的历史变化。20世纪的建筑经历了十分重大的转型，尤其是自20世纪60年代以来，发生了激烈的动荡和变化。随着建筑的发展，这个时期以来的建筑理论和建筑批评本身也经历了带有根本性的变化，这时期以来的建筑理论和建筑批评包容了对现代主义建筑危机的回应，探求现代性，引入符号学、结构主义、现象学哲学、后结构主义和解构哲学。一方面，建筑的话语系统已经向哲学及文化理论等领域延伸，另一方面，哲学及文化理论也向建筑领域延伸，这也是后现代时期建筑理论和建筑批评的一个基本特征。

建筑批评的对象是建筑、建筑师和社会环境、社会的演化，作为建筑主体的人的变化，城市建筑环境和自然环境的改变，工程技术的进步必然带来建筑师和建筑的变化。在新世纪来临的时候，由于全球文化的危机，人们不再像20世纪初在"走向新建筑"的口号下那样充满对未来的乐观主义理想，而更多的是反思过去的一切。这个时代有许多定义，法国社会学家让·博德里亚（Jean Baudrillard, 1929—）认为这是一个主体死亡的时代，而克雷格·欧文斯（Craig Owens）则定义为主体叙事失落的时代，文学批评家爱德华·萨义德（Edward Said, 1935—2004）看作是人文学科边缘化的庸俗社会。美国文化理论家弗雷德里克·詹明信（Fredric Jameson, 1934—）在1991年把后现代状况定义为"逆向的太平盛世观"（inverted millenarianism），宣称我们生活在一个难以产生对立的消费社会。

自20世纪60年代以来，建筑的危机使人们丧失了对现代建筑的信心，对现代主义产生了许多责难，集装箱式缺乏人性化的建筑已经为人们所不齿。在反思现代主义建筑运动以来的建筑发展过程中，出现了两种对立的思潮：一种是试图改造现代建筑运动，从现代性的立场主张批判性地继承现代建筑，超越现代建筑。其中不乏在维持现代主义轨道的同时，又摒弃现代主义的倾向；另一种思潮彻底否定现代主义建筑的原则，提倡新历史主义，复兴历史建筑，提倡后现代主义的舞台布景式的建筑。

按照德国哲学家、社会学家于尔根·哈贝马斯（Jürgen Habermas, 1929—）的观点，这两种思潮是位于两极的两种张力，而这两种张力实质上处于与现代主义建筑对立的同一个平台上。后现代文化批评家，《美国艺术》杂志编辑哈尔·福斯特（Hal Foster）把后现代主义的两种极端称之为"抵制型后现代主义"（postmodernism of resistance）和"反动型后现代主义"（postmodernism of reaction）。"抵制型后现代主义"继续现代主义的探索，试图解构现代主义，通过批判性的重构，抵制现状，寻求现代主义建筑的新方向。而"反动型后现代主义"则与现代主义决裂，称颂现状，试图从理论上和方法上沟通现代主义和古典主义的关系，从而陷入历史的形式中去避难。[8]"抵制型后现代主义"对传统进行解构，不是伪历史形式的工具性模仿，从源头上进行批判，而不是简单的回归。

实质上，这两种形态都是形式主义的不同表现方式，试图重新定义建筑的表意系统，试图为新的历史条件下的形式主义寻求理论支持。正如荷兰德尔夫特理工大学教授亚历山大·佐尼斯所指出的："近年来在国际设计领域广为流传的两种倾向，即崇尚杂乱无章的非形式主义和推崇权力至上的形式主义。"[9]

长期以来，建筑理论和建筑批评一直都是建筑领域与非建筑领域的哲学家、史学家和理论家、建筑师的研究范畴，建筑理论和建筑批评始终涉及多学科的综合与交叉。由于建筑理论与建筑批评在思想方法和哲学思辨层面上的相通，建筑批评是建筑史、建筑理论和建筑批评的统一，也是哲学与文化理论、科学技术美学的统一。

当代的理论及批评的话语，甚至所涉及的学科领域的边界都已经模糊，或者说是边界的开放，每一种话语都向其他学科开放，甚至延伸至数学、物理学等领域。例如，詹明信曾经质疑法国哲学家米歇尔·福柯（Michel Foucault, 1926—1984）的作品如何在哲学、历史、社会理论或政治学这些学科之间区分。实质上，大多数后现代理论家和批评家都表现了话语领域的拓展和延伸。然而这种话语的开放并非没有问题，20世纪90年代后期也曾经引发过学术界对此的抨击，认为存在一种滥用术语、创造概念的倾向。

哲学介入建筑与建筑理论具有悠久的历史，黑格尔（Georg Wilhelm Friedrich Hegel, 1770—1831）的《美学》完善了古典美学理论，他专门论述了建筑美学，建筑美学已经成为美学的一个分支。当代哲学与建筑理论的关系十分密切，哲学家也更广泛地涉足建筑理论。建筑批评是对建筑以及建筑师的创作思想、建筑作品与设计、建造和使用建筑的过程，使用建筑的社会个体和社会群体的鉴定和评价。对建筑批评的对象进行系统的研究、描述、分析、阐释、比较、论证、判断和批判，所涉及的判断以及大部分问题也是哲学的范畴。在判断过程中我们离不开哲学思辨，涉及事物的本质，涉及审美和价值判断，涉及判断力和感知力，涉及主体和客体的关系，涉及主观和客观，涉及判断的智性和感性问题。在这方面，康德（Immanuel Kant, 1724—1804）的《判断力批判》至今仍然有着重要的意义。因此，建筑理论和建筑批评必须源源不断地与哲学和文化理论保持密切的联系，关注哲学与文化理论的发展，并且引用这些领域的成果。

洛杉矶盖蒂艺术与人文史研究所和魏玛艺术画廊于1994年德国哲学家尼采（Friedrich Wilhelm Nietzsche, 1844—1900）诞生110周年之际，召开了一次名为"分解—重构—上层建筑：尼采和'我们思想中的一种建筑学'"（Abbau—Neubau—Überbau: Nietzsche and 'An Architecture of Our Minds'）的国际研讨会，研讨会中有三篇关于尼采和现代建筑的论文。作为一名艺术哲学家，尼采对艺术的关注主要是在"艺术意识"（Kunstwollen）的层面，他的业余爱好之一就是建筑。建筑对于尼采来说，是权力意志的审美具体化。他关注的是作为心灵的反映的建筑，是一种思想的形式，这种形式对人们的精神起重要的作用。尼采提出了"言说的建筑"（architecture parlante）的概念，主张净化建筑，赋予建筑以思想的理论，对现代建筑的许多先驱者，例如亨利·凡·德·费尔德（Henry van de Velde, 1863—1957）、密斯·凡·德·罗（Mies van der Rohe, 1886—1969），以及未来主义、达达主义产生了重要的影响。

不同学科领域的交叉和相互融合产生了当代意义上的通才，哲学界和文化理论界的通才们往往也涉足建筑理论。例如意大利思想家翁贝尔托·埃柯（Umberto Eco,

1932—），他同时又是哲学家、历史学家、符号学家、文学家和美学家，他的《功能与符号：建筑符号学》论述了建筑符号学的基本问题，奠定了建筑语言学的基础。他在1981年出版的小说《玫瑰的名字》从神学、哲学、学术以及历史的角度探讨"真理"问题。

建筑理论界也有许多通才，文艺复兴时期的阿尔贝蒂就是真正意义上的通才。意大利建筑师保罗·波尔多盖希（Paolo Portoghesi，1931—）既是建筑师，又是建筑史学家、理论家。美国建筑史学家、理论家肯尼思·弗兰姆普顿（Kenneth Frampton, 1930—）是当代国际上最负盛名的建筑理论家，杰出的现代建筑的理论家和批评家。他于1980年初版的著作《现代建筑：一部批判史》（Modern Architecture: A Critical History）是关于现代建筑批判的重要论著。弗兰姆普顿的著作还有《现代建筑，1841—1945》（Modern Architecture, 1841—1945），他的最新著作是1995年出版的《建构文化研究》（Studies in Tectonic Culture），他的论著也与文化批评家的论文一起列入后现代文化的批判论文，提倡以文化为导向的解构，从结构理解建筑。

哲学与建筑理论的结合是20世纪后半叶建筑理论的核心问题。

哈贝马斯发表过论文《现代建筑与后现代建筑》，他认为，现代建筑运动是面对三种挑战的结果：对建筑设计实质性的新需求；新材料和新的建造技术；新的功能和经济，劳动力、土地和建筑的资本主义式流动。

法国哲学家雅克·德里达（Jacques Derrida, 1930—2004）发表过多篇论述建筑的著作《吸纳需求的建筑》、《怪诞风格——时下的建筑》、《为何彼得·埃森曼能写出如此卓越的著作》等。德里达主张"混杂的建筑"（contaminate architecture），提出："使建筑与其他媒体、其他艺术对话。"他也与彼得·埃森曼参与了巴黎拉维莱特公园的设计。向哲学回归，向历史回归这两种探讨建筑和建筑思想的本体的方式始终是建筑理论的法则。

非建筑领域学者的介入意味着建筑理论的边界已经向非建筑领域开放，跨越学科边界并非混淆学科的原则及其边界，并非否认其特殊性和差异。而是揭示了各个学科领域的思想方法和批评模式的同一性。同时，也跳出一般习惯性的观点来考察建筑。建筑理论和建筑批评与其他学科领域的结合，将为建筑的发展提供新的机遇。当然，就本质而言，哲学家和文化理论家对建筑的关注更多的出于"终极关怀"，而不是具体的建筑话语或形象。他们认识到建筑的重要性，认识到建筑界提出的后现代主义对文化世界的作用。正如让·博德里亚在与法国建筑师让·努维尔（Jean Nouvel, 1945—）的一次对话中所说："我向来对建筑不感兴趣，没有什么特殊情感。我感兴趣的是空间，所有那些使我产生空间眩惑的'建成'物……这些房子吸引我的并非它们在建筑上的意义，而是它们所转译的世界。"[10]

建筑理论曾经替代建筑领域的哲学思辨，建筑理论试图诠释建筑这个特殊领域的哲学问题。自20世纪60年代以来的批判性内省试图为建筑指出未来的方向，而自成体系的建筑理论作为内省的工具已不能胜任批判的任务。来自外部的批判为建筑提供了新的动力和工具，尤其是哲学批判、文化批判为建筑批评提供了理论支柱。许多非建筑界的人士，诸如哲学家、符号学家、思想家、心理学家、社会学家、文化理论家、文艺理论家、作家、音乐研究家等，也都以不同的方式介入建筑批评。典型的例子是受到广泛引用的德国哲学家马丁·海德格尔（Martin Heidegger, 1889—1976）的《建筑·栖居·思想》，德国哲学家于尔根·哈贝马斯的《现代与后现代建筑》，法国作家和批评家乔治·巴塔伊（Georges Bataille, 1897—1962）的《建筑》，法国哲学家和社会理论家亨利·列斐伏尔（Henri Lefebvre, 1901—1991）

的《空间的生产》,让·博德里亚的《布堡效应》等,都已成为当代建筑理论的经典篇章。这些论著很难用传统的建筑理论的框框来衡量,是一种融汇多学科话语系统的论著。

意大利马克思主义建筑理论家曼夫雷多·塔夫里(Manfredo Tafuri,1935—1994)引入了建筑的意识形态批评,将经济基础与上层建筑的关系转译为建筑批评,塔夫里对现代主义和当代建筑生产的批判,具有重要的开拓性。

西班牙当代建筑理论家伊格纳西·德·索拉·莫拉雷斯(Ignasi de Solà-Morales)认为:"建筑批评意味着置身于危机内部并且运用高度的警觉与孤独寂寞,对危机的感知构成了评论的起点。意识到危机的存在意味着对危机加以诊断,表达某种判断,借此区分出在特定的历史情境下一起出现的各种原则。建筑评论并不是一种文学风格也非一种职业。建筑评论是一种知性的态度,让论述变成——在孤独寂寞并且意识到危机的存在下——判断、区分与决定。"[11]

面对危机,建筑理论和建筑批评必须从意识形态中寻求支柱,未来的建筑理论和建筑批评将与哲学和文化理论有着越益密切的关系,更注重意识形态批评。在艺术批评和文学批评中,判断、决定,尤其是处于危机状态下,同建筑批评一样,都是批评的主要范畴。20世纪建筑的危机与艺术、文化以及集体意识的危机都具有平行发展的关系。建筑批评和艺术批评必须面对社会问题,对作品的批评是一个连续的过程,通过某种广泛多样的个人行为以及社会和制度实践而进行的一种价值的判断性运作,从而揭示出作品及其作者的内在世界。批评可以起到丰富并延伸作品、作者及其价值的作用,赋予作品以开放性以及附加的价值。

建筑本身也是建筑批评,一件表达了建筑师和社会对建筑本体的认识,蕴含了对未来方向的思考,表现出历史参照性和导向性的建筑作品本身就是空间与结构的组织与形式取代语言所表达的建筑批评,这也是与艺术作品的批评相通的。

原载于《时代建筑》2006年第05期

参考文献

1. Neil Leach. *Rethinking Architecture,A Reader in Cultural Theory*. Routeldge,2001.

2. Kate Nesbitt. *Theorizing a New Agenda for Architecture,an Anthology of Architectural Theory,1965-1995*. Princeton Architectural Press,1996.

3. K. Michael Hays. *Architecture Theory since 1968*. Columbia Books of Architecture. MIT Press,2000.

4.]*Architecture & Arts 1900/2004——A Century of Creative Projects in Building,Design,Cinema,Painting,Photography,Sculpture*. Skira,2004.

5. Philip Jodidio. *Architecture:Art*. Prestel,2005.

6. Carl Fingerhuth. *Learning from China,The Tao of the City*. Birkhäuser,2004.

7. Alexandre Kostka,Irving Wohlfarth. Nietzsche and "An Architecture of Our Minds". Issues & Debates,1999.

8. 哈尔·福斯特主编. 反美学:后现代文化论集. 吕健忠译. 台北:立绪文化事业有限公司,2002.

9. 包亚明主编. 现代性与空间的生产. 上海:上海教育出版社,2003.

10. 汉诺-沃尔特·克鲁夫特. 建筑理论史——从维特鲁威到现在. 王贵祥译. 北京:中国建筑工业出版社,2005.

11. 布希亚,努维勒. 独特物件——建筑与哲学的对话. 林宜萱,黄建宏译. 台北:田园城市文化事业有限公司,2002.

注释：

[1] 转引自马克·西门尼斯. 当代美学. 王洪一译. 北京：文化艺术出版社，2005：9.

[2] Christopher Alexander in debate with Peter Eisenman in *HGSD* News (March/April 1983); pp. 12~17 转引自 Diane Girardo. The Architecture of Deceit, Theorizing a New Agenda for Architecture, an Anthology of Architectural Theory, 1965-1995. Princeton Architectural Press, 1996：389.

[3] William Curtis. Modern Architecture since 1900. Phaidon, 1996：7.

[4] 转引自毛里齐奥·维塔. 21世纪的12个预言. 莫斌译. 北京：中国建筑工业出版社，2004：12.

[5] Germano Celant. Architecture, Kaleidoscope of the Arts. Architecture & Arts 1900/2004——A Century of Creative Projects in Building, Design, Cinema, Painting, Photography, Sculpture. Skira, 2004.

[6] Charles Jencks. The Iconic Building, the Power of Enigma. Frances Lincoln, 2005：7.

[7] 不列颠百科全书根据中文版：第一卷. 北京：中国大百科全书出版社，2002：441.

[8] Hal Foster. Preface to Hal Foster. Postmodern Culture. London and Concord, Mass.：Pluto Press：ix-x.

[9] 国际建协《北京宪章》——建筑学的未来序言. 北京：清华大学出版社，2002：29.

[10] 布希亚、努维勒. 独特物件——建筑与哲学的对话. 林宜萱，黄建宏译. 台北：田园城市文化事业有限公司，2002：30.

[11] 伊格纳西·德·索拉·莫拉雷斯. 差异——当代建筑的地标. 施植明译. 台北：田园城市文化事业有限公司，2000：30-31.

白墙的表面属性和建造内涵[1]

史永高

引言

如果说世界在变得越来越图像化，建筑则比以往任何时候都被要求扮演一个力挽狂澜的角色，重新找回某种实在性，找回人与"大地"的联系。于是，反抽象化的材料表现成为一种最为便利的选择。

这种倾向近年来对于国内建筑界产生了非常重要的影响。

只是，当我们在反"图像化"的旗帜下，仔细研究材料与节点的时候，它却常常在不小心间成为了另一种图像化的堆砌。这样，即便所有华贵的材料堆积于眼前，也不能保证一个动人建筑的诞生。与此相反，也有一些建筑放弃了对于材料的迷恋，而涂以单一的白色或是多种色彩，却由于放弃了形式和空间的研究使其更显单薄。

于是，当王昀先生在北京五环以外的白房子落成并在《建筑师》杂志介绍时，便令人不能不感到欣喜了。

这一白色曾经与"国际式"一道饱受诟病，但是一个不争的事实却又是，20世纪20年代白色建筑的魅力和影响的持久常常远远超过人们的想象。这使得即便是在今天，对于这一现象的一些重要侧面——比方说它的表面属性和建造内涵——作出某种考察也是意义非凡的。

一、白墙与早期现代建筑

如果说，路斯建筑中对于材料的使用和空间的塑造反映了内与外的分裂，那么这种分裂的最深处的动力乃是源自他对于现代性的独特的认识：既非浪漫主义者那种回归前工业时代的田园牧歌式的虚幻的平衡，亦非现代主义者那种寄望于新的平衡在一夜之间得以建立的乌托邦幻想。这种内与外的差异，不仅仅是他的私人居住建筑中室内与室外的对立，也是现代都市中人的内在与外在世界的疏离。[2]它是路斯建筑中的"面具"（mask），在这一面具中，所谓"透明"只能是一种奢望。

与路斯这种对于现代性的审慎态度相对照，其他早期现代建筑师们则要乐观得多。而早期现代建筑中对于白墙的迷恋，在很大程度上也正是基于这么一种对于内外之间新的和谐与统一的热望，一种对于再次达致"透明"生活的憧憬。它也在一定程度上构成了早期现代建筑的白墙"情结"的意识形态基础。白墙，已经不再仅仅是一种视觉形象的偏好，也超越了经济性技术性的考虑，而成为社会公正与平等的象征。它跨越了不同阶级与阶层的藩篱，创造出一种能够体现新型社会之特征和内涵的建筑。

在这种象征性的含义之外，就建筑的本体论意义来说，白墙却是反映了现代建筑一个矛盾的侧面，它直接表现在材料与空间的内在冲突。

现代建筑的教义总是说要忠实于材料，忠实于建造。然而，切开萨伏伊别墅的外墙，我们却看到在那光滑洁白的表面之下，隐藏着的是混凝土的框架，以及用黏土砖砌筑成的墙体（图1）。事实上，它不仅仅是隐藏了真正的材料以及它的建造方式，而且，用来隐藏实际构筑材料的却恰恰是一种去除肌理和色彩的独特材料——白色的粉刷。在很多时候，它被称作一种非物质化（immaterial）的材料，并以此和木材、石材这些有着独特触觉和视觉效果的材料相对照。[3] 这么一种隐匿的，甚至是"不诚实"的做法，这么一种本体论角度的矛盾性，事实上反映了主体间不同的观照方式。此外，与那种对于材料的表现相比，它也有着不同的空间追求与趣味。

虽然这种白墙情结在早期现代建筑师中蔚为普遍，[4] 然而由于柯布西耶在20世纪20、30年代的纯洁主义时期的白色建筑所展现的深度和力度，他理所当然也毋庸置疑地成为了这一现象的代表，并使得这一现象在一定程度上被塑造成为柯布的个人神话。这固然是对于历史的某种曲解，但是，它也使得我们有可能通过对于柯布的考察来认知这一早期现代建筑的独特现象，或者说，把这种努力在方法上赋予了某种正当性。

就许多方面来看，柯布西耶在早期对于白墙的钟爱似乎都是源自于一种个人的经历与体验。在其为1959年版《现代装饰艺术》所作的序言中，他以第三人称讲述了自己早年的游历："……一个二十来岁的小伙子……在城市与乡村间孜孜以求，寻觅时间的印迹——那久远的过去与眼下的现在。他从历史巨匠们那里受益颇多，而从普通人的建筑里学到的也毫不逊色。正是在这些游历中他发现了建筑之所在：建筑究竟在哪里？——这是他从未停止追问的一个问题。"[5] 而在书末的"告解"（confession）中，他述说到在这近一年的游历中，他完全"折服于地中海流域建筑中那种令人无法抗拒的魅力"，这种魅力则恰恰源自于那些洁白的墙面。正是白墙，方才使得建筑成为"形式在阳光下壮丽的表演"，并且"拥有充分的几何性来建立一种数学上的关系"。[6]

但是，就柯布而言，他对于这些游历中的描述，尤其是那些对于白墙的赞叹，事实上又受到此前的许多相关论述的影响，甚至这些论述在一定程度上直接左右了柯布对于个人经验的表述。而把柯布神化为一个艺术天才的做法，更是使得白墙这一早期现代建筑的现象蒙上了一种个人化的色彩，表现为一个由个人经验而导致的一场"运动"，却是于有意无意之间忽视了它作为一种集体产物的事实，也忽视了它丰富的历史渊源。这种历史渊源把柯布与路斯，并进而与森佩尔联系在一起，也恰恰是这种历史渊源为这层薄薄的白色赋予了厚度，并且提供了观照这一独特现象的多重角度。

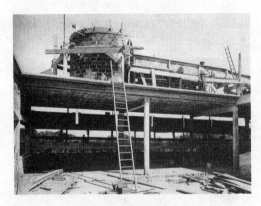

图1　施工中的萨伏伊别墅
图片来源：Richard Weston. *Materiais*，*Form and Architecture*. New Haven，CT：Yale University Press，2003.

二、装饰的去除与形式的显现

在对于白色粉刷的理解上，柯布与路斯的观点密切相关。事实上，在柯布游历归来不久的1912年，他便接触到路斯的著述，然后更是在1920年把路斯著名的《装饰与罪恶》刊印于由他和画家奥赞方创办的《新精神》杂志的创刊号上。[7]他接受了路斯关于人越是文明便越少装饰的观点，而装饰的剥离正是一个把建筑净化的过程，至于这道白色的涂料（whitewash），便成为了这一过程最终驻足的地方。

对于柯布在装饰问题上与路斯的承继关系，许多学者都进行过比较和论述。斯坦尼斯劳斯·凡·莫斯（Stanislaus von Moos）在他的《柯布西耶与路斯》一文中也对此作了充分的解析，并认为柯布在其"《当代的装饰艺术》一书中提出的观点几乎可以一一对应地追溯至路斯那里"，[8]而他早前创办的《新精神》则"无异于这么一种努力，希望能使得法兰西的工业界精英们回归他们自身领域的逻辑性中，并让他们认识到对自己的工业产品进行所谓的'艺术设计'完全是无谓之举"。[9]这么一种物质主义的观点不能容忍那些所谓的美化和装饰，而要回归事物本来的面貌。但是这种回归自身的主张又是否意味着彻底的暴露呢？

1925年，柯布出版了一本文集，名为《当代的装饰艺术》（The Decorative Art of Today），取的是其中一篇文章的标题。但是，正是这一名称本身映现了这一问题的悖论性，因为"当代"（在当时即指20世纪的20年代）的装饰艺术恰恰是非装饰性的，当代的装饰艺术恰恰是反装饰的。这种悖论也深深地体现在这本文集的最后一篇文章"一道白涂层：雷宝林的法令"（A Coat of Whitewash: the law of Ripolin）中（Ripolin是一个墙面涂料的品牌，在当时的法国很有声望，应用也最为普遍。）

此文写成于1925年，是柯布关于白色建筑的宣言，它也是路斯1898年提出的"饰面的律令"的一个特定的参照。开篇伊始，柯布便呼吁"我们需要制定一个道德上的行为准则：热爱纯粹！"紧接着，柯布设想了一幅这一法令颁布实施以后的图景："每一位公民都要卸下帷幕和锦缎，撕去墙纸，抹掉图案，涂上一道洁白的雷宝灵。他的家变得干净了。再也没有灰尘，没有阴暗的角落。所有东西都以它本来的面目呈现。"[10]当建筑脱去了森佩尔的那层"衣服"，它的本质方才得以显现，而这正是柯布在他的《走向新建筑》中的理想。

在结构与表面的二分上，柯布事实上继承了路斯在其1898年的《饰面的律令》一文中所表述的观点。具体来说，此时对于建筑的感知成为了对于它白色的面层的感知，而不是面层以下的结构或是支撑。这一面层可以很薄很薄，直至一个几无厚度的涂层。而与石材等其他材料相比，这一涂层的独特之处还在于，在覆盖别的材料的同时，其自身却是非物质化的（immaterial）。当然，这种非物质化不是说作为一种建筑材料其自身不具备任何物质属性，而是说由于表面肌理的缺失，及其依附而不具备独特形态的属性使其趋于自身的消隐。正是在这自身的消隐中，装饰被更为彻底地去除，而建筑的纯粹形式则得以更为充分地显现，建筑也方才成为"形式在阳光下壮丽的表演"，并且能够"建立一种数学上的关系"。从这一点来说，认识早期现代建筑的白墙这一现象，必须置于19世纪关于遮蔽（masking）的思考，而不是20世纪关于透明的讨论。

建筑要从低级的感官性向着高级的视觉性发展，这一层感官性的外衣就必须脱除，唯有如此，才能"暴露内部机体的形式轮廓和它的视觉比例"。[11]然而，如果说外衣所具有的具体材质是感官性（sensual）的，那么内部的机体（body）岂不也是如此吗？如果仅仅是去除建筑的饰面，内部材料的质感不是仍旧对于形式的显现有一种感官性的干扰吗？因此，绝对的裸露并不能保证建筑的形式和比例的纯粹显现，相反，这个机体还必须披上另一层外衣，这层外衣既没有装饰所带有的感官性，也没有内部机体的物质性所必然具备的感官性。唯有如此，这层外衣才能把建筑塑造成一个形式上的比例，而不是一个感官性的机体。这便是这一道雷宝林涂层的功用，它在两种危险的夹缝中跻身进去，最终把建筑的机体转化为纯粹的视觉形式。

柯布的雷宝林主张与森佩尔的饰面原则貌似对立，实则承继。柯布去掉了建筑表面装饰的外衣，但是这一道白色的雷宝林岂不是建筑的另一件外衣？——无论它是多么简洁、光滑，它与外衣在本质上终究并无二致。柯布去除的是从前构成"外衣"的诸多要素，而绝不是外衣本身。而这件薄薄的、独特的外衣在把建筑包裹起来的同时，也就掩去了内部机体具体的物质性（materiality）。

三、感官性与视觉性
（Sensuality vs Visuality）

19世纪的德国艺术史家阿洛瓦·李格尔（Alois Riegl，1858—1905）提出触觉—视觉两极对立的艺术史发展图式，将艺术的发展解释为从古代的触觉知觉方式，向现代的视觉知觉方式演变的历史。在李格尔的知觉理论中，虽然从总体来说，视知觉处于历史发展的高级阶段，但是，触觉的作用得到了重视。在具体的各个发展阶段中，视觉与触觉的作用是相辅相成的，并无高下之分，它们共同提供了一幅艺术的图景。[12] 但是，在歌德等经典作家的眼中，它们则具有了一种等级的关系，视觉（以及听觉）具有高贵性，是人类自身高度发展的产物，而触觉则是较为初级的感官。

总之，在西方历史上，非物质化的视觉性占据着更为高贵的位置，这种认识对于柯布西耶当然也并不例外，建筑的视觉性成为了建筑师追求的首要目标。

在柯布西耶与奥赞方合著的《立体派以后》（Après le Cubisme）一书中，他们意图以"纯粹主义"（Purism）来将现代艺术从"颓废"的状态中唤醒——他们认为立体派对于这种状况负有直接责任。这种命名也暗示了一种倾向，通过清除"意外的"和"印象派的"成分来表达"永恒"，它将指引艺术与建筑远离颓废。至于何处去寻求这种永恒，他们的建议有两个：一是康德哲学，一是黑格尔哲学。前者呼吁重返人类天性的原始秩序，后者则有助于领会创造了工业化建筑、机械结构和作为"自然法则之投影"的机器的时代新精神。尽管存在种种不同之处，二者都开出了相同的处方：纯粹形式（Pure Form）。

但是，《立体派以后》一书的重要意义并不局限于将"纯粹主义"吸收为正式术语，更重要的是，它要把"纯粹主义"解释为一种认识方法，一种道德姿态，一种纯粹主义者的思维方式和生活方式。[13]

于是，视觉性被提到了至高无上的地位。

只是，需要指出的是，这种视觉性与后现代时期的图像化视觉是不同的。简单说来，前者指的首先是建筑的形式关系，甚或是一种纯粹的理想的数学关系；而后者所追求的则首先是某种具象的能够轻易引发观者的记忆和联想的形象。从这一点来说，两者的首要追求甚至是恰恰相反的。

在对于纯粹形式的追求中，视觉性与感官性（这里主要指材料的触觉性）不可避免地被放置于对立的两端。而为着这种视觉性的达成，需要把路斯的饰面做出进一步的简化。因为，在路斯把那种无谓的装饰与罪恶相等的同时，他的精美的材料——那些丰盈的纹理、色彩与质感，难道又不正是另一种装饰吗？换句话说，他的材质不正是那被去除了的装饰的某种替代与延伸吗（图2）？当材料的感官性成为另一种装饰时，它便成为追求纯粹形式的另一种阻碍。于是，在装饰以外，它成为了一种需要进一步去除的要素。此时，去除了材质性装饰的萨伏伊别墅，则成为了光与形式的纯粹游戏与表现（图3）。

图2　路斯米勒宅（Villa Müller）的"大理石厅"
图片来源：Leslie Van Duzer & Kent Kleinman. *Villa Müller: a work of Adolf Loos*, foreword by John Hejduk. New York: Princeton University Press, 1994.

图3　萨伏伊别墅室内
图片来源：Richard Weston. *Materiais, Form and Architecture*. New Haven, CT: Yale University Press, 2003.

这样，柯布的这一层雷宝林面层便具有了双重遮蔽的作用。首先，它作为饰面遮蔽了结构性的建筑机体；其次，它以其自身的非物质化特质遮蔽了饰面层的感官性内涵。这种双重遮蔽在森佩尔、路斯和柯布之间建立起某种延续与变异的关系。

森佩尔论述的目的在于打破以往的结构/装饰的二分法，以及它们之间的等级关系。当他从考察人类的基本活动开始并进而论述建筑的起源时，便就表明了建筑的本质（essence）恰恰是在于其外层的表面，而非内部的结构。这样，建筑不再首先源起于一个遮风避雨的棚屋，而后再渐渐地生出许多附加的装饰——而这些饰面永远处于一个从属的地位并要反映内部的结构。他以此推翻了劳吉埃长老的棚屋原型。但是，与路斯一样，森佩尔也在多处谈到油漆/涂料这个问题，并有一个论断：这层薄薄的油漆"正是最微妙，而又最为无形（bodiless）的面层。它是用来弃绝实在性（reality）的最为理想的手段，因为在它遮蔽了别的材料的同时，其自身却是非物质性的。"[14] 虽然如此，他们论述的方式和旨趣却大有不同：森佩尔针对的是实在性（reality），目的在于否定和弃绝这一实在性，因此他强调这一涂层本身的非物质性（immateriality）；而路斯关心的是饰面层（当然可以是一层薄薄的油漆）与被饰面物的不可混淆，其实意在强调饰面自身的真实性和独立性，也以真实性的名义来遮蔽了内部结构与材料之实。路斯这一普遍性律令超越建筑（墙体建造）的狭隘范畴，而扩及日常器物的领域，事实上成为了一种个人的文化和价值立场的表达；而森佩尔对于油漆面层的论述则基本上还是着意于建筑的墙体，其兴趣事实上仍在于"编织"饰面的方式在一个实体建造的年代的延续与演化，因为，"在一个实体建造中，这一涂层扮演了饰面的角色，而真正的建筑恰恰是存在于这一薄薄的面层之中。"[15]

与森佩尔相比，柯布对于饰面（Dressing, Bekleidung）的理解其实已经完全改变了。在森佩尔的饰面概念中，装饰（Decoration/Ornament）扮演了重要的角色，甚至，"建筑起源于装饰……真正能够使建筑成为建筑的正是装饰。"[16]而柯布基于两个原因是要去除这些东西的。首先，他接受了路斯的一个文化观点，即"一个文化越是低级，装饰便就越是明显。装饰必须被克服……文明进步的过程便就是装饰越来越少的过程。"[17]其次，基于这一点，柯布进一步认为文明发展的历程便就是一个由装饰的感官性（sensuality of decoration）到形式的抽象性（abstraction of form）这么一个转化过程。这种认识与前述李格尔关于触觉—视觉的艺术史观不无共通之处，只是，柯布是以感官性（Sensuality）和纯粹的视觉性（Pure Visuality）来建立这么一对反题（antithesis）。

如果把饰面比作一件衣服的话，柯布是要去除这件衣服上的花边与皱褶的，甚至去掉衬衫布料本身的纹理与颜色，以此来表明自己与19世纪历史风格主义的不共戴天。然而，纵然如此，没有了花边与皱褶的衬衫难道不是依旧是一件衬衫？没有颜色的白色难道其实不正是颜色的一种吗？

那么，这件平整洁白的衣服可以脱掉吗？这层薄薄的石灰涂料（whitewash）可以省去吗？对于柯布来说，这是万万不可的。之所以不可，原因恰恰在于感官性/视觉性这一反题。因为，如果说由于装饰的感官性——对于这个词词典的解释是"对于物质性愉悦的热爱和享受（通常是一种过分的程度）"——而必须摒弃装饰的话，那么，脱掉衣服之后露出的机体依旧是一个非常非常感官性的机体（object/body）。也就是说，两种感官性必居其一。如何把它们同时去除呢？这就是白色涂层的独特功用了："在两种威胁之间加入了这种白色粉刷层，以便把（感官性的）机体转化为（纯粹的视觉）形式。"[18]

因此不妨说，柯布要去除的既是森佩尔衣服上的花边，也是路斯衣服本身的质地，但绝不是去除衣服本身。

白色的粉刷便是隐匿材料的感官性，从而呈现建筑的纯粹视觉性——纯粹形式的数学比例——的最理想的手段。固然，选用白色还有关于卫生（hygiene）生活的诸多考虑，但是，对感官性/视觉性的考虑似乎更为根本。而若是从艺术史的角度来看，这其实是一个非常古典的看法和态度。只是当柯布得益于现代结构技术所提供的便利使得立面自由，空间透明，并且去除一切装饰与线脚的时候，这种纯粹的形式具有了一种机器制造的图像。只是，这种机器制造仅只是一种图像，一种视觉的图像，而并非一种实在或者真实。换句话说，在机器外观的表象与真实之间，存在着巨大的矛盾与反差。

同样的矛盾也存在于白墙的建造方式上。

四、实体建造：表象与真实（Monolithic：Apparent or Actual）

通体洁白的萨伏伊别墅给人以一种实体建造（Monolithic construction，直译则为独石式建造）的感觉，而没有层叠建造（Layered construction）那种内与外的明显差异（图4）。然而，这只是一种表象，而非真实。

图4 完成后的萨伏伊别墅
图片来源：Richard Weston. *Materiais*, *Form and Architecture*. New Haven, CT：Yale University Press, 2003.

19世纪的英国建筑师斯特雷特（George Edmund Street, 1824—1881）把威尼斯的建筑分为两类：一是实体建造（monolithic style），以那些砖砌体外露的教堂为代表；二是层叠式建造（incrusted style），典型的如圣马可广场那些大理石贴面的建筑。福特（Edward R. Ford）在《现代建筑细部》一书中则指出，这两种建造方式与建筑风格之间并无必然的联系，比如虽然从根本上来说，贝瑞和瓦格纳都是古典主义者，然而前者倾向于实体建造，后者更钟情于层叠式建造。而在现代主义时期，则是在层叠式建造得到空前发展的时候，却渴望着一种实体建造的方式。前者由于机器加工技术的进步而使得贵重华美的材料都得以被做成薄片贴在表面，框架结构的普遍应用解除了墙体的负重而可以对于保温隔热及防潮避水进行针对性的设计。此外，设备系统的复杂化也使得墙体要容纳更多的东西，其组成当然也就更为复杂。而对于实体建造的渴望，则是源自于一种现代主义理想中对于"诚实"和"透明"的追求，认为结构形式应当得到传达而不必闪烁其词。这样，以一种象征和再现的方式来表达内在的真实便不可接受，因为这意味着需要建筑师主观上的美学判断，而现代建筑应该是客观的、不可避免且不受风格影响的。那么，当然没有比实体建造更为理想的建造方式了。

然而柯布的白色建筑在这一点上呈现出明显的复杂性。

固然柯布在建筑中吁求一种理性的方法和技术，但是他并没有简单地倡导一种理性建筑。相反，在其一生不同取向的建筑实践中，他一直对此持一种反对态度。于柯布来说，装饰的去除并非为了要展示结构的纯粹，所谓对于建造的表达也只是一种一时的时髦，源于19世纪装饰与建造的分离，并且在现代主义对于直接、简单的追求中得到实践。建造只是一个理性化的工具，目的在于给人以自由，就其自身而言并非兴趣所在，相反，它必须披上一道白色的涂层，一层现代主义的饰面。

这层面具一般的饰面常常受到指责，因为它背离了现代建筑的原则——这种原则要求对于一个理性化了的内容作出一种透明的表达，也因而要求建造本身具有某种实体性，并且诚实、内外一致等等。因此，弗兰姆普敦这样来描述柯布西耶20世纪20年代末期的建筑："它们被打扮成洁白的、均一的（homogenous）、像是用机器制造出来的外形，而实际上却是混凝土砌块外加粉饰，固定在混凝土框架之上。"[19] 另一位建筑史学者则批评他这一时期的建筑中的"机器制造的那种感觉只是一种图像（image）而非一种实质（reality）……所有的表面都被粉刷并涂白，以便赋予建筑一种机器制品般的精确性……传统建筑经过装饰而看起来有如机器制品……一种机器时代的图像。"[20] 假如我们能够接受柯布西耶的"雷宝灵的法令"与森佩尔的"饰面的原则"之间具有一种内在联系的看法，那么，对于柯布来说，"这一道石灰水的涂料就正是那个掩饰其本来面目的面具，而机器时代的实质（reality）也恰恰正是图像本身的实质。"[21]

在柯布的游历中，他一再提到通体由白色大理石砌成的帕提农神庙，感叹于这一沐浴于地中海阳光下的胴体所散发出的形式魅力。可是，在森佩尔看来，古希腊人之所以用大理石来建造神庙，只是因为在这种材料上容易着色而已。

大理石曾经一直被作为"真实性"（authenticity）的代表，而在森佩尔那里它只不过是一层"自然的粉刷"（natural plastering）而已，它的光滑的表面也只是一种特别的肌理，而不再是为了揭示建筑纯粹的形式。然而，从某种程度上来说，柯布对于帕提农神庙的阅读，则是又一次回到了考古大发现之前的古典时期。那些真实的、不可约减的物体，在目光的凝视之下而变得"透明"，传统的建筑理论便就把这些品质视作现代建筑的理想。对于纯净主义者来说，白色的涂层不啻是建筑最完美的外衣，然而，当我们意识到即使再完美，它终究还是一件外衣的时候，便会发现它与这种理想化的现代建筑又是多么的格格不入。

森佩尔以其关于彩饰法（Polychrome）的论述破除了古希腊建筑的白色神话，也从而终结了西方建筑学中"白色大理石"的基础设定。有趣的是，经由路斯，再到柯布，竟然像是绕了一个圈，又回归了对于白色的崇拜。而一场场看似激烈的反叛，似乎清除了与历史的纠葛，却又竟然还是逃不出人类认知连续性的链条。

然而，即便仅就墙体的建造而言，层叠式与实体式建造的区分事实上也并非那么泾渭分明。

首先，那种认为古代和中世纪时期的建筑是实体式建造的想法只是一种臆测，大理石几乎一直被用作一种面材，而室内也几乎一直是粉刷过的，即便那些看似纯粹由石头垒成的房屋，也是把漂亮的、质地好的石头砌在外面，而并非通体一致。但是，更重要的是，如何界定这两种建造方式之间的界限呢？假如外面的一层仅仅是一层油漆，薄到几乎没有厚度，是否仍为层叠式建造呢？即便没有油漆和涂料，完全由同一种石材砌成，那么，当在石材上做出阴刻图案的时候，还是否为实体式建造呢？以森佩尔的面饰（Bekleidung）的概念来看，这正是一种典型的衣服（Dressing，而 dressing 在英文中用时还有加工石头的意思），正如同用色彩在它表面描画图案一样。在面饰的含义上，附加的描画和在墙体本身上的雕刻，效果并无什么不同。即便以安藤内外皆裸露的混凝土墙来说，那些模板的印迹，那些精心设计和布置的夹具留下的凹孔，难道不是当代的面饰吗？如果说在威格利（Mark Wigley）看来，那一层薄薄的平平的白色雷宝林终究还是一层面饰的话，那么不管是亚述人实体墙面上的阴刻，还是当代混凝土表面的精雕细作，难道不更是面饰吗？也正是在这时，我们方才发现，把 Bekleidung 译成 Cladding 是多么的不妥，和为什么只能以 Dressing 来表达。我们也才发现，Bekleidung 固然常常与建造的分层相联系在一起，但却并非总是这样。[22]

这一层 Dressing 阻绝了"心眼"（mental eye）的视线，使对象不再透明，只是呈现出它阴沉的面貌，而意念总也无法穿透这种阴沉。

然而，有哪一种实体建造能因其绝对的一致与同质而完全透明吗？有哪一种实体建造不存在表面吗？只要我们只注视它的表面，只"看"它的表面，即便它再薄再透再同质，我们也将无法穿透，因为"看"表面这种态度的本身意味着我们没有意愿要去穿透它。当我们把目光永远地驻留于表面的时候，通体洁白的萨伏伊难道不又正是最最纯粹的实体建造吗？

结语

白墙虽然古已有之，但是直至20世纪初期，它的使用方才超越了地域性特征和技术及功用层面的考虑，而被寄予社会理想和意识形态之含义，成为一种有意识的追求，并在形式和空间方面成为建筑学的一个基本命题。通过对于材料表现的抑制，它更为彻底地把空间奉为建筑的主角，使建筑成为光与空间的游戏，成为抽象形式在阳光下壮丽的表演，并在20世纪中叶进一步引发了对于形式自足和建筑自治的讨论和追求。

在这诸多层面与内涵中，本文只是探讨了这一"全新"的表面与它所反对的装饰之间的关系，以及装饰性、感官性、视觉性之间的牵连与差异，并进而对于实体建造以及层叠建造的概念进行了辨析。指出在它反对装饰的同时，其白色的表层却终究不过是另一种装饰性外衣；在它貌似实体建造的同时，却在本质上仍旧具有层叠建造的特质。但是，通过对于具体材料和建造方式的隐匿，它以这种单一并且抽象的材料——白色粉刷——达成了建筑纯粹形式的表现。这些阐述揭示了这种隐匿材料的做法对于建筑的纯粹形式的显现所具有的意义，而白墙这一现象也说明建筑的品质并不完全依赖于对材料和节点的表现。

需要指出的是，就实体建造和层叠建造而言，这一辨析的意义并非在于建造方式本身，而在于这两种建造方式各自揭示了什么又隐匿了什么，并且，在隐匿了某种建筑要素的同时，是否对于别的建筑品质的显现提供了便利或是加强了它的表达。而不论是哪一种建造方式，对于具体材料的选择都会对建筑空间的知觉属性产生重要的影响（当然后者由于表层脱离了承重的束缚将会更加自由）。这首先是多重材料还是单一材料的问题，其次还是何种单一材料——是木、石、砖等物质化材料还是油漆与涂料等非物质化材料——的问题。前者决定了建筑空间的质量在何种程度上被材料所区分，后者则决定了它在抽象的程度上能够最终走得多远。这便又一次回到了文中对于材料的感官性和视觉性的讨论，也再次显现了本文三、四两个部分之间更为紧密的内在联系。

进一步研究这些课题，建筑结构关系的隐匿与显现以及空间品质的塑造是切入这种思考的两个可能角度。只是，这已远远超出了本文探讨的范畴，需待另一篇论文来阐述了。

原载于《建筑师》2006年第6期

注释：

［1］本文集中于对早期现代建筑白墙的表面属性和建造内涵的讨论，因此与先前森佩尔和路斯关于饰面的论述有着诸多关联，但限于篇幅，不可能对于这些背景知识展开论述，可参见《建筑师》总第118、119、120这三期当中关于这两位建筑师的专题评述。

［2］参见史永高. 建筑师路斯（下）. 建筑师，2006（2）：66-68.

［3］例如弗兰姆普敦在论述巴塞罗那馆的天花，以及萨伏伊别墅的白墙时都使用了这一概念。Kenneth Frampton. *Studies in Tectonic Culture*. Cambridge, Mass.: MIT Press, 1995: 177.

［4］在早期现代建筑中，对于白墙的钟爱是一种普遍现象，并在1927年的魏森霍夫住宅博览会上集大成。当时，作为艺术总负责人的密斯对参展建筑师们提出了三条要求，其中之一便是"建筑外观需为白色"。这一特征也成为5年后被冠之以"国际式建筑"的主要特征。

［5］Le Corbusier. *The Decorative Art of Today*, tran. James Dunnet. Cambridge: MIT Press, 1987: xix.

［6］同上，p207.

［7］Le Corbusier. *The Decorative Art of Today*, tran. James Dunnet. Cambridge: MIT Press, 1987: xix. pviii.

［8］Stanislaus von Moos. "Le Corbusier and Loos," in Max Risselada (editor), *Raumplan versus Plan Libre: Adolf Loos and Le Corbusier, 1919-1930*. New York: Rizzoli, 1987: 17-26, 18.

［9］同上，p17-26, p17.

［10］Le Corbusier. "A Coat of Whitewash: the law of Ripolin," in *The Decorative Art of Today*. tran. James Dunnet. Cambridge: MIT Press, 1987: 188.

［11］Mark Wigley. *White Walls, Designer Dresses: the Fashioning of Modern Architecture*. Cambridge, Mass.: MIT Press, 1995: 15.

[12] 陈平. 李格尔与艺术科学. 杭州：中国美术学院出版社，2002：16，121-131.

[13] 这场运动的名字"纯粹主义"（Purism）正是从"清洁派教徒"（Cathares）翻译而来，这是前人送给柯布西耶的朗克多祖先的称谓——Cathares 在希腊语中就是"纯粹"的意思。"清洁派教徒"被用来指称南方的法国人，14世纪时，他们逃往瑞士的纽沙泰尔山区。像他的祖先一样，柯布西耶一生保持着乐观进取、反偶像崇拜和纯粹主义的观念。

[14] Gottfried Semper,《技术与实用艺术中的风格问题》德文版第一卷445页，此处转引自 Mallgrave. Gottfried Semper: Architecture and the Primitive Hut. *Reflections* 3, 1985（1）：60-71, 65.

[15] Mark Wigley. *White Walls, Designer Dresses: the Fashioning of Modern Architecture*. Cambridge, Mass.: MIT Press, 1995：14.

[16] 同上，p11.

[17] Adolf Loos. "Ladies Fashion," in Adolf Loos, *Spoken into the void: collected essays, 1897-1900*. translation by Jane O. Newman and John H. Smith. Cambridge, Mass.: MIT Press, 1982：102.

[18] Mark Wigley. *White Walls, Designer Dresses: the Fashioning of Modern Architecture*. Cambridge, Mass.: MIT Press, 1995：16.

[19] 弗兰姆普敦著. 现代建筑——一部批判的历史. 张钦楠等译. 北京：生活·读书·新知三联书店，2004：276.

[20] John Winter. "Le Corbusier's Technological Dilemma" in Russel Walden (editor), *The Open Hand: Essays on Le Corbusier*. Cambridge: MIT Press, 1977：322-349, 326.

[21] Mark Wigley. *White Walls, Designer Dresses: the Fashioning of Modern Architecture*. Cambridge, Mass.: MIT Press, 1995：22.

[22] 关于森佩尔的面饰（Bekleidung）概念，参见史永高. 森佩尔建筑理论述评. 建筑师，2005（6）：53-54.

媚俗与文化
——对当代中国文化景观的反思

李晓东

经济高速发展的中国，文化上却开始进入一个迷茫的时代，在全球化面前，绵延五千年的古老文明突然变得茫然失措，她必须再次面对百年前就曾困扰过国人的问题：国粹还是西化？或许，我们应该反思一下，这本身就是个错误的问题，我们今天所面临的根本就不应该是一个简单化的选择问题。当交流日益频繁，地理界限日渐模糊，世界变得越来越透明，用固定的眼光看待文化问题早已过时。事实是，一方面，我们今天符号式地对传统文化的"回收再利用"已使当代文化变得庸俗不堪，另一方面，仅仅形式上的嫁接西方文化使得我们今天的文化景观变得不伦不类，失去了中心地位。或许，我们应该反思的是，我们为什么被边缘化了？以及，今天我们的文学、艺术、城市和建筑充斥了媚俗的气息的原因何在？我们或许应该调整思维，以一个更开放的视角另辟蹊径寻找一个不是非此即彼的答案。

反思需要客观地面对自己，我们必须正视问题，找到一个宏观的文化视角说明问题之间知性的关联性。首先要问的问题是：我们今天的文化媚俗吗？答案应该不言而喻。接下来的问题：我们的文化为什么变得媚俗了？这种媚俗性由何而来？我们曾经"前卫"过吗？如果有，那么这种产生于同一文化传统框架的差异性是否意味着差异本身就是事物自然秩序的一部分？我们是否可以从自身文化历史里找到先例？当今中国文化的媚俗性是否是属于我们时代的特殊产物？显然，要回答这些问题，单纯的美学理论研究已无法做到。因为，今天的"个体"已不再是传统意义上单一同质系统里抽象的"个体"。我们必须深入探讨今天多元文化系统的"个体"在今天特殊的社会与历史语境里审美体验的特殊性。再者，中国文化背景下所产生的这种特殊性与其他文化有什么不同？如果有，那么中国文化的特殊性与这种差异性的产生又有着怎样的联系？

"媚俗"是个引进的概念，它译自德文"kitsch"。把媚俗与现代中国文化景观联系到一起显然是一个危险的命题，然而，当我们客观地审视当今中国的文化现象，却不能不承认她在整体上所呈现的明显的媚俗趋势。当然，这篇文章的题目——"媚俗中国"并不是要简单地给中国当代文化模式定性，这样做无益回答我们提出的问题，毕竟我们也有阳春白雪。但本文更关心问题所在，绝不在于简单的否定，而是通过问题式的命题，一个或许有些偏激的视角激发自省和反思。

一、媚俗与现代主义

本来，阳春白雪和下里巴人是一对古老的美学命题，审美上的雅俗之说自古有之，且条理清晰。中国古人云："雅者形而上，俗者形而下"。形而上谓之"理"，形而下则为"器"。显然"理"较之"器"更为抽象，老子讲"大象无形"，因为它摆脱了具体"形"的束缚，所以中国古人看重"神"的相似多于"形"的模拟。西方则一直以古希腊人奠定的亚历山大主义模式评判审美的高低贵贱，形式模仿的准确程度既是标准。无论东方的"神似"，还是西方的"形像"，古人们是非分明，其概念里的雅与俗有着明确的高下之分，好坏之别。在历史进入近现代之前的时间段，先贤们的理论就是规范，大师们的作品就是样板。后代艺术的创造性仅局限于技巧和形式的细节上，同一主题被千百次的机械地重复。15世纪文艺复兴时期科学的发展使得西方文明率先进入理性的时代，人的价值受到了肯定；18世纪启蒙运动奠定了西方文明更客观的世界观，西方实现了第二次飞跃；而工业革命则正式把西方带入了现代文明。伴随着几次飞跃，西方文明也开始调整其审美规范，现代主义开始彻底摆脱传统。相比之下，中国文明尽管经历了无数次的改朝换代，标准却始终如一，无论是诗词散文，山水花鸟绘画，还是建筑园林，即便是进入了21世纪的今天，中国文明都没有再出现真正意义上属于自己的新的东西。于是，当中国传统的审美标准对垒西方业已全新的美学规范时，我们迷失了。于是，即或是在谭盾的奥斯卡获奖作品和传唱于街头巷尾的流行歌曲之间，吴冠中前卫的写意抽象画和琉璃厂廉价的传统山水花鸟及名画"复制品"之间，我们也都不再有一个清晰的标准、共同的平台来品论其间的雅俗或优劣。它们原本就不属于同一个美学规范。

新的美学规范分属于两个相对的命题：前卫与媚俗。二者显然都是现代主义的产物（西方文明的产物）。故而，在我们讨论媚俗中国的命题时，有必要先从西方的语境开始以便为后边的讨论提供一个完整的参照系。

表面上看，媚俗与现代主义应该是一对背道而驰的概念，媚俗意味着传统、守旧，而现代则代表了反传统、进步、新和锐意求变（庞德）。然而，如果我们深探其究，媚俗

艺术，无论是其概念的形成，还是其产品的制作及消费，却又的的确确是现代主义的产物。

"Kitsch"是西方语言中都有的一个词，《现代英汉综合大辞典》将其解释为："投大众所好的无美学价值的艺术或文学，拙劣的作品"。《牛津现代高级英汉双解词典》解释为："（艺术、设计等）矫饰的，肤浅的，炫耀的"。商务印书馆《德汉词典》定义为："迎合低级趣味的伤感文学（或艺术）作品"。格林伯格在《前卫与媚俗》中提出了媚俗内涵的经典界定："媚俗"象征着那个大量制造文化的时代，它是"我们时代所有那些赝品的缩影"。本质上说，"媚俗"的基本特征就是：商业性、绝对性、矫情性，以及崇拜现代性。典型体现为：隐藏商业目的，虚假的激情，做作粗俗的坏品味，投合大众的做秀，不反映真实等等。哈洛德·罗森伯格给"媚俗"的定义是："已经建立起规则的艺术；有可预期的受众，可预期的效果，可预期的报酬"。

"媚俗"一词最早出现在19世纪末期的社会评论家表达工业文明对西方国家大众文化之影响的文章中。由以上可以看出，在近百年的历史中，媚俗一词的用法开始时并不尽统一，有时甚至是相互矛盾的。在19世纪中叶的德国，该词是用来表达为迎合新兴资产阶级附庸风雅的需求而出现的便宜或粗糙的绘画。这些绘画往往是故有风格的粗略的复制品。20世纪初开始，"媚俗"逐渐统一为表达任何艺术类别里的赝品或低品位，及为商业目的而生产的粗俗艺术品。在20世纪30年代，艺术领域媚俗思潮的泛滥被视为是对文化的威胁，媚俗的定义逐渐趋同为一种"伪意识"，一种在"资本主义社会结构里因欲望及需求而误导的思想状况"（马克思）。也就是说，事物的真实状态与表象是有差别的。

阿多诺用"文化产业"来诠释这一现象的起因。艺术应市场需求受控且程序化在销售给被动的消费群体，这种市场化了的艺术虽没有任何挑战性，也不具备形式上的一贯性，却达到了给受众以娱乐及观赏的目的，也能做到舒缓日常生活及工作上的压力。但对阿氏来讲，艺术应该是主观的，富于挑战性，且反抗权力结构的压迫。故而媚俗的艺术无疑是对美学意识及感情抒发的嘲讽（阿多诺）。

另一位学者布鲁持称"媚俗"是"艺术价值体系里的恶魔"。就是说，如果真艺术是"好的",媚俗艺术就是"恶魔"。艺术是原创的,媚俗艺术则通过模仿和剽窃原创艺术,并将自身限制在惯性的思维过程里。对布鲁特来讲,媚俗艺术并不等同于坏艺术;它有其自身的系统。媚俗的目的虽然不再追求"真理",却在努力寻求"美"。

格林伯格的观点类似布鲁特,他相信"前卫"的兴起可以避免消费社会世风日下的品味所带来的美学标准的降低。而在他"前卫与媚俗"(Avant-Garde and Kitsch)的文章里,却有一个十分新颖的论点把媚俗等同于学院派艺术,宣称:"所有媚俗的都是学院派的,反之亦然,凡是学院派的就是媚俗。"他举例19世纪的学院派艺术,都是立足于规矩和定式,且相信艺术是可以学的并很容易表达的。显然格林伯格的观点过于偏激,学院派艺术可能是媚俗的,但并不尽然;反之,也并不是所有媚俗的都是学院派的。倒是学院派的浪漫主义情节却是使它与媚俗联系到一起的根本原因。所谓艺术的"雅"、"俗"之分,"高""低"之别原本就是知识分子(学院派)所为,且早期学院派艺术也一直试图保持其在审美以及知性体验上的传统。逐渐地,过于追求浪漫主义,学院派艺术开始走向唯美主义,以致变得浮浅而走向媚俗。

许多学院派的艺术家为了普及艺术,也尝试从低俗艺术中提取素材,从而一方面提高整体艺术水准,另一方面也能使得高雅艺术通俗易懂。于是,"市场化"不再是学院派的禁区。某种意义上说,以民主为目的的市场化提高了全社会的艺术素养。艺术的制作与鉴赏都更为普及,文化的"雅"、"俗"界线也更为模糊。这也使得辨别真正的艺术与媚俗的艺术变得困难。另外学院派的艺术品往往是通过大量的媚俗形式的民信片及印刷品的方式流传到民间以致最终也逃脱不了成为俗套的结局。

还有理论家将媚俗与"集权主义"(昆德拉 Milan Kundera)联系在一起,颇有新意。这一观点认为,"媚俗"排除了所有难以理解的观点;提供了一个没有任何疑问,只有答案的通俗易懂的世界观。这也就是说,民主社会里的"个人主义"、"怀疑"、"讽刺"等是媚俗社会所不相容的,故而,媚俗要想生存的最佳社会背景是单一的社会体制——集权。昆德拉的论点极富诡辩性。表面看,他的理论很有创意且极具说服力;然而其理论推理的逻辑条件并不充分。因为,简单地说,集权社会不允许怀疑或批判并不能证明民主社会不能容忍媚俗。任何一个民主社会都不可避免地拥有一个庞大的非精英社会族群——大众,而大众品位的特点之一就是缺乏自信,媚俗艺术正是在这层意义上成为满足任何社会普通大众审美需求的一剂"良药"。当然昆德拉给我们的启发至少是:媚俗猖獗的原因之一是缺乏批判性的社会背景。

二、雅,俗,媚俗,前卫

媚俗显然与传统意义上的"俗"不是一个定义,但又有一定的相关性,如果说"俗"描述的是一种固定规范下艺术品的美学品质,"媚俗"描述的更多的是一种审美态度。由俗到媚俗的审美命题的变化更来自现代主义。一方面,因工业革命而导致的全球化更多强调"群体"、"系统"、"连接"及"相互性",而弱化"个体"、"区别"及"绝对性",无论是实体还是概念的边界都变得模糊,雅与俗也不再水火不容,俗的可以变成雅的,反之亦然,更有了雅俗共赏之说。似乎一切都很随兴。另一方面,源于文化交流的启蒙运动开始了对历史的反思和批判,解脱了被束缚了近千年的单一框架体系,开拓了现代人崭新的思路。历史的阶段性不再被看成是单一的纵向的类生物学上的模式,相应的文化艺术也不应有高低贵贱之分。新

的时代理所应当自信地拥有属于自己时代的文化。前卫文化目的性很明确地诞生了。前卫文化的批判性反对永恒不变的乌托邦式的社会结构,且探讨社会形成的原因、结果、功能,从而推论出今天的社会也不过是一系列社会秩序中的一个而已。这种形成于19世纪中叶的新思维很快被艺术家和诗人有意或无意识地接受,成为推动前卫运动的原动力。前卫艺术的发展开始逐渐改变并重新定义"雅""俗"的概念及其关系。

雅俗的互动现象与针对"大众文化"(Popular Culture)展开的讨论有密切关系。对大众文化的肯定源于近现代西方社会的民主化。始于20世纪60年代的绿色和平(Green Peace)运动、大众主义(Populism)思潮及后殖民主义理论开始了西方社会对弱势群体的关注。民主意味着权力的平等,平等意味着传统意义上的纵向阶级的瓦解,而纵向层面的削弱意味着横向选择多样性的增强,"政治正确"(Politically Correct)是现代意识形态讨论里最时髦的词句,是理论得以付诸实践的关键词。而这也对审美标准的设定限定了诸多近乎悖论式的条件。意识形态的介入使得审美不再是单纯地感受,不再绝对地有从前的归属性,审美品味"高""低"界线于是变得模糊。

正是这种模糊性使得"前卫"的推动者们相信批判性是时代进步的根本原因,对现实不满才蓄意进取。前卫的反面既是"媚俗",于是,"雅""俗"的传统命题让位给一个更立体,多元的美学对立体——"前卫"与"媚俗"。不同于传统意义上的对"雅"与"俗"的定义,"前卫"和"媚俗"的概念承认雅俗的互换性及相对性,引入时间因素从动态的角度探讨审美。

媚俗,综前所述,可以定义成为文化转型时期所产生的一种"负"审美现象,是一种典型的伪审美现象。或者说,是传统美学在无法正确回应当代审美文化的挑战时所出现的一种畸形的审美形态。米兰·昆德拉曾说:"对Kitsch(媚俗)的需要,是这样一种需要:即需要凝视美丽谎言的镜子,对某人自己的印象流下心满意足的泪水。"他指出:"媚俗是对媚俗的需要,即在一面撒谎的美化人的镜子面前看着自己,并带着激动的满足认识镜子里的自己。媚俗是满足他人赞许的需要,评价的需要"。因此,媚俗就是迎合他人的口味,不择手段地讨好多数人,为取悦于对象而猥亵灵魂,扭曲自己,屈服于世俗。换言之,媚俗艺术的制作者是为他人活着,为他人所左右,为他人而表演、创作(如果媚俗艺术也是创作的话),其生存过程就是媚俗的。

"前卫"的主要目的之一是抵制"媚俗"。既然所有形式的媚俗艺术都意味着重复、陈腐、老套,前卫意味着反传统的现实性和实践意义上的新和锐意求变（庞德）。前卫的美学手段排斥任何大众所喜闻乐见的审美形象，如和谐、具象等，从而强调审美独创性的重要性。"前卫"文化虽反对主流社会规范，一致标榜其意识形态的独立性及对政治的漠视，但却离不开革命性思潮的推动，尤其是社会变革时期的主变意识形态。事实上，Avant-garde 的产生本就与启蒙运动的革命性思潮有关。回顾"前卫"文化的历史，不难发现，每次新的艺术风格的出现总是伴随着意识形态的激烈矛盾与斗争，如印象派、"达达"（Dada）、"坎普"、"新陈代谢主义"、朦胧诗……那么，前卫也可以定义为文化转型时期所产生的一种"正"审美现象，它更乐于积极地回应变化，迎接挑战。

说起来，传统意义上的大众阶层的"俗"文化倒也有情有可原之处。无论是"俗"的制造者，还是消费者，大多是低收入阶层或受教育水平较低，无法分享与较高收入阶层或受过较高教育者同样地对"雅"文化规范的接触或理解，也相对较少有闲暇光顾。不知者不为过，水平有限，但至少是表里如一、坦坦荡荡。而"媚俗者"显然有明知故犯之嫌，以利益为最终目标的"艺术"行为，媚俗似乎成了其迎合消费者的"必要"手段。媚俗艺术在很大程度上依赖时尚，这使得它成为消费"艺术"的主要形式，因为它很快就过时。于是，"一旦媚俗艺术在技术上可行，在经济上有利可图，就只有市场能约束那些廉价的或不那么廉价的模仿物的激增，这些模仿物可以是对一切事物的模仿——从原始或民间艺术到最近的先锋派。价值直接由对赝品或复制品的需求来决定。"（马泰·卡林内斯库）

三、中国式媚俗

中国式媚俗的产生背景与前述西方"kitsch"的产生背景有很大的不同。如果说，西方式"媚俗"与现代主义息息相关，是工业化生产过程的直接产物，其目的在于通过审美的普及以获得商业利益；中国式媚俗的产生原因则更多地来自变革中的中国社会在其旧价值体系的瓦解过程中，群体和个体必须重新定义自身价值认同感的心理需求（而非文化认同感）。当经历了近百年磨难的中国重新向世界开放时，她已完全失去了对现有自身文化的信心。完全抛弃眼前现有的价值体系的结果就是接受其他文化价值体系或远离现实的自身传统文化价值体系。这种简单的缺乏对现有自身文化反思和自省的直接接受或复制其他传统价值体系正是中国式媚俗的起因。媚俗显然为新认同感的确立在美学上提供了最直接、便利的途径，因为它不需要心灵的沟通，而只是一种虚伪的、外在的附庸行为。在这一过程中，审美的意义与艺术原初美学意义的独一性毫无关系，甚至相悖。这里，媚俗的目的更多地体现在外在的标榜，而不是审美本义的内在交流。

中国式媚俗的表现形式之一是其形式语言的符号化、标签化。无论是门派清晰的学院派绘画（花鸟、山水、人物等），拟人化了的自然景观，归类体系完整的戏剧脸谱，还是"代表"了中国传统建筑精华的大屋顶，我们似乎更愿意与熟悉的语言沟通。以建筑为例，从始于20世纪80年代初期的民俗地域主义，到80年代末期的"帽子"建筑，旨在延续中国文化价值体系，符号化了的传统建筑元素被不厌其烦地复制在各类建筑上。这种刻意地追求形式上的认同感使得中国建筑师迷失在"民族形式与现代化"的标签化口号中，而竟鲜有人质疑20世纪的中国建筑为什么一定要与2000年前的形式发生关系。而90年代泛滥在全国房地产业的以提供高尚品位为口号的"欧陆风情"、"美式别墅"、"地中海风情"等，一方面反映了正如前文所述，国人开始接受非自身文化体系，另一方面则把本应是因地制宜的设计行为变

成简单的复制和抄袭。即或是近年来所谓的"现代简约主义"在开发商的炒作下也变成不过是包装销售另类文化产品而已。

无论是寻找文化上的认同感的"中式"建筑，还是猎奇另类归属感的各类"西式"建筑，抑或标榜前卫实则仅仅形式上的"现代"建筑，都是把"文化"产品贴上标签为其消费者提供审美选择，贩卖所谓的美学理想。无处不在的各类标签化了的建筑游戏般地把现代中国城市景观变成了斑斓繁杂的主题公园。

近年来中国城市化过程中一个时尚的提法就是"地标"，无论是公共建筑、广场、道路，还是开发商的住宅项目，一个普遍的提法都是要开发出"地标建筑"，成为一方亮点。如果不仅仅是形式上的地标，就建筑、城市功能、质量而论，这也本无可厚非。问题是，几乎毫无例外地，所有的地标工程唯"美"独尊，炫耀性地象征发展、财富。这些浮躁、张扬的形象工程表现出中国当代建筑在整体上极强的媚俗意识。

而绘画上的媚俗意识除了挥毫必揽式的俗套题材门类，媚俗的内容与形式更是沆瀣一气。无论是工笔、写意、水墨，还是彩墨——扭捏的造型、轻盈的用笔、讨巧的构图、腻人的设色，或绣花般地精描细绘，或调情式地戏笔弄墨，勾画出风情万种、阴盛阳衰的中国画媚俗面孔。即使是那些袭取古今中外生辣艺术风格的中国画，也难免落俗。任何"回收"的艺术题材，只要经过当下中国画家的"五味调和"，便即刻变成性温味甘、老少咸宜的大杂烩。

中国式媚俗的另一种表现形式是其"前卫艺术"的媚俗性。中国至今其实还没有产生真正意义上的前卫艺术。中国的所谓"前卫"艺术在本质上可以说不过是对媚俗艺术的"前卫"理解而已。因为它的制造者还是更多地把他们的作品看成是针对标榜前卫艺术消费者的商品而投其所好。他们在创作的过程中关心的是作品的商业潜力而不是创作

内容本身的艺术价值。于是，中国所谓"前卫艺术"的媚俗性表露无遗。譬如，20世纪80年代的摇滚乐——对西方艺术形式的照搬以迎合年青一代中国人的消费需求，90年代带有明显自嘲意味的表现文革题材的绘画——其媚俗性表现在对海外潜在消费者心理的投机性揣摩。二者的共同点之一是其艺术表现力不在作品的形式语言上的创新，而在表现内容上的取巧。另外，中国式"前卫"纯粹表现为对自身过去的叛逆性否定，是类似于青春期叛逆的心理现象，然而过了青春期仍然执着于叛逆，还把叛逆伪装成先锋的模样，就多少有些可笑了。时下的先锋更像是

一些现实主义功力不够的哗众取宠。更可怕的是，这种定义渐渐为大多数人接受并且认可了。

中国式媚俗的第三种表现形式是"移情于物"。譬如近年来全国各地兴起的古董热。当"古董"被用来附庸式地展示，古董本身并不成为媚俗作品，但它所扮演的角色却典型地属于媚俗艺术的世界。而在潘家园"古董"市场大量的价格低廉、与艺术几乎无关之"旧东西"或"仿旧东西"，也可以被赋予美学意义，用来装饰家居。显然，这后一种行为展现了媚俗艺术的虚假性，我们很难单从美学的角度探讨其流行的缘由，它更多

的是意识形态性的注意力转移。"五色使人眼盲",物质富裕了的中国却无法掩饰其精神上的空虚和贫乏,"移情于物"于是变成了一个普遍的文化现象。在这一"移情"过程中,"物"不外乎扮演了一个迷幻剂的作用,使"物"的消费者陶醉其中而不能自拔。而"古董"之所以被选择为审美对象"物"的原因之一在于其"审美"消费者对当代"艺术"的审美疲劳转而对"古董"因时空距离错位而产生的审美效应的追求,以及国人特有的"念旧"情结。

以上中国式媚俗文化的诸多表现形式的一个共同点就是,我们在强化"美学"的同时,放弃了功能、道德和逻辑。张扬的外表下少了那份曾经拥有的内涵。

四、中国媚俗文化的根源

纵观中国历史,不难发现,中国艺术乃至中国文化都不主张创新。自先秦诸子们著书经典,定下规范,文学艺术的发展基本上是围绕诸子们定下的同一个美学标准展开的。创新是建立在"温故而知新"的前提下的。而所谓的"新"实际上是对经典的"新"的理解,而不是超越或背离经典。因而,文学、艺术的"发展"也多为技巧上的更新,而非理念上的变革。这种强烈的"怀旧"情结一方面使得中国文化在几千年的历史过程中始终拥有独一无二的认同感,即便受外族统治也能"守身如玉";另一方面也养成了单一、封闭且模式化的思维方式,排斥非传统及异域文化。很显然,这种集体无意识的守旧文化背景为当代媚俗文化在中国的普及提供了最佳的温床。

审美受主流意识形态影响是现代中国媚俗文化流行的另一主要原因。一般说来,系统严谨、等级分明的社会机制在相对单一的意识形态管理下往往对艺术的发展产生直接的影响。如前所述,单一的社会背景排除了所有难以理解的观点,提供了一个没有任何疑问、只有答案的通俗易懂的世界观,这正是媚俗文化所需的最佳生存状态。我们几乎可以轻而易举地从当代中国媚俗艺术中找到外在的原因和动机。无论是政治上权力的象征、商业上的投其所好,还是新兴富裕阶层对财富的炫耀,当代媚俗艺术所呈现的是只能用虚假意识来描述的趣味幻觉。受这种幻觉影响,需要"审美自律性"的真正艺术很难生存。

中国媚俗文化的另一种根源是由其根深蒂固的"中庸之道"而导致的批判意识的缺乏。"不走极端"是古训,媚俗艺术世界的特征之一就是宽容,百无禁忌地不为任何批判意识所束缚的开放性。它没有规则,也没什么偏见,但排除疑问和冒风险的极端思维最容易被没有批判意识的文化所接受。中国历史上为数不多的几次"百家争鸣"都以悲剧收场,以致今天,即便中国社会已变得越来越开放、民主、透明,学术上还是对批判的意识投鼠忌器。

当代中国媚俗文化的产生与一种对中国人来讲是崭新的生活方式有关,即中产阶级生活方式(亦称"小资情调")。这种崭新的生活方式在短期内的蔓延对中国文化产生了巨大的冲击,其冲击幅度和速度(无论是物质上的还是意识形态上的)是历史上任何文化都不曾经历过的。

中产阶级生活方式有一个内在的悖论,这种应当是人类文明早期的生存方式在人类真正幼稚的年代因为物质的匮乏而没有实现,一直等到物质积累达到一定程度的现代或后现代才露出眉目。而对于中国人来说,这一悖论更显突出。尤其是,我们在不久以前不仅对这种生活方不屑一顾,还激烈地反对与批判过。今天却成为我们社会的主流文化,是使年长的一代所羡慕、年青人一代所向往的生活方式。毕竟,它看得见、摸得着,理想与现实的距离不大。

但是，当这种情调从生活领域开始入侵文化领域，试图解构我们依仗了几千年的文化底蕴时，其媚俗的本质暴露无遗。文化领域中的"小资情调"所表现出的另一个悖论与现代性中"个性的表达"以及荒诞派的"无意义的进行"极为相似，然而要肤浅得多，即一群极想表现自己的人在宣扬一种极为低调的生活。这来源于"小资情调"的本质，说好听了是"一种自我保护"，其实质就是"虚伪"。媚俗的小资情调的盛行，表面上给纯艺术带来一种虚假的繁荣，实则使得形而上的终极追问逐渐沦丧，艺术也失去了本来的目的，文化也变得空洞无物。其结果，我们对时间、空间的观念以致人生观、价值观都变得不再绝对。理想主义逐渐被实用主义和浪漫主义所取代。实用主义不再相信稳定性和连续性，也不再相信有节制的道德观。浪漫主义充其量是实用主义的副产品——因现实的乏味而派生出的迷幻剂。就如同18世纪的欧洲，当宗教式的迷狂被入世的现实主义所取代，享乐主义便取代禁欲主义成为社会主流意识形态。实用主义反映在中国的今天就是消费狂热。对于年青的一代，未来像过去一样是不真实的，即时享乐是唯一合理值得追求的事。于是，一切都变成了是可以消费的，包括艺术。时下"超级女声"走热正是实例，它反映出人们对于即时的狂欢文化，即追求大家共同享有文化消费权利的渴求。长期以来，在中国的传统文化中，含蓄、内敛、隐忍始终得到提倡，张扬、纵乐总是备受压制。然而，当中国人在短短二十多年里一下子经历了从农业社会到现代社会的转变时，人们感到了诸多不适，狂欢的需求和文化共享便随之产生了。此时，伴随"梦想中国"、"星光大道"等节目的出现，"超级女声"大众娱乐类的电视节目不啻于一场异彩纷呈、热闹非凡的狂欢节。选手和观众自发地参与其中，在活动中获得了新奇的感官体验的同时也获得了情绪的自我释放。观众、选手在镜头下和银屏前一起做着各自不同的梦。

既然"消费"成为社会主流思潮，"一次性"（经济甚至文化）的观念便成了普遍现象，甚至出现了中国独有的"一次性建筑"——几乎所有新开发的楼盘都能见到的售楼处大概是中国所有建筑类型里，审美含量最高，而寿命最短的一类，其功能就是消费"审美"——以其审美形象招揽买家，当楼盘售完之日也就是售楼处寿命结束之时。很少有人质疑这种消费心理所造成的资源浪费。媚俗文化今天在中国的普及正是这种消费文化层面的直接表现。

前述的古董热产生的根源正是浪漫主义的逃避现实之怀旧特性。媚俗艺术就是"逃入历史牧歌中，在那儿既往的传统仍然有效"（布罗赫）。

中国式媚俗产生的客观环境，无疑与"横空出世"的商品经济对美与艺术的冲击有关。艺术的商品化意味着商品也在抬高着美和艺术。商品在人类社会文明发展中起着重大的作用。而且，现代美学的发展在很大程度上还要归功于美，而当商品跨越了它与美和艺术的界限，金钱拜物教很快也成为冷酷无情的事实。"我们说社会现象已经普遍商品化，也就是说它已经是'审美的'——构造化了；包装化了，偶像化了，性欲化了。""什么是经济的，也就是审美的。"（伊格尔顿）商品精神打败了美学精神，取代了艺术精神。

结语

媚俗，是当代审美文化转型时期所产生的一种负现象，也是一种典型的伪审美现象，或者说，是传统美学在无法正确回应当代审美文化的挑战时所出现的一种畸形的审美形态。在当今的中国文化景观中，媚俗的产品无所不在，它们的共同目的是为了满足中产阶级的情感和文化消费，从而导致文化艺术符号的贬值。可以说，时下的中国现代文化景观已经在相当程度上符合哈洛德·罗森伯格给"媚俗"的定义："已经建立起规则的艺术；有可预期的受众，可预期的效果，可预期的报酬，"因此可以恰如其分地称其为"媚俗"。当然，从根本意义上而言，只要人们需要赋予生活以价值意义，"媚俗"就不可避免。无论我们如何鄙视它，"媚俗"都是人类境况的一个组成部分，它从根本上反映了人类在赋予人类生活以价值方面的失败。媚俗艺术背后的大众文化的"媚俗"是远离生活、逃避价值的，不是真正的文化艺术。要把握生活与艺术之间的关系，需要具有一种深刻的现实感，从生活出发，而不是从某个价值观念出发。可是，当代中国文化艺术的困境却是：艺术已萎缩成仅仅是茶余酒后的消遣品，我们需要的那种情感变得日益麻痹，文明进步所依赖的人类自由的想象力和判断力却在不断衰退。

在我们今天现实生活中，已很难找到能够真正打动我们的形象了。以提供美学理想为诱饵，通俗易懂且廉价的媚俗艺术以极快的速度蔓延到现代中国人生活的每一个角落，它麻痹我们的神经，腐蚀我们的情感，更剥夺了我们独立思考的权利。我们的文化、艺术因此而变得浅薄，我们的环境因此而变得粗俗，我们的生活因此而变得乏味，最终我们将失去的是一个民族完整的自尊。

求美之心人皆有之，审美是人类文明永恒的主题。然而审美的目的及内容在不同的历史时期有着明显的差异。现代文明带给人类的物质财富是历史上任何阶段都无法比拟的。财富普遍的剧增要求审美的普及，产业化提供了艺术"产品"普及的充分必要条件，审美不再享受以往的神圣。于是，走下神坛的艺术历史性地走向了媚俗。

我们还能免俗吗？我们还能找回我们曾经拥有的那份从容、内敛和自信吗？在现代审美过程的"供需"关系中，"需"决定了"供"的方式和内容。现代社会中对"审美"需求量最大的中产阶级是这里的主角，他们也是社会的主流阶层。新兴的中产阶级负有更新其自身传统审美价值体系的历史责任和义务，以提高全民整体的文化自觉性，包括对我们自身文化的反省，对外来文化客观的认识。

反省意味着提高社会整体的批判精神和怀疑精神，而不是被动地迷惘。显然，现代年青一代中国人并不缺乏怀疑精神，网络的普及已使得条条框框无法束缚他们，即使是众口一词的说教，传到他们的耳中也会发出异样的声音。加上这个年龄段特有的叛逆性格，他们的怀疑精神有过之而无不及，缺乏的是更负有前瞻性的批判精神。如果说怀疑还只是下意识，或单纯的叛逆，越过了适当的尺度，怀疑会转化为否定，会肆无忌惮地摧毁一切存在物——文革就是案例。批判精神则是建立在重构的可能性上的，它需要理性、客观的价值观，及负有使命感的心态。

如果说媚俗泛指我们时代一切伪造的东西，那么艺术的"供应者"——艺术家作为灵魂工程师，有责任帮我们找回人性本质的东西，找回我们真实的感觉，真实的生活；使艺术重拾其开启大智慧、陶铸真性灵的功能。

本文开始曾述，"大象无形"的观念是中国传统美学的经典规范，它表达了一种超越形迹的美学理想。它所追寻的"大方无隅"的境界及无形迹的现象相比今天我们现实的文化景观似乎要更引人入胜，因为它隐藏着更多和更深的秘密，包括文化的和个人的，它也就蕴含了更多的可能性。或许，我们新的动态的美学规范的建立还可以追本溯源。但我们必须同时以一种广阔的全球文化背景和视野反思现在，以超越本身传统思想的观念来探求更为广泛的理论价值体系，从而不再仅仅从本民族和本地域文化传统出发去理解美学的意义，而是在不同文化传统的共同理想中寻求沟通和理解。

我们期盼真正意义上的新文化早日在中国出现，这种新文化既属于中国，更属于世界，它带给世界文明的将不再是一个固定的传统，更是一个充满活力的未来。

原载于《世界建筑》2008年第4期

参考文献：

Adorno, Theodor, (2001), Culture Industry, Routledge.

Broch, Hermann. (1955), Einige Bemerkungen zum Problem Kitsches" and Der Kitsch." In Gesammelte Werke, vol. 6: Dichten und Erkennen (Essays. 1), pp. 295–309, and 342–348. Zurich: Rhein.

Greenberg, Clement, (1978), Art and Culture, Beacon Press..

Calinescu, Matei, (1987) Modernism *Avant-Garde* Decadence Kitsch Postmodernism.

传统园林

我国古代园林发展概观

潘谷西

我国古代在商时已有帝王的苑囿，如殷纣的沙丘苑台。[1]周王的灵囿，不只是为了游览观赏，还供放牧游猎之用。[2]《孟子》有"文王之囿方七十里，刍荛者往焉，雉兔者往焉，与民同之"之说，则周时的囿也可让一般人采樵行猎。

秦始皇统一全国后，在咸阳大建宫室，在渭水之南作上林苑，苑中建造许多离宫，供游乐之用。[3]秦始皇还在咸阳"作长池，引渭水……筑土为蓬莱山"，[4]开创了人工堆山的记录。到西汉时，武帝刘彻大建苑囿，修复并扩建秦时的上林苑，渭水以南、南山以北，东南起自蓝田，西至长杨、五柞，这一片广大地区，都是汉帝的苑囿，把长安城从西、南、东南三面包围起来。上林苑中除了山林池沼之外，还有许多宫、观等建筑，和许多苑中之苑。"观"是一种观赏用建筑物，如远望观、白鹿观、观象观等。苑中池沼最大的昆明池，位于长安城西，汉武帝在池中训练战船，还在"观"中观看龙舟棹歌，苑中养鱼类禽兽，植果树花卉，供渔猎采集。[5]可见西汉的上林苑是多种用途的苑囿，而游览观赏的建筑已增多。长安城西建章宫，是武帝时所建的最大宫殿，武帝信方士神仙之说，在建章宫内治太液池，池中人工堆造了蓬莱、方丈、壶梁、瀛洲诸山，以象征东海中的神仙。[6]这种摹仿自然山水的造园方法是我国封建社会中造园的主要方法，而池中置岛也成了园林布局的基本方式之一。此外武帝时还设置了甘泉、御宿、博望等苑。东汉洛阳苑囿数量也不下于十处，仅城外就有七八处之多。[7]

西汉时，贵族、官僚、富户的园林也发展起来，如梁孝王刘武筑有兔园，宰相曹参、大将军霍光等都有私园。茂陵富人袁广汉则在北山下筑园，东西四里，南北五里，流水注其内，构石为假山，积沙为洲屿，蓄养奇兽怪禽，种植奇树异草，房屋徘徊连属，重阁修廊，行之移晷不能遍。[8]足见西汉已开创了以山水配合花木房屋而成园林风景的造园风格。东汉时，大将军梁冀在洛阳广开园囿，园中采土筑山，十里九坂，以象二崤（崤山在河南洛阳之西），深林绝涧，有若自然，奇禽驯兽，飞走其间。[9]此外，还开拓了多处园林，如洛阳郊外的菟苑，规模很大，"经亘数十里"。梁冀园中土山直接摹仿洛阳附近崤山景色的做法，使武帝时仿造海中神山的造园思想又发展了一步，更加世俗化了，仿造的路子也更广了。

魏、晋、南北朝的统治阶级暴虐腐朽，大建宫苑佛寺，士大夫阶层追求精神解脱，或颓废纵欲，过着放荡的享乐生活；或肥遁隐逸，陶醉于山林田园，以山居岩栖为高雅。贵族官僚开池筑山建造园林的风气大盛。曹魏在洛阳营芳林园（曹芳时因芳字犯讳，改名华林），有九谷八溪之胜，[10]起土山于西北隅，树松柏竹木于其上，捕山禽杂兽于其中，形成自然山林风光。孙吴后主在建业也大开苑囿，起土山，作楼观，加饰珠玉，引湖水注入苑内。[11]十六国时的后赵仿洛阳制度，在邺城运土筑华林园。[12]北魏洛阳的苑囿，除重建曹魏华林园处，还有西游园。贵族官僚的园林见于《洛阳伽蓝记》的有："司农张伦园、清河王元怿园、侍中张钊园（利用东汉梁冀园遗址）、河间王元琛园等。其中张伦的园林山池最为华美，胜过诸王的园林，园中筑景阳山，有若自然，重岩复岭，深溪洞壑，曲折相接，高林巨树，悬葛垂萝，相互掩映，颇有山情野趣。由于战乱，王候宅第或有改为佛寺，就以厅为佛殿，以堂为讲堂，后园改为寺园，佛寺于是也多设园林。[13]北齐的河南王高孝瑜、郑祖述等都起山池游观，松竹交植，以供游息。[14]东晋在建康建都后，仿洛阳制度于台城内，因孙吴旧苑修葺成华林园，自宋至陈，因之未改。陈后主在华林园增建临春、结绮、望仙之阁，装修陈设极其奢华，阁与阁间有复道相接，阁下积石为山，引水为池（华林园有三处：洛阳、邺城、建康）。[15]南朝诸帝又在玄武湖南岸修筑博望苑、乐游苑、芳林园等苑囿。东晋与南朝的贵族官僚，治园之风很盛，如东晋会稽王道子在第内穿池筑山、列树竹木，山名灵秀，用夯土版筑而成。顾辟疆则在苏州营建了吴中第一座私园。[16]宋戴颙在苏州聚石引水，植林开涧，少时繁密，有若自然。[17]齐武帝大巨茹法亮，在宅后为鱼池、钓台、土山、楼观，园中长廊将近一里，竹木花药之美，为皇帝苑囿所不及。[18]齐文惠太子的元囿更是奢丽，园中有土山、水池、楼阁、塔宇，聚集许多异石，山水风景优美，因怕皇帝从宫中望见，用竹子与围墙挡起来。[19]梁朝的湘东王萧绎在江陵造湘东苑，也是穿池堆山，植莲蒲，种奇树，山中建有石洞，长达二百余步，山上有楼可远眺，池面有水阁跨临。[20]由此可见，南北朝时苑囿园林有了巨大发展，以土山水池为园景基础的造园风格已经确立起来。

隋、唐是我国封建社会盛期，城市建设、宫室苑囿的规模都很大。隋文帝在大兴城治大兴苑，隋炀帝又在东都洛阳大兴土木，营建宏大的西苑。西苑的布置以水面为主，其中有大湖面，周围十余里，湖中以土石作蓬莱、方丈、瀛洲诸山，山上置台观殿阁。此外还有五个湖面（南、北、东、西、中），用渠道相沟通。苑内造十六院，每院自成一组建筑，外有水渠环绕，内植各种名花，常有嫔妃居住。[21]此苑利用洛阳水源充沛之便，规划成以水景为主的苑囿，并用若干小水面和十六组建筑群庭院组成众多的景区，在造园手法上有其独创性。

唐代西京长安、东都洛阳除因隋大兴苑、西苑之旧外，又在长安城南筑南苑（芙蓉苑），并修夹城由城北禁苑直通此苑。在长安周围山水优美之处还有许多离宫。唐代贵族官僚在京城筑园很多，大臣们不仅在城内有私园，而且在近郭也有园池，多集中在长安城南杜曲与樊川一带，数十里间，占据泉石优胜之地，布满樊川两岸。[22]洛阳是陪都，又有洛水与伊水贯城，水源丰富，因此贵戚达官多在此开池引水置宅筑园。尤以城东南角一带为多，因伊水清澈，自城东南注入，引分支入园内，最为适宜。白居易的履道坊宅第"五亩之宅，十亩之园，有水一池，有竹千竿"和牛僧孺尽一坊之地的归仁坊宅园[23]都在此区。至于王维在兰田山中筑《辋川别业》，白居易在庐山建草堂，都以自然山林景色为主，略加人工建筑而已。这种山居别墅，确比城市或近郊园林富于自然意趣，但终因远离城市，交通不便，数量极少。唐代宅园在长安城内者，多以人工穿池堆山，"山池"二字成了私园的代名词。或有称为"山池院"的，大致是面积较小或仅属庭院一类，宫内、佛寺、王府往往设有山池院。[24] 从中也可看出长安开池筑山之盛。从大明宫遗址可以看出，宫后内苑以太液池为中心，环池布置殿阁与长廊，池中有小岛——蓬莱岛，基本构思源于汉代。

园林的发展，促成了盆景的出现。唐高宗与武后的陪葬墓——章怀太子墓壁画的宫女行列中，即有两人捧树石盆景与果树盆景各一，足证盆景已是成为统治阶级日常生活中的重要陈设。[25]

唐长安城东南隅的曲江，是唐开元中利用低洼地疏凿成的名胜风景区，其性质不同于苑囿与私园，平时可供居民游赏，春天踏青畅饮，秋天重阳登高，天旱祈雨，都可在曲江进行。各官府在江边设有休息观赏的亭子。进士登科，则赐宴杏园，游于曲江，题名大雁塔下，以为一时盛事。或于中和（二月初一）、上巳（三月初三）、重阳（九月初九）三个节日，在曲江赐宴群臣，皇帝从曲江南侧的芙蓉苑登紫云楼垂帘观看。每遇盛会。轰动长安，城中居民，几乎半空，各种买卖行市，罗列江边，车马填塞，热闹异常。这种公共性质的风景游览区，在封建社会的都城建设中还是一个创举。[26]

五代时江南经济有一定程度的发展，吴越钱镠父子在杭州大治城郭宫室，广陵王钱元璙镇守苏州，好治林圃，其子创南园，山池亭阁，奇卉异木，经营三十年。他的部下仿其所好，也相与营建园林，今天苏州的沧浪亭就是在他的外戚孙承佑私园的原址上经历代重建的。[27] 所以五代时的苏州有一个造园的兴盛期。远处广州的南汉刘龚也建造南苑药洲，至今还留下"九曜石"中的五块，是我国现存最早的园林遗石，其中有的石上还有米芾的题字。

宋赵氏政权日益昏愦腐化，统治阶级追求享乐，造园风气更盛，北宋都城汴梁有琼林苑、金明范、东御园、玉津园、迎祥池、东西撷景园、撷芳园等御苑，宋徽宗时又在宫城东北建造历史上著名的"艮岳"，总数不下九处。至于大臣贵戚的私园，数量更多，"都城左近，皆是园圃，百里之内，并无闲地"。[28] 被列为汴梁居民探春游览的名园就有十余座，其中包括一些太师、太尉、大宰、驸马的园林在内。城东南角陈州门外，园馆尤多。汴梁虽属封建帝都，但各种市民活动明显增多，城市布局已取消里坊制，郊外风景区也逐渐开发，如城东宋门外快活林、勃脐陂、独乐冈等，都是市民郊游探春的胜地。一些庙宇、酒楼也设置池馆，吸引游人，如城西宴宾楼酒店、有亭榭池塘、秋千画舫，酒客可租船游赏。连皇家苑囿金明池和琼林苑也在三月一日至四月八日开放，任人游览，各种商贩杂艺人等，布列苑中，虽遇风雨，仍有游人，略无虚日。[29] 这种情景和唐长安相比，是有明显不同的，长安不仅里坊夜禁森严，也未见贵戚园林或皇家苑囿供市民游赏的记载。

北宋西京洛阳是官僚臻仕后的退隐地，园林数量虽不及汴梁，但也很可观，《洛阳名园记》所录的就有24外。其中许多园林是在唐代旧园基础上建成的，因此有不少古树、古迹。如会隐园原是白居易园，保存唐时石刻很多；狮子园留有武则天所铸天枢遗迹等。园林规模也比较大，如归仁园，约一里见方（唐时宰相牛僧孺故园）。各园不以筑山取胜，而以水景与花木见长。故园森但称"园池"、"园圃"，而不称"山池"。洛中花匠，还能用嫁接法发展花木品种，有的园中花木多至千种，比唐时有很大增长，花中尤以牡丹品种最多，最盛行，称为花王。洛阳名园又名以其特色见称于时：或湖水渺弥，溪流环回，流水奔泻；或楼堂尺度恰当，廊庑回缭周接，亭榭高下因借；或竹林古松，栝枞桃李，牡丹芍药，紫兰茉莉；或近借洛水伊水，远借南面龙门嵩岳与北面隋唐宫殿。总之并无定式，而是因地制宜，充分发挥各自的特色。其中有些园林，还向外人开放。

南宋时，临安、吴兴、平江（苏州）都是贵戚官僚聚集的地方。临安是都城，西湖及周围山区日益开辟为游览区，苑园兴筑很多，仅《都城纪胜》及《梦梁录》中提到的就有50多所，占尽了湖山风景优美之处。其中皇家御苑有10处，寺观园林多处，其余多属宦官朝贵的私园。吴兴在南宋也是达官权贵的退居之地，和北宋的洛阳相似，因此园林颇为兴盛，《吴兴园林记》中记录了34处。吴兴前有太湖，旁依群山，景物优美，园林多因山水得景，收太湖万顷波涛，借群山层嶂叠翠，尽入园内。园林以水、竹、柳、荷见长，富有江南水乡特色。这时赏石之风大盛，因就近之便，取太湖石点缀园中，如沈德和园、韩氏园，都有太湖石峰若干块，各高数十尺，或叠石为假山，或依山坡石林筑园。[30]江南有的园中叠石为山，连亘二十亩，山上布置四十余个亭子，其大可知；有的园中置石峰百余，高者二三丈，群峰之间开小溪，铺以五彩石。[31]由于叠山的发展，从事叠山的专业工人也因此产生，称为"山匠"。[32]平江是南宋重要经济、军事据点，除城内园林外，郊区石湖、天池山、尧峰山、洞庭东、西山等风景优胜地区，也有不少权贵园墅。[33]南宋造园风气比北宋有过之而无不及，特别是宦官的园林很多，反映了当时政治的腐败。

金代统治阶级暴戾奢侈，宫殿制度极力模仿宋汴梁，园林兴筑之频繁，不下于两宋。金中都苑园之见于史籍者，有琼林苑、广乐园、熙春园、芳苑、北苑、东园、西园、南园等约十处。在中都北郊又建造离宫——大宁宫。[34]元朝民族压迫与阶级压迫特别残酷，社会经济受到严重破坏，园林发展也处于停滞状态。元帝将金大宁宫改建为太液池、万岁山，成为宫中禁苑。大都及其他各地亦有若干贵族官僚的园林，但数量不多。明朝苑囿较少，主要是利用原太液池、万岁山，改建成西苑，增挖南海，成为三海，增建殿阁亭榭。明中叶农业手工业有很大发展，剥削阶级的掠夺加剧，达官贵族造园之风又兴起，尤以北京、南京、苏州及太湖周围的城市为盛。都城北京积水潭、海子一带及城东南泡子河周围，地近湖边，便于借景，风景优美，又可引水注园，因此园墅麇集，极其繁盛，名园见于明人笔记的就有十余处之多。[35]郊外则有海淀勺园与李园（清华园），西南郊有梁园[36]等。陪都南京情况和北宋洛阳相似，仅中山王徐达后人即拥有私园十余处，现存南京瞻园，即为此类园林的遗例。王世贞《游金陵诸园记》记录了36处。地处农业和手工业较为发达的苏州，官僚地主比较集中，一方面因文化水平较高，由科举登上仕途的数量很多，这些人致仕归里后，置宅第，建园林，追求城市山林之乐；另一方面，他处官僚来苏州寓居的也不在少数，于是明中叶后形成了一个造园的高潮。如现存的拙政园、留园、艺圃、五峰园等，都创于明中、晚期。苏州附近的一些城市，如太仓等地也建有不少园林。[37]根据现存遗物及记载，明代造园的特点是叠石盛行，为峰峦洞壑，为峭壁危径，比比皆是，不论南京、苏州、杭州、园林竞以奇峰阴洞取胜，成为一时风尚所趋。如苏州留园中部假山及惠荫园假山，原为明末所作，前者为黄石山，故较浑厚，后者用太湖石叠成，仿洞庭西山林屋洞，池水漫于洞中，有小桥曲折导入。其他如南京瞻园池北假山，苏州艺圃、五峰园假山等，大致都有洞、谷、崖、峰等。《游金陵诸园记》中所记各园多树奇峰、叠石山，石料则取自太湖洞庭山与武康。[38]此外装修、铺地、磨砖门窗、漏窗等园林工程，都有很大发展，式样丰富多彩。[39]随着园林的发展，江南一带出现了专业的造园家，如计成、张南垣、周秉忠等，他们原是文人，擅长绘画，又参加造园设计与施工，因此对造园艺术起了一定的提高作用。计成并于崇祯年间著《园冶》一书，较为系统地阐述了他的造园主张和明末江南一带的造园技术，是我国古代最完整的一部造园著作，此书曾传至日本，被称为"夺天工"[40]。明代造园工人技术也提高了，有专门叠山种花的"花园子"[41]。有的还承担从设计到施工的各项工作，如明《西湖游览志》载："工人陆氏，堆垛峰峦，拗折，洞壑，绝有天巧，号陆叠山。"苏州有些工人则写仿山中景物，使之再现于园林之中。[42]明代遗臣朱舜水流亡日本，带去了当时江南一带的造园手法与风格，他所设计的东京后乐园，仍保留至今。[43]

清康熙后期起即在北京西北郊建畅春园、静明园与香山行宫，并在承德建避暑山庄。雍正又创圆明园。但大规模造园是在乾隆时，除扩建避暑山庄为72景、于圆明园内增建许多景区与建筑群外，还新建长春园、万春园、清漪园（即后来的颐和园）等处，达到了清代造园的全盛时期。清时苑囿总数不下十处，是我国历史上造苑最多的朝代之一。雍正以后诸帝园居之时居大多数，所以这些苑囿是日常居住、朝会之处，具有宫室与园林两方面的功能。在园林造景方面，采取集锦式的手法，仿建江南各地名胜于园中，乾隆甚至还仿欧洲洛可可式建筑于长春园。这是模拟自然山水的传统造园手法的进一步发展。自康熙以后，私家园林也渐有兴起，到乾隆间，达到了高潮。乾隆南巡时，扬州瘦西湖至平山堂一带，沿湖两岸布满官僚富商的园林，"楼台画舫，十里不断"。连寺庵、会馆、酒楼、茶肆都叠石引水，栽植花木，蔚为风气。[44]又以多假山叠石，故有"扬州以名园胜，名园以垒石胜"的评价。[45]清帝的倡导，使江南其他城市的园林也迅速增加，如苏州复园、蒋楫园、网师园、寒碧庄等处，都在乾、嘉间次第修复建成。造园实践增多，造园技术与艺术水平也有了提高，清代前期到中朝江南一带名手辈出，如康熙间的张涟，乾隆时的戈裕良，都曾活跃于江南一带，扬州有石涛、仇好石等闻名于时。他们中有些人在造园主张上很有独到之处，如张涟主张："平冈小坂，陵阜陂陁，然后错之石，缭以短垣，翳以密篠，若乎处大山之麓，截溪断谷，私此数石者为我有也。方塘石洫，易以曲岸回沙；邃阆雕楹，改为青扉白屋；树取其不雕者，石取其易致者。"[46]是对明末清初雕琢堆砌之风的一个革新。戈裕良主张堆假山应"只将大小石钩带如造环桥法，可以千年不坏，要和真山洞壑一般，方称能事"。[47]苏州现存最优秀的湖石假山——环秀山庄假山即为戈氏作品，历时二百年，至今仍基本完好，证明他的主张确是经得起时间考验的。清朝在镇压了太平天国以后，统治阶级为了粉饰太平，追求腐朽生活，出现了一次畸形的造园高潮，清廷有二修颐和园之举，江南诸城也有大量私园出现，如苏州的留园、怡园、补园、耦园等，大小园林达一百多处。[48]但毕竟如封建社会的回光返照一样，园林艺术水平也已大为降低，多数园林走到了繁琐堆砌、格调庸俗的末路上去了。

综观我国古代园林的发展，可以看到园林是作为统治阶级享乐手段而建造起来的，历代帝王、官僚、地主、富商的苑囿园林数量之多是十分惊人的。由于造园需要耗费大量人力物力，造园活动越频繁，对人民的剥削必然越重。因此，园林的兴盛，往往出现在一个朝代的中期以后，[49]由于社会相对稳定，经济有一定复兴，于是上行下效，帝王建苑囿，官僚地主造私园，成为一时风尚。这正是统治阶级政治上衰退和经济上加强掠夺的一种征候。所谓"穷兵黩武、声色苑囿、严刑峻法"，都是导致阶级矛盾尖锐化的因素。另一方面也正是在长期的大量的实践中，通过工匠和实际参加造园的文人总结提高，才创造了我国独特的古典园林风格。所以古代园林的成就，也是历史上劳动者共同创造的社会财富。

从园林的内容上看看，不论是帝王苑囿

或官僚私园，都是作为他们起居生活部分的延续和扩大而建造的，这一点在后期越来越明显。所以绝大多数苑园都设在城内或近郊，以便他们享受；苑内园内都要布置大量离宫别馆，亭台楼阁、厅堂书屋等建筑物；在地形平坦缺乏山水之美的地点，就要用大量土方工程来人工开池堆山，制造园景，以满足其身居城市而有林泉之乐的要求。所以古代园林总是反映封建剥削阶级的生活方式和思想情趣这两个方面的特点的。

以人工山水为园林的造景主题，就是秦始皇、汉武帝时开创的办法，两千多年来始终围绕这一主题在发展我国的造园艺术。东汉已脱离神仙海岛的幻想摹拟而进入对现实山水的写仿阶段。但是汉武帝时创造的池中设岛的布置方式历代都作为一种传统的格局而予以运用[50]。隋东都西苑有计划地利用水面划分和院落建筑，把全苑分成若干景区，可在平坦地段上创造丰富多彩的风景点，清代的圆明园所用的也是这种手法。清乾隆时集仿江南名胜于一园，发展了传统的摹写自然山水的方法，丰富了园景题材。至于充分发挥天然湖山陂池的有利条件，因地制宜，巧于因借，组成富于变化的园景，那更是历代造园者所特别重视的一条原则。如唐、宋洛阳诸园利用伊水，清北京西北郊诸园利用西山和玉泉水，苏州利用地下水源等，都是这类例证。

叠石造山比人工土山稍迟，史籍记载最早的是西汉袁广汉园，其后历南北朝、唐而至宋徽宗营艮岳，每朝都有叠山记录，但私家园林普遍用石叠山始于南宋吴兴，这固然由于唐、宋文人渲染，以拳石代替名山巨岳，足以慰藉山林泉石之癖好；同时也与吴兴就近产太湖石、武康石有关。此后叠石造山，成了园林造景的主流，土山反而退居其次了。欣赏单块奇石之风，起于南朝[51]，唐朝李德裕、牛僧孺、白居易，宋朝苏轼、米芾都有石癖[52]，于是历代文人相与蹈袭，以玩石为风雅，江南园林几乎有园必有石。

我国自然式山水风景园和欧洲大陆几何规则式园林，形成世界上两大古代园林体系。由于我国目前保存下来的苑囿、园林，都属明、清二代（而且主要是清代），数量也十不存一，不能充分反映我国古代园林的卓越成就和高度艺术水平。但就现存有限的珍贵历史遗产中，我们仍能总结出许多成功经验和优秀手法，作为今后园林建设和建筑设计的借鉴与参考。

原载于《科技史文集》第 5 辑

注释：

[1]《史记》殷本纪。
[2]《周礼》地宫、《诗经》大雅。
[3]《三辅黄图》卷一、卷二。
[4]《三秦记》。
[5]《三辅黄图》卷四。
[6]《史记》封禅书。
[7]《后汉书》顺帝本纪，桓帝本纪，灵帝本纪，杨震传。
[8]《三辅黄图》卷四、《汉书·曹参传》、《汉书·梁孝王传》、《图书集成·考工典》卷 128 引《王郎嬛记》。
[9]《后汉书·梁冀传》。
[10]《水经注疏》卷十六、穀水芳林园。
[11]《景定建康志》引《吴志》。
[12]《陔余丛考》引《晋载记》。
[13]《洛阳伽蓝记》。
[14]《北齐书·河南王孝瑜传、郑述祖传》。
[15]《景定建康志》引《宫苑记》。
[16]《晋书·会稽王道子传、王献之传》。
[17]《宋书·戴颙传》。
[18]《南史·茹法亮传》。
[19]《南齐书》文惠太子传。

[20]《太平御览》196，湘东苑。

[21]《大业杂记》、《隋炀帝海山记》。

[22]《画墁录》。

[23] 李格非《洛阳名园记》，吕文穆园、大字寺园、归仁园。

[24] 宋吕大防长安图中有西内山池院、宁王山池院。

[25]《文物》1927，7。

[26] 唐李肇《国史补》、刘悚《隋唐嘉话》、《剧谈录》、《唐会要》、段成式《酉阳杂俎》、《全唐诗》等。

[27] 朱长文《吴郡图经续记》、《乐圃记》。

[28] 孟元老《东京梦华录》卷六，收灯都人出城探春。

[29]《东京梦华录》卷七，三月一日开金明池、琼林苑。

[30] 周密《吴兴园林记》。

[31][32] 周密《癸辛杂识》。

[33]《吴县志》：韩世忠园、章粢园、隐圃、石湖别墅、道隐园、环谷、双清亭、就隐、卢园等。

[34]《金史·世宗记、章宗纪、地理志》、《北平考》。

[35] 明刘侗、于奕正：《帝都景物略》。

[36] 清孙承泽《春明梦余录》、《天府广记》。

[37] 明王世贞等撰《娄东园林志》。

[38] 王世贞《游金陵诸园记》魏公西圃条。

[39]《园冶》图中所反映的式样，极为丰富。

[40] 阚铎《园冶识语》。

[41] 明黄省曾《吴风录》。

[42] 民国《吴县志》卷三十九第宅园林怡老园条。

[43] 童寯《江南园林志》。

[44] 清李斗《扬州画舫录》、赵之壁《平山堂图志》、《南巡盛典》。

[45]《扬州画舫录》卷二。

[46] 清黄宗羲《撰杖集》张南垣传。

[47] 清钱泳《履园丛话》卷十二堆假山。

[48] 据南京工学院1953至1960年调查，苏州尚留有古典园林与庭院190处。

[49] 如汉武帝、唐玄宗、宋徽宗、南宋淳熙、明嘉靖、清乾隆。

[50] 如隋东都西苑、唐大明宫后苑、宋初违命侯苑、南宋吴兴南沈尚书园、元大都太液池（明北海）、苏州拙政园、留园、常州近园等。有些园中常称岛为"小蓬莱"，即源于武帝时太液池蓬莱岛。

[51]《南史》到溉传："居近淮水，斋前山池，有奇疆石，高丈六尺"。《建康志》载：同泰寺前有丑石四，各高丈余，陈封为三品，俗呼为三品石。齐文惠太子元圃中也"多聚奇石"。

[52] 李德裕《会昌一品集》、《渔阳公石谱》、近人杨复明《石言》。

清代皇家园林研究的若干问题

王其亨　杨昌鸣　覃　力

一、研究的价值

在我国古代建筑史上，清代皇家园林的创作，继承、融冶并发展了历代皇家园林、私家文人园林、寺观园林等各类型园林创作的技术和艺术，取得了集历史大成的成就。遗存至今的清代皇家园林，则是我国、也是全世界现存规模最大、体系最完整、功能内容与形式最为丰富多样的古典园林实例，是我国古代建筑文化的优秀历史遗产。

在北京，清代皇家园林的建设，是在辽、金、元、明的基础上，作为都城规划的有机组成部分而展开来的，从选址布局到景物构成，都十分典型而且非常具体地体现了我国古代城市建设园林化，即所谓山水城市或绿色生态城市的规划设计思想、理论和方法。其中已有七八百年经营历史的北海和中南海，至今仍基本完整地保留了乾隆盛世踵事增华后的格局和风貌，则构成为整个古都北京的历史核。

在清代皇家园林的经营中，由于严格的工官制度，还形成了卷帙浩繁的文献图档，包括旨谕、御制诗文、奏折、行文、说帖、则例、做法清册、销算黄册、画样、烫样、活计清单、随工日记、工程备要或记略等，加上《实录》、《起居注》、《会典》、《东华录》及其他清代官方史籍典册和文人笔记等有关载述。这些文献图档，对各园从总体到每一单体的选址、规划设计、施工、维修、改建、扩建以及管理等经营全过程，乃至其毁废的历史；从各园林景物的构思、立意、命名、赏析，到题额、楹联的用典、寓意、象征；从各建筑的形制、规模、装修、陈设，到各构材的质料、尺寸等，都有极详备的述录，而且至今尚有数以万计的遗存和实物能够很好地参照印证。这样丰富而且翔实、具体的文献图档遗存，使清代皇家园林的研究，包括其建设史，艺术和技术成就，规划设计思想、理论和方法，规划设计和施工程序，组织管理制度等，都能更准确、更系统和深入地进行。这在整个中国古典园林研究中，是绝无仅有的便利条件。

在17、18世纪的东西方文化交流历史上，一方面，清代皇家园林的建设，主动引进了欧式宫殿和园林，并尝试把欧洲和中国这两个完全异趣的建筑体系和园林体系加以结合，创造性地形成了诸如著名的长春园西洋楼等具备组群规模的完整作品。另一方面，清代皇家园林中也曾十分宽容地接受了欧洲传教士参与各种活动，接待了欧洲使团的参观游赏，从而通过他们的介绍，使西方世界得以了解到中国建筑和园林的胜貌，及其式样、创作思想、理论和方法，促成了欧洲"英华园林"的兴起，引出了从伏尔泰到黑格尔等思想家的评论，对欧洲园林的发展，产生了具有历史转折性的深刻影响。

清代皇家园林的遗存，在现代社会生活中，仍然发挥着巨大的效益。举世闻名的中南海，成为当代国家政治生活的中枢所在。作为世界闻名的旅游胜地，北京的北海、颐和园等旧日的清代皇家园林，每年接待游人超过3000万人次；高峰时，一座园林一天就能容纳游人20万人次以上。正因其巨大的容量，现代首都很多庆典和公共活动，往往在这些旧日的皇家园林中举行。而在这些旅游和公共活动中，旧日的清代皇家园林，包括具有国耻纪念性质的圆明园遗址，无声地发挥了活的历史教科书和博物馆的巨大教育作用。这些，都是其他任何现代园林和公共游乐场所远远无法比拟的。

此外，清代皇家园林的设计思想、理论和方法，既有继承借鉴的巨大价值，而且其遗存至今的布局、园林水系、植被、景物等，对现代北京的规划建设，也仍然以其巨大的生态、景观等多方面的综合效益，发挥着举足轻重的作用。至于引以为现代"山水城市"或者"大地园林化"的历史范本或参照系，典型有如毛泽东在1958年提出："中国城乡都要园林化，绿化，像颐和园、中山公园一样。"1992年钱学森呼吁："要发扬中国园林建筑的优良传统，特别是皇帝的大规模园林，如颐和园、承德避暑山庄等，把整个城市建设成一座超大型园林，我称之为'山水城市'……"等等。

从以上各方面看，对于今天的学术发展和社会建设的实际需求来说，清代皇家园林的研究，具有不能低估的历史和现实、理论和实践、社会和经济等多方面的综合意义，当是无可置疑的。

二、研究的历史

在中国，对清代皇家园林展开具有建筑史学意义的研究，已有整整70年的历史。金勋先生于1924年开始着手进行的有关文献图档资料的收集、整理、编辑以及圆明园全图等研究绘制工作，揭开了这一研究工作的序幕。在营造学社成立后，1933年《中国营造学社汇刊》刊载了一代宗师刘敦桢先生的《同治重修圆明园史料》，将清代皇家园林的研究引入了深入系统的专题性工作阶段，此后，中国建筑史学的另一位开山祖师梁思成先生，则在抗日战争期间撰成的《中国建筑史》中，对清代皇家园林作了总体性的概述。

在1949年以后，清代皇家园林的研究进入了新的阶段。在梁思成、刘致平、徐中、卢绳、冯建逵等先生的主持和指导下，从20世纪50年代初到20世纪60年代中期，清华大学、天津大学建筑系，以及建筑科学研究院历史研究所，都分别对清代皇家园林的实物遗存展开了深入系统的测绘，并形成了不少专题研究论著。在梁思成、刘敦桢先生主持编著出版的《中国建筑简史》和此后的《中国古代建筑史》中，也都有关于清代皇家园林的概略论述。

至20世纪80年代以后，这一研究工作空前发展。除了众多的学术论文而外，一些大规模的专题研究成果相继出版为学术专著，如天津大学建筑系的《承德古建筑》、《清代内廷宫苑》、《清代御苑撷英》，清华大学的《颐和园》等。建筑科学研究院历史研究所与中国第一历史档案馆合作整理并编辑出版了规模颇大的清代档案史料《圆明园》。还有一些个人的专题性著作问世，如何重义、曾昭奋的《一代名园圆明园》等。在不少有关中国古代建筑或中国古典园林的通论性的学术著作中，清代皇家园林也都占有重要的地位，如李允鉌的《华夏意匠》、彭一刚的《中国古典园林分析》、张家骥的《中国造园史》、王毅的《园林与中国文化》、周维权的《中国古典园林史》等。

与此同时，研究清代皇家园林的跨学科的学术团体相继成立。1980年圆明园罹劫120周年时成立了圆明园学会，此后陆续组织过多次学术会议，并出版了不定期的《圆明园》学术专刊已达六辑。1983年承德避暑山庄建园280周年时又成立了避暑山庄研究会，也举办过多次学术会议，并将有关学术论文结集出版为《避暑山庄论丛》。此外，还成立有中国文物学会传统建筑园林研究会、中国史学会清代宫史研究会等学术团体，也都组织过有关清代皇家园林研究的学术会议并出版了论文集。

此外，为适应旅游事业发展的需要，已毁废的清代皇家园林的复原研究工作，也有了较大的进展，如王世仁先生完成的避暑山庄天宇咸畅（金山）的局部复原设计，清华大学徐伯安先生完成的颐和园后湖苏州买卖街的复原设计，天津大学建筑系完成的北海琼岛西岸复原设计和北海万佛楼及东所等复原设计等。这些工作，也在一定程度上促进并深化了清代皇家园林的研究。

从已有的成果看，清代皇家园林的研究主要是在下述方面展开并引向深入的：

（1）各园的建置历史及沿革，包括档案史料的发掘整理和研究。

（2）各园布局、景物设置及特征等实录性的具体描述。

（3）造园方法的理论分析。基本上类同于较早成熟的研究私家园林的方法，即从分景、隔景、借景、叠山、理水、花木配置等传统方法的角度加以分析。

强调现代创作实际借鉴运用的需要，立足于现代建筑构图及空间理论加以分析的。

（4）造园意境的美学分析，包括中国古代美学思想，以及同西方比较的差异。

（5）复原设计研究。

三、存在的问题

有关清代皇家园林研究的成就，是相当丰富并令人瞩目的，但也存在不少问题。

例如，曾有评论性文章表明，在建筑界就有人认为：中国古典园林成就再高，终究是为少数人服务的，容量有限，不能适应大量公众游赏娱乐的现代需求。由前文所述清代皇家园林的巨大容量看，这种评论显然是不符合事实的。这种明显的错觉，在很大程度上实际是缘因于清代皇家园林的研究方法常与研究私家园林混同。

用研究私家园林的方法来研究清代皇家园林，局限性是很大的。事实上，和私家园林根本不同，清代皇家园林首先是作为整个北京的城市总体规划的有机构成来经营的，雍正帝所谓"增壮丽于皇都"，乾隆帝所谓"平地起蓬瀛，城市而林壑"，就典型说明了这一点。清代皇家园林规模之大、功能之多，很大程度上也是城市功能延伸或转移的结果。仅就清代皇家园林水系而言，除了景观意义而外，还承担了城市水系诸如调蓄、清流、济漕、航运、防洪、排涝、御旱、防火、绿化、调节小气候以及农田灌溉等综合功能作用。对比之下，私家园林的拳山勺水绝不可同日而语，当是不言而喻的。

忽略甚至无视清代皇家园林同北京城市规划的内在关联及意义，即园林研究与城市规划研究脱节，重要的原因之一在于目前的园林建筑与城市规划的专业分割太死，彼此联系融通不够。其后果所及，也造成了古都风貌的损害，如北京西部无数高楼拔地而起，历史上西山及列布山麓的园林景物同北京城直接关联、互为因借的意象，已完全破坏。所谓"山拥帝城西"，城中"开窗昨群岭，攒簇参席几，秀色互映带，妙趣无彼此"的景象已不复存在；而在西郊园林中东望，"春色皇都好，都归一览中"的气象也丧失殆尽。如从颐和园西堤东瞻，这一历史名园的天际轮廓线已是面目全非，丑陋不堪，令人饮叹。实际上，近年来出现钱学森先生"山水城市"的呼吁并在建筑界引起反响，也可以认为是对过去园林研究与城市规划研究脱节，造成实践上的失误而令人遗憾的一种社会性反映。

清代皇家园林创作方法和私家园林有根本的不同，还在园中园问题上反映出来。私家园林中，园中园是鲜见的；而在清代皇家园林中，园中园却大量存在。如圆明园"移天缩地在君怀"而呈万象森罗的四十景，大多就是各具独立功能内容和景物特色，并能避免彼此干扰的园中园。但在过去，受私家园林研究方法影响，常将园中园局限为个体性的小型园林精品加以分析研究，无视了其在大型皇家园林规划方法方面的意义，也未能对这一特殊的园林形式在规划中所表现的不同类型加以分析研究，在现代大型园林创作中借鉴运用就更说不上了。而借鉴园中园的规划方法，则至少可以避免诸如在"锦绣中华"一类的现代大型园林中景物纷杂而严重干扰的弊端，其游赏效果就像观看诸多生末净旦丑的名角被强拉硬拽在同台亮相，各以昆曲、京剧、越剧、秦腔唱着对台戏一般！

清代皇家园林中曾大量移植全国的胜景名园，结合皇家园林的具体条件加以再创作；尚有很多大体量、大尺度的宗教寺观作为园林的主体性景观。显而易见，这也是私家园林所罕有的。而清代皇家园林的这些创作方法，其背景性的哲学、美学思想，却都是研究中的薄弱或空白环节。这和建筑界对移植创作方法或所谓类型学方法，对宗教史以及宗教美学等方面一向缺乏足够的重视和研究，应是密切相关的。对多元化的具有中国特色的现代建筑创作而言，这是应当迅速着力弥补的。

清代皇家园林研究不足之处，很重要的一点，还在于迄今尚未能从中西方文化交流的角度，展开更深入、系统的跨文化研究。例如，清代皇家园林创作中所移植欧洲建筑和园林的原型及其历史文化背景；清代皇家园林影响欧洲园林的历史文化背景及内容，甚至包括黑格尔等关于中国园林的评价依据从何而来等，都是十分薄弱或根本就是空白的。在清代皇家园林对欧洲园林的影响方面，虽有陈志华先生的专题论文，但终属凤毛麟角，尚远不足据以更系统、全面地比较并揭示两大园林文化的异同、价值和意义等。

在有关清代皇家园林档案文献的发掘、整理和研究方面，也还有大量的工作要作。前述清代档案史料《圆明园》的出版，未能包括至今尘封的大量有关画样、烫样、工程籍本的整理编目，就是一个明显的缺陷。而其他各园，则连《圆明园》那样的档案史料整理成果都没有，就更不用说了。

还应当指出的是，见诸康熙、乾隆等皇帝《御制诗文》等有关园林创作的论述也应重视。不能否认，清代皇家园林的创作思想、理论、方法和实践，都是和这些皇帝直接关联的。过去出于其为封建地主头子的政治禁忌或顾虑，竟不能客观地把他们看待为有着很高艺术修养和创造才能的造园理论家和实践家，并予以分析研究，这就难免造成清代皇家园林的创作思想、理论和方法研究的很多不足。像前述"增壮丽于皇都"，"平地起蓬瀛，城市而林壑"等"山水城市"的创作思想、理论和方法鲜有揭示，在一定程度上，也是因为囿于这种禁忌而着力不够所造成的。

四、研究的进展

1992年获准为国家自然科学基金资助项目的《清代皇家园林综合研究》，针对前述清代皇家园林研究的不足和空白，结合清代皇家园林的具体创作实践，侧重其独具特色的创作思想、理论和方法，有计划地展开了相关专题研究。经过两年多来的工作，已在下述专题上形成了阶段性的成果。

（1）《平地起蓬瀛，城市而林壑——清代皇家园林与都城规划》

依据大量史料，着重从城市规划的角

度，分析研究了清代皇家园林在"城市山林"以及"山水城市"两方面的经营意象。包括其同北京山水形势、城市水系、生态、景观等方面有机结合，使北京的城市风貌趋向园林化发展，进而完善城市环境质量及功能内容的整体立意、经营进程、作用与意义等。此外，还进一步探析了中国古代"山水城市"的历史文化传统，说明清代皇家园林立足于北京城市园林化发展的经营意象，在包括园林和城市建设史在内的中国古代建筑史上，既具有典型意义，也具有普遍意义；而对于今天的园林和城市建设，也同样具有继承意义。

(2)《移植中的创造——清代皇家园林创作中的类型学与现象学》

将清代皇家园林中大量移植全国胜景名园的事例逐一统计，可清楚显示出，通过移植而加以再创造，是清代皇家园林的主要创作方法之一。进一步深入研究证明，这种着眼于揭示所移植原型的艺术本质内容而进行还原、而不是表象复制的创作方法，及其美学思想和理论，在古代中国曾有着悠久而深厚的优秀传统；同基于西方现代哲学、美学的建筑类型学和现象学的创作理论和方法，也正是异曲同工。而具体分类分析清代皇家园林各种移植创造的典型实例中的这种类型学方法，则可充分说明，作为具有深层结构的传统建筑文化精髓，这种艺术创作方法也正是今天探索具有中国特色的现代建筑创作所应继承、借鉴和弘扬光大的。

(3)《何分西土东天，倩他装点名园——清代皇家园林中宗教建筑的类型与意义》

对清代皇家园林中宗教建筑广泛分布的情况，逐一进行了统计，并从宗教性质、建筑类型、历史原型、传承渊源、思想契机、象征图式、审美意象、政治和宗教功能，以及在园林景观的空间构成规律和意义等方面，展开了较深入和具体的分析研究。本研究指出，在皇家园林的滥觞时期，宗教建筑就在其中占据了主体地位，并发展成为历代皇家园林贯彻始终的主线。清代皇家园林注重利用宗教建筑的超人尺度和体量，利用其表现宗教美学的审美价值，以中心点式布局、方向性轴心式布局、向心辐集式布局等多种构成形式，来装点园林景观并有效地控制了巨大的园林空间，从而形成了特有的宏大气魄和艺术魅力，则是以实用理性精神继承和发展古代皇家园林历史传统的成功创作。

(4) 园中园的研究

在已有的研究中，曾对清代皇家园林大量应用园中园的事实作了分析，指出园中园与一般小型个体园林不同，对大型园林整体规划具有多重功能作用和意义。适应于大型园林功能、空间与景观组织处理的需要，园中园具有不同的空间构成形式：其外部空间的形态有封闭型、开放型、复合型等类型；其内部空间的构成则有聚合型、贯联型和多重型等类型。与此同时，还对园中园的历史渊源和沿革作了研究，有了新的收获。例如，经考证得知，周代的皇家园林中就有称为"囿游"的园中园，如《诗经·灵台》中的辟雍。汉代也有园中园称为"苑中之苑"，如著名的上林苑中的三十六苑。这些史实清楚表明，早在中国古典园林体系中历史最悠久的皇家园林产生发展的初期，园中园就已作为其中具有整体规划构成单元意义的园林形式出现了。清代皇家园林在这一深厚历史传统中继承发展，成功应用园中园进行创作的优秀范例，则是值得今天大型园林创作学习借鉴的。

此外，《清代皇家园林综合研究》的另外一些专题也正在顺利进展。例如：

对清代皇家园林的特殊类型紫禁城中为寝居生活所需而经营，尤具前朝后寝礼乐制度意义的内廷御苑，即御花园、建福宫花园、宁寿宫花园、慈宁宫花园等，针对其与宫廷的特殊关系，从其特殊的历史文化渊源、功能、形式、意义等方面展开了分析研究。

对清代皇家园林中的"景"展开专题研究，包括"景"的类型、构成、意义、审美心理意向，以及其所体现的中国古代美学思想和现代信息论美学等的比较等。

对清代皇家园林中在涵化中再创造的欧风建筑和园林，从中西方文化比较的角度，从17、18世纪中西方文化交流的历史背景上，已开始展开专题研究等。

这些研究工作的进展，将会面临很多困难，而且会和已有成果一样，由于精力和学术水平有限，缺陷和错误在所难免。唯此，愿能在今后的工作中得到学术界同仁的支持和帮助，多予批评指正，以求这一研究能更顺利地发展。

原载于《建筑师》总第64期

山林凤阙
——清代离宫御苑朝寝空间构成及其场所特性

贾 珺

一

宫殿是帝王进行朝寝活动（"朝"指举行朝会、处理政务，"寝"指日常居住）的建筑，在封建君主专制的社会中，君主是国家至尊无上的主宰，宫殿建筑成为最重要的建筑类型，也是封建社会意识形态和政治制度具体的物化形式。在中国漫长的历史中，几乎历朝历代都将宫殿作为最重要的皇家建筑加以修建，而有些朝代除了修建都城中的正宫之外，还常常在都城之外兴建离宫御苑，这些离宫的性质集宫殿与园林于一体，既是帝王的游豫之地，也是其驻跸期间的主要朝寝活动场所，是一种特殊的宫殿。历史上汉、唐、清等王朝对离宫建设的重视往往并不低于正宫，离宫在帝后的政治活动和生活起居方面起着极为重要的作用，特别是其中主要用作朝寝活动的建筑，既具有与正宫类似的宫禁性质，同时又具有自身特殊的功能需求和空间构成。

本篇论文将对中国最后一个封建王朝——清代的离宫御苑中的朝寝空间进行探讨。清代入主中原之后，继承了明代原有的都城、紫禁城皇宫和坛庙，并进行了一定程度的重修、复建和改建、新建，实际上其建设的重点在于皇家园林。清代统治者投入了大量的人力、物力、兴建了许多离宫和行宫，专供帝王园居、游赏和行猎的大型苑囿即有十余座之多，其中康熙朝的畅春园，雍正、乾隆、嘉庆、道光、咸丰五朝的圆明园，康熙晚期至乾隆、嘉庆两朝的避暑山庄，光绪朝的颐和园等四座御苑均具有完备的"宫"与"苑"的双重功能，在其相应的历史时期内成为正宫紫禁城之外最重要的国家统治中心和帝后生活场所，长期在离宫中"园居理政"也由此成为清代帝王政治活动和宫廷生活的一个重要特色。

任何有实际意义的空间的概念都不仅仅局限于纯粹的物质形态，而是与空间的使用者及其行为模式有着不可分割的密切关系。清代的宫殿是最高统治者—帝王占据绝对主宰的场所，无论在正宫还是离宫，绝大多数重要的殿宇中均设有皇帝的宝座，例如圆明园中设有宝座或宝座床的殿宇就至少有几十处之多。又如乾隆五十九年（1793年）来华的英国使者斯当东对避暑山庄的一个突出印象是："山庄内所有建筑都是配合周围环境的天然景色而造的，建筑结构和内部陈设各不相同、共同之处是每个建筑之内都有一个大厅，当中设有皇帝宝座。"[1]清帝入关后，盛京旧宫中的留守大臣依然按入关前的旧制在大政殿坐班或行朝贺之礼，向虚设的皇帝宝座三拜九叩；同样，乾隆五十八年皇帝万寿期间，乾隆帝虽身在避暑山庄，但远在京师的紫禁城和圆明园中也举行了同样的叩祝典礼。对此斯当东的理解颇为深刻："对皇帝所行的这样繁重的敬礼并不只是表面上的形式，它的目的在向人民灌输敬畏皇帝的观念……皇帝虽然不在，似乎仍然认为他能来享受。"[2]仪典充分证明了皇帝对宫殿空间所具有的精神统治力量。皇帝可以以肉体形式或精神形式坐在殿宇中的宝座上，宝座成为皇帝的直接化身，以此来强调这些殿宇空间的根本属性。

因此，宫殿殿宇的空间属性与帝王的身份有着本质的联系，我们要探讨离宫朝寝空间的特点，同样需要充分考虑宫殿中不同类型空间与帝王人格属性的关系。

笔者认为，对于封建帝王而言，根据他在不同场合所充当的角色，其身上主要包含着三种属性。首先，皇帝是"受命于天"的天子，在若干朝仪大典中皇帝是王朝神圣的象征；其次，在国事政务活动中，皇帝是政府的首脑，每日处理大量国事政务，接见各级臣僚，需要扮演一个"宵衣旰食"的勤政君主的形象；其三，无论多么英明神武的皇帝也是人，也有各种生活需要。皇帝贵为一国之主，具有最大的享乐条件和权力，集天下的美色、饮食、服饰、器皿和宫室、园囿为己所用。同时，帝王与太后、后妃、皇子组成家庭，需要和普通家庭一样享有天伦之乐。此刻的皇帝需要最大限度地成为生活中的主宰，满足自身的各种生活需求。

帝王宫殿最重要的功能为朝典、理政和起居，这三类空间是朝寝活动的主要场所，与《周礼》中所云的外朝、治朝、燕朝三朝的含义有一定相似之处。在此先将清代主要宫殿的这三类核心空间列表如下：

清代宫殿主要仪典、理政、居住空间一览　　　　表1

宫殿		主要仪典空间	核心理政空间	皇帝主寝宫
盛京旧宫		大政殿、十王亭 大清门－崇德殿	崇德殿	清宁宫
紫禁城	顺治朝	午门－太和、中和、 保和三大殿	太和殿	乾清宫
	康熙朝		乾清门、乾清宫	乾清宫
	雍正以后		乾清门、乾清宫、养心殿	养性殿
畅春园		大宫门－九经三事殿	澹宁居	清溪书屋
避暑山庄		丽正门－澹泊敬诚殿 万树园大蒙古包	依清旷殿	烟波致爽殿
圆明园		大宫门－正大光明 山高水长大蒙古包	勤政亲贤	九州清晏
颐和园		东宫门－仁寿殿 排云门－排云殿	仁寿殿、玉澜堂、乐寿堂	玉澜堂

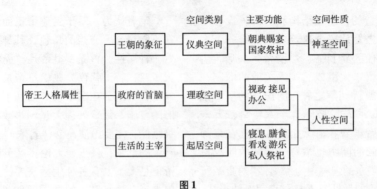

图1

皇帝的三重属性与宫殿中这三类空间的性质是息息相关的（图1）。

在若干仪典性的空间中，比如紫禁城三大殿、畅春园九经三事殿、圆明园的正大光明殿和避暑山庄的澹泊敬诚殿，以举行大型朝典、赐宴为主，这些活动有严格的程序规定和特殊的排场（如设大驾、卤簿等），主要体现帝王作为天子的象征涵义，帝王在此类空间中的身体表现更近于一种供臣民膜拜的偶像。这种神圣属性还同样体现在另外一些与国家祭祀大典有关的空间中，比如太庙、天坛、寿皇殿、坤宁宫和相关的斋宫等。这类空间的实际使用频率是很低的。

宫殿的理政空间则与皇帝作为政府首脑的属性相联系，包括盛京皇宫的崇政殿，紫禁城的乾清宫、养心殿，畅春园的澹宁居，圆明园的勤政殿等。通常这类空间是实际政治活动的中心所在，使用频率很高，需要满足皇帝召开御前会议、接见大臣、披阅奏章等等政务活动的需要。在此帝王必须有能力直接听取各方意见，了解下情，同时又能掌握决策大权，迅速处理各种国家大事。因此宫殿中的理政空间没有很高的仪典性需求，其功能性需求是最主要的。

帝王的生活起居空间是其第三种属性的反映。所有宫殿的内寝区均属于这类空间。这类空间以寝宫为中心，且与戏楼、园林联系紧密，以满足帝王日常寝兴、用膳、读书、看戏、游乐以及孝亲、育子等生活需要。帝王的起居空间中往往也包括皇帝作为个人的私密的祭祀和宗教空间，在此皇帝的身份与在坛庙等国家性祭祀场所扮演的类似"大祭司"的角色完全不同—这里需要满足的是一个凡人的精神归属和心理依托，与普通人拜佛求道并无区别。

这三类空间与帝王的三重人格身份基本可一一对应，也进一步反映了封建帝王作为宫殿最高主宰的实质。

比较特殊的例子是光绪时期的宫殿，当时慈禧太后为实际的统治者，而皇帝本身已经降为傀儡，戊戌变法之后更是彻底丧失了政治权力和生活自由，其政府首脑和生活主宰这两种属性已被剥夺，慈禧太后取代皇帝成为宫殿理政和生活空间的最高统治者。但在元旦朝贺、坛庙祭祀等一切国家大典中，皇帝的象征地位仍然存在。慈禧太后除非正式篡位，否则不可能出现在太和殿、坛庙等最具神圣性的空间之中。离宫中朝仪大殿的神性色彩相对较弱，康熙、乾隆朝均有太后在九经三事殿和正大光明殿偶尔陛座的例子，但这种情况极其少见，对这些大殿的空间性质并无影响。颐和园是清代离宫中的一个特例，其仪典空间仁寿殿兼朝会与理政双重功能，排云殿则专为太后贺寿而建，两座大殿均成为属于太后控制的空间，皇帝反成附属，与其他离宫的仪典空间有所区别。

正是基于与帝王人格属性的关系，清代离宫中的朝寝空间具有仪典空间符号化、理政空间实用化和起居空间自由化三个重要特点，表现出区别于紫禁城的独特的场所特性，下面将分别加以讨论。

二

无论紫禁城还是离宫，其外朝部分均为最主要的仪典空间（颐和园的仪典空间则包括外朝和排云殿两个组群），其平面模式也最为相近，几乎均采用两重宫门—中央大殿，左右设朝房和配殿的形式，呈现出符号化的特点（图2）。

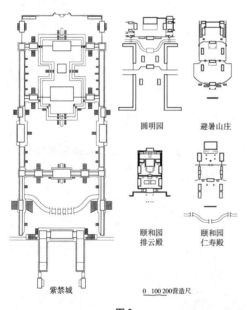

图 2

清代宫廷仪典空间符号化特点的形成源自朝贺、筵宴等大型仪典本身的程式化。

以清代最重要的元旦、冬至、万寿三大节朝贺为例，《清会典·礼部》规定："凡元旦、万寿圣节、冬至日，则大朝。皇帝御太和殿而受焉。常朝亦如之。皆备其陈设，正其班位。传胪御太和殿，朝仪亦如之。驻跸圆明园则御正大光明殿，驻跸山庄则御澹泊敬诚殿……其朝仪亦如之。"

"圆明园、避暑山庄、盛京朝贺，皆陈法驾、卤簿、中和韶乐、丹陛大乐。

圆明园：皇帝御龙袍衮服，皇子、王以下、文三品、武二品以上官，按翼在正大光明殿阶下左右；文四品、武三品以下各官，在出入贤良门外。皆蟒袍补服行礼。外国贡使附西班之末。

避暑山庄：皇子、王以下、三品官以上及蒙古王公以下、三等台吉以上，在澹泊敬诚殿阶下左右；四品以下官，蒙古四等台吉以下在二宫门外，各按品级排立行礼，皆不宣表。"[3]

由此可见，离宫与紫禁城中的朝贺仪典过程基本相同，皇帝均在大殿陛座，宗室、王公和外藩、大臣均根据各自身份的高低，在殿前至二宫门外不同的位置上"各按品级排立行礼"，同时"皆陈法驾、卤簿、中和韶乐、丹陛大乐"，场面极为隆重。朝鲜使臣朴趾源《热河日记》中对乾隆四十五年（1770年）八月十三日在避暑山庄举行的皇帝七旬万寿朝典曾有详细描述[4]：当日庆典主要在澹泊敬诚殿举行，皇帝在此接受外藩、大臣行礼。另在烟波致爽殿（内殿）接受后妃、子孙行礼，属于内廷礼，比较简单，仪式的正规性和复杂性与前者难以相提并论。大臣和外藩行礼时根据各自身份高低站在不同的位置（图3），亲王以下至入八分公以上及蒙古王公地位最高，可以在二宫门内澹泊敬诚殿之前"按翼排立"；文武大臣和朝鲜正使、土司在二宫门外"各照品级按翼排立"；而三品以下各官、朝鲜副使、番子、头人等只能在大宫门之外"各照品级按翼排立"，整个朝典空间格局完全是封建等级的直接诠释。庆典举行时伴有礼官赞礼、鸣鞭、奏乐，官员的进退、叩拜行礼具有很强的表演性质。

同样，离宫与紫禁城中的筵宴之礼的程序也大致相同。《清会典·内务府》对于"外藩之燕"的规定为："岁除日，赐外藩蒙

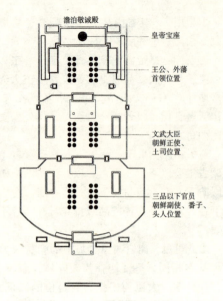

图3

古王公等燕于保和殿……届日，乐部和声署陈中和韶乐于殿檐下左右，陈丹陛大乐于中和殿北檐下左右。筅吹队舞、杂技百戏，俟于殿外东隅。张黄幕、设反坫于殿南正中。尚膳正于宝座前设御筵，殿内左右布蒙古王公及文武大臣席，宝座左右陛布后扈大臣席，前布前引大臣席，后布领侍卫内大臣暨记注官席。丹陛上左右布台吉侍卫席。按翼按品为序。理藩院堂官设席于殿东檐下西南，礼部带庆隆舞大臣及总管大臣设席于黄幕左右。

皇帝御殿行燕礼仪与大和殿筵燕同……

上元节筵燕于正大光明殿，仪与保和殿同……

驻跸避暑山庄，筵燕外藩蒙古及各省贡使澹泊敬诚殿，设中和韶乐于殿檐下左右，设中和清乐于东，设丹陛大乐于二宫门下左右后檐。张黄幕、设反坫于二宫门中门内。宗室、蒙古王公及文武满汉大臣并外藩贡使等，俱按次列坐，仪与正大光明殿同。"[5]

在此，我们同样不难发现在正大光明殿和澹泊敬诚殿筵宴大典的程序也均规定与太和殿、保和殿相同，从《钦定大清光绪会典图》的图样来看，太和殿、保和殿、澹泊敬诚殿、正大光明殿的筵宴陈设、座次也的确非常相似（图4），具有高度程式化的特点。宗室、外藩、大臣们"按翼按品为序"，"俱按次列坐"。整个筵宴过程纯为繁复苛严的仪典，用酒用膳仅仅是象征行为，每一阶段王公大臣均须向皇帝叩首行礼，其实质是为了强化皇帝的至尊地位。

因此笔者认为，离宫仪典空间符号化特征的形成，直接出于仪典本身程式化的需要。在仪典过程中，不同身份的王公大臣根据与皇帝的身体距离来显示等级差异，宫门成为区分不同身份等级的界限。显然这种带有符号特征的空间与仪典程序最为契合，具有强烈的封建礼制意义，从而形成了固定的类型特征。符号化的空间序列正是封建礼仪的直接物化形式。在这类空间中，仪典本身仅仅是一场以皇帝为主角、王公大臣们为配角的表演，皇帝始终只是一尊身穿龙袍衮服、高高在上的偶像，像神一样接受藩属臣僚三拜九叩的礼拜，其空间的神性色彩也由此达到高潮。

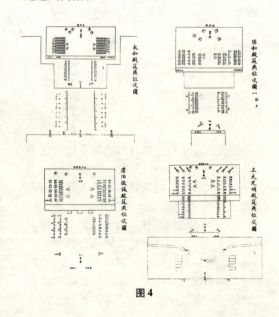

图4

慈禧太后在颐和园排云殿举行的万寿朝贺与清代历朝皇帝在离宫外朝接受朝贺的程序也基本类似，只是太后取代了皇帝端坐在宝座上。按《翁同龢日记》[6]所载，光绪二十三年（1897年）十月初十在颐和园举行太后万寿庆典，大臣朝贺的行进路线为东宫门—长廊—排云门—二宫门外，皇帝则穿过东配殿跪于二宫门中槛，大臣均跪在二宫门之外，而仪式的最高潮为皇帝走到太后座前进表（图5）。

以上强调了离宫仪典空间与紫禁城外朝相似的一面，但应当辨明的是，同样作为仪典空间，离宫的大殿与紫禁城的大殿在神圣性的高低上依然存在着非常显著的差别。紫禁城的三大殿是最为典型的神圣空间，有清一代，除了顺治、康熙两帝早年在整个内廷尚为完全修复的情况下曾一度以保和殿作为寝宫[7]，顺治帝曾以太和殿为理政之所而外，其余时候三大殿一直只作最重大的朝典之用，太和殿则是整个皇朝朝寝建筑中等级最高的神圣空间，主要举行登基大典，大朝、传胪和元旦、冬至、万寿贺礼等最高仪典，其平面采用九开间周围廊，尺度极大，加上3层台基和殿前庞大的广场，体现了无与伦比的庄严效果。据于倬云先生考证，太和殿东西两端山墙之内，即尽间部位另筑了一道与山墙平行的砖墙，形成两个夹室，应是古代宗庙建筑的遗制[8]。此外，每逢重要的坛庙祭祀，皇帝均需在太和殿或中和殿阅视祝版，使得三大殿直接与皇朝的祭祀大典联系在一起，进一步增加了其神圣的特性。因此无论从功能还是形制上看，紫禁城三大殿，尤其是太和殿，继承了某些类似古代明堂的性质，其神圣性具有不可替代的作用，从这一点来说，离宫中的九经三事殿、澹泊敬诚殿、正大光明殿或仁寿殿均无法与之相提并论。

皇帝的登基大典和三大节中的冬至大典从未在离宫中举行过，元旦朝贺也一向只在紫禁城中举行，仅咸丰十一年（1861年）咸丰帝在热河避难时曾在避暑山庄举行，成为唯一的特例。同样，传胪之典也基本都在宫中举办，唯有咸丰十年（1860年）在正大光明殿举行过一次。此外，离宫的仪典空间也没有阅视祝版的功能。经常在离宫举行的重要朝典实际上只有万寿庆典和赐宴外藩两种，仪典的庄严性大大降低，其空间的神性色彩也明显要弱于紫禁城。因此从这个意义上说，离宫仪典空间的符号化在实际含义之外，更多的是代表了一种礼制的象征意味。

正因为离宫仪典空间的神性色彩要弱于紫禁城，故其空间不及紫禁城外朝那样极端强调规整严谨的庄严氛围，典型的如圆明园正大光明殿西侧故意不设廊庑，不追求严格对称；而颐和园外朝区仍保持原先东向的格局，不强调"面南背北"的严格方位。慈禧万寿庆典中大臣和皇帝赴排云殿向太后拜贺时需穿过曲折的长廊，更是表现出具有园林特色的路径特征。

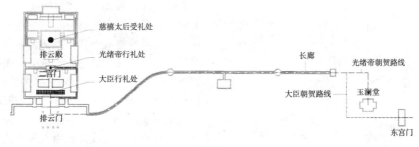

图5

无论在紫禁城还是离宫中，大殿前的院落都是举行仪典的重要场所，紫禁城太和殿的尺度和殿前院落的面积均远在离宫正殿和殿前院落之上，显然在紫禁城外朝中皇帝与朝拜者的视觉距离更远，其神圣的空间效果远非离宫仪典空间所能比拟。

同时离宫的仪典空间除颐和园排云殿外均覆以灰瓦，在门殿、大殿、配殿的开间数、屋顶、台基等各个方面等级均低于紫禁城外朝。另外，重要的一点是紫禁城外朝空间没有任何花木，肃穆之极，而离宫仪典空间中却多植以松柏等植物，或陈设山石，使得空间增加了不少自然生气。这些均说明离宫仪典空间在符号化的同时所具有的一定的变通性。

离宫中另有一类辅助性的仪典空间以避暑山庄和圆明园的大蒙古包为代表，采用中央设置御幄，两侧以八字形对称布置圆幄的形式，与盛京皇宫朝会空间大政殿—十王亭的模式趋同，同样具有符号化的特征（图6）。大蒙古包和大政殿所代表的符号形式源自入关前满蒙贵族举行朝典和议政时所用的毡帐和天幕[9]，保留了一定的游牧遗风，等级观念相对削弱，而且大蒙古包一般仅用于赐宴外藩，地位也相对次要。

三

清袭明旧，不设宰相，以内阁大学士"掌天下之政"和"统领百僚"，实际上掌握了宰相的部分职权。同时，清初的文书制度也沿取明代，公事用题本，私事用奏本，二者均需经过内阁转送处理。但从康熙时期起，奏折逐渐成为不经内阁直送皇帝本人、完全由皇帝个人处理的机密文书，又称"密折"。至雍正时期大大扩大了奏折的使用范围，使之从少数人使用的机密文书变为高级官员普遍使用的国家正式官文书。乾隆十三年（1748年）更谕令奏折可取代奏本，与题本并重。从此奏折的地位日益重要，成为清代政治制度的一个重要特色。奏折的普遍应用，显然便于削弱内阁的权限，从而使皇帝能够最大限度地了解情况，控制臣僚，并能快速机密地处理重要的政务，加强了君主的个人专制。雍正年间军机处的设立更进一步架空和限制了内阁的权力，确保皇帝可以做到政由己出，掌握政府首脑的实权。至此，清代作为我国最后一个封建王朝，君主专制也达到了最高峰。

奏折制度和军机处的设立对清帝宫殿中的理政空间具有直接的影响。从《起居注》和《实录》的记载来看，康熙帝早期每月几乎逐日御乾清门听政，召集内阁，批示章奏。康熙朝中期以后，尤其是开始驻跸畅春园以后，以"御门听政"这样比较正式的形式御乾清门或畅春园澹宁居听政的次数渐少，多代之以较简便的召见和小型御前会议。雍正以后，公开御门次数更少，一年中往往仅有数次。皇帝处理政务的形式主要为披阅奏章、接见臣工和召开军机处会议，而一般的内阁奏议和题本逐渐变成例行公事。这种转变标志着清帝的实际理政方式由较为正式、公开的上朝的形式演化为较私密的御前会议，由

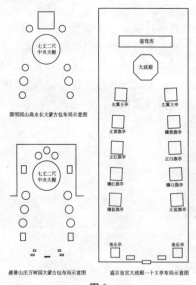

圆明园山高水长大蒙古包布局示意图

避暑山庄万树园大蒙古包布局示意图　　盛京皇宫大政殿—十王亭布局示意图

图6

此对理政空间也不再追求庄严肃穆的仪典效果，而改为强调其功能性，空间尺度也更为近人。具体地说，就是一方面试图缩短皇帝与臣下的距离，从一定程度上加强君臣之间的亲近感；另一方面是注意理政空间使用上的便利。

密折制度的推行追求一种迅速、直接和保密的效果，因此从康熙朝的畅春园时期开始，就有不少机密大事决策于离宫之中，皇帝在离宫可以更为顺畅及时地处理密折，甚至不受时间的限制。雍正帝把密折的应用大大推广，其在位的十三年间所批的密折数量十分惊人，其中超过一半是在圆明园中披阅的。

雍正间设立军机处，成为直接受皇帝控制的最高权力机构，缩减了朝廷的核心统治集团的规模，对于加强理政的效率和对朝政的控制有很大作用。军机处除了在紫禁城隆宗门外设有入直之所外，雍正－咸丰五朝时期的圆明园和光绪朝的颐和园均设有军机房，皇帝北巡避暑山庄，军机大臣一般也均随行。此外清廷另一重要的咨询机构南书房在畅春园、圆明园、颐和园等离宫也设有值庐，这些值房的设置视实际需要而定，对于方便理政有很大的辅助作用。

清代很可能是中国历史上皇帝最勤政的王朝，离宫中理政空间的使用频次是极高的。嘉庆帝曾经说过："我朝家法，无一日不听政临轩。中外臣工内殿进见，君臣无间隔暌违，上下交泰，民隐周知。视前明之君，深居大内，隔绝臣工，竟有不识宰相之面者，相去奚啻霄壤。"[10]所言大致是实情，君主对理政空间的需求由此也可见一斑。

清代雍正以后紫禁城中主要以乾清宫和养心殿为理政空间，偶尔也在乾清门御门听政，同时懋勤殿等殿宇也兼有一定的理政功能，其中以养心殿的使用率最高。但紫禁城中的理政殿宇均分散于内廷之中，大臣进出并不方便；同时其空间虽不及外朝空间庄严肃穆，但其形制仍然恢宏而规整，仪式性大于实用性，宜于朝典而不尽宜于小规模的御前会议，且囿于紫禁城的整体规制，难以根据实际需要作太多的调整。

在日常政务活动中，帝王需要与臣下加强直接交流，对各种事务作出恰当处理，因此对理政空间而言，相对宽松的环境和便利的空间流线是最重要的，并根据实际情况强调一定的私密性。紫禁城中使用频率最高的理政空间养心殿也是大内殿宇中室内布置较为灵活的实例，但养心殿集理事殿和皇帝寝殿于一体，功能分区并不尽合理。离宫中的理事殿，如畅春园澹宁居、圆明园勤政殿、避暑山庄依清旷殿、颐和园仁寿殿等殿宇位置多靠近宫门，而且除了仁寿殿外均独立于外朝大殿和内寝区，拥有灵活可变的室内空间，很好地满足了这一功能需求，比紫禁城的乾清宫、养心殿更适于日常视政之用。

雍正以后，皇帝在离宫理政时多与军机大臣商议，御前会议规模也比清初正式的御门听政小许多，而对空间的实用性和私密性的要求增加，这都是促使离宫理政空间实用化的原因。雍正帝《圆明园记》称："构殿于（圆明）园之南，御以听政。晨曦初丽，夏晷方长，召对咨询，频移画漏，与诸臣相接见之时为多。"[11]显然他认为在圆明园中听政比在深宫中更为方便，与大臣的直接交流也比较多。

圆明园的勤政殿是离宫中最具代表性的理政空间。道光间大臣姚元之《竹叶亭杂记》对当时的勤政殿和东书房的格局有详细描述："圆明园召见，向在勤政殿。三楹，楠扇洞开，殿中有横楠分前后焉。殿东有套间曰东书房，无前廊。夏日召见在殿中，春秋则在书房。书房门向东，前加牌枨。臣工由东首台阶上进殿，过横楠，转牌枨，向南稍东即南向跪，则面圣矣。此地不大，盖截书房北段为小间。北墙有楠扇门，驾由此出入，是以上面北坐也。丁酉冬，将书房添前廊，南向开门，北安窗，炕倚窗，设御座炕之西头。东南向窗间设大玻璃，以防范外人窃听。圣人防闲之严如此。"[12]勤政殿分隔

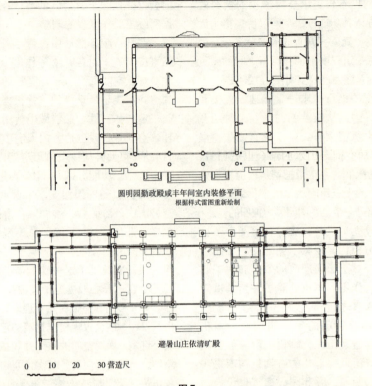

圆明园勤政殿咸丰年间室内装修平面
根据样式雷图重新绘制

避暑山庄依清旷殿

0　10　20　30 营造尺

图7

出东书房作为套间，供不同的季节使用；殿宇空间尺度较小，甚而皇帝在东书房中可以北向而坐；东南向设置大玻璃，防人窃听，其私密性的要求亦可见一斑。避暑山庄理事殿依清旷殿的主要召见场所设在殿宇的西二间，皇帝的宝座床倚西墙面东，空间氛围也比较亲切（图7）。

因此，在离宫中的理政空间更好地突显了皇帝作为政府首脑的身份特征，一切以实用为目的。同时离宫的理政空间多不设宫门和配殿，其院落格局也最为单纯。

四

清帝有长期园居的传统，多数皇帝在离宫中的居住天数远高于紫禁城，离宫也因此成为皇室最主要的生活场所。在可能的情况下，帝王总是要追求最理想的生活环境，而清代离宫正是从各个方面满足了帝王的这种要求。每日理政之余暇，可随时游山玩水，或射箭打猎，或吟诗赏月，其生活乐趣远比紫禁城要浓厚得多。同时，太后、后妃、皇子往往随同皇帝园居，亦可享有一定的天伦之乐。基于这一原因，离宫中的生活起居空间相对紫禁城更具有自由化的特点。

离宫起居空间的功能非常复杂，除了日常寝兴、膳食之外，也是重大节日举行内廷礼的地方[13]，且常兼有一些筵宴、办公、祭祀、娱乐功能。起居空间功能复杂化也给起居空间带来很多辅助用房。辅助用房的设置多不拘朝向和格局，灵活安插，使得生活起居区域规模庞大，格局繁复。离宫的内寝空间中还经常设有佛堂等宗教活动场所，但这类空间多为附属的私人宗教场所，皇帝在其中的活动近于常人，与其在太庙、天坛及大内奉先殿、景山寿皇殿等处的神圣象征的角色有着本质的区别。

离宫起居空间自由化的另一特征为建筑和环境更加趋向园林化。各寝宫区庭院中的花木往往极为繁盛，种类亦多，不同于仪典空间以松柏为主的比较庄严的植物配置方式。

同时，起居空间与山水的结合也更加紧密。寝宫院落多叠以山石，与花木相得益彰。各寝宫多靠近水面，有良好的景观条件，一个值得注意的巧合是四座离宫中皇帝寝殿的名称均与水有关：畅春园—清溪书屋，避暑山庄—烟波致爽，圆明园—九州清晏（"州"亦作"洲"），颐和园—玉澜堂。其名称均在描绘寝殿附近的水景，反映出清帝对水景环境的向往。这一理想在紫禁城中难以实现的，却成为离宫的重要特色。此外，寝宫区多建有楼阁，如避暑山庄云山胜地楼和畅远楼，圆明园清晖阁和颐和园夕佳楼等，最宜于观赏园林风光。

正因为存在园林化的趋向，就整体而言，最具有私密性的离宫内寝生活区域相对仪典空间和理政空间而言反而更具有一定开敞性，较少仪典空间和理政空间的政治色彩（图8）。这也是离宫起居空间与紫禁城养心殿、东西六宫等寝宫最大的区别所在。

由于离宫起居空间与皇帝及皇室成员的生活密切相关，因此在使用过程中往往根据需要对相关殿宇和院落不断作出局部的改建、添建，至于室内装修的更改更是多不胜数。

以圆明园为例，在国家图书馆现存的道光、咸丰两朝及同治重修的1700多份"样式雷"图中，寝宫区九州清晏的相关图纸数量最多，几乎占了三分之一，而且不同的历史时期差异很大，从一个侧面说明离宫寝宫区更改、修整之频繁。这种变化在形制严格的紫禁城内廷难以实现，而在离宫中则可以根据具体的需要对建筑的格局、位置、形制乃至室内陈设作出灵活的变更。尤其离宫中的寝殿多出有抱厦，清代晚期更向前后三卷、四卷勾连搭的形式发展，室内空间变大，与日常起居更为相宜。典型如道光、咸丰两帝在圆明园中常住的寝宫慎德堂，采用五间前后三卷的形式，进深的尺寸超过面阔。室内以各种飞罩、栏杆罩、八方罩、圆罩及博古架分隔出极为灵活的空间效果，在不同的位置布置了暖炕和凉床，可供不同季节使用。同时设有仙楼和戏台，功能非常复杂，并可根据需要不断作出调整，几与现代建筑中人开间自由分隔的设计理念相契合（图9）。刘敦桢先生《同治重修圆明园史料》亦称："……如慎德堂等，为帝、后寝宫，内部以门罩、碧纱橱、屏风间壁，自由分划，不拘常套。"[14]

在同治重修圆明园相关图档中可以发现同治帝和慈禧太后也对寝宫区的设计最为关注，经常发表各种意见，例如同治十二年（1873年）十一月同治帝曾有谕旨："慎德堂三卷殿：朕最爱赫亮，假柱均撒去不要，前卷俱安松鹤延年各样罩，中卷俱安喜鹊梅花各样罩，后卷俱安竹式各样罩，二进间拟安寝宫。"[15]同月《旨意档》还有这样的记录："万春园中一路各座烫样奏准，奉旨依议，交下存内务府堂上。皇太后自画，再听旨意。"[16]可见慈禧太后曾经自己亲自筹划，

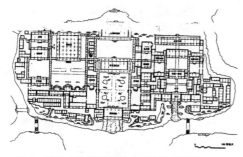

图8　道光十六年圆明园九州清晏平面图——根据样式雷图重新绘制

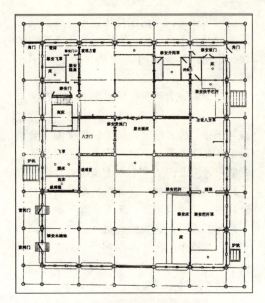

图 9 咸丰年间圆明园慎德堂室内装修图——根据样式雷图重新绘制

直接参与了寝宫工程的设计。因此起居空间的建设往往直接代表了统治者的个人喜好和具体要求，因而相对仪典和理政空间而言也具有更多的个性色彩。

由于整个离宫均为皇帝同居时期的生活区域，而游赏园景也是皇室生活的一项重要内容，起居空间与离宫园林区的关系最为密切，难以截然区分。离宫中除了皇帝、太后寝殿和后妃、皇子的居所外，往往还有多处殿宇也是按寝宫来布置的。例如从乾隆三十六年至乾隆四十六年（1771—1781年）的《圆明园等处帐幔褥子档》[17]中可以发现当时整个圆明园三园中设有帐、幔、褥子，可以用作寝宫的殿宇至少有22处，这些寝宫陈设除了九州清晏、长春仙馆、勤政亲贤等处以外大多仅作皇帝临时休息之用，并非真正意义上的寝宫。但同时也说明离宫中许多景区可兼作临时起居空间之用，反映了起居空间对全园的辐射，是其自由化特点的另一表现。

五

综上所述，离宫朝寝空间的场所特性决定于其使用者的具体行为模式。总的来说，仪典性空间的主要目的是为了渲染和强调皇帝的神圣性，而理政空间和生活起居空间则更多从实际需要出发，体现了皇帝人性的一面。

通过比较，我们可以发现紫禁城中的空间从整体到细部均体现了强烈的仪典性，即便是理政和生活的空间也笼罩在庄严肃穆的神性氛围之下，鲜有变通。相比之下，离宫中的空间更宜于办公和居住，其人性的成分远远大于紫禁城。例如刚正严肃的雍正帝一向"驭下甚严"，但在圆明园时也常常"每假以辞色，以联上下之情"，显得比在大内中更有人情味。皇帝在紫禁城中的人格身份被极大地神化，而在离宫中则又更多地还原为凡人的属性。因此，从本质上讲，紫禁城的空间主要追求强烈的礼仪象征效果，作为神圣象征的皇帝在许多重大典礼场合中必须在紫禁城出现；而离宫则更近于世俗生活中真正的天堂，作为凡人的皇帝更喜欢在此办公和生活。或许这正是离宫朝寝空间独特性质形成的根本原因所在。

（本篇论文系根据笔者博士论文有关章节改写而成，曾得到导师郭黛姮先生的多方指导，特此致谢。）

原载于《建筑师》总第 103 期

主要参考文献

1. 中华书局编辑部编. 清会典. 北京：中华书局，1991

2. 中国第一历史档案馆藏清代《起居注册》

3. （清）于敏中等编撰. 日下旧闻考. 北京：北京古籍出版社，1981

4. （清）奕訢等编. 清六朝御制诗文集. 光绪二年铅印本

5. （清）姚元之. 竹叶亭杂记. 北京：北京古籍出版社，1982

6. （清）翁同龢. 翁同龢日记. 北京：中华书局，1997

7. （朝鲜）朴趾源.《热河日记（外一种）》. 北京：北京图书馆出版社，1996

8. （英）斯当东. 英使谒见乾隆纪实. 叶笃义译. 上海：上海书店，1997

9. 刘敦桢. 同治重修圆明园史料.《中国营造学社汇刊》第四卷，第三、四期

10. 中国第一历史档案馆编. 清代档案史料—圆明园. 上海：上海古籍出版社，1991

11. 国家图书馆藏"样式雷"图档

注释：

[1]（英）斯当东. 英使谒见乾隆纪实. 叶笃义译. 上海：上海书店，1997：371

[2] 同上，397 页

[3] 中华书局编辑部编. 清会典. 中华书局，1991，卷二七：219-220.

[4]（朝鲜）朴趾源. 热河日记（外一种）. 北京：北京图书馆出版社，1996：392.

[5] 同注［3］，卷九三，841 页

[6]（清）翁同龢. 翁同龢日记. 北京：中华书局，1997：3053

[7] 顺治、康熙二帝并曾在短期分别将保和殿更名为位育宫和清宁宫，并暂作寝宫使用. 详参：周苏琴. 清代顺治康熙两帝最初的寝宫. 故宫博物院院刊. 1995，3：45

[8] 于倬云. 故宫三大殿形制探源. 故宫博物院院刊. 1993，3：3

[9]《满文老档》记载：在建造盛京皇宫之前，太祖努尔哈赤凡遇大事或设宴，均在"殿之两侧张天幕八，八旗之诸王、大臣于八处坐."转引自铁玉钦，王佩环.《关于沈阳清故宫早期建筑的考察》. 见：《建筑历史与理论》（第二辑），55 页

[10]（清）颙琰. 仁宗御制文余集. 光绪二年刊本，卷九,《勤政论》

[11]（清）胤禛. 世宗御制文集. 光绪二年刊本，卷五,《圆明园记》

[12]（清）姚元之. 竹叶亭杂记. 中华书局，1982：4

[13] 清宫最重要的典礼均在外朝等仪典空间中举行，但举行内廷礼的场所则扩展到起居空间中，只是规模、排场和空间氛围与正式的仪典空间有着本质的差异。

[14] 刘敦桢. 同治重修圆明园史料. 中国营造学社汇刊第四卷，第三、四期

[15] 国家图书馆藏样房雷氏《旨意档》（同治十二年十月日吉立）

[16] 同上

[17] 中国第一历史档案馆编. 清代档案史料——圆明园. 上海：上海古籍出版社，1991：912-915.

中国城市史研究

中国古代都城建设小史

西汉长安

郭湖生

渭水下游的关（函谷关）中盆地，秦汉之际是全国生产最发达、财富最集中的地区。《史记·货殖传》说："故关中之地，于天下三分之一，而人众不过什三，然量其富则十居其六"。战国时期，秦国广修水利，发展农业，国富兵强；秦灭六国，又掠其财货，"徙天下豪富于咸阳十二万户"。秦都咸阳迅速发展，成为中国第一个统一帝国的伟大都城。

咸阳位于渭水北岸。自古东来入关后沿渭水南岸西行的交通干道，在此折北渡渭沿北岸向西去陇蜀；可再西南行去西南夷、身毒，或西北行去西域、大秦。咸阳地当交通枢纽，盆地中央，地位极为优越。秦国都城曾经数迁，最后由栎阳（今临潼县古城屯，在渭水北岸）迁至此；西汉长安也择址于同一渡口的南岸，当非偶然。

秦始皇统一全国后，计划向南岸扩大城市。《史记·始皇本纪》载："于是始皇以为咸阳人多，先王之宫廷小。吾闻周文王都丰，武王都镐，丰镐之间，帝王之都也。乃营作朝宫渭南上林苑中，先作前殿阿房，东西五百步，南北五十丈，上可以坐万人，下可以建五丈旗。周驰为阁道，自殿下直抵南山，表南山之巅以为阙。为复道，自阿房渡渭，属之咸阳，以象天极阁道绝汉抵营室也。"

这是一个跨越渭水南北两岸宫苑连绵不断的宏伟规划。新宫以终南山峰为阙，以渭水象天汉（银河），以渭桥复道象天极阁道，以咸阳宫象营室（二十八宿之一，古人以为"天子之宫也"），反映当时的天人相应的观念。这个奇妙的浪漫主义的构思，有着十分现实主义的内核。计划已经着手执行："隐宫徒刑者七十余万人，乃分作阿房宫，或作骊山（秦始皇陵）"，但工程半途而废。公元前207年秦亡，项羽率军入关至咸阳，焚烧抢掠，火三月不绝。当时有人劝项羽都关中，项羽以咸阳残破，不留，引军东归。翌年（汉高帝元年，前206年），汉王刘邦自汉中"暗度陈仓"，攻占关中地区，以之为后方根据地，出关与项羽争天下。留守关中的萧何，在栎阳建立宗庙、社稷、宫室、县邑，作为临时都城。栎阳在秦文公至秦孝公时期（前383年至前350年）曾是秦国国都，"北邻戎狄，东通三晋，亦多大贾"，也是当时相当繁荣的都市。

汉高帝五年（前202年），开始修葺渭水南岸秦代所建兴乐宫，改名长乐宫。这一年，项羽兵败自杀，刘邦登皇帝位于定陶境，随即西至洛阳，准备以洛阳为都。有一名戍边的军卒齐人娄敬却劝刘邦不要都洛阳而应都关中。但多数大臣是山东（函谷关以东）人，赞成都洛阳，反对定都关中。刘邦犹豫不决。只有张良赞同娄敬的意见，说洛阳"地薄四面受敌，非用武之国"；而关中"左函殽右陇蜀，沃野千里，南有巴蜀之饶，北有胡苑之利，阻三面而固守，独以一面东制诸侯安定。河渭漕輓天下，西给京师。诸侯有变，顺流而下，足以委输，此诚所谓金城天府之国"。刘邦听后，即日动身进关，定都关中。当时仍在栎阳。高帝七年（前200年），刘邦在刚修好的长乐宫接受群臣朝贺，大喜说："吾乃今日知为皇帝之贵也。"这一年，正式从栎阳移都长安。

同年，刘邦察看了正在营建的距长乐宫仅一里的未央宫。刘邦看见未央宫十分壮丽，大怒，责备萧何说："天下匈匈，苦战数载，成败未可知，是何治宫室过度也。"萧何答："天下方未定，故可以就宫室。且夫天子以四海为家，非令壮丽亡（无）以重威，且亡（无）令后世有以加也。"刘邦听了转怒为喜。汉九年（前198年），未央宫建成，和长乐宫一样，都是沿用秦宫制度的正式宫殿。刘邦和吕后仍住长乐宫。

确如娄敬张良预见那样，刘邦称帝后长年领兵作战在外，征讨叛变的陈豨、英布、卢绾等。汉十一年（前196年），刘邦在与英布作战中受伤，归后不久，次年死去。诚所谓"天下匈匈，成败未可知"。但关中是稳定的。为了强干弱枝，娄敬的建议"徙六国后及豪杰名家居关中"也在实行。高帝九年（前198年），"徙齐楚大氏五族凡十余万口入关"。以后，借起陵邑的机会多次迁徙"郡国豪杰"，均有经济和政治的双重目的。

刘邦死后，太后吕氏仍居长乐宫，惠帝居未央宫。此后，未央宫为皇帝宫，称西宫；长乐宫为太后宫，称东宫。两宫形制相似，地位相当，各有守卫部队，规模相埒，成为西汉太后外戚干政的条件之一。惠帝即位后，即以两宫为基本，筑城构成长安城。

长安城南包容位于龙首原高地的厡两宫；向北至渭滨渐低下，当时在渡渭桥头（中渭桥或横桥，秦建，汉改名石柱桥）可能已有市民居和桥南向东去的干道。迁就既成事实，出现南城垣的曲折和北城垣沿渭滨的欹斜走向。有南垣似南斗、北垣似北斗的说法，因此长安称为"斗城"。一般认为这是后人附会，但这个说法源于汉代传说，考虑到当时天人合一思想的广泛存在和深刻影响，不排斥故意有所象征的可能。宣平门至城门大街可能是原有东去干道。长安九市一部分在渭桥南北桥堍，大部分集中在横门大街两厢侧东市和西市两区。横门直对横桥，相距三里。所谓："致九州之人在突门，夹横桥大道，市楼皆重屋"，这一带一直是繁华的市集。除了凸出和欹斜，长安城大致是正方形，城周25700米。每侧三门，每门三道，每道四轨，三道共十二轨，所谓"旁开三门，参涂夷庭，方轨十二"（张衡《西京赋》），已为考古发掘证实。门内大街宽约45米，以排水沟界为三股：中间一股宽约20米，两侧宽约12米。中间一股即"驰道"，为皇帝专用，两侧为臣庶所用。长安城内街道，古称"八街九陌"。除四座城门内即宫城，不能形成长街外，其余八门内的长街，即为"八街"。与之相交的里巷，有所谓"九陌"。道路系统也即排水系统，明沟暗渠，交错成网。考古发现质量很好的排水管，砖砌水道，拱券暗渠。居民闾里集中城北，又散处各宫区间，号称一百六十。闾里的形式脱胎于农业井田制自然经济男耕女织社会的基本组织"邑里"《汉书·食货志》有一节生动的描述。移用於都市，则成为对城市居民区实行监管、宵禁、征役的基本单位，只是以手工业商业以及其他成分市民取代农业居民，"室居楲比，门巷修直"修筑得更为整齐壮观。

居民的闾里间散布着官署宅邸，居城北，而宫城在南；所以未央宫的主要正门是北门，东门次之，门外有阙，南、西两门则无阙禾不重要。而未央宫前殿仍南向。这可以看出汉代人注重实际不拘形式对称的特点。北阙与横门间大街，则成为宫城与市街间相联系的干道。这和后世宫城入口在南且在门前形成向南引长的对称序列的办法大相径庭。

惠帝筑城以后，文景两代未大事建设。武帝在位五十余年，是长安建设的高潮时期。首先是人工漕渠，以解决长安人口增加、粮食征赋以及贸易物资随之增多的问题。陆运劳费大而效率低唯一办法是发展水运，但渭水河道多沙，深浅不常，不便航行，故放弃天然河道，另辟人工漕渠。自长安始，至潼关入黄河。武帝元光六年（前129年），大司农郑当时奏开漕渠，说："异时关东漕粟从渭上，度六月罢，而渭水道九百里，时有难处。引渭穿渠，起长安，旁南山下，至河三百余里，径，易遭，度可令三月罢。而渠下民田万余顷又可得以溉。此损漕省卒，而益肥关中之地，得谷。"（《汉书·沟洫志》）武帝同意，命令水工齐人徐伯进行测量选线，发卒数万人穿漕渠，三岁而成，获益极大。这是最早出现的人工漕渠。

元狩三年（前120年），又建昆明池于长安西南。原意本为练兵用，"将讨昆明，以昆明有滇池，乃作昆明池以习水战。"但实际是为长安建立蓄水库，用以改善城市用水和保证漕渠水源。这是中国第一次为城市建立蓄水库。池周四十里，范围很大，又成为林木茂盛、孳生水禽和水生植物的良好环境，又大量养鱼，每年捕送宫廷、陵庙，多余的售于长安市场。昆明池由截沈水（即潏水，见《水经注》卷八沈水）成湖，东北流去为漕渠上源，流经长安城南至霸城门的一段痕迹迄今仍可辨。沈水又枝分飞渠入城为仓池（在未央宫西南隅）。所谓飞渠，应是高架水道，越城垣而过。后来北宋东京城金水河用木槽跨越汴河而入宫城后苑以及元大都金水河用"跳河水槽"（《元史·河渠志》）都是继承这

个办法。沈水入城流经宫殿区，在长乐宫形成"酒池"，出霸城门为王渠入渭。

汉武帝又在长安城内修北宫、桂宫，末年又起明光宫。这些宫区连同长乐未央两宫，共占有长安城内面积二分之一。但是最为宏伟壮丽的，莫过于太初元年（前104年）所建的建章宫。宫在长安城西，是汉武帝听信越巫建议而建造的离宫，充满神仙灵域的追求和浪漫气氛。秦汉方士巫人影响之大，建章宫为一典型。宫内北侧有太液池以像海从昆明池分支形成。中有蓬莱、方丈、瀛洲、壶梁，像海中神山。这一构思给予后世皇家苑囿影响极大。全宫建筑繁多，号称"千门万户"，和未央宫、桂宫以阁道相通，宫的前殿高出未央宫前殿。宫中立铜柱仙人掌承露盘。太液池南有玉堂璧门，玉堂屋上有铜凤，饰以黄金，有转轴可迎风转动状如飞翔，是最早用作风标的建筑铜饰。宫中有方士活动用的高耸入云的神明通天台和井干楼，有豢养猛虎的虎圈，还有收藏外国珍宝火浣布、切玉刀、巨象、大雀、狮子、宫马的奇华殿等等。建章宫内容复杂，形式多样，装饰豪华，是汉代宫殿的代表。

汉武帝时期开通西域，新奇的事物，远方的宾客汇集长安，长安成为国际文化交流的中心，正如《汉书·西域传》所说：

"明珠、文甲、通犀、翠羽之珍，盈于后宫。蒲稍、龙文、鱼目、汗血之马充于黄门，巨象、狮子、猛犬、大雀之群食于外圃，殊方异物四面而至。于是广开上林，穿昆明池，营千门万户之宫，立神明通天之台，兴造甲乙之帐，落以随珠和璧，天子负黼依、袭翠被，凭玉几而处其中。设酒池肉林，以飨四夷之客，作巴俞、都卢、海中、砀极、漫衍、鱼龙、角抵之戏，以观视之。"

这是西汉的鼎盛时期，也是中国历史上一高峰。

西汉一代的离宫和十一处皇帝陵墓，均散布在以长安为中心的"三辅"地区。其中

七处陵墓起了"陵邑",徙关东豪富望族充实之。故陵邑人口众多,如长陵有5万户,茂陵6万户,而长安人口西汉末平帝时不过8万户。其中渭北陵邑5处(长陵、安陵、阳陵、茂陵、平陵),称为"五陵"地区,繁华不亚京城。故三辅地区,实为关中的精华所在。所谓三辅,是包括长安在内的三个郡级行政区,即京兆(尹)、左冯翊(太守)、右扶风(太守)。治所均在长安城,以加强中央对近畿地区的控制。地方军事力量,则京兆有京辅都尉之外,左冯翊左辅都尉治高陵,右扶风右辅都尉治郿县,除了用以治安,还为了保护陵园。直隶的三郡,另设相当州刺史的官吏以督察之,称司隶校尉,地位比九卿,权威甚重,以弹压皇亲国戚集中号称难治的三辅地区。其驻地也在长安城中。

秦代在渭水南划出面积广袤的上林苑,汉代继承之经营之。上林苑实际是皇家直属的庄园田产。除了在风景佳丽处建离宫别馆供皇帝游乐之外,还有供应皇室蔬菜、禽鱼、牲畜、粮食的基地,铸钱的官冶供应全国通用货币,狩猎的狩场,种植各地以及外国的奇卉异果如葡萄、苜蓿、荔枝、橄榄之类,豢养珍禽猛兽处如狮圈、虎圈等。苑中田地租与贫民耕种,或从事养殖如鹿麋之类,官收其值,是皇室重要的财政来源。昆明池、建章宫均建于上林苑中。这种集离宫、苑囿、田庄、动植物园为一体的上林苑,对后世都城建设有很大影响,但后世规模均不及秦汉。

西汉长安自武帝之后,没有重大建设。王莽执政时,修复武帝所建明堂辟雍,又修太学弟子书舍万区于上林苑,新朝建立后又拆建章宫料建九庙。王莽新朝被推翻时,未央宫被焚毁,城内混战,长安受到严重破坏。东汉末,董卓迁献帝自洛阳都长安,卓死,群将互攻,长安受到毁灭性破坏,以至西晋时潘岳所见到的情景是:"街里萧条,邑居散逸,营宇寺署肆廛管库,蕞芮于城隅者百不处一……尔乃阶长乐、登未央、汎太液、凌建章……鹜雉雊于台陂,狐兔窟于殿旁。何黍苗之离离,而余思之茫茫……"长安完全成为废墟。

西晋灭亡以后,后赵石虎曾大修长安城,现在残存的长安故址在考古中仍可看到修理的痕迹。以后经历前秦(苻氏)、后秦(姚氏)、西魏(拓跋氏)、北周(宇文氏)几个朝代,均以长安为都。似乎宫城仍处城南,且采取魏晋创立的太极殿东西堂制度。北周的宫城亦称"台城",推测形制近于西晋洛阳宫或南朝建康台城。因为制度狭小,不称隋文帝意,乃决意迁都于长安东南三十里,是为大兴城。汉长安乃全部废弃,成为新都城北禁苑中的一处古迹,徒供凭吊而已。

建设一个统一封建帝国的首都,要面临许多前所未有的新问题并加以解决。秦代虽奠立了关中建都的基础,但未能充分展开。由后继的汉代继续发展前进,逐步完善。如建设城市水源,漕运,桥梁驰道传舍,市集仓储,邑里第宅,道路沟渠;建立闾里和市集管理的制度及相应的刑律和监狱;建立中央和地方官府,守卫军队;建立宗庙社稷、太学辟雍等等。所有经济上、政治上、文化上和军事上的措施和建设,无非为了巩固皇权专制国家。这样的中央集权国家的都城当然以宫室为中心而为之服务。西汉长安的发展和建设处于开创阶段,许多经验为以后的王朝所效法。西汉长安没有事先的完整规划,没有明确的分区和整齐醒目的城市构图,虽然汉武帝开始把崇儒定为国策,但在实行儒家崇尚礼制的建设上仍处于不正规不完备的开始阶段。而在此后长期封建社会中逐步系统化逐步完整。因以上种种,可以说西汉长安只是一个伟大的开始(图1~图3)。

原载于《建筑师》总第50期

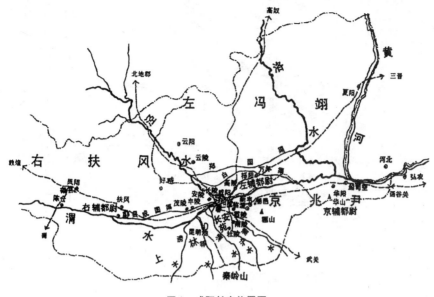

图 1　咸阳长安位置图

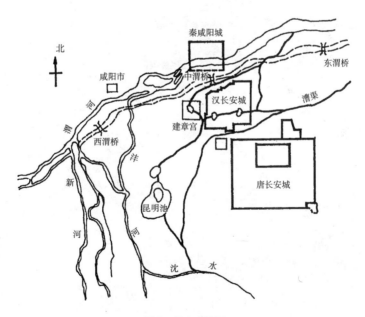

图 2　长安水道图

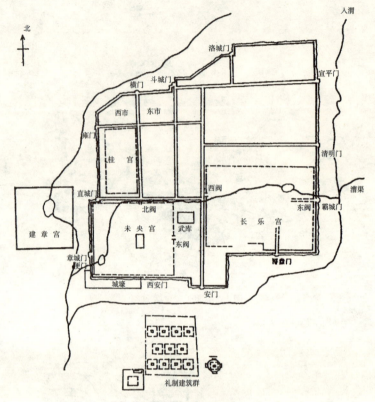

图 3　汉长安简图

中国古代都城建设小史

汉魏西晋北魏洛阳

郭湖生

洛阳北为邙山，背临黄河，西为殽函，东有虎牢荥阳之险。其间伊、瀍、涧、谷诸水在此注入洛水，经偃师在巩县洛口入河。若论盆地腹地广大、军事地形险阻，均不如关中，但地位比较适中，又处砥柱下游，水运较为方便，早就有城邑建设。偃师的二里头遗址推测为商汤的西亳所在。西周灭殷，在洛阳建成周以处殷人，在成周之西建王城以监视之。后来平王东迁，以王城为都，至敬王时，又迁至成周为都。这两处早期都城址，以后长期曾交替成为后世都城选址位置。

秦庄襄王元年，封相国吕不韦为文信侯，封邑即在洛阳。传当时已修建漕渠，这个记录，比西汉长安漕渠更早。秦时洛阳在成周址，已有南北宫。西汉最初曾以此为都，仅短暂数月即迁去关中。但这处城址宫室一直保留。至王莽末年关中战争频仍，长安被毁，建立东汉王朝的光武帝刘秀乃以洛阳为都，与长安并称东西二京，示不忘祖宗陵寝。

东汉洛阳扩建秦代城垣，重修并沿用秦南北宫。整个城区呈长方形，"南北九里六十步；东西六里十步"，经测量周长约13000米。城门十二：南四门，北二门，东西各三门，门各三道。门对大街，号称二十四街，各宽约40米，分三股，中央为"御道"，皇帝及"公卿尚书章服从中道，凡行人皆行左右"。情况和西汉长安相仿。城中主要为南北二宫。东汉初南宫为主要宫区，明帝时则大修北宫，其中德阳殿规模宏伟，"周旋容万人，陛高二丈……自到偃师，去宫四十三里，望朱雀五阙、德阳，其上郁律与天齐。"考古发掘判断北宫范围约1500米1200米，面积约1.8方公里；南宫1300米1000米，面积约1.3方公里。南北宫相距一里，以复道相连。两宫合占洛阳城区面积三分之一以上。城内还有其他宫苑如永安宫和濯龙园。此外，为官府和达官贵族的住宅。重要的市集三处，一在城中，两在城外，表示城外仍有大量居民。宫区占有很大比重，全城没有形成以主要宫殿为中心的轴线，城门、街道、市集的布局比较自由，都表明洛阳保持战国时期城市特色而并未遵循周礼营国之制（图1）。

作为都城，洛阳亦有漕渠建设。洛水下游入河段比较稳定，但上游至洛阳段则常奔溢或枯竭不能航，需另辟漕渠迄至下游偃师境。《水经注》卷七谷水："汉司空渔阳王梁之为河南也，将引谷水以溉京都，渠成而水不流，故以坐免。后张纯堰洛而通漕洛中，公私怀瞻。是渠（阳渠）今引谷水，盖纯之创也。"渠桥石柱有铭："阳嘉四年（135

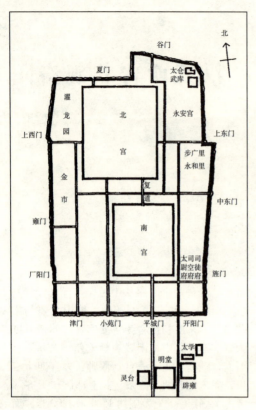

图 1 东汉洛阳图

年）乙酉，诏书以成下漕渠，东通河济，南引江淮，方贡委输，所由而至。"这段话说明漕渠航运可以经由河济远达北方，又可（经泗水）到达江淮流域，范围很广，经济意义重要。除了汉代王梁、张纯的修建，魏明帝时在洛阳修千金堨，堰谷水，开创了谷水的综合利用。经晋代再修，臻于完善。北魏则继承东汉魏晋的遗留。

东汉科学发达。造纸、候风地动仪，橐键风排等发明均出现于此时，居世界先进地位。《后汉书》宦者传说："（灵）帝……又使掖庭令毕岚铸铜人四，列于苍龙玄武阙，又铸四钟，皆受二千斛，悬于玉堂及云台殿前。又铸天禄虾蟆，吐水于平门外桥东，转水入宫。又作翻车渴乌，施于桥西，用洒南北郊路，以省百姓洒道之费。"天禄虾蟆似为引水北流器具，其原理不详。至于"翻车渴乌"，《后汉书》李贤注云："翻车，设机车以引水；刻乌为曲筒，以气引水上也。"后者有人解释为虹吸曲管。但很可能是利用单向阀的唧筒式抽水泵。当时已有风箱，水排鼓风设备；金属加工方面，西汉已有齿轮，东汉则有三个轴向旋转的被内香炉，所以唧筒的出现是可能的。这是中国历史上市政工程使用机械的最早记载。在世界上也是当时最先进的。

东汉班超经营西域，丝路再度畅通，中国和罗马直接来往。西方文化进入中国，更重要是印度佛教亦于此时进入中国，洛阳则是佛教在中国的第一个据点，创立了白马寺。洛阳又是儒学中心。建立了国子学、灵台、鸿门学等。继长安之后，洛阳成为又一个东方经济文化中心。可是东汉末外戚与宦官的斗争引发了长期战乱，董卓挟献帝迁于长安，洛阳遭受重大破坏，以致献帝迁河北、都许昌，再也未回洛阳。当时天下三分，割据的三国国都魏的邺、吴的建业、蜀的成都，成为三个中心。经过三十年，直到献帝逊位，曹丕称帝，将魏都由邺迁洛，才在残破的废墟上重建洛阳。但是重建工作主要是他的儿子明帝时进行和完成的。出现了和东汉时相比较截然不同的新面貌。

史称"明帝时始于汉南宫崇德殿处起太极、昭阳诸殿"，似乎曹魏时仍有汉南宫，且主殿太极殿在南宫。此说可疑，与许多史例抵牾。据研究，南宫于魏明帝时已废除，而建立单一的集中的宫城，其址大致以汉北宫为基础而颇有变更。按照邺城经验，魏明帝青龙三年创建了太极殿和东西堂，且建立了纵览全国政务实即中央政府的尚书台于宫内，二者（太极殿与尚书朝堂）东西骈列，二者前方的宫门（阊阖门与司马门）亦东西骈列。外朝之北为内殿，再北为芳林园（后避齐王芳讳改为华林园）。这一模式不仅由西晋全部继承，也为东晋、南朝所继承。两百多年后北魏重建洛阳时所依循的也是这一模式。太极殿和东西堂制度且曾为许多同时期的霸国所模仿。其影响之大，历史地位之重要是不言而喻的。

单一的宫城正门阊阖门前形成直达宣阳门的御街，因列置铜驼被称为铜驼街。重要的官署府第均分布于街两侧。于是形成了城市的主要轴线，也是前所未有的。当时城内修建宫殿苑囿，全面整治水系，又增建洛阳城西北角的金墉城，工程浩繁。史称："百役繁兴，作者数万，公卿以下，至于学生，莫不展力，帝（明帝）乃躬自掘土以率之"。经过这次建设，洛阳大为改观。

洛阳的建设自魏迄晋长期持续。其最突出的成就是对水资源的利用和城内外水系的改造，特别是谷水的充分利用，可以说达到很高水平。

谷水源自渑池境，东流至洛阳西郊，魏明帝时，筑千金堨以提高水位，利用位能驱动水碓舂磨谷物。然后南北绕城而东，下游成为漕渠至偃师境入洛水。谷水又枝分入城，称阳渠，环街衢供城市生活用水，又流入宫苑，形成蓄水池沼。这些池沼之间用石砌的地下暗渠沟通，并与谷水（阳渠）相通。直到两百多年后北魏孝文帝迁都洛阳修治街渠时，发掘出这些石砌暗渠，发现石工细密坚固，不曾损坏，决意继续使用。《洛阳伽蓝记》中记载："凡此诸海，皆有石窦流于地下，西通谷水，东连阳渠，亦与翟泉（洛阳城内天然泉沼）相连。若旱魃为虐，谷水注之不竭；离毕（大雨之兆）旁润，阳渠泄之不盈。"指明各池用石窦沟通，互相挹注，保证不盈不竭，无论炎旱淫雨均不能为害。用石窦（石拱券）作地下沟渠的好处是：不占地面道路，不需经常疏浚维修，不用桥梁等附加工程，一劳永逸，遗利无穷。我深信汉魏洛阳遗址地下迄今仍保存部分石券暗渠。若有，将是中国古代城市建设中高度智慧水平的宝贵证据。

阳渠水出城东流为漕渠，在东阳门外的太仓前形成可以"舳舻千艘"的大河港，又形成几处开阔的水面如方湖、鸿池等，然后东流入洛。谷水综合了动力、生活用水、绿化、养殖、改善环境气候、舳舟、漕运等多种功能，其利用可谓淋漓尽致，值得今人钦佩深思。王梁、张纯、陈勰等人著有劳绩，值得纪念。

西晋末年八王之乱，战争连绵，国力削弱，北方的匈奴族乘虚而入，挟持晋帝西去长安，不久晋亡。洛阳饱受兵祸焚掠，沦为墟丘。一百八十年后，北魏太和十七年（493年），孝文帝南巡至洛阳，见此荒凉情景，十分感慨。史载"帝顾谓侍臣曰：晋德不修，早倾宗祀，荒毁至此，用伤朕怀。遂咏黍离之诗，为之流涕……"尽管伤感如此，几天之后，他仍然作出迁都洛阳的决定。近世论及此事，常强调政治与文化的原因。认为是政治上控制中原南下江淮之必需，又是文化上脱离旧俗、学习汉文化之必要。其实，孝文帝自己说过，经济是根本要点："朕以恒代无运漕之路，故京邑民贫。今移都伊洛，欲通运四方。而黄河浚急，人皆难涉，我因有此行（谓乘船经泗水入黄河再溯洛水还洛阳），必须乘流，所以开百姓之心。"（《魏书》卷79成淹传）他看到水运的重要，亲身宣传，启发北土百姓熟悉乘船，开阔眼界，是一位有眼光有魄力的人物。

现在看到的汉魏洛阳遗址，主要是北魏重建的结果。当时利用西晋废墟基址，并曾派人考察模仿和西晋洛阳宫城一脉相承的南朝（时为南齐）都城建康的宫室城邑的布局。考察原意为了改造代京宫室，结果却用于重建洛阳宫室。主其事者就是蒋少游。这次重建可谓相当成功，使洛阳成为古代一处规模宏伟、秩序井然、景象壮丽的伟大都城（图2）。

首先，规模扩大。原有的洛阳城作为内城，其中主要是皇宫、苑囿、官署、佛寺和

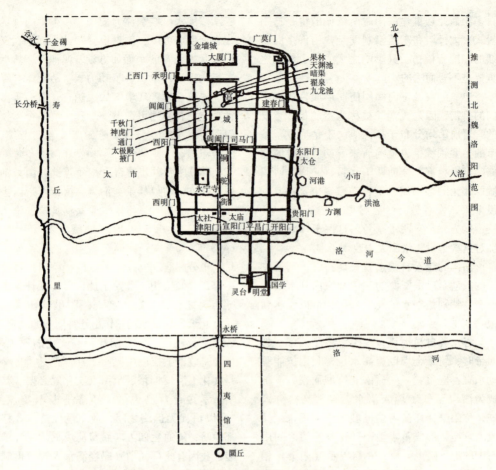

图 2 北魏洛阳图

达官贵族的住宅。一般居民只有少数居住内城,而在四郊加建外郭和居民坊里。这些"里"各为一里见方,四周筑坊墙,共三百二十"里"(《洛阳伽蓝记》载为二百二十"里")。整个外郭"东西二十里,南北十五里",这个尺度较之号称世界古代第一的隋唐长安城还要略大一些(长安东西十八里一百一十五步,南北十五里一百七十五步)。但是尚未能得到考古发掘的证实,外郭迄未发现。然而从总轮廓看,北魏洛阳无疑是隋唐长安的先声。

其次,宫城的改建。北魏的宫城是在魏晋宫城址上重建的,但最大的特点是东西干道(自建春门至阊阖门)穿过宫城,分之为二,南部为大朝太极殿和常朝尚书朝堂区,它们分别南对宫城南门阊阖门与司马门;北部为后宫禁内和华林园内苑区。城市干道穿越宫城并不表示城市交通可以通过,但可以表示宫城位置和划分与整个城市构图的结合。宫城阊阖门前铜驼街直达宣阳门,仍然保持魏晋传统,形成城市的中轴线,两侧布置重要的府寺官署以及太庙和社稷。宫城居城市北侧,南向有长列的导入序列——御街,直达城市主南门,这种布局以北魏洛阳最为明确、典型。但是,轴线并不居中而偏西侧,后来的隋唐长安与此不尽相同。

第三，北魏洛阳充分恢复魏晋洛阳的城市水工设施而得以更好地利用水资源——仍然主要是对谷水的利用。洛阳城内清流环萦，绿荫夹道，环境极为优美。并且引流入私宅、入寺观，使园林有良好发育基础而极为兴盛。《洛阳伽蓝记》载："……帝族王侯、外戚公主，擅山海之富，居川林之饶，争修园宅，互相夸竞……高台芳榭，家家而筑；花林曲池，园园而有。"互以园池争胜，成为风气。至如寺观园林也很普及，如宝光寺"园池平衍，果菜葱青……园中有一海，号咸池，葭菼被岸，菱荷覆水，青松翠竹，罗生其旁"；河间寺"……入其后园，见沟渎蹇产，石磴礁嶤，朱荷出池，绿萍浮水，飞梁跨阁，高树出云……"；皆是因水成景。至如景明寺，则用水更为周到："寺有三池，萑蒲菱藕，水物生焉。或黄甲紫鳞，出没于繁藻，或青凫白雁，浮沉于绿水。碓碾舂簸，皆用水功。"把园林和养殖、水能利用结合起来。

北魏统治阶层崇信佛教，洛阳地区佛寺兴盛，数达一千三百余处。其中不少是"舍宅为寺"，有的仅立一刹柱象征佛塔而已。足见寺院之普及。其中最为宏大的是著名的永宁寺，位于宫城前铜驼街西，基址犹存，已经考古发掘证实。寺中心大塔，九级，高四十七丈，高耸入云，雄伟堪称空前绝后。北魏皇室沿袭代京开凿云冈石窟先例，在伊阙营建新的石窟群。这些都使洛阳面貌大为改观。

北魏迁都洛阳不到四十年，便建立起一个人口众多（约六十万人）、市场繁荣、环境优美、文物昌盛的大都市，吸引着远方外国客人，甚至对处于鼎盛时期的南朝梁国，也很有吸引力。为此，在洛河永桥之南辟四夷馆（金陵、燕然、扶桑、崦嵫），设四夷里（归正、归德、慕化、慕义），以处南朝（吴人）、北夷、东夷、西夷的归化人。并于永桥南设四通市（永桥市）贸易外国商货，专售伊、洛出产的鲜鱼给南方人。如果不是北魏孝文帝决策迁都并择定了地位适中、水运便利、基础设施良好的洛阳故址，很难想像在此短暂时间内从废墟上建立一个伟大都城，而使鲜卑族从此摆脱经济贫困、文化闭塞之苦。我们于这一历史事实的回顾，尤能领悟水资源、水运对于古代都城的决定性作用。

物极必反，物质文化生活的高度上扬，反而促成鲜卑拓跋氏上层的迅速腐化。政变、内讧、尔朱氏集团与拓跋氏之间的争权残杀，导致北魏政权迅速衰落，实权落入鲜卑庶族出身的军阀高欢手中。534年，高欢立孝静帝，迁都邺城，与逃去长安依附宇文氏的孝武帝对立，史称东魏与西魏。北魏结束。都城洛阳人户迁往邺城，并拆运洛阳宫殿材木去邺建立新宫殿。这次迁都非常仓促，"诏下三日，车驾便发，户四十万，狼狈就道"。"……发十万夫，撤洛阳宫殿，运其材入邺。"喧赫一时的洛阳，又成为沉寂的空城。

原载于《建筑师》总第52期

中国古代都城建设小史

六朝建康

郭湖生

六朝，即吴、东晋、宋、齐、梁、陈。六朝都城均在今南京。吴称建业，西晋末，避愍帝司马邺讳，改名建康。自公元229年至589年，除西晋亡吴至东晋立国之三十七年以及梁元帝都江陵之三年外，共作为国都三百二十年。

这座都城是吴国所奠立。东汉末年，中央失控，群雄并峙，吴郡地方势力孙氏集团逐渐强大，其指挥中心随军事行动形势和疆域扩张而不断迁移。最初孙坚在会稽（今浙江绍兴），战死后其子孙策继起，进据吴郡（今江苏苏州）。孙策死，其弟孙权继位，于208年迁于朱方（后改京口，今江苏镇江）。赤壁战后，211年，由朱方迁秣陵，改名建业。215年，爆发吴蜀荆州之争，迁于陆口（今湖北蒲圻境，滨江）。219年占据荆州，又以公安为中心（今湖北公安）。221年，继曹丕称帝之后，刘备也称帝。孙权则受曹丕封为吴王，自公安迁鄂（今湖北鄂城），改鄂为武昌，改年号为黄武，建武昌宫。229年，孙权最后称帝，建吴国，自武昌迁都建业。这个择址，是由当时吴的整体形势所决定。吴的立国以长江中下游的荆扬二州为主，即古来吴楚之地。后来又扩展至交州，分之为交、广二州。建业位置号称吴头楚尾，

是二者的衔接点，可以兼顾根据地吴地和主要的疆域楚地，又接近与魏国对峙的前线地区淮河中游。就吴国而言，地位适中，便于控制全局。微观而言，建业濒临长江可倚为天然屏障。与上游荆楚地区交通往来方便，境内山势龙蟠（钟山）虎踞（石城），地形险要，又处秦淮河入江口，水运方便，腹地开阔，确实是理想的建都地。孙权同时派上将军陆逊辅佐太子孙登留守武昌，作为陪都。

建业自此开始了大规模建设。即改孙策的将军府为太初宫，建造建业城周长二十里一十九步，其址与以后的建康城大致相当。接着逐步整修河道和水利设施。240年，命都尉监造运渎，自秦淮引流至仓城，通航运粮入仓。次年冬，下令开凿东渠，引青溪水至建业城北堑，与运渎相接，又和后湖（以后名玄武湖）相沟通，使建业城周围形成完整的河网，既便于居住区的灌溉和生活用水，又便于水上交通运输。因水营建住宅园林和水上行船往来娱乐，以后成为建业（建康）城市一大特色。

245年，命校尉陈勋发屯田兵三万在秦淮河上游开凿运河，号破岗渎，东去经句容中道至云阳西城（今丹阳县境），与通往吴、会稽地区的河道相接。自此建业与吴地的交

通运输不必经由长江京口，而由破岗渎直接沟通。当时建业的粮食物资供应主要仰给于三吴地区，人员往来，商业贩运非常频繁，至晚在东晋时，为检查往来舟船和征收商税，在秦淮河上游破岗渎的近方山处设方山津，与设在秦淮河入江口的石头津并为两大水路关卡。而后来由建康东出人士的饯别之地，即在秦淮河上游城郊的东冶亭。直到陈朝亡于隋，这条重要运河才被废弃不用。运河采用水闸分段提升或降低水位的办法越过高地，上下共十四道闸（埭）。技术上也很先进。

经过整治水道，发展运输，建业城日益繁盛。晋左思《吴都赋》云：

"朱阙双立，驰道如砥。树以青槐，亘以绿水。玄阴耽耽，清流亹亹列寺七里，夹栋阳路。屯营栉比，廨署棋布。横塘查下，邑屋隆夸。长干延属，飞甍舛互。"自宫门南出至朱雀门的七里间，接连布置官府廨署。出朱雀门即是跨淮河的浮桥朱雀航（同"桁"）。居民邑屋绵延西至长江岸，南逾秦淮十里至查浦。可见居民众多，城市繁荣。

经过吴国五十年的建设，建业成为新兴的繁荣都城。280年，西晋灭吴，建业降为宣城郡治所，改名建邺。西晋末年八王之乱，中原扰动。307年，皇室司马睿任安东将军，出镇建邺，修吴国旧都城和太初宫而居。313年，晋愍帝司马邺即位，后改建邺为建康。317年，愍帝被掳，司马睿自立为晋王，次年称帝，开始了东晋王朝，同时建康也重新成为都城。司马睿一切因吴国旧有，唯一大建设是筑长堤长六里余，东起覆舟山西，西至宣武城，用以蓄北山之水，名北湖，是形成为人工湖之始。时为320年。对改善和节制建康供水条件大有益处。宋文帝元嘉年间再次修筑堤蓄水，命名为玄武湖，是建康的主要水源之一。

东晋建国之初，内患迭起，王敦、苏峻两次叛乱，朝廷自身岌岌可危。苏峻乱中，原来宫室毁于兵火。当时群臣议论迁都，独丞相王导坚决反对而未迁。330年，以就吴的苑城加以修改成为建康宫，其址自太初宫原址移向东北。当时一切草创，因陋就简。至378年，由大臣谢安主持，大匠毛安之经营再次重建，才规模完备，制度壮丽，一直沿用至陈亡被毁为止。这就是历史上人们熟知的台城。

台城形制仿效西晋洛阳宫。城方八里，开五门：南面并列着大司马门和南掖门，东、北、西三面各为一掖门。大司马门又名章门或阙门，内为太极殿及东西堂，大朝所在。南掖门内为尚书朝堂，为常朝所在。尚书台实际即中央政府，总揽天下政务，亦称天台。因此，南掖门又名天门，而尚书台所在宫城亦称为台城。大司马门南至都城宣阳门，相距二里。夹道开御沟、植槐柳。宫城外堑内绕城种橘树，宫墙内则种石榴，而殿廷间多植槐。台城内引后湖水环流殿阁间，芳草香树，映砌拂檐，环境美丽，可称是园林化的殿廷，这是明清故宫的高墙峻宇、萧杀枯寂所不能比拟的。

东晋以后各朝在台城屡有兴造，主要是后宫内殿和华林园区，台城基本制度不变。只是宫城南面加至四门：大司马门之西加西掖门，南掖门之东加东掖门，改原东掖门为万春门，原西掖门为千秋门。北面加一门为二门，东为原北掖门（或名平昌门），西为大通门，与台城北同泰寺相对（大通与同泰为反语）。一共八门，为台城最后形态。

都城的北垣和宫城北垣相重合，均以潮沟为北堑。这种布局近于曹魏邺城，而以后各代都城惟有隋大兴城（唐长安）与此相仿。健康城东西各两门，其东面建春门与西面西明门之间贯通大道，即宫城大司马门前横街。大司马门对都城宣阳门而南掖门对津阳门。宣阳门御道向南延伸则达朱雀门及朱雀航。

台城和建康城的位置虽不能确指，但青山常在，地貌未改，参以史籍记载，尚能大致判定。自唐以后历宋、元、明、清各代史料均大致不误，惟至20世纪30年代，朱偰先生《金陵古迹图考》一书将健康北垣置于玄武湖南岸覆舟山至鸡笼山一线，其后各家著作均沿袭此说，迄今莫改实为大谬。鸡笼山南麓为东晋帝王陵区之一，而覆舟山南为东晋北郊所在，如何可能属城区范围？

东晋时，健康城垣仅是竹篱，至齐朝始筑垣。其外郭则始终是竹篱，郭门即篱门。又沿秦淮水和青溪亦有篱或栅，共有篱门五十六所，根据其中重要的几处尚可大致推断范围。由朱雀桁渡秦淮南去大道，过石子岗设有国门。在健康城周围，散布着筑有城垣的小城若干，也是军事据点。如石头城、西州城、东府城、丹阳郡城，更外围还有越城、新亭、白石垒、琅玡城等。西州原是扬州刺史治事之地，东晋末亲王司马道子任扬州刺史，以青溪第为府，号东府，刘裕筑城成为此后扬州刺史驻地，亦驻军队。更为重要的是石头城，据秦淮入江口，负山临水，形势险要，为健康门户，兵家必争。城内屯储粮食军资，重兵驻守，大将监临，长江水军船舰，也以此为基地。隋亡陈以后，改健康为蒋州，即以石头城为刺史驻地和府舍所在。石头城址约在今汉中门骁骑仓以南一带，北以乌龙潭为界。后人认"鬼脸城"石崖处为石头城乃是误会。

健康城内除宫城、东宫而外，主要是官署和一些宅第，但居民分布多在城外。早期多沿秦淮两岸，依自然地形自然分布。当时称山陇之间为"干"，于是有大长干、小长干、东长干等巷名。街巷纡曲斜错，没有修筑整齐，高垣封闭的坊里。夜间虽有巡逻呵察行人，亦无关闭坊门的宵禁制度。稍晚南朝时，官吏士族多择居于青溪潮沟一带，河上行船往来，更无坊里限隔。这和中原的封闭式坊里制城市大异其趣。认为中国宋以前城市无例外采取坊里制的说法，似不能成立。

由于商业发达，健康的市大小一百余处，散布于居民间多位交通要冲之地，如渡口城门处。健康城市范围逾出城垣之外，呈开放型，南至石子岗，北逾钟山，市街繁荣；南朝最盛时（齐梁两代），人口逾百万，是古代中国少有的大城市之一。青溪一带，因水成景，风景优美，园林发达。宋朝阮佃夫，"宅舍园池，诸王邸第莫及……于宅开渎东出十里许，塘岸整齐，每奏女乐，泛轻舟。"陈朝孙玚："居处奢豪，宅在青溪东大路北，西临青溪，溪西即江总宅玚家庭穿筑，极林泉之致，歌童舞女，当世罕俦，宾客填门，轩车不绝。"东晋末郗僧施："宅于青溪，每清风美景，泛舟溪中，每一曲作诗一首。谢益寿（混）闻之曰：青溪中曲复何穷尽也。"一般城市居民，也极情行乐享受。史称齐武帝时，"十许年中，百姓无犬吠之惊。都邑之盛，士女昌逸，歌声舞节，袨服华妆。桃花绿水之间，秋月春风之下，无往非适"（《南史·循吏传》篇首）。后一世艳称"六朝金粉"，就是指这种追求悠闲舒适享乐声色的社会风气。

六朝健康的文化艺术在我国古代历史上也是一个高峰时期。其中突出的是佛教艺术，自孙权于建业造建初寺而后，历代不断造寺，至梁代达到极盛。许多艺术创作集中于佛寺之内。如东晋末顾恺之于瓦官寺壁画维摩像，梁张僧繇于阿育王寺画壁及在一乘寺的壁画花卉采用印度画法，烘染为立体感，都是画史上著名事例。六朝盛行铜铸佛像，伟大作品已不可睹，至今尚见小者，均为艺术珍品。佛寺殿阁塔宇轮奂美观、秀丽轻逸，其遗风至今仍可见于若干日本古代佛寺建筑中。日本建筑受到南朝影响非止一端，关系密切。

陵墓石雕刻以梁代为代表。东晋薄葬，地面无遗存。自宋起，陵墓石阙石兽（辟邪）复又再现。宋朝辟邪直接引自南阳襄阳地区，该地东汉时期石雕刻即以体态生动、技法细巧著称，至今留有遗例（南阳漱资墓辟邪）。齐梁陵集中于南兰陵（今江苏丹阳），但南京近郊梁贵族墓的石雕刻（如肖景、肖儋、肖恢、肖秀诸墓）雄浑有力，气势豪迈，是我国石刻艺术珍品，梁朝石辟邪已成为南京的城市标记。

健康的核心台城，不仅是政治军事中心，也是文化艺术科学活动的中心。台城中的华林园，除了是游赏休憩的园林，还是佛教活动中心，如重云殿是皇帝讲经、舍身、无遮大会处。梁代华林园中还集中大量佛教经典；台城内寿光、文德、永寿等省，也收藏大量图书，由文人学士入直整理诠释，编成《华林遍略》和《寿光书苑》两部综合性丛书，当时就受到重视，传钞贩卖到北朝东魏国内。

华林园中有测日影的日观台，天文观测处通天观。重云殿前置浑仪，文德殿前置浑天象等天文仪器，成为天文研究中心。大科学家何承天、祖冲之均曾在园中工作。台城中还有藏书的秘阁（属秘书省），乐工乐器所在的总章观，说明台城是多种文化活动的集中地。

台城也是建筑艺术最高代表，建树颇多。例如梁武帝建石阙于大司马门前（508 年），史称其"穷极壮丽，冠绝古今。奇禽异羽，莫不毕备"。台城宫殿，常三殿一组，或一殿两阁，或三阁相连，对称布置，其间泉治环绕，杂植奇树花药，以廊庑阁道相连，人间宫苑转为理想中的极乐净土。敦煌唐代壁画常采取"净土宫"的背景，就是这种一组三殿模式。影响到日本的以阿弥陀堂为中心的净土庭园，最著名的代表作即是后冷泉天皇天喜元年（1053 年）时建造的京都宇治平等院凤凰堂，溯其原则脱胎于南朝宫苑的建筑艺术。

健康城区河道疏通，丘陵起伏，既有规整宏伟的御道门阙，也有顺任自然而分布的街巷市集。健康有发达的水运系统保障粮食物资供给，自然景物极为优美，加以人工营构，正如谢朓鼓吹曲所称道的那样：

江南佳丽地，金陵帝王州。
逶迤带绿水，迢递起朱楼。
飞甍夹驰道，垂杨荫御沟。
凝笳翼高盖，叠鼓送华辀。
献纳云台表，功名良可收。

六朝是南京这座历史文化名城奠基和繁华光荣的时期。在这里曾生活和活动过许多著名的政治家、军事家、科学家、文学家、艺术家，人才辈出，项背相望。如王导、谢安、刘裕、祖冲之祖月恒父子、何承天、范缜、王羲之王献之父子、谢灵运、颜延之、鲍照、顾恺之等人，给后人留下众多宝贵文化财富，是中国古代文化的一个巅峰。

可惜梁朝末年侯景之乱摧毁了健康城。梁军收复健康时所见的是："都下户口百遗一二，大航南岸极目无烟。"百济使臣来到健康，见兵火荒残之余，城邑丘墟，不禁在石阙前失声痛哭。这座东方的文化中心自此一蹶不振。陈朝虽勉力挣扎，但捉襟见肘，仅可维持。约四十年后，589 年，陈亡于隋。隋文帝下令隋军彻底平毁健康城，夷为耕田。取消健康名称，迁扬州治所于广陵（今江苏扬州），代以在石头城设置的蒋州。

但是健康的城市基础仍在，道路、桥梁、水系、寺院、相当多的市民邑屋和市场仍在。文献中记录了仍保留到唐代的健康城市面貌。虽然人口减少，城市萎缩，仍不失为东南重镇。唐代后期，蒋州改称升州，号金陵府。908 年，割据江淮的杨行（吴王）的权臣徐温为升州刺史，开始经营金陵，其养子徐知诰（即南唐开国帝王李昪）于 912 年继为升州刺史，至 933 年，营宫城于金陵，准备篡位。937 年乃自立为帝，国号唐，都金陵。李昪经营的金陵城，北侧包括了六朝的健康城（及台城）和石头城，南俪越过秦淮河，筑城垣将古代越城和六朝的丹阳郡故城圈入金陵城内。城垣范围远远大于六朝健康城，但实际上的居民人口和分布范围仍远不如鼎盛时期的健康。南唐金陵城明显地是在六朝健康的基础上建立的，而不是凭空创造。我们应注意到历史的继承性（图1~图3）。

原载于《建筑师》总第 54 期

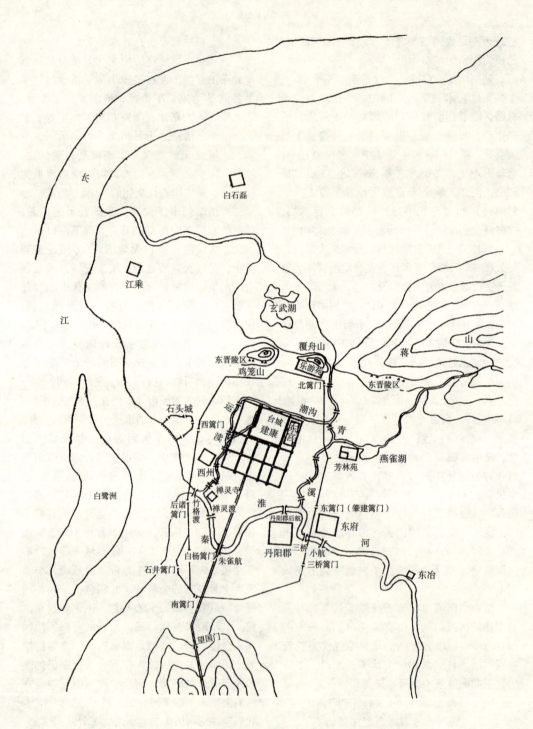

图 1　六朝建康形势图

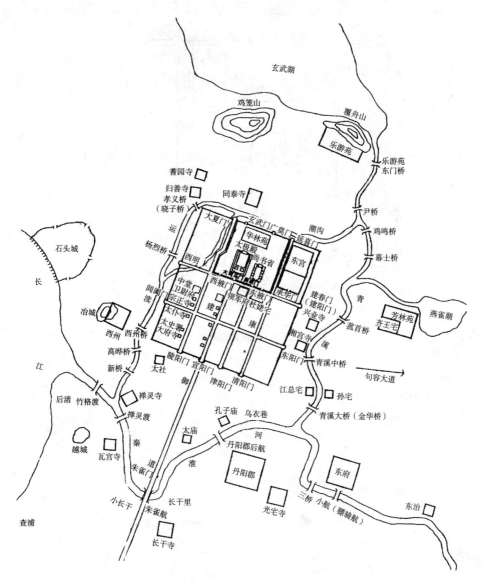

图 2　六朝建康城示意图

中国古代都城建设小史——六朝建康

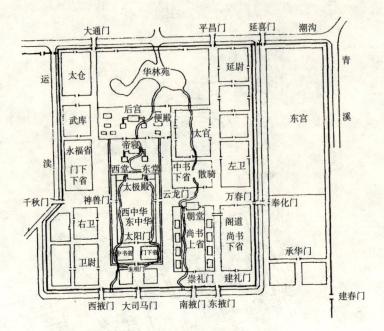

图3 台城示意图

中国古代都城建设小史

隋唐长安

郭湖生

公元 581 年，杨坚篡北周帝位，建立隋朝，是为文帝。次年，隋文帝开皇二年（582 年），下诏营建新都于长安故城东南约三十里龙首原一带。这是一次近距离的迁都，宏观上仍处于关中渭水盆地的中心。因为隋继北周，也属关陇贵族统治集团，其根据地仍在关中。当时隋奄有原北齐、北周和原为南朝的益、荆两州等地域，已统一了大半中国，只有南朝陈国，尚隔长江对峙。

开皇二年六月诏云："……此城（长安故城）从汉凋残日久，屡为战场，久经丧乱。今之宫室，事近权宜；又非谋筮从龟，瞻星睽日，不足建皇王之邑，合大众所聚……龙首山川原秀丽，卉物滋阜，卜食相土，宜建都邑。"仍诏左仆射高颎，将作大匠刘龙、工部尚书钜鹿郡公贺娄子干、太府少卿高龙叉等创造新都。宇文恺以太子左庶子任营新都副监。此役虽由宰相高颎总其大纲，而"凡所规画，皆出于恺"。其时宇文恺仅二十八岁。是年十二月，命名新城曰："大兴城"。

大兴城的建设，可说是世界城市建设史上的一个奇迹。其面积约达 84 平方公里（考古实测为 9721 米×8651.7 米，不计入大明宫及西内苑)，是中国古代，也是世界古代最大的城市。可是营建速度十分惊人：开皇二年六月下诏营新都，十月即拆除长安故城内北周宫殿，输其材木去新都，翌年三月，即迁入新都。前后不过十个月光景。当然这是指主要的宫殿、府署和寺观首先建立，至于坊市民居等大量建筑则陆续营构，然而后期并不久。究其因，主要由于中国古代的木构建筑容易拆卸搬迁再建于新址，而此次迁移距离不过二、三十里范围，易于就功；另一方面，则是规划明确，组织工作的有条不紊，预先明确测量定位，加以标志，各个建筑组群如宫殿寺观衙署第宅乃至居民坊市均各分地段，分兵齐进；目标明确，秩序井然，方能高速度建设。这是世界城市建设史上一次真正的奇迹，标志当时中国的高度文化水平。

大兴城的形制可说有两个来源：置宫城于北而官署坊市于南，宫城北垣与京城北垣重合，近于南朝建康；宫城位于中央而闾坊向两侧发展形成南北微缩而东西略长的平面，则类似于北魏洛阳，而且尺度规模也相近。此外，大兴城的制度还明显受到当时已常用于州郡级城市的"子城——罗城"制度的影响。所谓"子城—罗城"制度，即：统治机构的衙署、邸宅、仓储、寅宾与游息、甲仗、监狱等部分均集中于城垣围绕的子城（内城）内，其外更环建范围宽阔的罗城（外城）以容纳居民坊市以及庙宇、学校等公共部分。控制全城作息生活节奏的报时中心——鼓角楼，即为子城门楼。这种方式及其变体曾是自两晋以后迄20世纪初中国州府城市形制的基本模式。隋大兴的外郭又称"罗城"，皇城又号"子城"。皇城与其北的宫城类似子城与衙城的关系（衙城是子城内更为核心、供城最高统治者居用的部分）。而隋大兴（随即为唐长安）的报时中心则在宫城正门广阳门（唐改顺天门，又改为承天门）。

全城以南北街十四条东西街十一条纵横相交形成方格纳状道路系统，其间分布108坊及两市，京兆府、大兴（万年）长安两县、折冲府四、僧寺六十四、民寺二十七、道士观十、女观六、波斯寺二、胡袄祠四错落列置各坊间。入唐以后，寺观又有增加，坊数亦略有变化。

道路宽窄并不一致，一般分割坊里的东西街道宽40~55米，南北街较东西街为宽，在70~140米之间。尤其皇城正门朱雀门所值中央大街，称朱雀大街或称天街，宽达147米，实际并非交通频繁所需而是因为此街南出明德门（亦称五门），为皇帝郊天仪仗所经，仪卫士卒达数十万众，浩浩荡荡，规模宏大，然而一年之中不过一次而已，常日只是壮观而空阔。道旁开渠植树，号称槐衙。

这条天街把大兴城界为对称的东西两部分，街东称左街，由大兴县（唐改万年县）管辖，街西称右街，由长安县管辖。两县各辖一市。金吾卫、军巡院也分左右设置，甚至重要寺观也对称设置。如靖善坊的大兴善市与崇业坊的玄都观隔街东西相对，是国家级的大寺大观；而居德坊的宝早寺与兴庆坊的禅林寺也东西对称设置，称为县寺（兴庆坊全坊唐开元间划为兴庆宫地，禅林寺因而

取消）。

大兴城范围宽阔，以当时长安故城人口而言则新城有城广人稀之虞，尤其南侧远离宫城皇城核心和两市，更为空阔。"隋文帝以京城南面阔远，恐竟虚耗，乃使诸子并于南郭立宅"（《长安志》）。如汉王谅在昌明坊（全一坊），秦王浩在道德坊，蜀王秀在归义坊（尽一坊之地）。至于京城西南隅的两坊——和平坊和永阳坊，则并立两所规模极宏伟的僧寺——大庄严寺和大总持寺。虽然如此，到了唐代，这一带仍然荒凉，"自兴善寺（在靖善坊）以南四坊，东西尽郭，率无第宅，虽时有居者，烟火不接。耕垦种植，阡陌相连。"尤其"威远军（在安善坊）向南三坊，俗称围外，地至闲僻"（《长安志》），很少居民。但是，有些坊里则人烟稠密，如崇仁坊，"北街当皇城之景风门，与尚书省选院最相近，又与东市相连，选人京城无第宅者多停憩此，因是一街辐辏，遂倾两市，昼夜喧呼，灯火不绝，京中诸坊莫与之比"（《长安志》）。又如西市，"市内店肆，如东市之制，长安县所领四万余户，比万年为多。浮寄流寓，不可胜计"（《长安志》）。居民人口分布密度，自有其规律，绝不能强求平均。这一点是隋初建大兴时始料所不及。

大兴实行严格的夜禁制度。根据唐初编订的《唐律疏议》记载："宫卫令，五更三筹，顺天门（宫城正门）击鼓听人行。昼漏尽，顺天门击鼓四百槌讫，闭门。后更击六百槌，坊门皆闭，禁人行。违者笞二十。"但是，"有故者不坐"，所谓"故"，注云："谓公事急速，但公家之事须行；及私家吉凶疾病之类，皆须得本县或本坊文牒，然始合行。若不得公验，虽复无罪，街铺之人不合许过。"不过，"若坊内行者，不拘此律"。鼓声由顺天门（承天门）城楼开始，以此为中心，向四外传播，各街立铺，击鼓传递，霎时声遍

全城。昼尽按禁门、殿门、宫门、宫城门、皇城门、京城门的顺序由内而外依次闭门；晓鼓动后，则依相反的顺序，由外而内依次开门。城市生活因之而受节制，而奸盗无从活动容足，保障了城市的治安。这一种夜禁门卫管理制度，虽不创自隋代，要以隋大兴（唐长安）最为典型。

大兴建城不久即着手城市供水系统和漕运河道的建设。开皇二年，引浐水经长乐坡入城，称龙首渠。分两枝，一绕城东北隅入禁苑，一经城东北诸坊入皇城再北入宫城潴成东海。开皇三年，引交水由大安坊处入城，一直北上，穿行坊市（西市），北入芳林园，再入北苑，再入渭，是为永安渠。大约同时又引沈水由大安坊处入城，向北穿过各坊，入皇城，再入宫城，注为南海、西海、北海，是为清明渠。又有引黄渠而成的曲江，枝分盘屈于城的东南方。这几处水道，主要为解决坊市和皇城、宫城、内苑的供水问题。其中曲江是秦代即有，入隋唐更开发为风景园林区，皇帝和市民都可以享用，唐在此建立了芙蓉园。开皇四年，命宇文恺开广通渠，引渭水从大兴到潼关入黄河，供漕运用。渭水河道多沙，易冲刷壅垫，深浅不常，艰于航运；汉代的漕渠早已废弃不用，又因大兴人口增加，需粮增多而有是举。这是大运河的第一段。隋炀帝大业年间运河更延伸至扬州，大兴、洛阳与江南间的交通运输得以有根本的改观。以后，唐代没有很大的建树，仅辟了引材木至西市的漕渠和一条专供运薪炭的水渠而已。

隋代是短暂的，继之而起的唐朝全部继承隋的经营成就。唐代改大兴为长安（或称西京，或称上都）。唐代是中国封建社会最兴盛的时期，人们但知唐长安，往往忘了或不知道隋文帝的建设成就。对此，宋代人吕大防说了几句公道话："隋氏设都虽不能尽循先王之法，然畦分棋布，闾巷皆中绳墨。坊有墉，墉有门，逭亡奸伪无所容足，而朝廷宫寺门居市区不复相参，亦一代之精制也。唐人蒙之以为治，更数百年不能有所改，其功亦岂小哉？隋文有国才二十二年，其划除不廷者非一国，兴利后世者非一事，大趣皆以惠民为本，躬决庶务未尝逸豫。虽古人夙兴待旦，殆无以过。惜其不学无术，故不能追三代之盛。予因考长安故图，爱其制度之密而勇于敢为，且伤唐人冒疾，史氏没其实，聊记于后。"我同意这话，隋人确实称得起"勇而敢为"。

入唐以后，长安城最大的变化是唐高宗时建立大明宫和玄宗时建立兴庆宫。前者代替太极宫（西内）成为主要正式朝廷，后者却是一处离宫。大明宫的宫城门为丹凤门，为开辟门前大街，遂将翊善、永昌两坊一劈为四：翊善分出光宅坊，永昌分出来庭坊。丹凤门大街长仅两坊之距。翊善、来庭遂为宦官第宅集中之地。各州进奏院（相当今之各省驻京办事处）多集中东城北部诸坊。兴庆宫本兴庆坊地，唐玄宗潜邸所在，开元二年置宫，开元十四年又取永嘉胜业坊之半为宫地，称南内。因建宫，其周围诸坊和东市都受影响，不再规整如前。唐代对长安的另一改变就是增加两处夹城：一由东苑沿京城东垣至曲江芙蓉园，一由西内苑沿京城北垣至芳林苑。这是皇帝游幸的专用复道，来往不为百姓所知。

唐长安既是全国财赋集中之地，又是运河——广通渠的终点，还是国际贸易丝绸之路的起点，人口集中（有人估计最盛时约一百七八十万人），商业繁盛。大兴城建立之初，隋的立国是以均田制和府兵制为基础的，这是小农经济的产物。当时的大兴城所采取的坊里、夜禁制度只适于商品经济不十分发育的城市。在坊里制的框架内，商业经济与城市形制日益矛盾，同时发展起来的市民生活，也处处寻找自己的活动场地。

长安有对称设置的东西两市。东市方六

百步（约 900 米×900 米），四面各开两门，市辟井字形街道，位于核心是东市局及平准局，周围各区为邸店铺肆，"邸"是货栈兼营批发，"店"是零售，"铺"是手工作坊，"肆"为商业摊点。同类货物集中一街，称为"行"。东市有二百二十行，"四方珍奇，皆所集积"。东城（万年县）住户不如西城多，而多高官显贵，皇亲国戚，因此东市多奢侈品。而西市则多富商大贾，"商贾所凑，多归西市，浮寄流寓，不可胜计"，人口密集，更为热闹，规模和东市相同，但居民多达四万户。根据史料，缘丝绸之路来长安经商的"胡人"，多为中亚乃至波斯人，居住西市及其周围坊里甚众。唐政府不干涉宗教信仰，允许这些异国人建立自己的宗教祠祀之所，有祆祠、波斯胡寺、大秦寺等，也多在西市附近各坊。根据《唐六典》，"凡市以日中击鼓三百声而众以会，日入前七刻，击钲三百声而众以散"。从汉以来的"市"，大率如此，这是农业经济为主的社会中的市场。唐继隋，虽对市集有种种规定，但实际早已突破。当时有了夜市，坊里中也兴起商店和作坊，尤其笙歌承平的酒肆，更是普遍。有些城市已突破夜禁的限制，坊里的形式渐渐名存实亡，但是长安还是坚持夜禁到最后。

城市文化生活的追求，使得宽阔的街衢有了新的用途。十字交叉的路口，特别城门楼前成为广场。如睿宗先天二年元夕于皇城安福门前设灯轮，灯五万盏，宫女千人，万年长安少女千人，于灯轮踏歌三日夜。另侧延禧门前，也是皇帝会见群众的广场。最盛大热闹的是兴庆宫西南角的勤政务本楼——花萼相辉楼所面临的十字街口（胜业坊、东市、道政坊道口），是玄宗时常常举行与民同乐的盛会广场。承天门前则是大朝会的广场。宽阔的天街，却是万年（左街）与长安（右街）竞奇斗胜、两朋相争的场所，甚至两街凶肆的方相輀车送丧之具也陈列于天街以炫示夸耀各肆俑器的华侈精美。

《南部新书》记载："长安戏场多集于慈恩，小者在青龙，其次荐福、永寿"。所谓戏场，是僧寺俗讲场所，即大众化宣传佛教，有说有唱，戒恶劝善，很吸引市民各阶层人。以上所举各寺，均在左街，实际右街也不少。此外还有尼讲、道讲。实际寓宗教于娱乐，是当时一种文化生活方式。

唐代科举制度，各地应举士人，集中长安。每榜既出，中第进士，例在杏园（慈恩寺南通善坊）举行宴会。宴后群赴慈恩寺塔壁题名。进士还要经过关试（面阅身、言、书、判）才能授官。关试之后又宴集于曲江亭子，是为"曲江大会"。城南曲江芙蓉园一带园林美景，记咏胜况，见诸诗篇，流传后世。

伟大繁盛的唐长安，成为东方各国向往之地。朝鲜、日本等地常有留学生或学向僧来往居留长安。他们带回中国的书籍、佛经、工艺品和文学艺术作品等，也传回去京都长安的宏伟规划和建筑。许多国家模仿唐长安建设自己的都城。唐时东北渤海国的上京龙泉府（今黑龙江宁安），日本的平城京（今日本奈良）、平安京（今日本京都），都是显著的例子。平城京中央大街为朱雀大街，分全城为左京、右京。虽无罗城而有罗城门之名。城南对立东市和西市。乃至一坊之内除十字街道外，再以小街分割为十六等分，这也和长安的制度相同。

唐昭宗天祐元年（904 年），朱全忠胁迫皇帝迁都洛阳，乃拆毁长安宫室百司及民户庐舍，以其材木浮渭而下，长安遂墟。大兴以拆迁而成，长安以拆迁而毁。镇守关中的匡国军节度使韩建去掉宫城，又去掉外郭罗城，重修子城（即皇城）。闭原朱雀门和延禧安福两门，仅剩景风、顺义、安上、含光四门，北垣开玄武门，共五门。是为唐末的长安城。入宋，这里是永兴军所在地；至元代，此处是京兆府又改安西路又改奉元路。永兴军时期，按宋制，州军级城市当有子城及鼓角楼之设，而元代各地则拆去子城，仅余鼓角楼于州军（元代称路）府衙门口。根据现存奉元路图，则宋子城位置当即在景风门与顺义门横街之北相当安上门街与含光门街之间的适中位置，奉元路门在此，其侧敬时楼当即鼓角楼址，仍司全城的报时启闭生活节奏。到了明代，重建城垣，并向北向东拓展各约四分之一。明代晚期，迁广济街钟楼至今址，成为全城中心，这就是今天所见西安城，不过是伟大的隋唐长安之一隅而已。只有南郊孤耸的大小雁塔和唐城遗址范围内不时出土的古代珍奇文物，才引起人们对辉煌的隋唐时期的追忆和眷恋（图1~图3）。

1993 年 11 月 10 日

原载于《建筑师》总第 57 期

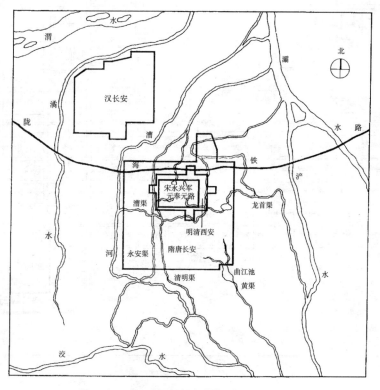

图1　汉、唐、宋、明长安城变迁图（明称西安）

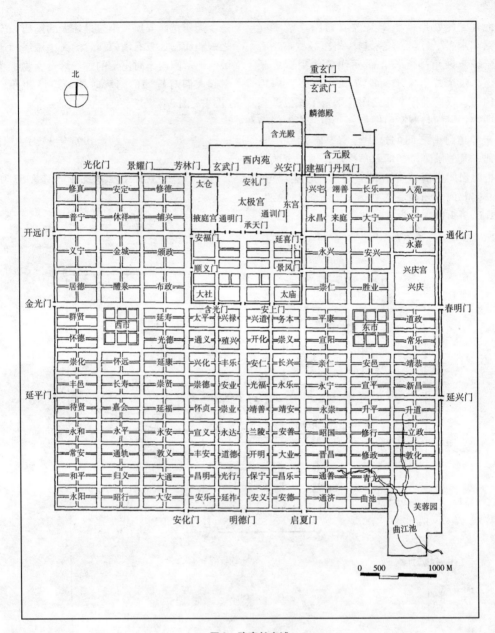

图 2 隋唐长安城

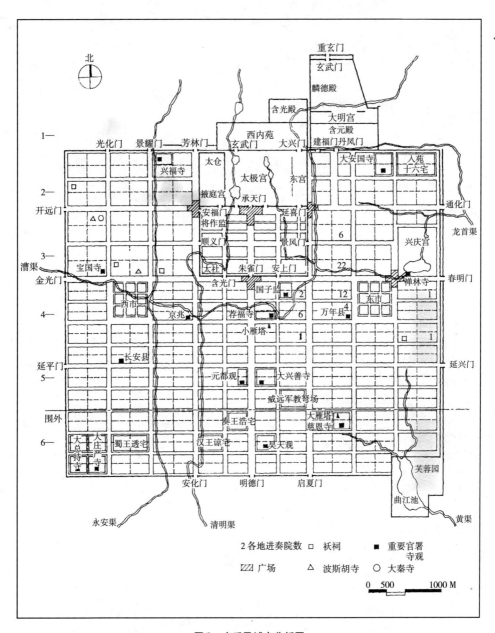

图3 水系及城市分析图

民居与乡土建筑研究

难了乡土情
——村落·博物馆·图书馆

陈志华

  六十多岁的人了，忽然放下研究了四十来年的外国建筑和园林，兴致勃勃地跟楼庆西、李秋香两位同事一起搞起乡土建筑研究来，有一些朋友觉得奇怪。"暮年变法"，学者之大忌，我是所为何来？说起这件事，话就很多，留待下乡，夏夜树底扑扇纳凉时再说。我倒愿意先说一说，我终于走出书斋，回到农村，去重温和暖的乡土风情，是因为我的心底，几十年来，始终有一个割不掉、化不开的情结。我是江南山地的孩子，多大了还没有见过一只真正的轮子，高中快毕业了，见到电话机，不知那是什么东西。但是，童年和少年时代的生活，在我心里装满了对农村温馨的情意。那时候，全民族正经历着一场鲜血淋漓的灾难，父亲和母亲很少展开愁眉，但是孩子们并不把困苦放在心上，仍然一天天欢乐地享受着黄金般的年岁。五六十年过去，往事都蒙上玫瑰色，连饥饿和恐怖都仿佛别有一番情趣。对农村生活的回忆，真是梦牵魂绕，缠住我不放。我从心底里知道，我总有一天会回去，回到我赤脚奔跑过的田野，搂着光屁股的小时伙伴再跳进石拱桥底下的小河。因此，遇到了一个机会，我就回去了。

  过了大半辈子了，真要回忆起什么来，如烟如雾，其实已经模模糊糊。不过，记得起来的，却并不只有摸鱼捉虾，挖笋偷瓜，倒也有不少民俗风情和田夫野老们艰辛而又宁静的生活，岁序更替，也常常闪出斑斓。每逢飞雪如诗、细雨如梦，窗前闲坐，便慢慢咀嚼这些记忆。滋味越嚼越浓，都堆积在心头，一研究起乡土建筑来，就一片片飞出，给工作染上了一层强烈的感情色彩。这色彩或许是科学研究不允许的，我时时担心着失足。但是我不能自已，多少有点儿沉溺。我请求原谅，我像一个饱经风霜的老人在怀念他的初恋。

  回到阔别的乡下，朦朦胧胧，一时竟分不清什么是熟悉的，什么是陌生的。乍一看，村口的小杂货店和店门口绿色的邮箱是新的，家门口画个红十字又看病又卖药的土郎中是新的。祠堂改成了小学，背着书包上学堂的孩子们衣衫整齐，而当初，我和我的小伙伴，身上打着补丁，下雪天也不穿袜子。村前村后几个人合抱的大樟树砍光了。曲折的小巷依然如故，铺着卵石，雨天里，回荡着檐霤打在油布伞上清脆的声音，由远而近，又由近而远。只是已听不到牛皮雨靴的铁钉在地面响亮的拍击。住家可拥挤多了，天井显得更小，也不再有盆栽的花木婆娑弄影。檐廊还是那么宽，过去，是一家人活动的场所，吃饭、会客、读书、纺线，也在这里缫丝、打年糕。现在，被几家人占满，有的钉上了破破烂烂的树枝、木板和从田里捡来的塑料地膜，充作隔断。丝车早已没有，年糕也不再打。燕子仍旧穿来穿去，只是梁木将朽，不知明年是否还能筑巢。最教我感到亲切的，是老婆婆们还跟过去一样，坐在门口搓麻线、编锦带、打草蒲团。到巷口挑一块石头蛋坐下，满脸皱褶的老公公伸手握住我的胳膊，老茧和皲裂锉着我的肌肤，痒痒的一股暖流弥漫到全身！我知道，我是真的回来了！

少年时代的生活经历，使我一回到农村，就像鱼儿回到海洋，那么自由舒畅。但是，少年的记忆不足以支持我的研究工作，农村对我还是陌生的，我须要从头认识它，挖掘它的蕴含，就像考古队员面对一座荒丘。

大漠旷野中，一座经千百年风雨侵蚀的荒丘，长着几茎瘦草，在寒风中簌簌发抖。没有人迹，牧童也懒得停留。一天，来了一队人，憔悴疲累，他们用磨起血泡的双手举起铁锹，挖开了封土。突然，好像有轰隆一声，一道金光直冲斗牛，被闪电照昏了的眼睛，看到了金缕玉衣、青铜编钟、数不清的竹简。人们惊诧、赞叹、礼拜，这光辉灿烂的文化宝藏，我们民族智慧的见证！激动人心的发现，不因岁月流逝而褪色，人们永远记得揭开秘藏的那一刹那，津津乐道。

在蛛网密封、灰尘厚积的阁楼上，破纸堆里淘出了宋刻元刊！在冶炼厂熊熊的炉火旁，废料里抢回了商鼎周彝！悬崖万丈，鹰隼筑巢的石窟里，灯光照亮了六朝壁画，琳宫梵宇，看不尽的恢宏气象。文化史上，记载着多少动人心魄的故事。

但是，饱学之士太过于钟爱那些墓葬、遗址、断简散帙，那些图书馆、博物馆和那些宫殿、庙宇了。不知为什么，一大批更丰富多彩的文化宝库长期被忽略了，它们就是遍布神州大陆的几十万个村庄。忽略了它们，中国的文化史就是残缺不全的，就留下了一半或者超过一半的空白。

在辽阔的土地上，一座座村庄，同样经历千百年风雨的侵蚀，灰头土脸，无精打采，引不起什么人的兴趣。只有炊烟，还含情脉脉地笼罩着破败斑驳的房舍。

像考古家发掘荒丘一样，来了一队憔悴而疲劳的人，他们在村里住下，一天又一天，进进出出一家又一家的农舍。地头、路边，跟父老乡亲倾心谈笑，接过旱烟袋带着唾沫塞进嘴里；墙脚、廊下，帮姊子大娘摔打豆棵，豆粒满地蹦跳；也会抱起孩子给他擦净屁股。终于，一座文化宝库渐渐被他们挖掘出来了。它没有斑斓的铜绿、璀璨的金黄，也没有纸墨幽香的稀世古籍，但它却有任何博物馆和图书馆都还没有过的珍贵文化积存。

农村是中国两千年封建社会的基础。它养育了这个民族，也培育了这个社会，同时以血液和精气滋养着辉煌的文化。乡间不但有千姿百态的民俗文化，也有决不逊色的雅言文化，在农村作文化研究，你就会知道，中国的文化从来就是多元的，而不是单元的。你在山道上走，隔溪看见竹树掩映中一个小小的村子，不多几家蛮石墙的农舍散落在陡坡上。你小心翼翼一步一步踩着矴石渡过溪去，进了村，耆老拿出宗谱来给你看，原来这个似乎人迹难到的荒村里曾经出过多少进士，正史有传的名宦。你进了一道山沟又一道山沟，四周峰峦早早把天色遮得昏暗，你见到一座路亭，坐下歇足，却见楹联写得超尘脱俗，于是你赶紧进村，原来这村里曾经有过田园隐逸，筑楼贮万卷书，精研经史，闲来也吟诗作赋，竟有多少卷著作刊刻传世。不是说"礼失而求诸野"吗？经历多少动荡和劫难，许多乡村依然保存着一些宗法制度的思想习惯和行为模式，或许也可以叫做"活化石"罢。

不过，那些散处在山野之中小村里，最有魅力的不是它们的雅言文化，而是它们独有的民俗文化。这些民俗文化，像满坡满谷的山花，数不清有多少种类，数不清有多少形态，也数不清有多少颜色和香气。它们从乡民们的生活里和心坎里涌出，又融化在他们的生活里和心坎里。从四时八节的风尚，嫁娶丧葬的礼仪，到一曲牧歌，一纸窗花，这里面有乡民们的聪明和灵巧、勤劳和勇敢、期望和追求，也有他们的爱和憎。因此，随手折一朵漫山开遍的野花，我们就能看到乡民们艰辛而富有创造的生活，看到他们淳朴而善良的心。我们不能不动情。一位满头霜雪的老婆婆在搓麻线，她对你笑笑，打一个招呼，你走过去了，她停下活计，于是，你意外地惊喜了：她垫在腿上搓线的那块瓦，为了增加摩擦力，上面刻了一朵牡丹花，刀工那么流畅，构图那么匀称，花有香气，叶有精神。一位细腰柔发的小媳妇挑着两只小巧的提篮过来，你瞥了她一眼，她红了脸加快了步伐，扁担颤颤悠悠活动了起来。于是你注意到了那根扁担，它乌黑发亮，侧边尖棱上一道细细的鲜红色，两头尖尖，翘得老高，还镶着闪光的铜刺，有三颗藤编的精巧的纽结，防止提篮滑下。你正陶醉在美的发现中，忽然传来热热闹闹的锣鼓声，循声走去，看到了迎亲的人群。新郎官把新娘子贴胸抱着走进村来，新娘子提着一布袋核桃，搭在新郎官背后，帮助他平衡身子。男男女女跟在新人的两边，嬉笑着抛撒彩花。老人们穿着整齐干净，咧开没牙的嘴，站在村口迎接，向送亲的人问候。他们抱来过妻子，也曾有女儿被抱走，现在喜洋洋祝福年轻的一对开始新的生活。过不了几天，就是重阳节，丰盛的宴会正为这些勤劳了一生的老年人准备着，祠堂已轻打扫过一遍了。

你走遍全村的每一个角落，看到的，听到的，都那么新鲜有趣。单单把它们采集起来，就是一件多么激动人心的工作。但你还要思考，要理解它们，要阐释它们，要把它们构筑到我们民族文化的整体中去。

可惜，我很软弱，回到农村去转了几圈，越发现民俗文化的丰富和珍贵，我越感到无力，愚公也罢，精卫也罢，移山填海毕竟只能是神话。寥寥几个人，在民俗文化的高山大海之前，太渺小了，那是几千年的积累啊！但我那从少年时代形成的，对乡土文化的情结，不允许我退缩，它逼迫我在晚年奋不顾身地扑向这高山大海，而不计我自身的渺小。

我当然只能从我的本行下手，于是我研究起乡土建筑来，然而我不是只为建筑而研究它，我希望，我和其他一些同行们一起，用我们的工作，把乡土文化宝库打开一个角落，释放出一点它璀璨的光芒，引起各行各业朋友们的注意，一起从各个角度工作，挖掘出更多的价值来。朋友们在博物馆和图书馆里已经耽误掉太多的时光了。再咀嚼《梦粱录》和《荆楚岁时记》之类，还能嚼出什么味道来呢？

民俗文化和雅言文化一样，漫山坡的鲜花丛里夹杂着腐草、朽木和毒菇，它们跟鲜花一起，构成我们民族文化的整体。看不见它们，或者佯装看不见它们，都很危险。不过，既然我们的文化里有清香四溢的兰花，也有麻痹神经的菌子，那么，为了全面理解和阐释我们的过去、现在和未来，采摘和剖析毒菌同样是重要的。博物馆和图书馆并不拒绝收藏含有毒素的东西，它们有它们独有的认识价值。我们也不必为了这样的毒素就把民俗文化抛弃掉。当然，识别它们，不要去吮吸它们，那是需要时时刻刻清醒地记得的。说这几句话，不是为了敷衍，不是为了貌似全面，我们小时候上山采野莓，出发前哥儿们的第一条嘱咐就是千万要留神不可采了蛇莓，我牢牢记得这条嘱咐。我本来应该在前面说这些话，但是我的感情妨碍我，它忙不迭地要渲泄。我只好等它凉了一点再补上这一笔。所以我说过，我时时担心失足。

研究乡土建筑，路子不止一条。不过，大致说来，不外乎两条。一条是从建筑设计着眼，一条是从建筑历史着眼。我们走后一条路，它能比较充分地揭示乡土建筑的价值，尤其是它的文化价值。

建筑历史的基本形态是实证的叙述。历史的具体性、鲜明性，它的丰富多彩，它的雄辩的说服力和永恒的意义，就在于它是实证的叙述。它拒绝模式化、思辨化和问题化，以避免使它贫乏或者任意塑造它。实证的叙述要真实、准确、条理分明，就要研究者有严谨的科学态度，有理解力，有鉴别力，还要有丰富的知识、开阔的视野和创造性的想像力。

但是，要研究乡土建筑，这些还不够，它要求研究者热爱生活，热爱真、善、美和那些真挚的、善良的、并且创造了生活中的许多美的人们，也就是那些满脸皱纹、指甲劈裂的农夫、樵子、渔翁、牧童和各种各样的手艺人。你要熟悉他们，同情他们，理解他们的思想和感情，你才能敏锐地感觉到他们创造的美的事物中蕴藏着的他们的愿望、追求，他们的爱好、喜悦，他们的聪明、灵巧和他们的辛苦、艰难。只有这样，你写出来的东西才会有他们的体温和汗气，才会有生命，也许还会有眼泪，我说的是研究者的泪。当你写到他们在封建的中世纪，穿着破衣烂衫，吃着粗谷山蔬，却用简陋的工具，造出了那么精美的房屋，在梁上、门上雕出三顾茅庐的刘关张和跳跳蹦蹦的和合二仙，你能不流泪吗？

我想，一部好的乡土建筑研究著作，应该使读者激动，使他们产生要拥抱那些创造者的强烈的感情。

也许我说得太远了，出了格了，毕竟，研究应该是科学的。我还是擦干横飞的唾沫，冷静地说说我们在这几年里追求的工作方法为好。

我们希望以一个完整的聚落、聚落群或者一个完整的建筑文化圈为研究对象，不孤立地研究个别建筑物，把它们和历史形成的各种环境关系割断。

我们希望在整体联系中研究聚落中各种类型的建筑物和它们所组成的聚落本身，不孤立地只研究居住建筑一种。所以我们主张用乡土建筑研究来代替一向流行的民居研究。

我们希望在乡土文化的整体中研究乡土建筑，把乡土建筑放在完整的社会、历史、环境背景中，不孤立地就建筑论建筑。尤其不脱离有血有肉的生活去研究。

我们希望在动态中研究乡土建筑。这包括建筑的发展演变，也包括源流和地区间的交互影响。

我们也希望在比较中研究乡土建筑。通过比较才能更敏感、更深入发现某处乡土建筑的特色，探索造成这些特色的原因。

要实现这些愿望太不容易了。除了要克服我们自己能力的局限之外，最大的困难是选题。至少要聚落还相当完整，不能改造得七零八落，面目全非。这聚落还要发育得比较充分，建筑类型多，各类建筑的形制也多。最好是这个聚落在一定的历史文化环境中有某种典型意义。再是要有足够的文献资料，如地方志和家谱。另一个困难是目前已经很难找到熟知村庄历史面貌的耆老和精通地方传统做法的工匠，我们在工作中甚至很难找到了解过去生活和风俗习尚的老人。确定乡土建筑的年代也十分困难：几乎没有可靠的记载；地方风格变化多端，常有历史的滞后现象；还有匠师流派的互相穿插和影响等。此外，要运用比较的方法，前提是要有相当程度的乡土建筑的普查，这在目前也是极大的困难。

因此，我们对自己做过的工作并不满意。好在任何研究工作都不可能完美得没有遗憾，我们也只好在每次工作结束后留下深深的遗憾了。这倒激发起我们在下一次做得更好的愿望。

有时候，用我们追求的历史角度的研究难以处理的对象，却是设计角度研究的好对象，所以，我们希望采用的方法并不是惟的方法。至于作类型学的研究,那当然又另有方法。不过,全面的研究,即使实行起来不能完全,总是能更深入地理解乡土建筑,它的内涵、它的价值。

我们在工作中感到,要推动乡土建筑研究到更高的层次,首先要在全国范围里作一次有相当规模的、有相当水平的普查,至少是在一些重点地区。这件工作当然不是几个人做得了的,也不是几个单位做得了的。由谁来发动和组织这件工作,从哪里得到经费,我不知道。我只能提出这个主张,告诉人们它的重要意义。这大概实现不了,但我把主张写下,留给以后世代的研究者们,当他们指责我们没有做好工作,以致造成无法挽回的损失时,让他们知道,我们这一代人,并不愚蠢,也并不是对民族珍贵的文化遗产不负责任,而是一种悲剧性的历史环境,斩断了我们的翅膀。罪人不是我们。

作了普查,我们才好作比较。凭一点儿零碎知识,就很难把比较工作做得实在。

作了比较,我们才能确定划分各个层次建筑文化圈和亚文化圈。像语言学者画出方言区地图一样,画出建筑文化圈地图,是研究的基础。

有了这样的地图,我们才可以比较有把握地探讨乡土建筑与地理环境和其他乡土文化领域的关系。这地理包括自然地理、历史地理、经济地理等等。我们曾经在浙江省永嘉县的楠溪江中游研究乡土建筑,这个流域的东缘是北雁荡山脉,西缘是括苍山脉。我们翻山越岭,一天步行六七十里,最后确证,过了这两道山脉的分水岭,乡土建筑立即明显地不同了,这个流域是一个特点突出的独立的建筑文化圈。在它的北缘,有两个村子,在分水岭的两侧,鸡犬之声相闻,一个村子说仙居话,一个说永嘉话,它们的建筑就很不一样,建筑文化圈和方言区重合。有些语言学家说,方言区的形成主要和唐朝以来行政区的稳定有关。那么,乡土建筑文化圈是不是也和行政区的稳定有关?但是,由于这里许多血缘村落是自唐至宋从闽北移民过来的,所以,它的建筑又和闽北的建筑有很多相似之处。

为了划分建筑文化圈和各层次的亚文化圈,我们就得确定区别不同建筑文化圈的若干个定义性因素。我们根据什么因素说某两地的建筑属于一个文化圈或不属于一个文化圈?在寻找这些因素的时候,我们对乡土建筑的研究就不得不合乎逻辑地一步一步深入下去了。至少我们得找出一个地区乡土建筑的本质特征。平面形制上,四合院,天井式,是不是?结构方法上,抬梁式,穿斗式,是不是?这里或许就需要类型的研究了。

有了建筑文化圈的地图,我们才能够具体研究造成每个圈内建筑特色的基本原因。这些原因显然非常复杂,有时候它们的作用十分曲折和隐晦,以致我们现在面对乡土建筑的许多特色,感到惶惑不解。在浙江省,年年闹台风的永嘉县,房屋的出檐很大,又轻又飘,没有台风的浙西,房屋是封闭的天井式的,谈不上出檐。而两地的日照和气温几乎完全相同。在浙西的兰溪市,兰江以西,清一色的天井式住宅,兰江以东,则流行"十三间头",一幢长排住宅,十三间,再多了就转折成曲尺形,连院落都没有。为什么有这样的差别?

过去解释一个地方乡土建筑的特色或者对比两个地方的特色,喜欢用地形、气候等等因素。这看来不常常对。现在有人喜欢笼统用"文化"来解释,这又没有说明多少问题,因为"文化"这个词儿太含糊,有时候无所不包,因此"文化决定论"也就说不明白什么。我们估计,造成某个建筑文化圈的特色的原因是综合的,包含许多因素,而这些因素中起主要作用的又并不恒定不变。有一些因素可能是非理性的,仅仅是传统的情性,例如由于人口的迁徙,会把不适合于某地气候的特点从别处带来。建筑特点从行政中心或文化中心向外围辐射，使外围地区接受这些特点，也往往是非理性的。

工匠流派的特点就是地方建筑的特点，因此用工匠流派来解释某地区建筑基本特点的形成，通常是狗咬尾巴团团转圈。不过，用工匠流派来说明两个地区建筑的较低层次的差异，可能很有效。例如，皖南和浙西的建筑，分别属同一个文化圈中的两个亚文化圈，皖南的小木作极其奢丽，而大木作很简单；相反，浙西的建筑，小木作比较有节制，大木作十分精致，极富装饰性。类似的情况甚至会在相邻的村落间发生。

有一些民居研究者，用封建家长制、礼教等等来阐释建筑空间组织与社会制度的同构性，这当然也不错，但是，这种阐释，大而化之，只论证了大半个中国城乡建筑的共性，却不可能深入地揭示各个建筑文化圈乡土建筑的特性。因此，它经常失之空疏，而且千篇一律。产生这种现象，大多是因为实地调查工作做得少而浅，弄些书本子上的东西来套。中国的书本子虽然多，真正反映农村民俗生活和民俗文化的却凤毛麟角。文人的传统，是只读圣贤之书，而圣贤所代表的只不过是上层的雅言文化。要研究乡土建筑，就得下功夫去了解农村的民俗生活和民俗文化，去掌握它们千变万化的个性。从笼统论述共性到具体剖析个性，研究工作就会深入一个层次。这当然也有难处，现在农村里知道过去农村生活各种礼仪、风尚、习俗的人已经很不容易找到了。

有了普查，作过比较，熟悉了工匠流派，掌握了各地建筑的基本特点和形成这些特点的主要原因，这样，我们或许可以做一点儿鉴定年代的工作，我们的历史研究法才能落到实处。

研究乡土建筑，尤其在闽、浙、皖、赣各省，一定会遇到堪舆风水术的问题。风水术是迷信，是泛灵论的自然崇拜，是封建统治阶级的意识形态，为巩固他们的统治服务。我们不承认它是一种科学或前科学，或有科学因素。但我们承认它在漫长的封建社会里对乡土建筑起过很大的作用，包括对聚落的选址、布局和各类建筑物的处理等等。为了正确阐释乡土建筑，就得了解风水术，否则我们说不清某些建筑现象，迷信毕竟也是一种历史存在。对阴阳八卦、"天人合一"、各种忌讳厌胜之类，我们也抱这样的态度。

我们也对跟房屋有关的礼俗抱浓厚的兴趣。一幢房子，从平基址、下料、上梁到最后落成，每个关键步骤，都有一些仪式。各地不一样，但都隆重、热闹。这些仪式表现出乡民对生活的珍惜，对家庭的热爱，对自己辛苦劳动、勤俭度日，终于能造起一幢新房子的那份自豪和满足。不了解房主人满面春风叨着旱烟管在仪式中张罗时的感情，你就不能了解为什么这些房子会造得那么精致，尽管当时的生活并不真正富裕。乡土建筑的精美，总是超过农村当时实际的经济水平，原因就在这种感情。

建筑是生活的舞台，为了保证生活得顺利、有效、健康，建筑必须适应生活，包括社会心理和行为方式。因此，我们常常要借助对生活的了解去了解建筑。建筑又是生活的史书，它身上积累着人们生活的历史信息。像读地方志一样，我们能从乡土建筑中了解一个地区千百年来的经济、政治、社会和文化。研究乡土建筑，不能不跟乡土的历史生活一起研究。在纯农业的浙江省新叶村，我们看到，从村落的布局，文昌阁和文峰塔的兴造到门窗槅扇上的小雕饰，都笼罩着牛角挂书，"朝为田舍郎，暮登天子堂"的耕读之梦。在离新叶村十五里的诸葛村，我们又见到，萌芽状态的商品经济怎样一步一步改造了农业村落的布局、结构，改变了它的面貌和住宅形制，直到各种装饰题材，甚至下水道口的石箅子。新叶村和诸葛村的原始结构都是团块式的，团块的核心是一个房派的宗祠，它两侧是这房派的住宅。十几个团块形成整个血缘聚落，以祖祠居中。这结构反映着封建宗族的系统组织。山西省介休县的张壁村，处于宋辽长期对峙的前线，它的结构就是一座军事堡垒。不但有厚实的外墙，连街巷都是壁垒森严。

在中国历史上著名的"晋商"和"徽商"的故乡，住宅都是极其封闭的。那儿土地瘠薄，人们被迫出外谋生，渐渐积了些财富。但他们仍旧逃脱不了封建农业社会的羁绊，不论族训还是行规，都禁止他们携带家眷，又禁止他们在外面纳妾。于是，积蓄的财富大量流回故土，可买的薄田又不多，只好起造住宅。它们围着高高的死墙，外表森严可怖，内部却精雕细刻，流露出炫耀的拜金主义审美观。它们是保护商人们财富的堡垒。同时，商人长年在外，很少回乡，因此对女眷就加倍防范。这种堡垒式的住宅就是最牢实禁锢妇女的监狱。在流行高墙小院式住宅的晋商和徽商的故乡，贞节牌坊也最多，县志里节烈贞女名单一印就上百页。那样的住宅，那样的牌坊，是当时条件下晋商和徽商的经济活动和家庭生活的特殊产物。它们不是农村建筑，而是造在农村的城市型住宅，因而是畸形的乡土建筑，丝毫没有农民文化的淳朴、天然和开朗的性格。解剖一幢住宅，你就可以懂得自然经济下农村家庭的大部日常生活，或者初期手工业者和小商贩的大部家庭生活。

家具是房屋的补充，跟房屋配套，尤其是那些由特殊条件而产生的家具。皖南、赣北、浙西的住宅，天井式的，家居日常生活、小手工业、农副产品加工，都在宽阔的廊檐下，那里完全向天井空敞。冬季阴冷，住宅毫无御寒能力，聪明人创造了火桶。有供小孩站的，像个高高的圆锥台；有坐着劳作的，像凳子；有靠着休息的，像沙发；还有两个人相对而坐，像一只小船。住宅能采用这种火桶，就因为它的空敞，可以顺利地排出一氧化碳。在楠溪江，住宅开阔，阳光直射到廊檐下，那里就没有火桶，而设长长的一条栏杆椅，给人晒太阳取暖。所以，我们把家具当作建筑的一部分来研究。或许还应该包括一些器物。

没有社会下层民众的生活，只有上层的政治、军事斗争和典章制度，这样的历史是不完整的。没有社会大众的民俗文化，只有李白、杜甫和佛典、道藏，这样的文化史是不完整的。同样的道理，没有乡土建筑，只有宫殿、庙宇、陵墓、府第的建筑史，说到冒头，不过是半部建筑史而已。乡土建筑，不但有聚落、聚落群和各种各样的房屋，如果我们注意发掘，还可能有一些没有预想到资料，拓宽建筑史的领域。我们在江西省婺源县的县志上，看到有八十多篇碑记，记载县学始创和历次重建、扩建的缘起、经过。最早的一篇是北宋的，最晚的一篇写于清末。它们构成了前徽州六邑最大的一所县学的完整的建设史。其中大致有历代当政者建造县学的政治、意识形态和文化教育的目的，负责兴建的官员、士绅，筹款方式，觅址，建筑规模、形制、布局，使用情况，为维修而设的租田，历次荒废倾圮原因，等等。有两篇详细论证了棂星门和云路的意识形态意义，有一篇可以见到康熙时一所两进院子的造价。山西省介休县张壁村，至今还保存着三十几块石碑，记载着全村各重要部分的建造历史。这类资料，都可能成为中国建筑史的极有价值的部分。

从建筑史角度研究乡土建筑，应该包容从建筑设计的角度对聚落和房屋作分析研究。历史要评价乡土建筑的成就，它的真、善、美。评价要讲道理，这就走近了设计。评价不限于个体建筑物，而要从聚落开始。聚落与山形水势的配合就是一个很有趣味的课题。我们在楠溪江中游见到坦下村、豫章村、廊下村、蓬溪村、鹤阳村等，真正都跟山水一起构成了最美的图画。那是立体的图画，你可以走进去欣赏，在各个位置，向各个方向欣赏。你读过的所有从六朝以来的诗、文和绘画，关于田园和山水的，那里面最美丽的，都会一下子涌上心头。你仿佛会觉得，文学史和美术史不必花那么多笔墨去追究陶渊明、谢灵运和宗炳为什么会迷恋山水田园。不为什么，就为它们美，这美是那么钩心摄魄，不可抗拒。那一幢幢的房屋又何尝不是，它们构成的村景、巷景，千变万化，每一变化呈现出来的美，都叫你喜出望外。农民的创造启发了你对美的执着的追求，同时，你的眼力，你的品味，都会在荒僻的山村里磨练得更精、更高、更富有浪漫的想像力和激情。这就够了，你不必考虑怎样去模仿任何一个片断。你熟悉了它们，也许有一天它们会乔装打扮偷偷溜进你的创作园地，上帝会原谅你。

乡土建筑研究，这工作既艰苦又愉快。

这几年，建筑工作者很有机会先富裕起来。参加我们工作的学生都是五年级做毕业论文的，他们已经有能力赚钱，但他们却选定了乡土建筑这个课题，跟我们上山下乡。其他课题组的同学，乘飞机、住宾馆、吃大菜，还要装一口袋奖金；我们的学生，每次出去，要连续乘三十几小时的硬席火车，住的是两块五毛一夜的小店，吃的是三块钱标准的伙食。没有奖金可分且不说，还要拼死拼活地工作。1989年中秋节，我们从杭州去楠溪江，一路上不是路断就是车坏，颠簸了足足二十小时，到达目的地，已经是后半夜一点钟。吃饭睡觉，天亮七点钟就给任务开始工作了。有一天，到谢灵运后代聚居的鹤阳村去，刚下过几天雨，溪水暴涨，小伙子们手挽着手，蹚过齐腰深的急流进村测绘。雨下多了，身上没有一件干衣服，两只脚泡得发白，还要在混和着屎尿的泥浆里踩来踩去。年轻人不容易适应水土，闹肚子，身上被各种各样的虫子咬出一片一片的红疙瘩，有一位女学生，连手指尖上都满是。白天出去调查、测绘，晚上回来整理资料、制图，往往要熬到深夜。

年轻的女教师，又要照料学生，又要照料我这样的老头子，家里还丢下一个上小学的孩子。每天傍晚回到住宿地，一身是土，像尊泥菩萨，连脸都顾不上擦一把，就进厨房帮助做晚饭。研究工作还要独挡一面，不能含糊。

上了岁数的也不示弱，下了火车就上长途汽车，从来不找个去处休息一下。背着二十来斤的摄影器材，从早跑到晚，一天又一天。晚上在昏黄的灯光下检查学生的测绘和调查，密密麻麻的数字像蚂蚁一样，都要核对。也许，还得摸出口袋里装着的速效救心丹塞进嘴里。家里老伴担心着呐！

1991年夏季，我和一位研究生到楠溪江上游去，一天步行六十多里，翻越四道山岭。半路上见到对岸一个小村落很吸引人，想看一看，雨后溪水涨没了汀步，为怕万一跌倒浸坏了相机，干脆蹚着齐腿根深的水过去。在村子里绕了几个弯，我们失散了。研究生急焦焦地找我，一直到村后悬崖边还没有找到，她以为我已经跌下悬崖、葬身沟壑，于是惊呼起来，凄厉的叫声在山谷里回荡，久久不散。

那天，气温将近四十度，群山挡住了风，却又反照着灼人的阳光，我们像闷在烤箱里走。到目的地已经昏暗，村人又带我们在山间小路上走了很远，送到一座小屋里。漆黑的夜，没有灯，找不到水，我们连擦一把脸都不成，穿着一身早已被汗水浸透了几遍的湿衣服，躺下就睡。一躺下立即又冒出一身汗，大约会在地板上泅出一个人影罢。

但这趟跋涉很有收获，我们弄清了楠溪江乡土建筑文化圈的西部边界。

有收获就很快活。更快活的是我们始终工作在美丽与祥和之中，在青山绿水之间田园般的生活之中。在楠溪江，从我们住的小楼前院里，可以望见削壁千仞的芙蓉峰。早晨,阳光把它染成金色,转眼之间,流云又紧紧缠绕着它,旋转、升腾。它一会儿隐没,一会儿飘闪淡淡破碎的影子,偶然露出一角来,黛色深深,把流云反衬得雪一样白。待到流白疲倦了,又忽然散尽,芙蓉峰依然披一身金色的阳光。小楼后面是一带长林,一条小溪顺林蜿蜒。当阳光照上芙蓉峰的时候,溪上急速颤动着一层层迷雾也变成金色。金色迷雾的深处,牧童赶着水牛慢慢从矴石上踱过。接着,姑娘们来到溪边,鲜艳的衣衫把水波映成七彩灿烂,跟雾气一起闪闪烁烁。在新叶村,我们住处的窗子正对着文昌阁和搏云塔,塔后是长满浓绿的橘树的小山。清晨推窗,看太阳从山背冉冉升起,先是把薄云染成片片红色的朝霞,边缘镶着耀眼的光。红霞衬托出宝塔和楼阁玲珑的剪影,呈紫色。塔顶的小树和阁脊上飞升的细巧的鱼尾,在强光下朦朦胧胧,似有似无,塔和阁就笼罩着一身神秘。这时候,小山被霞光融化,失去了轮廓,仿佛也成了一片红霞。待到太阳升到塔顶,长空一碧,塔前铺满了黄澄澄的油菜花。到秋末,这里是火焰般的稻田,点缀着浓艳的乌桕树,红得像宝石。

至于人情的温暖,更叫我们陶醉。不论我们住到哪个人家,我们都会受到贵宾一样的接待。薄暮,敲开一家门,放下小小的背包,女主人立即就会量一盆豆子,泡上水,整夜推磨煮浆做豆腐。乡间没有小店饭馆,但我们随便走进哪一家,都能坐下吃个饱。有山芋苞米,也会有鸡鸭鱼肉,更难忘的是香气扑鼻的"老酒汗",不干一杯,老农决不肯罢休。午餐后,躺在老成了紫红色的竹椅上眯一会儿,农妇把孩子们轰出老远,不许来闹。那位研究生曾经在一位即将结婚的姑娘的房里睡过一觉,铺的盖的竟是她里外三新没有用过的嫁妆。那姑娘还一直坐在床边摇扇子给她赶苍蝇。

乡民们高高兴兴请我们吃喜酒,或者抱来婴儿要我们给起个名字。有好多次我们被邀参加敬老会,连年轻的学生们也被安排在首席。父老们把学生当子侄爱护。赶上季节,我们的住处瓜果不断,秋天,整担的橘子,熏得一屋子喷香,临走还要背上几大包。每次离开住宿的村子,都有许多人来送行,挑的挑,抬的抬。有些姑娘会痛哭失声。这时候,我们的行囊里被塞进茶叶、粽子、干栀子花,甚至有针脚密密的布鞋,心灵手巧的姑娘早就在眼角一瞥之下估量了我们脚的大小。

工作中的帮助更不用说了,在浙江省新叶村,将近七十岁的退休老乡长和老会计,扛着七八米长的特大梯子给学生们准时送到工作地点,一次又一次。他们带着我们到附近村子去考察,一天走几十里路,从来不推辞。天天晚上摸黑来看学生,解答各种各样的问题。在浙江省兰溪市诸葛村,我们的工作遭到省里和市里一些人的阻挠,他们还对热情接待我们的人施加了很大的压力,村支部书记甚至当众辱骂了一位七十多岁的老人。但父老乡亲坚定地对我们说:"不要怕,他们不欢迎我们欢迎,他们不支持我们支持。"有一天,我们不顾威胁,到相距十里的一个村子去考察,那村子的干部是坚决执行省、市那几个人的旨意的。走到半路,诸葛村六位七十多岁的老人气呼呼追了上来,陪我们去,怕我们吃亏。他们带我们从村背后进去,村民们很友好地招呼我们,从村口出来时,见到村子的书记等好几个人严守在那里,他们大声呼叫轰赶我们,诸葛村的父老们掩护着我们回来了。

1989年,我们在新叶村工作的时候,离我们五六里路的李村,有两个美国纽约州立大学的教授在调研乡土建筑,离我们二十几里路的姚村,有一组日本人在工作,他们已经是第四次到姚村了。美国人和日本人,有

水口风雨桥，龙门石上依稀如有刻字，赖德霖博士倒挂金钩，抠去苔藓，一定要看个明白（李秋香摄）

大雨中测绘，吴玉晖搬两个稻桶，竖起来，再添上一把伞，搭成个小窝棚，躲在里面画测稿（李秋香摄）

风雨中测绘风雨桥，尺寸要量得准，才能画出好图，苏开彦爬上去测量，耿杰在下面记录（李秋香摄）

老木工师傅已经找不到了，只好找年轻的。碰巧了也能学到许多知识，姜涌在向年轻师傅请教斗栱的做法（李秋香摄）

最新的装备，摄影、录像、拍电影，黑白的、彩色的一起上，像扫描一样地记录。我们很穷，拍照片一张一张掂量着，重复了一张就心痛得不得了。但我们知道，在学术上非打赢这场国际竞赛不可。在这之前，1988年秋天，我们在浙江省龙游县，也遇到一组日本人。他们见了我们的寒酸相，对龙游县的文化局长说："你们不必做这工作了，要资料可以到东京来，中国乡土建筑研究中心将来在日本。"1990年，我到台北，在台湾大学介绍我们的工作，提到美国人和日本人，我说，我们一定要玩命地干，一定要使乡土建筑研究中心真正建立在中国，决不能在日本。几百位台湾大学的师生长时间地热烈鼓掌。散会之后，许多人围住我表示支持，有不少人想直接参加我们的工作。1992年春初，我在台北的书店里见到了日本人和美国人写的书。我敢于向同胞们保证，我们赢得了这场竞赛，我们工作的学术质量远远胜过了他们。但是，有两点我不能不说：第一，摄影资料的详尽恐怕大不如他们，说不定还真有一天要向东京借用那些资料；第二，我们的工作能坚持下去吗？又穷又苦，谁来干！即使万幸坚持下去了，这样一点点的规模有多大意义呢？

乡土建筑正像雪崩一样迅速消失。1989年春，桐花烂缦时我到楠溪江的芙蓉村，那里一幢明代的书院，规制严整，还附有一座花园，园里三间山长住宅。我没有带广角镜，彩卷也不够，心想，秋天我们就来测绘了，

向村干部调查是一门基本功。教师李秋香跟支部书记聊天，问人口田亩，风俗生计（楼庆西摄）

到那再说罢。不料，我离开之后不到一星期，书院就失火烧掉了。1991年秋天，我们到兰溪市的山泉村去，听说那里有一座形制特殊的宗祠，居然还保存着85块历代的匾额，在别处，匾额早就没有了。走到山泉，一看，焦土一片，宗祠烧光了，几棵柱子，成了炭，还冒着袅袅的余烟。

我们工作的规模不足以抢救乡土建筑资料于万一。那么，是不是像引进外资办企业一样，我们也要请美国人、日本人或者其他什么国家的人来研究我们的乡土建筑呢？如果是这样，研究中心就很可能不在中国，而在东京、华盛顿、巴黎或什么地方了。回想我在台湾大学说的话，也许太幼稚了，那些鼓掌的朋友们，也未免太冲动了。是吗？

哎！我的父老乡亲！

哎！我的乡土情怀！

哎！那几十万个像博物馆和图书馆一样蕴藏着我们民族文化几千年积累的村庄！

原载于《建筑师》总第59期

从文化整体性上研究与保护我国传统民居

刘临安

在我国,对传统民居的研究肇始于建筑历史研究之后,至今已有半个世纪之久。20世纪80年代以后,传统民居开始大范围地进入学者的观察视角,研究成果丰富。建筑文化是人类在社会文明进程中从事建筑活动所积累的物质财富和精神财富。我国传统民居的分布地域辽阔,自然条件殊异,它所形成的建筑文化具有广泛的多样性;同时,它所经历的历史时代漫长,营造传承的系脉保守严格,建筑文化表现出来相对的独立性和稳定性。因此,我国传统民居有着更多的原真性特征,是我国建筑文化的历史精华。对我国传统民居的研究与保护,不仅是对建筑现象的揭示与阐释,也是对建筑文化的认同和继承。

民居是一种最为普遍的建筑文化,它在物质上和精神上的表现不乏社会学的意义,它的发展与社会文化有着密不可分的联系,也可以说是社会文化的一种物质化产物。基于这种观念,对传统民居的研究应当着眼于建筑文化方面的特征,应当注重于社会文化对于民居的影响,从文化整体性的角度来研究与保护传统民居。今天社会文化与技术的进步,使得许多传统的生活方式与生产行为被淘汰了,许多建筑现象不复存在了,例如:堂屋中供奉祖宗的神龛供案,宅院里深藏不露的闺房与绣楼,乡间遍布的野祠小庙……这些原本在传统村落与民居中至为密切的建筑现象已经成为日渐淡漠的印象。因此,对传统村落与民居进行考察时,只注意民居的院落、宅门、房舍、厅堂的格局,不去观察井渠、灶厨、厩厕、仓廪的位置;只研究起居生活用房,不考虑生产劳作用房;只欣赏高楼大院的气派与雕梁画栋的精美,不思考当时社会的经济特点与价值取向的影响;只分析住宅的选址,不询问墓地的定位……凡此种种,都难免会使传统村落与民居的考察研究陷于"不知其所以然"的尴尬。从社会文化的整体性上去认识传统村落与民居,才会避免"盲人摸象"的偏差与失误,才能找到建筑现象与本质的可靠答案。

建筑考古资料表明,我国先民营造聚落与房屋的历史至少可以追溯到公元前六千纪

的新石器时期，由此绵延积淀的建筑文化的基础是深奥而厚重的。本文试图通过对传统村落与民居的建筑文化特征进行归纳，探讨建筑文化的整体构成，以求准确完整地认识传统村落与民居的文化意义与建筑内涵。传统村落与民居的特征见诸以下八个方面：

1. 居家文化，就是我国传统家庭在日常生活中力行的思想观念和行为准则对建筑的影响，这种居家文化通常是传统民居最大的内涵。

我国传统住宅的基本形制是四合院，这种建筑形制深刻地反映了我国传统文化的实质。古代社会家庭的生活礼仪基本以儒家礼教作为居家文化的基础，儒家礼教中所谓"长幼有序、男尊女卑"以及"三纲五常"的伦理观念表现出这样的建筑特点：家庭中的长辈居住在四合院中央的正房，晚辈侧居两侧的厢房，家仆杂役则住在后院。正院或正房的空间体量和尊卑地位都强于厢房或偏院。通常家庭中的男性居住东厢房，女性居住西厢房，甚至东厢房的房檐要比西厢房的高出一个规定的尺寸！这种建筑空间格局就是儒家礼教"尊卑有序"的体现。

在传统住宅中有一种最能体现古代社会居家文化而又极易被今人忽视的建筑形式——绣楼或闺阁，这是一个专为未出嫁女子修建的房屋，一般位于宅院深处。女孩子从十四五岁（古时称为及笄之年）到出嫁前的几年里，被要求单独居住在绣楼或闺阁里面专习女红，甚至吃饭都是单独的，鲜与家庭的男性成员见面，几乎与外界隔绝。"待字闺中"的成语就是这种文化的写照。今天，这种居家文化不复存在了，这种建筑形式也消失殆尽了。假若我们仅仅从"房屋—居住"这种"形式—功能"的本体论的思路来认识传统住宅的话，这种具有深刻文化意义的建筑形式就会可能会被忽略或遗忘，而这种文化意义的建筑在历史上存在了至少上千年。

2. 生活文化，指的是一个聚落或村落的共同生活行为表现出来的文化，这种文化具有一种亚型社会文化的特点，往往影响着一个聚落或村落的布局和形态。例如，由单一氏族发展出来的村落，饮用同一处水源、埋葬在同一块墓地，建房造屋的理念和方法会与它处不同，这种生活文化在迁徙型的聚落或村落特别明显。最明显的实例是粤闽的客家大屋，同一家族的成员居住在一栋集体化的大住宅内，布局和形态简单得不了。相反，由多个氏族杂居发展出来的村落，生活文化的成份复杂多变，其村落的布局和形态也要复杂得多。

在我国传统文化观念中，对于生与死的认识是对立统一的。活人居住的房屋和死人盛殓的坟墓都可以称之为"宅"，只是以"阳宅"和"阴宅"相区别。所以，在村落的布局和形态上，从出生的房屋、成长的院落，到埋葬的坟墓，成为一个不可割裂的生

活文化系统。因此，从文化整体性上讲，选择阳宅用地与选择阴宅用地其实是根本同等重要的事情。对一个传统村落的研究与保护，不但要注意到居住的房屋，还要重视丧葬的墓地，这样才能认识一个由完整的生活文化系统构成的建筑形态。

3. 生产文化，古代社会中主要是以农耕生产为基本生活手段，其生活方式也是以满足农耕需要为目的。在一个村落或住宅中，除了建造居住的房屋以外，还必须建造数量不少的生产劳作用房，例如仓廪、碾场、圈舍、畜厩、磨房、井亭等建筑，甚至像酒坊、醋坊、染坊、油坊、铁铺、篾屋等农副业的加工用房。

从实地考察中可以发现，不论北方的打麦还是南方的打谷都在公共的空旷场地上，而磨面或碾米则都在自家的院内，麦子或谷子也必须贮藏在自己家的房屋内。这充分说明建造房屋不仅要满足居住的需要，还必须满足生产的需要。村落或住宅的空间形态，除了大部分的居住空间外，还应当有生产空间、神祇空间、防卫空间等。其实，这些特点早在汉代的宅院画像砖中刻画得很明显。

今天，我们的基本生活手段不再依靠农耕生产了，甚至在农村，真正从事农业生产的人数也在大大减少，那些反映农耕文化的生产用房也逐渐被淘汰消失了，所以，我们今天的民居研究更多地集中在居住用房，过分地从居住的角度来认识村落和民居的功能和意义，忽视了农耕生产对于建筑文化的影响。事实上，在20世纪以前，村落或住宅的生产用房和居住用房的关系是密不可分的，居住文化恰恰是建立在生产文化的基础之上的。

4. 风水文化，风水是一种相袭久远而又玄奥晦涩的建筑理论。风水理论的实质就是古人对聚居环境质量的评价方法和评价标准，只是这种理论在发展过程中衍生出驳杂的迷信色彩而成为一门玄学。当然，世界上几乎所有的民族文化中都有利用自然现象预测命运的记载，例如古罗马人就用"肠卜法（aruspice）"来评价居住用地的优劣。[1]

风水的产生之初是对于聚居用地的一种实地勘察的方法，内容包括地形、地势、土壤、水源、日照、朝向、风向、植物等，即使在今天，这些也是城市规划和建筑设计必须考虑的因素。《诗经》中就记录了当时先民选择聚居用地采用"望、揆、观、卜"四种方法，[2]其中前三种方法都是一种基于客观事实的评价，可以充分说明这种理论是产生于实践之中的。

我国古代建筑深受风水理论的支配长达千年之久，甚至今天的建筑活动也不可能完全排除风水意识在人们头脑中根深蒂固的影响，对传统民居的研究不应该闭目风水文化这个重要的内容。当然，我们今天研究风水

理论,不应钻牛角于那些玄学成分,而是致力于揭示风水理论对传统民居的影响,认识传统民居蕴含的文化意义。

5. 神祇文化,是对原始自然神祇的一种敬畏与崇拜的意识和行为,考古发现在距今约7000年的新石器时期红山文化的原始聚落中就修建有神庙和女神像。通过考察可以发现,神祇文化对传统建筑的影响是深远和广泛的。

我国传统文化中的神祇崇拜是多向的,掌司也是广泛的,几乎包括社会生活的各个方面。例如,我国传统的神祇一般都有祖神、义神、财神、食物神、土地神以及生育神,相对于这些神祇居寝的建筑有宗祠、关帝庙、赵公庙、灶王庙、土地祠以及娘娘庙,不一而足。在传统村落中这些神祇祠庙的建造绝不是随随便便的事情,特别是神祇祠庙的方向、地点和规模都要经过数度的勘定和隆重的仪式,由此形成了一个由神祇庇护的覆盖整个村落的神格空间。完整的神祇布局和神格空间满足了村落居住者的精神需要,甚至这种精神需要会比物质需要更为迫切。

我国传统住宅也有这样的特点,正厅或前堂的中央空间是神格空间,奉祀祖神的供案和牌位。住宅的中央空间是最为尊贵和神圣的,所以,这个空间不能由普通人来占据,家庭中的长者也只是坐在它的两侧,甚至家庭中丧夫的寡妇不允许进入这个空间去擦拭

牌位上面的灰尘。实际上,这个空间既是住宅的形态核心,也是家族的精神圣地。

6. 宗教文化,主要指的是域外宗教文化对传统建筑的影响。在我国建筑历史上,域外宗教与本土建筑之间发生的最有意义的事件是公元5~6世纪出现的"舍宅为寺"的现象。当时,西域传入的佛教非常兴盛,许多富豪就将自己的住宅捐献给佛门当为佛寺,这种做法加快了佛寺建筑形制的本土化发展。这是佛教文化与本土文化在建筑上产生的一次巨大的交融作用,以至于我们今天看到的佛教寺庙的建筑形制与深宅大院非常相像。

在传统民居中也可以发现许多来自于宗教文化影响的事例。例如,藏族同胞信奉喇嘛教——它是佛教的一个分支,因此,在他们的住宅中就必须设立佛堂,施行礼佛之事。佛堂一般布置在建筑的顶层,以示崇高

和尊贵，室内空间按照礼佛的要求进行设计。另外，西南地区流行小乘佛教的傣族村寨，无论是村寨的总体布局还是村民的院落住宅，都精心地给佛尊留出地盘或空间。所以，对传统民居的研究与保护一定要重视宗教文化的影响。

7. 技术文化，我国幅员辽阔，不同地区的传统民居大都采用不同的材料来建造，这些建筑材料在长期运用的过程中自然而然地产生出一种特有的建筑技术，形成一种技术文化。例如，我国传统文化将建筑技术称为"土木之工"，表明建筑最常用的材料是黄土和木材。这两种材料的运用方式很多，以黄土为基本方式的有夯土、版筑、胡墼、土坯、青砖、陶瓦和琉璃；以木材为基本方式的有抬梁屋架、穿斗屋架和井干屋架。除此之外还有石头和竹子，都是大量使用的建筑材料。

通过对简单材料的精心加工和复杂运用，传统民居产生出许多具有地域特征的建筑技术，例如，黄土高原地区的窑洞技术，东北寒冷地区的干打垒技术，海南黎族地区的竹屋技术，云贵山区的吊脚楼技术……这些因地制宜、因料制工的技术都表现出许多合理和科学的建筑理念。今天，许多民居不再利用传统的材料和技术来建造，而是大量地采用机砖、水泥、钢筋混凝土，甚至是铝合金和玻璃幕墙，片面地要求坚固耐久而不适当地使用钢材、水泥、纤维素、化学油漆和涂料，断绝了运用传统建筑材料的机会，从而造成传统建筑技术的失于传承和疏于研究。

8. 经济文化，经济能够对建筑产生非常重要的影响。一般来讲，在传统民居的研究中，我们较多地注意家庭贫富对住宅的影响，而较少地注意到某种特殊的经济现象对当地建筑产生的影响，这种影响具有时间性和地区性的特点。

例如清代初期，晋中南地区由于票号业和贸易业的发达，这一带传统民居的发展出现了一个很大的飞跃，民居建筑不论是规模、形式、还是技术水准都大大地优胜于周围其他地区，形成了我们今天所称的"大院文化"。

另一个例子发生在陕西韩城市的党家村，这是一处国家级文物保护单位。据史载，元代党氏先祖党恕轩流落此地，初以租种庙田谋生，延至明代永乐年间，党、贾两族联姻，合伙经商，生意兴隆，后代子嗣繁衍，遂成村落，富户聚集，造院起屋蔚然成风，四合院鳞次栉比。清代中期，村中为抵御匪盗侵扰，集资修建了防御性的寨堡。村寨合一，以暗道相互连通。和平时期耕作劳动可居村中，动乱时期抵御匪寇能守寨堡，形成了集"居住、生产、防卫"多种功能为一体的村寨格局，成为当地绝无仅有聚居村落。这两个实例都证明了地方经济文化对传统村落与住宅的跳跃式影响。

我们今天的社会生活变化得太快，场景的记忆和传统的传承被快速的生活节奏所消解和割断，历史信息的架构在我们的思维中是残缺的，乃至支离破碎的。当我们面对历史问题时，往往会不知不觉地引用今天的生活模式来进行揣摩、想象和再现，并把这种结果理解为历史的场景和世代的传统，甚至用今天的价值观念去衡量历史的文化产品，这就会导致观察的失真、分析的片面甚至结果的似是而非。所以，我们应当从文化整体性上来研究与保护传统民居，揭示出民居中深藏着的文化内涵。只有这样，才不会将民居的研究与保护仅仅注视在"房屋—居住"这种"形式—功能"的本体论的思维框架上，造成对我国建筑文化理解与认识的偏差或失真。

本文曾在 2004 年 3 月 15~21 日在贵阳举行的"第七次中—德建筑研讨会"上发表，此次发表作了部分修改。

注释：

[1] 路·戈佐拉著、刘临安译，《凤凰之家——我国建筑文化的城市与住宅》，中国建筑工业出版社，2003 年

[2]《诗经·国风》的"定之方中"篇中分别有"升彼虚矣，以望楚矣、揆之以日，作于楚室、降观于桑，卜云其吉"句。

乡土建筑研究的反思

何培斌

坐落在江西省乐安县的流坑村,以它美丽的环境、壮丽的建筑和古樟树,给人留下了深刻的印象。流坑大约在12世纪开基,今天的村落布局(图1),据说是董燧(1503—1583年)从刑部郎中退休后,在1563—1583年间规划的。[1] 在它最繁盛的时期,村里曾产生过很多显赫的族人,在仕途和商业上都很成功。村里大部分建筑相当完好地保存了下来,其中有18座始建于明代。在保留下来的十二部族谱中,最早的一部可追溯到万历十年(1582年)。

当我们漫步在这个风景如画的古村落时,我们应该如何理解这一生活环境呢?是否可以将村落布局和建筑视为广义的江南传统——即灰砖和马头墙的建筑传统——的一

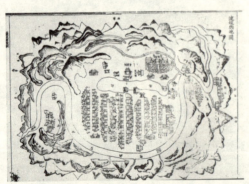

图1 董燧设计的江西省流坑村的风水图,载于流坑董氏1582年的族谱

部分? 或者,应该将其视为赣中的地域实践的一部分? 赣中地区包含吉安(古代吉州),是宋明理学的大本营,又因其手工艺传统(吉州窑)和商业文化而闻名于世。又或者,应该把村落当成一个独立的个体来研究,地域传统只是作为它的文脉背景? 如何才能从历史文献中去理解村落的物质环境? 一般认为,应该首先从风水、主要祠堂的位置和建筑的布局等方面去理解一个村落的结构,然后对每一座房子的形式和装饰作细致的研究。随后,在族谱的帮助下,将环境放在历史的文脉中去解释村落的形式和空间。最后,研究应该通过日常生活的例子来说明村落的物质环境是如何被人们利用的。

近年来有越来越多的出版物用这个方法来研究村落。这些线性及因果性研究的基本假设是,中国汉族的村落的形成遵循一个共同的基本模式,只是一些细节上受地方文化和具体情况的影响。这一模式涵盖了聚落选址的原则、家庭和社区结构的分化以及人们对生活的期望等方面,而这些方面往往在建筑上表现出来。从而,在这些研究中,村落研究的焦点往往放在笼统的角度,几乎没有研究深入分析一个地方的具体情况是如何影响个体的。然而,随着越来越多的村落被细致地研究,很显然,每一个村子都是一个独特的作品。一个村子可能和其他村子有很多

共同点，但即使是下游紧邻的另一个村子，也总会存在着一些不同。试图仅仅用一套理论去解释中国村落的这种异构的情况是很不明智的。而且，正是这些五花八门的形式让研究变得如此有趣和有启发性。本文将以流坑村以及其他一些村子为例，强调研究乡土建筑应采取不同的角度，并说明为什么单一的、笼统的解释是站不住脚的。

根据阴阳学派（一个依赖阴阳为风水原则的风水学派）的观点，一般来说村落应该朝向南方以获取更多的日照（阳气）。[2]在江西省的婺源县，坐落在山向阳面的村落比向阴面的村落位置优越。向阳的位置由富有的地主占据，而他们的佃户只能住在相对劣势的位置。然而，在更多的时候，这一朝南的原则应该被视为一个例外而非规律。大多数的中国村落并非教条地朝向南方，而是依据地势来决定朝向的。在中国北方的山区，大部分村落坐落在山谷里，往往没有固定的朝向。在中国南方则强调风水要好，很多村落前面有河水，四周被小丘环绕，朝向则是选择最吉利的方向。由此可见，朝南并非村落选址的唯一原则。

另外，即使中国南方的大部分村落都在河边，河与村子的关系也不尽相同。在浙江省楠溪江流域的小村落里，主要家族的祠堂往往面向河边。比如说，岩龙村的祠堂便建在一条环绕着村子的河边，祠堂前有一株大树标志着祠堂的位置，这条小河现在已经干枯（图2）。与之相反，虽然村子的北面有一条河，流坑村却没有一座祠堂直接面向河流。取而代之的是，在村落和河之间，有一堵有着七座门楼的城墙，每个门楼对应着一条小路，将村子和河连接起来。比如说流坑村保存得最好的一座门楼——镇江楼，就指示了一条通往村子的路（图3）。门楼外有石阶通向河水，这些台阶以前是用来运输的，现在人们多在石阶上来洗衣服。在闽西，河流经常穿过村落的中央。在重视风水的村

图2　浙江省温州市楠溪江岩龙村的祠堂

图3　江西省流坑村正将门

子，可能会有一座庙、塔或是桥坐落在村外不远处的水边。这一现象在中国南方很普遍，通常叫做水口。对此，我们在云南大理周城镇的一个白族村落里也可以看到佐证（图4）。神龛里有两尊当地的神，而神龛前的血迹也显示杀鸡祭祀的仪式在今天依然盛行。

村落的整体规划在中国不同地方也各不相同。一般相信村落的布局是围绕其中心的祖祠向周围辐射开来的。事实上，很少的村落是按这样规划的。在两个2000年列入联合国教科文组织的徽州村落里，宏村的祠堂建在新月形中央池塘的边上（图5），而西递的祠堂却朝向村落的背面。流坑村的大宗祠坐落在村落的边上，被水稻田分隔开来。村民经常会在开基几代后，当他们在政治或经济上有了一些成就后才修建祠堂。而到了那个时候，村子往往已经被住居占满了，村里没

图4　云南省大理周城村外的一个小神龛

图5　安徽省黟县宏村的祖祠，建于清朝

图6　江西省吉安调元村一座分祠堂，建于清朝

村落的公共建筑盖在村外，但每个房派自己的祠堂盖在他们自己的地界里。这种明确的领域上的界定在吉安附近流坑南面不远的调元村也可以看到。欧阳氏居住的整个村子被S形土墙分成两半，据说是为了象征阴阳两极的图形。住居分成五组，散布在土墙的两侧。村里的五个房派被很明确地分开。图6中显示的分祠堂是属于村里的五个房派之一礼房的。然而这些都是例外的情况，在大部分的村落里，聚落布局的扩展是杂乱无章的。从而通过村里的社会结构很难看出一个清晰的住宅建造的模式。

从社会学的角度来说，祠堂或家庙的概念在过去的600多年里经历了漫长的演变过程。很多学者指出，建祠堂的想法始于明朝嘉靖十五年（1536年），皇帝接受了礼部尚书夏言的奏折，准许老百姓盖祠堂来祭祀他们的祖先。[3]在中国南方可以看到很多的祠堂。很难确定祠堂在南方而非北方兴盛的原因。一种解释是南方的村落多为有很多房派的大家族占据，而在北方则大多没有大家族，仅有一些小房派。然而，有些祠堂是在夏言递交奏折之前盖的。比如流坑村的第一个祠堂盖在大约1369年，是由受朱熹（1130—1200年）理学中的家庭伦理影响的村民盖的。因为在那之前，朱熹曾在江西中部的书院里广泛提倡宗族凝聚的重要性。相反，在中国北方的村子里可能只有一个祠堂，是由某些房派在特殊的情况下盖的：即当族人变

有足够大的地方来容纳下祠堂。因此祠堂不是规模被限制就是位置被迫迁到了村外。

从中国各地村落里住居的布局情况，也很难看出一个清晰的模式。流坑村也许是全国设计得最有规律的村子了。七条小路将村落分成八个部分，每个部分一个族系。每条小路的端头各有一座门楼起防御作用。整个

得富有或是中了科举。一个例子是山西省碛口附近的张家塔村，这里只有一个分祠堂，却没有宗祠（图7）。

图7　山西省临县碛口张家塔村的祠堂

很多学者指出，祠堂是一个村落的社交中心。事实上，它们往往只有在做祭祀祖先的仪式的时候才是中心。在其他时候，祠堂可能只是面对所有人开放举行不同活动的公共建筑。这种情况与中国传统建筑往往不只具有一种功能的看法相一致。在某些情况下，有些祠堂甚至可能只祭拜一个祖先。事实上，很多研究显示，修建祠堂最早和最重要的目的是用来与相邻的村子争夺地域的统治地位。[4]改善经济条件、社会阶层和与敌对村庄之间的关系均使这种权力争夺的关系得到延续。

关于祠堂的概念是不断发展的。它不只是用来记录祖先的轨迹，也是村落社会结构的中心，一个娱乐场所，和一个表现宗族凝聚力与权威的场所。然而，祠堂建筑本身并不一定需要承载这些功能，在很多情况下，祠堂可以有其他用途来彰显宗族结构的变化。有一个例子能够证明这一点，在流坑村保留了大概60个祠堂。他们大小不一，每一个对村民的意义都不同，也有着相当不同的用途。显然，大部分祠堂是在祖先死后盖的。然而，还有一些是在祖先在世时建造的。后者的建造形式是民居，或者是坟墓旁的一个小别墅。在流坑村，董蕃昌在他死前20年、即1515年，靠近他的坟墓建了一座祠堂，他们夫妇的坟墓在1518年完成（图8、图9）。

图8　流坑村董蕃昌祠堂图示，祠堂紧邻着董蕃昌夫妇的坟墓，原图载于流坑董氏族谱（1886年）

图9　董蕃昌夫妇在祠堂边上的坟墓，建于1518年

而他的子孙在他死后在这里向他祭祀。在流坑村的族谱中，有一些祠堂因为家族里的地位相同而表现出完全一样的形式。正如图10所示，后期族谱里的其他房派的祠堂的图很好地延续了董燧的设计，三进的院落沿着中轴线的分布，这与中国南方普遍见到的样式相当类似。然而，流坑村次要一些的祠堂却更像一般的住宅，仅有悬挂在门上的牌匾显示了这是祠堂。一个祖先也可以在不同的祠堂里被祭祀。流坑村的这些祠堂存在着各式各样的形式、功能和地位。需要深入的研究才能知道每个祠堂是在怎样的情况下被建造的，又被哪些不一样的人以何种方式在何时利用的。

如果假设全国各处的住宅形式可以用一套固定的、普遍适用的理论来解释，事情就会比较容易。换言之，不管住宅的形式是怎样的，在中国的不同历史时期和空间位置，住宅的使用和给人的感受是一样的。毫无疑问，存在一个基本的模式。然而，住宅形式的多样性让归纳变得很困难。关于汉族的房子都有一个院子的假设便是一个例子。事实上，在中国的不同地区院子的规模和比例是相当不同的。广东的天井就比北京的院子要小得多。山西晋中大院的瘦长的院子也和楠溪江流域宽敞开放式的院子的比例大不相同。在安徽和广东的一些住宅里，天井小到从屋顶上仅能看到一条狭缝。在广东省韶关市始兴县山窑背，天井边上的墙有一个装饰隔扇，上有传奇和吉祥的图案和题记，当地人称其为"天门保护神"（图11）。这样的现象又应该如何去解释呢？气候和生活方式是否是其修正的因素？农业生产的方式经常在院子中发生？又或者，这只是一个地方实践的问题。面对乡土环境中观察到的这些多样性，我们应该对住宅形式背后的形成原因更开放，而非死板地理解建筑形式和影响因素之间的因果关系。

另外一个关于乡土环境多样性的例子是闽西、粤东、赣南三省交界的客家地区的土楼。这些土楼不只是和周边其他族群的住宅

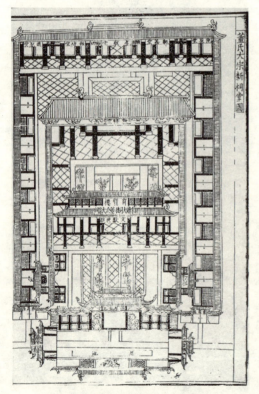

图10　流坑董氏宗祠的图示。原图载于《流坑董氏重修族谱》（1582年）

图11　广东省韶关市始兴县下窑背村一座民居的天井

不同，在他们之间也存在着很大的不同（图12、图13）。很多学者试图从迁徙的角度解释他们的不同，[5]却并不很有说服力。据说赣南龙南县的客家人是从闽西迁过去的，然而，这两个地方的土楼却相当不同。客家的住宅常常具有显著的防御特征，一般认为是他们南迁到敌对区域定居，有着强烈的不安全感。这一说法也许可以解释为什么在这些山区发现的是有着厚厚的夯土墙的房子，却无法解释他们之间不同的建筑形式：闽西圆的或方的多层土楼和粤东梅县半圆的房子，粤北始兴县矩形的塔楼（图14），或是赣南大体量的方楼。也许我们永远都无法对这些不同的形式给出一个合理的解释，也许更好的办法是将他们视为我们现在的逻辑无法理解的地方建筑传统。

图14　广东省始兴县下窑背村的塔楼的中庭，建于清朝

图12　江西省龙南县新围村的大型方土楼，建于清朝（1827年）

图13　福建省永定县振成楼

综上所述，中国每一个村子的景观都是不同的，村里的每一个建筑也是不同的。与其将整个中国的村落的环境视为统一的研究对象，不如将其区分对待。虽然后人也许并不知道创造者的名字，但有意识或无意识的，每一个村子及其建筑都是一个特殊情况下的独特作品。与其描绘一个匀质的简化的乡土建筑的景象，或是寻求一个地方风格，更需要个体地、深入地从建筑学、人类学和艺术史的角度去梳理存在于村落和建筑中的千头万绪。这样的研究能够向我们展示村落和建筑丰富而独特的美丽，具有极其重要的价值。Knapp、陈志华和龚恺的研究都是这种研究方法的很好的例子。更多的研究应该针对每一个具体的村落，因为这一个复杂的整体是由很多与地域实践和地方情况相关的

因素形成的，甚至有可能是由一个村民的特殊的决定影响。比如说流坑村的董燧就该对我们今天看到的流坑的村落景观负责。正是在这些村落里，中国文化最基本的层面被鲜活地保留了下来。

参考文献：

陈志华等. 诸葛村乡土建筑. 台北，1996.

龚恺编. 豸峰. 南京，1999.

周銮书主编. 千古第一村. 南昌，1999.

David Faure and Helen F Siu. Down to Earth：The Territorial Bond in South China. Stanford，1995.

Ronald Knapp, ed. Chinese Landscapes：the Village as Place. Honolulu，1992.

__. China's Living Houses：Folk Beliefs, Symbols and Household Ornamentation. Honolulu，1999.

__. China's Old Dwellings. Honolulu，2000.

Liu Dan. Ancestral Hall，Villager and Village：A case study of Ancestral Halls in Liukeng Village. M. Phil. Dissertation/ The Chinese University of Hong Kong，2000.

Kai-Yin Lo and Puay-Peng Ho，eds. Living Heritage：Vernacular Environment in China. Hong Kong，1999.

注释：

［1］周銮书，第82页

［2］Knapp，1992，p228

［3］刘丹 2000 p4-14

［4］Faure and siu，pp21-43

［5］Knapp